育儿课堂
开讲啦

育儿课堂

第三军医大学第一附属医院 妇产科教授
陈 诚 主编

中国人口出版社
China Population Publishing House
全国百佳出版单位

图书在版编目（CIP）数据

育儿课堂 / 陈诚主编. -- 北京：中国人口出版社，2016.6

ISBN 978-7-5101-3726-6

Ⅰ. ①育… Ⅱ. ①陈… Ⅲ. ①婴幼儿－哺育－基本知识 Ⅳ. ①TS976.31

中国版本图书馆CIP数据核字(2015)第236180号

育儿课堂

陈诚 主编

出版发行：中国人口出版社
印　　刷：北京柏玉景印刷制品有限公司
开　　本：710 毫米 ×1000 毫米　1 / 16
印　　张：27
字　　数：380 千字
版　　次：2016 年 6 月第 1 版
印　　次：2016 年 6 月第 1 次印刷
书　　号：ISBN 978-7-5101-3726-6
定　　价：35.00 元

社　　长：张晓林
网　　址：www.rkcbs.net
电子信箱：rkcbs@126.com
总编室电话：(010)83519392
发行部电话：(010)83514662
传　　真：(010)83515922
地　　址：北京市西城区广安门南街 80 号中加大厦
邮　　编：100054

版权所有　侵权必究　质量问题　随时退换

PREFACE

新生宝宝的降临对父母而言如太阳初升，太阳的光辉带给他们喜悦，也给所有新手父母带来了忙乱。那么请您在忙乱之余翻开此书，本书将在各方面帮助新手父母获得养育 0 ~ 4 岁宝宝的经验和方法，帮助您了解宝宝成长的各个月份、各个阶段都有哪些生理和心理的进展，不为宝宝生长和发育情况与同龄孩子不同而担心。本书将给予新手父母们丰富和可信的育儿知识与常识。

宝宝在成长的过程中，不仅要探索他周围的环境，而且要探索他自己的能力。培养宝宝独立性的最好办法之 就是不要干预他的游戏，不要在他玩游戏时从中插手帮忙。你对宝宝的干预会阻碍他智力发展和使他对自己缺乏信心。

同宝宝交流是极为重要的，你可用很多方法进行交流，比如通过书本、通过接触和谈话。跟宝宝谈话是极好的启蒙教育的机会。千万别把用餐时间变为一个潜在的战场，因为你不可能强迫小宝宝去吃。这样会伤害双方的感情，亦不是教育孩子应有的以理服人的方法。如果对待宝宝像对待你最好的朋友一样，他也会成为你最好的朋友。

生命的美好，就是靠育儿的辛苦延续着，虽然本书不能完全分担新手父母们的辛苦，但确实能成为引导他们正确付出辛苦的导航者。

编者

目录

CONTENTS

第一篇 新生宝宝课堂开课了

第一堂课：新生宝宝的护理你了解多少

第二篇
0~1 岁宝宝的护理课堂

第二堂课：满月以后的宝宝

第三堂课：宝宝两个月了

第六堂课：5 个月的宝宝

第七堂课：宝宝半岁了

第十堂课：9 个月后的宝宝

第十一堂课：宝宝 10 个月啦

第三篇
1~2 岁宝宝的护理课程

第十三堂课：13~18 个月的宝宝，变得活泼可爱

第十四堂课：19~24 个月的宝宝，喜欢与人交往

第四篇 2~3 岁宝宝的护理课程

第十六堂课：31~36 个月的宝宝，“淘”出自我个性

第五篇 3~4 岁宝宝的护理课程

第十七堂课：37~42 个月的宝宝，自我意识发展

第一篇
新生宝宝课堂开课了

新生宝宝的护理 你了解多少

成长课堂
——宝宝的成长历程

新生儿的生理指标

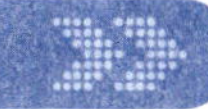

孩子出生前，在母体子宫中过着一种温暖、舒适、比较安全的“寄生”生活。

胎儿的脐带是连接胎儿与母体的纽带，也是胎儿的“生命带”，胎儿的营养、呼吸、排泄的重要通道。

孩子出生后，脱离了子宫环境，体内各系统会发生一些调整，营养供给、呼吸、排泄等生理功能，都必须由孩子自己独立完成，生活环境也发生了重大变化，这些情况对新生儿的生存和发育都是严峻的考验。

因此，出生后的第一周，尤其是第一天，对新生儿的生存最重要。随着日龄的增长，新生儿获得健康生活的可能性就越来越大。足月的健康新生儿，一般在出生后最初 2 个星期内，就能适应出生后的生活。早产儿则需要更长的时间，才能完成这个关键性的适应过程。

新生儿相关常识

从出生的时候算起，生长到 28 天的宝宝被称为新生儿，即指满月前的宝宝。

从在母体中怀孕算起，胎龄满 37 周且小于 42 周，初生体重在 2500 克以上 4000 克以下的新生儿为正常足月儿。

在母体中怀孕不足 37 周而出生的新生儿，一般称为早产儿，也叫未成熟儿。

妊娠期满 37 周，体重不足 2500 克的新生儿，称足月小样儿，也叫低体重儿。

一般说来，新生儿的正常指标如下：

体重 2500 ~ 4000 克；身长 47 ~ 53 厘米；头围 33 ~ 34 厘米；坐高（颅顶至臀）约 33 厘米；呼吸每分钟 40 ~ 60 次；心率每分钟 140 次左右。

如果宝宝是早产儿或低体重儿，也不要过分担心。遵照医生指导，只要科学地呵护好新生儿期的宝宝，满月之后，宝宝也会健康成长。

宝宝出生后

宝宝在出生后的 48 小时里，要接受一系列检查，各医院的具体做法不同，但有一些例行检查，每家医院都要做。

产房里

出生后的第一声啼哭，说明宝宝的肺部开始工作。产科医生会用器械清理宝宝的嘴巴和鼻腔，清除残留在里面的黏液和羊水，确保鼻孔完全畅通地呼吸。接着，护士会用毯子把宝宝包起来放在妈妈身边，让母子之间亲近一会儿。如果是剖宫产，护士会把宝宝抱起来给妈妈看。如果婴儿早产或出现呼吸困难，会立刻被送入新生儿特护病房，接受检查。

剪脐带

脐带，通常在宝宝出生后几分钟内会被剪断。医生一般用钳子钳住脐带，如果父亲被允许进产房，这一光荣的使命就会交给父亲来完成。医生有可能从脐带里抽取血样以供稍后检验。如果父母要保留脐带血，操作过程也在此时进行。

检查

出生后第 1 分钟和 5 分钟之后，新生儿需要分别接受一次评分，对新生儿的肤色、心率、反射应激性、肌张力及呼吸等 5 项指标评分，以此检查新生儿是否适应生活环境从子宫到外部世界的转变。此外，护士会给宝宝称体重、量身长，并检查有没有疾病症状。

接下来，护士会给宝宝垫上尿布，包裹起来。如果新妈妈愿意的话，这时候就可以给宝宝喂奶了，即使没有奶水，也要抱一抱宝宝，因为孩子刚刚来到这个世界，对周围的环境很警觉，新妈妈可以借此机会和宝宝联络感情。

产后恢复病房

大约 30 分钟后，护士会把宝宝放在温暖的婴儿推车里送入婴儿室。如果医院允许母婴同室，孩子会和新妈妈一起被送进产后恢复病房，继续接受检查。

护士会用听诊器检查婴儿的心脏和肺部，给宝宝测体温，检查是否有异常症状，如脊柱裂等，还会再次测量宝宝的身长、体重和头围，然后给宝宝洗一个温水澡。

新生儿体检

出生后 24 小时之内，儿科医生会对宝宝进行检查。医生会把对宝宝的各种测量结果与怀孕晚期在医院测得的数据进行比较，验证是否吻合。接下来，医生会听宝宝的胸腔，检测心脏杂音；听一听宝宝的腹部，检查肠功能是否正常；看一看宝宝的脑袋上有没有鼓包——多数情况下，鼓包没有伤害。

医生还要检查宝宝的眼睛和生殖器，还会检查孩子是否有诸如腭裂、锁骨骨折、胎记、髋部脱臼等情况。然后，在征得父母的同意之后，护士会给宝宝打第一次防疫针，也就是乙肝疫苗和卡介苗。

经过一系列检查之后，宝宝就可以休息了。

各医院检查的项目会有所不同，所以在分娩之前，最好先问清楚要进行哪些特殊项目的检查。如果家族有某些病史，如新陈代谢功能紊乱等，可以事先和医生沟通，在宝宝出生之后进行有针对性的特殊检查。

新生儿的能力

现代医学研究证明，新生儿出生之后，除了拥有数十种先天性条件反射能力之外，还具有视觉、听觉、嗅觉等多种感觉能力。换句话说，造化之初，小家伙就具备了很多种与生俱来的本领，因此，充分发展和训练这些能力，就是早期教育的目的。

 视觉能力

新生儿一降生，就喜欢看图案，但不喜欢看单色的图形。新生儿对类似靶心、棋盘图形的兴趣，超过别的复杂图形。要使新生儿看清物体，则应把物体放在距眼 20 厘米左右处。

给宝宝看妈妈的脸时，在宝宝注视妈妈后，慢慢移动头向宝宝一侧，然后另一侧，宝宝会不同程度地转动眼和头部，追随妈妈脸移动的方向。90%以上新生儿都有这种能力。新生儿会追随移动东西看，是大脑功能正常的表现。

听觉能力

新生儿对声音有定向力。用一只装有豆粒的小塑料盒，在婴儿看不到的耳朵旁边轻轻地摇动，发出柔和的咯咯的声音，新生儿表情会显得警觉起来，头和眼转向小盒的方向，用眼睛寻找声源。在另一侧耳边摇动小盒，孩子头会转向另一侧。用温柔的声音在新生儿耳边轻轻说："小宝宝，转过来看我，来来来！"孩子会转过来看，换一侧呼唤，宝宝又会转向另一侧。宝宝不爱听尖锐、过强的音响，当听到噪声时，头会向相反方向转动，或以哭表示拒绝噪声干扰。

味觉和触觉

宝宝能区别自己的母亲和别的母亲奶汁的气味。新生儿触觉很敏感，有的宝宝哭闹时，只要用手放在孩子腹部、或同时抱住宝宝双臂就可以安静下来。

和成年人交往的能力

新生儿与父母或看护人交往的主要方式是哭。正常新生儿的哭有很多原因，如饥饿、口渴、尿布湿等，还有在睡前或刚醒时，不明原因的哭闹，一般在哭后都会安静入睡或进入觉醒状态。新妈妈经过2～3周的摸索，就能理解宝宝哭的原因，给予适当处理。新生儿还会用表情，如微笑或皱眉等，使成年人体会意愿。过去人们一般认为，在和新生儿交往中父母起主导作用，实际上新生儿也起到很重要的作用。

运动能力

胎儿在子宫内就有运动，即胎动。出生后的新生儿具有一定的活动能力，会把手放到嘴边甚至伸进口内吸吮。四肢会做伸屈运动，和宝宝说话时，宝宝会随音节有节奏地运动，表现为转头、手上举、伸腿类似舞蹈动作，还会对谈话者皱眉、凝视、微笑。宝宝会试图用手去碰母亲说话的嘴，这是宝宝在用运动方式和成年人交流。新生儿还有反射性活动，扶起直立时会交替向前迈步，扶坐位时头部能竖立1～2秒以上，俯卧位时有爬的动作，嘴唇有觅食的活动，手有抓握动作，还有抓住成年人的两个手指使自己悬空的能力。

模仿能力

新生儿在安静的觉醒状态，不但会注视妈妈的脸，还有模仿妈妈脸部表情的奇妙能力。当面向对面和宝宝对视时，妈妈慢慢地伸出舌头，每20秒一次，重复6～8次。如果宝宝在注视着妈妈，通常会学样，把小舌头伸到嘴边甚至口外。宝宝还会模仿别的脸部动作或表情，如张嘴、哭、悲哀、生气等。当然，不做模仿动作的新生儿也属正常，可能只是孩子不愿意玩这种游戏而已。

新生儿的先天性条件反射

觅食反射

当用乳头或手指轻触新生儿口周皮肤或面颊时，宝宝便会立即转头寻找，并能张嘴作吸吮动作。这种反射在9个月左右消失。

握持反射

用手指或小棒轻触新生儿掌心时，宝宝会紧紧握住。若使劲上提，宝宝会握得更紧，即使身体被带起来也不松手，这种反射呈对称性，不对称则属异常。3 个月后消失。

步行反射：托住新生儿双腋下，让宝宝光着脚平踏在桌面上，孩子会做出踏步动作，好像迈步走路，这种反射在满月时消失。

巴宾斯基反射

用手指从新生儿脚跟部轻轻向前划至足掌外侧，宝宝的表现是拇趾背屈，其余四趾呈扇形张开。这种反射由法国神经科医生巴宾斯基发现，故得此名。

爬行反射

新生儿腹部朝下，即俯卧时会表现出“爬行反射”。因为宝宝的双腿还像在母体子宫中一样，仍然朝着躯体蜷曲，看上去好像用爬的姿势，慢慢挪动身体。

防御反射

在出生后头几天，新生儿即能对温度刺激或疼痛刺激产生反应，即刺激一处，全身反应。当宝宝眼睛受到强光刺激，即能引起眨眼动作；舌根被搅动，便会引发呕吐动作；异物进入鼻腔会产生刺激打喷嚏等。这类行为称为无条件防御反射。

拥抱反射

新生儿对一些突然刺激，如突然用力敲打床垫或迅速变换体位，会发生拥抱动作，表现出躯干强直，两臂外展伸直，继而屈曲内收到胸前呈拥抱状，这种反射在 3 ~ 4 个月时消失。

以上反射是判定新生儿成熟的标志，出生后脑神经损伤者，这类反射不呈现。出生后数月当脑神经发育较成熟后，这些反射自然消失，在脑发育落后或脊髓运动区病变者反射常延迟消失。

总是睡觉的小家伙

产褥期的宝宝，大多数时间都在睡觉，饿了的时候，会醒来吃奶，吃饱以后又会继续睡。在刚刚出生后的一天当中，宝宝大约有 20 个小时都在睡觉。当然，孩子并不是故意“偷懒”，而是醒不过来。

新生儿的大脑还没有发育成熟，尤其是大脑皮质部分还没有起作用，需要时间慢慢地发育。所以，要尊重孩子的发展规律和需要，不要过多地打扰，要让宝宝好好地睡。需要做的是，当宝宝醒来后，妈妈用温柔的拥抱、充满母爱的抚摸和美味的乳汁供给孩子。在宝宝吃饱后有兴致的时候，帮助运动运动小手小脚。时间要短一些，孩子很快就会累，而且不喜欢太累。

有一些孩子特别爱睡，吃奶的时候也在睡，遇到这种情况可以轻轻地摇动乳头，抚摸孩子的小手，捏一捏小鼻子，暂时唤醒宝宝，让孩子“打起精神”来吃奶。这样，过一两周以后，孩子就不会吃奶时睡着了。

宝宝的睡眠特点

宝宝的大脑皮质兴奋性低，外界的声音、光线刺激，对宝宝来说都属于过强、持续和重复的刺激，会使宝宝非常易于疲劳，致使皮质兴奋性更加低下而进入睡眠状态。

在产褥期，宝宝除饿了要吃奶才醒来，哭闹一会儿之外，几乎所有的时间都在睡眠。以后随着大脑皮质的发育，孩子睡眠时间逐渐缩短。

睡眠，可以使宝宝的大脑皮质得到休息，从而恢复功能，对孩子的健康十分必要。一般婴儿一昼夜的睡眠时间为 18 ~ 20 个小时。

按照宝宝觉醒和睡眠的不同程度，可以分为 6 种意识状态：两种睡眠状态——安静睡眠（深睡）和活动睡眠（浅睡）；三种觉醒状态——安静觉醒、活动觉醒和哭闹；另一种是介于睡眠和醒之间的过渡形式，即瞌睡状态。

安静睡眠状态

宝宝的面部肌肉放松，双眼闭合。全身除了偶尔的惊跳和极轻微的嘴唇动作以外，没有其他活动，呼吸很均匀，处于完全休息状态。

活动睡眠状态

眼睛通常闭合，偶然短暂地睁一下，眼睑有时会颤动，经常可见到眼球在眼睑下快速运动。呼吸不规则，比安静睡眠时稍快。手臂、腿和整个身体偶尔有一些活动。脸上常会显出可爱的表情，如做怪相、微笑和皱眉。有时会出现吸吮动作或咀嚼运动。在觉醒前，婴儿通常处在这种活动睡眠状态中。

以上两种睡眠状态，约各占宝宝睡眠时间的一半。

瞌睡状态

通常发生在刚睡醒后或入睡前。眼睛半睁半闭，眼睑出现闪动，眼闭合前眼球可能向上滚动。目光变呆滞，反应迟钝。有时微笑、皱眉或噘起嘴唇。常会伴有轻度惊跳。当宝宝处于这种睡眠状态时，要尽量保证孩子安静地睡觉，千万不要因为孩子的一些小动作、小表情而误以为“宝宝醒了”，“需要喂奶了”而打扰孩子的睡眠。

产褥期，孩子睡眠时间较长，一昼夜里需要睡 20 多小时。这个时期由于宝宝大脑神经发育不健全，各种调节中枢自控能力差，睡眠中容易出现一些无意识的动作和表情。会有吮乳动作、口唇抖动、拥抱反应、不自主微笑、突然哭一声或一阵，而后再平静入睡等。这些都不是病态，属正常生理性反应。遇到上述情况不要惊慌、紧张。如果孩子哭闹不止、多汗、四肢抽动、口唇发绀、表情痛苦、发热或体温不升、哭声低弱等，则可能是病态，要及时找医生就诊，查找原因，及时处理。

护理课堂——专家教你科学护理

新生儿出生第一周的照顾要点

刚刚出生的新生儿还不适应外界环境，如何才能给新生婴儿最好的照顾？这里通过了解宝宝出生后前 7 天的主要特点和生理变化，就能懂得怎样观察宝宝和掌握照顾要点。

第 1 天

宝宝刚出生，会有一个适应的过程，因为身体循环不良的原因，肤色有些发紫的现象为正常，不会有太大问题。

出生后30分钟，是宝宝最清醒的时刻，人们通常把刚脱离母体的婴儿立即送到婴儿室观察。现在医护人员会把处理干净、登记后的宝宝送到产台上和妈妈做第一次母子接触，并鼓励此时进行第一次母乳的哺喂。

体温：刚出生的宝宝体温调节功能尚未成熟，身体循环较差，所以手脚摸起来会凉凉的，由于医院婴儿室有温控设备，并随时会监测宝宝体温，所以不必担心。

头部：新生儿头部可能会因生产过程受产道挤压，出现水肿的现象，这种情况大约在第3天消失。部分新生儿有头皮血肿，多在1个月内恢复，有一些则需要好几个月才会好转。此外，由于宝宝头骨尚未完全愈合，而形成前囟门、后囟门，摸起来软软的，后囟门约在出生后2个月就闭合，前囟门则在18个月前闭合，此期间应尽量避免外力碰撞。

皮肤：新生儿哭时皮肤呈深红或紫红，遇冷时则手脚容易发绀。有一些宝宝刚出生就有脂溢性皮炎，发生于脸或头部，通常不需特别处理，除非很严重才需要用药。此外，婴儿由于皮脂腺未成熟，皮脂凝聚在皮脂腺内而形成的“粟粒疹”，在几周内会自然消失。

视觉：刚出生宝宝的视力范围约20厘米，能看到妈妈的脸。

脐带：刚出生时，医护人员会将宝宝的脐带夹住，开始呈现白色，以后会逐渐变干、变黑，大约2周后脱落。

动作：宝宝一出生就会乱动，手会抓（即抓握反射），脚会踢，但属于无意义的动作，例如“踏步反射”，抱直婴儿让脚底接触平面，腿就会自动弯起又踏下，好像走路的动作，在3～4周时消失。“惊吓反射”也在出生后开始，最久会持续到4个月，多数在1～2个月内消失；吸吮反射（即接触婴儿的面颊，头部就自动转过来，张口想吸吮寻找接触物）也在第一天就出现，这些都是正常的反射动作。

奶量：喂母乳的妈妈，刚开始初乳量不多，大约只有30毫升，宝宝刚出生头一天需求量不大，所以足够宝宝需要。但随着宝宝一天天的长大，需求量增加，只要宝宝想吃奶就可以喂，妈妈乳汁也会因宝宝的吸吮而增加，每天平均可以喂食6～8次。

大便：大多数婴儿会在出生后24小时内排出“胎便”，如果超过24～48小时后仍未排便，就要怀疑是否有先天性肠道病或其他潜藏的病理性问题。

睡眠：1个月以内的婴儿，每天睡眠时间很久，至少在18小时以上，睡眠时间相对不规则，可能主要在白天睡，晚上较清醒，要到2～3个月以后才会改善。

第2天

和第1天相比，并无太大差别，妈妈可能会发现宝宝体重有所下降，许多新生儿在第1周内会有这种现象，如果体重减轻超过出生体重的10%就要特别注意，可能是因为母乳分泌有限，宝宝不够吃，或大便量过多，不过多数是因母乳不够所致，需要耐心等待，一周后母乳量会达到正常且足够的量。医生会建议尽量哺喂母乳，特别必要时，再加喂配方奶。

视觉：出生第一个月的宝宝，都会用眼睛注视照顾者，眼睛跟着目标物转动。

大便：出生1周以内，大便次数并不多，1周以后才会明显增加。哺喂母乳的宝宝大便次数，多于喂配方奶的宝宝，排便次数因人而异，通常3天排便1次或1天3次都属正常。若太多天未排便，宝宝（尤其是喂配方奶的宝宝）较容易胀奶或吐奶。

第3天

皮肤：新生儿黄疸出现。造成新生儿黄疸的原因是胆红素生成较多、肝脏代谢能力尚未成熟等。可以分为“生理性黄疸”与“病理性黄疸”。生理性黄疸多在出生3～5天达到最高峰，1周时消退。可以利用增加哺喂次数及增加水分摄取等方式，降低黄疸指数，不需要停喂母乳。如果黄疸不高，多补充水分，同时增加喂食的次数，由大小便帮助代谢排出，出院后仍需继续观察宝宝肤色、活动力及食量。如果持续10天仍未消退，则有病理性的可能，应当尽快就医。

奶量：宝宝出生第1、2天食量较少，之后会随天数逐渐增加，建议妈妈要及早让宝宝吸吮乳头，并做适当的乳房护理，可以刺激母乳早日分泌，并增进母子关系。妈妈若要确认宝宝是否可从母乳哺喂获得足够奶水，可以观察宝宝是否有嘴巴张大、上下唇往外翻并含住乳头及部分乳晕（不是只含着乳头），有吸吮的动作，未发出吱吱声音。有这样的动作表示宝宝吸到了奶水，在这样的状态吸吮几分钟，表示宝宝已经吃到足够量的奶水。

大小便：出生第1～3天，大便颜色多为深绿色，几乎是呈现黑色焦状的黏稠便。小便还是不多，但会每天增加一些。

第 4 天

第 4 天，自然产的妈妈一般都会在这天出院，宝宝的照顾要落在自己和家人身上，许多在住院时向护理人员所学到的照顾技巧，从这一天开始，可以派上用场。

脐带呵护：护士在妈妈出院时，会提供 75% 乙醇，并教导清洁要领，妈妈或照顾者为宝宝洗澡后，必须以 75% 乙醇进行脐带的消毒擦拭，若发现有分泌物或有味道出现，最好去医院检查是否有感染问题。

穿着：家庭照顾的大多数宝宝，穿着衣物都会稍显多，新生儿只要比成人多加一件衣服即可，建议在室内只要穿一件纱布衣、一件棉衣、一件外衣即可，外出时再加外套，有一些妈妈给宝宝穿了三件之后还用毛巾包裹，不仅宝宝不舒服，也会影响宝宝的动作发展。

小屁股的照护：宝宝最怕“红臀”，只要包了尿布，都可能因为疏忽而造成“红臀”。建议在每次清洁宝宝的小屁股后，擦一些婴儿专用乳液。大便后最好用温水洗屁股，如果连小便后也能做清洁处理更好，平时要勤换尿布，最好每天换 6 次以上。

大便：第 4 ~ 6 天，宝宝大便颜色变淡，而且越来越黄。

第 5 天

第 5 天必须持续观察宝宝的大便，通常头两天为墨绿色的胎便，第 3 天开始变成黄棕色转换期的大便，如果第 4 天以后仍然排泄胎便，要注意宝宝有可能没真正吃到足够的母乳。

第 6 天

第 6 天之后，宝宝一天至少要有 3 ~ 4 次的黄色大便。有一些纯母乳喂养的宝宝在出生 3 周以后，大便次数可能变少。至于小便，第 6 天以上的宝宝一旦尿湿，尿布会又湿又重。

第 7 天

体重：宝宝可能在第 1 周出现体重减轻的情形（因为生理性脱水的关系），过了 1 周，体重应该开始增加，每天增加 30 克左右，一个月后的体重将比刚出生时多出约 1 千克。

脐带的处理：脐带在出生后 7 ～ 10 天会自然干燥及脱落，刚脱落的脐部会渗出一点儿血。

脐带的护理主要包括以下步骤：

每天为宝宝洗澡时，肚脐部位需要清洁，但不要深到最底部，避免表皮受伤和感染；

清洗完毕后，肚脐部位水分要用棉花棒擦拭干净；

以 75% 乙醇于肚脐根部向外擦拭，切记不要来回擦拭；并在每次换尿布时，检查脐部是否干燥，脐带脱落以后也同样做这项处理。

眼、耳、鼻、口、舌的护理

眼睛

胎儿在娩出过程中，要经过母亲的产道。而母体的产道会存在着一些细菌，新生儿在出生的过程中，眼睛可能会被细菌污染，引起眼角发炎。所以，孩子出生后，要注意眼睛周围皮肤的清洁。可以用药棉浸生理盐水，每天替宝宝拭洗眼角一次，由里向外，切不要用手拭抹。如果发现眼分泌物多或眼睛发红，揩净后用氯霉素眼药水滴治，每天 3 ～ 4 次，每次一滴。

宝宝要有专用的洗脸毛巾，每次洗脸时，先擦洗眼睛。眼睛若有过多分泌物，可用棉球蘸温开水从内眼角向外眼角轻轻擦拭。

耳朵

宝宝耳朵内的分泌物不需要清理，洗脸时注意耳后及耳朵外部的清洁就可以了。保持五官的清洁，有利于宝宝的健康。

可以用蘸湿的棉签擦洗外耳部，但小心不要伸入耳道。注意不要把水滴入耳道内。如果宝宝的耳背有皲裂，可以涂一些熟食油或 1% 甲紫。

鼻腔

遇到宝宝鼻腔内分泌物较多，清洁时要特别注意安全，千万不能用发夹、火柴棍挑挖，以免触伤鼻黏膜。如果鼻分泌物在鼻孔口，一般都能拉出，但动作要轻柔。如果鼻分泌物近于鼻腔中部，可以先用棉签蘸点温水湿润一下，然后用棉签轻轻地卷出来。

若宝宝鼻孔内有分泌物并结成干痂，影响呼吸，可用棉球或毛巾蘸干净温开水轻轻擦拭，使干痂湿润变软后即能自动排出。

口腔

用布或毛巾给婴儿揩洗口腔的做法不好，因为婴儿的口腔黏膜娇嫩，容易引起破损而造成感染。正确的做法是在两次喂奶之间，喂几口温开水即可。

舌

细心的妈妈会发现，宝宝张开小嘴后有舌苔，它并不会影响宝宝食欲，不必特意用纱布清除，只要喂奶以后给宝宝喝点温开水即可，通常3个月后会逐渐改善。肠胃消化功能较差的宝宝，舌苔会比较厚，且会持续存在。

变“黄”不是病——新生儿黄疸

出生后2～3天，多数新生儿的皮肤会变得渐渐发黄，到出生第7天，发黄最明显，这就是新生儿黄疸。

新生宝宝变“黄”的现象，一般情况在7～10天自行消退，没有不适表现，不需治疗，喂一点糖水即可。新生儿黄疸症在早产儿身上往往表现得比较重，出现得早，消退得晚，3周左右消退尽。新手父母们完全没必要发现宝宝皮肤发黄就惊慌失措，忙于求医治疗。

新生儿皮肤发黄，是因为胆红素在胎儿体内积聚，把新生儿的皮肤、黏膜和巩膜全都染黄，就出现了全身性黄疸。这种现象不是病态，无须治疗。

但是，如果新生儿黄疸出现过早，在出生24小时内，发展迅速，或黄疸消退过迟，或消退后又再出现，则属病理性黄疸，应找医生查明病因并治疗。

育儿环境——色彩、温度、湿度、声音

保衡温

宝宝出生前在母腹中，被温暖的羊水包围，过着“四季如春”的舒适安宁生活。初到人世间，首先会感到寒冷。宝宝体温调节中枢发育不完全，体温调节能力差，过冷或过热都不宜。

育儿房间温度不能高，也不能低，要保持温度恒定，才能保证体温稳定。育儿房间温度夏季以23～25℃，冬季要达到20℃以上，湿度保持在50%～60%为宜。

怎样知道宝宝是冷还是热呢?

一般可以摸宝宝体表露出的部位，如面额、手，以不凉而无汗为合适。如果

四肢发凉，说明温度不够，要想办法加热水袋保暖，热水袋温度应在 50℃左右，要把热水袋放在宝宝棉被下，不要直接接触皮肤，以免引起烫伤。

忌嘈杂

宝宝的健康成长，需要安静舒适的生活环境。嘈杂的环境和噪声，对新生儿的正常生长发育极为有害。按国际标准规定，一般居处白天的噪声不能超过 45 分贝，夜间不能超过 35 分贝。因为 50 分贝的噪声会缩短健康者熟睡时间，80 分贝以上噪声可以损伤人的听力，120 分贝的噪声会使人精神错乱。

噪声对婴儿影响更大，因为婴幼儿中枢神经系统尚未发育健全，长期噪声刺激，会使脑细胞受到损害，大脑发育不良，使宝宝的智力、语言、识别、判断和反应能力的发育受到阻碍成为低能儿。噪声影响宝宝的睡眠，造成生长激素和其他有助生长的内分泌激素分泌减少，影响宝宝正常发育，个子长不高；噪声会使宝宝食欲下降，消化功能降低，出现营养不良；噪声刺激交感神经，使之紧张并损害听力，形成“噪声性耳聋”。

因此，育儿环境最好远离马路；家人也不要在室内高声喧哗吵闹，电视机和音响音量不宜太大，门窗开关动作要轻，不要买高音量的电动玩具和质量低劣、未经正规校音的乐器给宝宝玩，也不要抱宝宝去剧院等人多嘈杂的地方玩。

宜多彩

宝宝既不能在嘈杂环境中生活，也不能在完全无声无响的环境中，否则同样不利生长。适量的环境刺激会有利于提高新生儿的视觉、触觉和听觉的灵敏性，有利于巩固和发展生理反射，促进智力发育，从而使大脑更为发达。房间里可以张贴一些色彩绚丽的图画，悬挂各种颜色鲜艳的气球彩带，伴以柔和、轻快的抒情音乐（音量不宜大），和一些带响的玩具，积极创造丰富多彩的视、听、触觉环境，使宝宝健康成长。

忌夜灯

为了夜里便于喂奶、换尿布，有些家庭会在卧室通宵开着灯，这样做对宝宝健康成长不利。新生儿体内自发的内源性昼夜变化节律会受光照、噪声等外界物理因素影响，对宝宝来说，昼夜有别，有利于调节生物规律，促进生长发育。

穿衣服和裹襁褓

穿衣服和裹襁褓事情虽小，却关系到孩子的健康，要特别注意方法得当。

给小宝宝穿衣服，是一件很费神的事，因为初生的宝宝习惯于保持在母体中的姿势，大都成天蜷缩着手脚，要穿上衣服，又怕拉坏了孩子。小家伙受到惊扰发出一阵阵的哭闹声，往往会令父母手足无措。

给孩子正确穿衣服的方法

先把包被和衣服平整有序地铺在床上，让宝宝平躺在衣物上，把宝宝的一只胳膊轻轻抬起来，顺着胳膊的弯曲，先向上然后向外侧伸进袖子，用同样方法再穿好另一只袖子，把后背衣服拉平，合好衣襟，兜上尿布。如果宝宝的小手和腿蜷缩着，可以轻轻地在膝窝和肘窝处捏一捏、揉一揉，宝宝的手和腿自然会伸开，方便穿衣。

夏天，给宝宝穿一件单衣，包上尿布即可。

新生儿皮肤呈玫瑰色，毛细血管丰富，表层细嫩，衣物以质地柔软、吸水透气性强、舒适的纯棉布为宜，衣服要宽大，能使四肢活动不受限制，不要用纽扣，穿脱方便，以系带子的无领无扣的样式为佳。衣服颜色宜浅不宜深，避免深色染料褪色刺激皮肤。衣服的接缝处及下摆宜用毛边，衣缝朝外，防止硌伤宝宝娇嫩的皮肤。

内衣至少要准备 3 件以上，以便换洗。夏季穿一件内衣即可，天凉时逐渐添加外衣，外衣可选用加厚棉毛衫或棉绒衫，尽量不要穿毛线衫，以防毛线毛绒刺激皮肤。新生儿不用穿裤子，因为经常尿湿，可以直接使用尿布裤。

要防止“婴儿闷热综合征”，给新生儿穿戴过多，盖被子过厚，可能造成这种症状。一方面，可能造成宝宝机体不同程度缺氧；另一方面，可能使体内水分大量丧失，出现不同程度的脱水症状。

其他季节需要裹襁褓，但不要用传统打“蜡烛包”式的方法，把孩子四肢绑直捆紧，不利于宝宝的生长发育。

正确裹襁褓的方法，是用包被从宝宝腋下松松地裹住下半身，以成年人的手指能自由伸入为宜，让宝宝的双腿呈自然屈曲状态，能自由活动。然后再用被子盖好，以宝宝手不发凉、也不出汗，腋下体温在 36.5 ~ 37.3℃为宜。

脐带和臀部护理方法

新生儿的脐带和会阴部位，是身体最娇嫩的部位，需要特别注意护理。

脐带的护理

脐带，是胎儿在妈妈腹中时与母体联系的通道。从新生儿出生剪断脐带，到脐带从根部脱落，需 1 周左右时间，脱落后几天能完全长合。

新生儿的脐带在长出痂、从根部脱落之前，一定要保持清洁。给宝宝裹尿布时，注意不要包住断脐处；要经常检查包敷脐带处的纱布，如发现被大小便污染，则随时更换。另外，脐带一定要保持清洁干燥，脐带大部分 1 周后会自行脱落，有些可能略迟些，不要用手去剥它。如果时间太长脐带不脱落，或断脐处有红肿、渗液、臭味等异常情况，应找医护人员处理。

宝宝出生后 24 小时，即可以打开脐上的消毒纱布，如果无感染，以后可不用纱布覆盖，以促使脐带更快干燥脱落。

纱布打开后，可用 75% 乙醇（酒精）棉球轻轻擦洗脐根部及周围皮肤，以后每次洗完澡，均应擦洗一次，以利脐结端干燥。

勤换内衣，尿布不要盖在脐部，防止粪尿污染。

脐带脱落后，仍要尽量保持脐部干燥和清洁。

如果发现脐部湿润并有分泌物，脐周皮肤变红，则可能是感染，需找医生诊治。

保护宝宝的臀部

由于排便次数多，宝宝肛门周围的皮肤和黏膜会容易损伤，在护理中要特别注意肛门部位。宝宝排便后，应当用细软的卫生纸轻轻擦拭，或用细软的纱布蘸水轻洗，洗完以后可以涂些油脂类的药膏，以防发生“红臀”现象。

要及时更换尿布，避免粪便、尿液浸渍的尿布与皮肤摩擦而发生破溃。对用过的便具、尿布以及被污染过的衣物、床单，要及时洗涤并进行日照消毒处理。

怎样给宝宝洗澡

经常给宝宝洗澡不仅能保持皮肤清洁，还能促进全身血液循环，增进食欲，有益睡眠，促进新生儿生长发育。洗澡是母乳喂养之外，另一种增强母子、父子亲情交流的好机会，更重要的是，洗澡时可以全面观察宝宝全身情况，有利于及早发现问题并及时处理。

一般新生儿出生后1～2天就可以洗澡。给宝宝洗澡最好安排在吃奶前，因为吃完奶后宝宝容易睡觉。即使宝宝不睡，也会因喂奶后婴儿肠胃活动增加而吐奶，让宝宝感到不适。

给新生儿洗澡要事先做好充分准备。室温要保持在23～26℃，水温一般在37～38℃为宜，宝宝皮肤娇嫩且敏感，最好要备有一只温度计测温，没有温度计的条件下，以成年人的手背或手腕内侧皮肤感受到不烫不凉为宜。兑好水后，把干净的包布、衣服、尿布依次摆放妥当，再准备一条柔软宽大的浴布以便于包裹洗完澡后的宝宝，防止受凉。

洗澡时，用左手托住宝宝的头，以拇指和食指（或无名指）把宝宝的双耳向前按住，使耳廓向前，紧贴腮部，堵住耳孔（也可用棉球塞住耳孔），防止洗澡水流入耳道引起中耳炎。成人用左臂膀挟住宝宝身体，使宝宝脸朝上。然后用小毛巾依次洗头部、颈部、腋窝、胸部、两臂和手，洗完后再把宝宝翻过来，让孩子俯卧在成人左臂上，头顶贴在成人左胸前，用左手托住宝宝的右大腿，开始洗身体下部，从会阴向后洗腹股沟和臀部，最后洗下肢和脚。也可以把婴儿专用洗浴垫放在盆内，把宝宝放在垫子上，按前述顺序洗澡。可以隔天给宝宝使用婴儿皂，但要严防皂水流入眼、鼻、口、耳中。然后，用事先准备好的浴巾逐一拭干全身。脐带未脱落前，要注意尽量避免浸湿脐部。洗完后，用75%乙醇棉球擦拭脐部消毒。洗澡后最好不要扑粉，以免堵塞毛孔，影响到新陈代谢。处理完毕后，给宝宝换上干净尿布和衣服。

给新生儿洗澡动作要快，整个过程必须在5～10分钟内完成，以防宝宝暴露时间过长受凉。

日常“功课”——换洗尿布

新生儿的皮肤细嫩，最易受损伤。因此，新生儿的尿布应当选用柔软、清洁、吸水性强的白色或浅色棉质旧布。

选好的尿布截成方形，约50厘米见方，需要准备30块左右，供一昼夜间轮换使用。

换尿布

尿布湿了或脏了，要及时更换，以免宝宝发生尿布性皮炎。

更换尿布时，把宝宝放在毛巾上，取掉脏尿布，用温水轻轻地由前向后，清洗生殖器部分，然后用毛巾轻轻拍干。如果大便污染了尿布，把沾有粪便的部分折到尿布里面并去掉，用棉布或卫生纸擦净臀部，再用温热水冲洗并拍干。然后，把方形尿布叠成 3 ~ 4 层（宽度 12 ~ 15 厘米），一头平展地放置在宝宝的臀部至腰下，另一头由两腿之间拉上至下腹部。男婴应当把阴茎向下压，防止小便渗入脐带部。再把方形的尿布叠成三角形，放在长条形尿布下，三角形的两端覆盖在长方形尿布上，尖端由两腿之间拉上固定。

换尿布时，动作要轻，要快，防止宝宝着凉。包扎尿布不要过紧或过松。过紧宝宝活动受限，妨碍发育；过松则粪便容易外溢，污染皮肤。

尿布不宜过宽过长，以免擦伤皮肤，而且长期夹在两腿之间会引起下肢变形。

包尿布时，男女有别：女婴的尿液容易向后流，尿布后面要垫得厚一些。男婴的尿液容易向前流，前面要折得厚一些。

洗尿布

洗涤尿布时，不宜用洗衣粉，防止因洗衣粉中的化学物质残留，刺激宝宝细嫩的皮肤。尿布要用温热的肥皂水浸洗，去除污渍后，洗干净的尿布要用沸水烫过。洗净并经沸水烫过的尿布，宜挂在阳光下晒干。

有很多年轻爸爸、妈妈愿意给新生婴儿使用纸尿裤，清洁卫生的同时，也省了清洗工序。但是，纸尿裤相对成本较高，而且属一次性产品，健康的宝宝每天多的要用到十多片，经济开支显然要加大很多。此外，纸制品中的残留化工物质虽然浓度不高，对成人一般不会有大的毒副作用，但对皮肤细嫩的宝宝来说，无疑是一个“隐形杀手”。

因此，建议纸尿裤还是不宜替代传统的尿布，如果实在觉得需要，最好和尿布一起交替混合使用为佳。

选购纸尿裤

购买纸尿裤一定要选择有卫生许可和标准化安全标志的合格品，还要特别注意选择透气、干爽的纸尿裤。

现代的妇婴用品已经注重“人性化设计”，为宝宝选择纸尿裤还要注意以下细节：

腰围、腿围：腰围有部分加宽、或大腿附近的剪裁有增加伸缩功能，要注意伸缩剪裁的部分是否有完全服贴（大约能容纳一根手指的宽度）在宝宝的身上，假使皮肤上出现红红的勒痕，就是收太紧。

棉柔材质、透气性好：因为小屁股和尿布相处的时间相当长，直接接触皮肤的部分，选择棉柔材质吸汗、透气性佳的款式，让小屁股轻松无负担。

防漏侧边：防漏侧边设计，能防止因宝宝动来动去，尿液渗出尿布外的困扰，部分厂商还有推出加大尿量吸收的设计，宝宝尿量较多也不怕。

尿湿显示：对还不能掌握该换尿布时机的新手父母来说，“尿湿显示”设计显得相当实用，只需要观察尿布上的图案显示，就不用担心错过换尿布的时机。

预防宠物和宝宝“争宠”

现代家庭养宠物的很多，人与宠物在日常生活中交流得很亲密，宠物也几乎成了家庭的重要成员之一。

从医院接宝宝回到家里之前，家养的宠物小猫和小狗，就需要提前做好准备。

可以事先给宠物设置一些界限。比如，调教宠物猫或狗不准进卧室，在过道里给它一块地方，让宠物懂得不是任何地方都能去的。如果宝宝降生了之后，才去训练宠物，那么它们就会认为是宝宝导致了自己活动受限制，有可能使宠物对孩子充满攻击性。

下面是一些缓解宠物嫉妒情绪的方法，不妨试一试：

狗是自尊心很强的动物，喜欢通过气味认识新的家庭成员，进而接纳宝宝。因此让宠物狗尽快接纳宝宝的一个好办法，是提前从医院把宝宝的衣物带回家，让狗先闻一闻。

宝宝第一天回到家中，与宠物最好的见面仪式是，一手抱着婴儿，一边让宠物狗在周围嗅来嗅去。对于小猫，也不要呵斥开，要让它静静地和宝宝交流。

对宠物有重要安慰作用的是抚摸，除了在孩子睡着以后抚摸宠物之外，还应该在婴儿醒着的时候，尽可能经常地抚摸小猫和小狗，以便让宠物感觉到自己在家庭中的地位一切照旧。这样做，有利于让已经成为家庭“老”成员的宠物接纳宝宝，不至于和宝宝“争宠”。

喂养课堂——宝宝喂养新概念

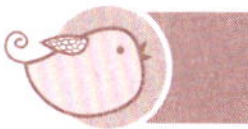

妈妈的礼物——母乳喂养好

母乳，是妈妈专为宝宝准备的最理想的天然食品。有一些妈妈为了保持体形或者怕麻烦，不愿意给宝宝喂母乳，靠人工喂养替代乳品，这样对母子双方都不利。除有某些疾病的母亲外，都应当让宝宝吃母乳。

具体来说，母乳有以下好处：母乳营养丰富，易消化和吸收；人体需要的三大营养物质蛋白质、脂肪和碳水化合物的比例适当。对于消化和吸收功能弱的宝宝来说，吃母乳绝对不会出现三大营养物质失衡；母乳中三大营养的组成成分氨基酸、多糖也适宜于新生儿消化道功能特点，最易于消化和吸收。

母乳除营养丰富外，含钙量高，每百克可达到30毫克，用母乳喂养宝宝，可以减少婴儿佝偻病发生。母乳中钙与磷元素比例适宜，与正常人体内钙磷比例一致，宝宝易吸收，对发育极其有利。

母乳具有增进宝宝免疫力，增强宝宝体质作用。母乳中含有多种免疫球蛋白，具有抗感染、抗过敏作用，还能保护消化道黏膜；母乳还含有生长调节因子，这些因子对细胞增殖、发育有重要作用。母乳脂肪中含人体必需的脂肪酸比牛奶多，尤其是亚油酸更丰富。因此，母乳喂养的宝宝不容易得湿疹。母乳含糖量高，适合婴儿的需要，还能抑制宝宝肠道菌的生长，不易发生腹泻等肠道疾病。

母乳新鲜，温度适宜，直接喂养，有利卫生。

婴儿的吮吸刺激，可以增加母亲体内激素分泌，加快子宫收缩，促进母体尽快恢复。

母乳喂养可以增强母子之间的感情联系，使宝宝感受到母爱的温馨。

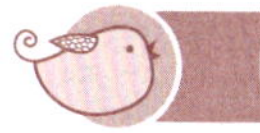

初乳是珍贵的免疫黄金

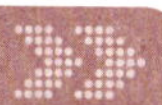

初乳，因为富含妈妈给婴儿的免疫物质，被人们誉为“免疫黄金”。

一般产后2～3天妈妈分泌的乳汁称为初乳。有些旧风俗主张要把产后头几天分泌出的少量黄灰色奶汁挤出来扔掉，嫌它不干净，这样做会扔掉了天然的免疫成分。

初乳虽然不多，但浓度很高，颜色类似黄油。与成熟乳相比较，初乳中含有丰富的蛋白质、脂溶性维生素、钠和锌。还含有人体所需的各种酶类、免疫球蛋白等。相对而言，初乳含乳糖、脂肪、水溶性维生素较少。初乳中免疫球蛋白 A（IgA）可以覆盖在婴儿未成熟的肠道表面，阻止细菌、病毒的附着。初乳还有促脂类排泄的作用，减少黄疸的发生。

所以，初乳被人们誉为“第一次免疫”，妈妈一定要抓住给孩子喂养初乳的机会，不要错过对宝宝的第一次免疫成分输入。

据人们对产后 1～16 天母乳营养成分分析表明，初乳中免疫球蛋白含量很高，还含有大量新生儿体内缺少的免疫物质，它们有直接吞噬微生物、参与免疫反应的功能，能增加宝宝的免疫力。母乳喂养，可以使新生儿在出生后一段时间内具有抗感染能力。

此外，早产儿也需要母乳喂养。因为早产儿母亲初乳中乳糖较少，蛋白质、IgA、乳铁蛋白较多，最适合早产儿生长发育的需要，千万不要忽视。

妈妈要学会正确喂奶

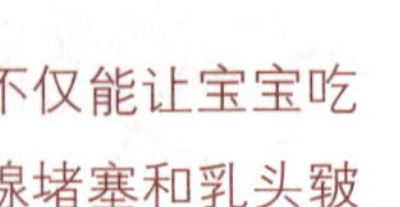

给宝宝喂奶，是新妈妈的基本功，别看事小，正确的哺喂，不仅能让宝宝吃饱、吃好，还能让奶水源源不断、充足供应，防止新妈妈出现乳腺堵塞和乳头皲裂，腰背痛、“妈妈手”等因为哺乳姿势不正确引起的问题。

哺乳前，妈妈要先做好准备，洗干净手，用温开水清洗乳头。

哺乳时，妈妈最好坐在椅子上，把宝宝抱在怀里。宝宝的头如果依偎在妈妈左侧臂膀，则先喂左侧乳房，吸空之后再换另一侧乳房。使两侧乳房都有被宝宝吸吮排空的机会，以利于下一次分泌更多的乳汁。

哺乳完毕后，用软布擦洗乳头并盖上。然后把宝宝抱直，让头靠着妈妈的肩膀，用手轻轻拍打宝宝的背部，直到宝宝连打几个嗝，排出胃内空气，以防止溢奶（即宝宝吐奶现象），然后把宝宝放在床上，向右侧卧，头部略垫高一些。

要注意掌握正确的哺乳姿势。让宝宝把乳头上乳晕部分含在小嘴里，宝宝吸吮得当，会吃得很香甜，妈妈也会因为宝宝吸吮尽乳汁感到轻松。宝宝的吃奶姿势正确，可以达到防止妈妈乳头皲裂和不适当供乳的情况发生。

正确哺乳的要领

体位舒适：喂哺时可采取不同姿势，重要的是新妈妈应当心情愉快，体位舒适，全身肌肉松弛，这样有益于乳汁排出。

母子紧密相贴：无论怎么样抱宝宝，喂哺时宝宝的身体都应与妈妈身体相贴。宝宝的头与双肩朝向乳房，嘴巴处于乳头相同水平的位置。

防止宝宝鼻子受压：喂哺全过程中，应当保持宝宝的头和颈略微伸张，以免乳房压迫鼻部而影响呼吸，同时还要防止宝宝头部与颈部过度伸展造成吞咽困难。

手的正确姿势：要把拇指放在乳房上方或下方，托起整个乳房喂哺。除非奶流量过急，宝宝呛奶时，不要以剪刀式手势托夹乳房。这种手势会反向推动乳腺组织，阻碍宝宝把大部分乳晕含进小嘴里，不利于充分挤压乳腺内的乳汁排出。

最常见的有三种哺乳法

摇篮式抱法：把手肘当作婴儿的头枕，手前臂支撑婴儿的身体，让婴儿的肚子紧贴着妈妈的胸腹，使婴儿的身体与妈妈的乳房平行。无论在床上或椅子上，都可采用这种姿势，让妈妈随时随地喂奶。如果坐在椅子上，可在双脚下放一只小凳子踏着，减轻背部压力。

橄榄球式抱法：妈妈托住婴儿的头部，并用手臂夹住婴儿的身体，使婴儿呈现头在妈妈胸前、脚在妈妈背后的姿势，采取这个姿势时，可以在宝宝身体下方垫一个枕头或是垫个较厚的棉被，使婴儿的头部接近乳房，并协助支撑婴儿的身体，妈妈不必花力气抱起婴儿，可以减少肩膀酸痛的情形。

卧姿哺喂法：妈妈侧躺在床上，背部与头部可以垫上枕头，同一侧的手可放在头下，另一只手抱着婴儿头部及背部，使婴儿贴近乳房。如果要换喂另一侧的乳房，可先调整身体使另一侧乳房靠近婴儿，或与婴儿一同翻身后再喂。新妈妈坐月子期间，或是半夜里宝宝肚子饿时，最适合采用这个喂姿。

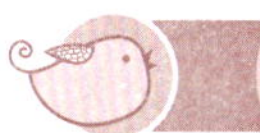

勤于喂奶，保证乳汁充足

产科医生们普遍认为，保证充足乳汁的要点如下：

尽早开奶

妈妈应当尽量在产台上（刚生产完后）就试着喂奶，让婴儿尽早地学会吸吮和熟悉妈妈的乳房，同时也能刺激妈妈身体早一些分泌奶水。

按照宝宝的需求喂奶

宝宝饿了时就喂奶，不要限制喂奶的时间与次数；宝宝吸得乳房越空，下一次分泌的乳汁就会越多。

母婴同室

要做到按照宝宝的需求喂奶，最好能在母婴同室的医院生产，这样才能方便地按照宝宝的需求喂奶。同时，母婴同室还能帮助妈妈早些熟悉宝宝的作息、个性等，这对于顺利喂母乳很重要。喂奶时，妈妈可使自己采取较舒服的姿势，例如夜晚可以躺着喂母乳。

要有自信

妈妈的情绪和自信心，会影响到缩宫素的分泌状况，缩宫素是一种帮助乳汁从乳头中泌出来的激素，能帮助婴儿顺利吸吮到母乳。

如果能尽量按照宝宝的需求喂奶，不要限制喂奶的次数与时间，很快，妈妈的奶水与宝宝的需求量会达到供需平衡。妈妈分泌的奶水量恰好能符合宝宝的需求量，而且妈妈会在下一次宝宝肚子饿的时候胀奶，这就是人们通常说的奶水建立。

哺喂母乳的妈妈该怎么吃呢

新妈妈每天应较怀孕前多摄取约 2 090 千焦（500 千卡）的热量，并且在饮食均衡的原则下，多加强蛋白质与水分的摄取，这样做乳汁才会有丰富的营养素。

水分是母乳的主要成分之一，若是每天摄入的水分不足，也会影响乳汁的正常分泌，妈妈们每天应摄取 3 000 ~ 4 000 毫升的水分。

催乳汤，要喝吗

民间流传有许多催乳的食物，应该吃吗？这些食物是否真能增加奶水量？

营养学家分析民间催乳食物的成分结果证明，几乎全都是高蛋白质与富含水分的食物，这些食物的确有助于乳汁的分泌，例如花生炖猪蹄汤、排骨汤、鲜鱼汤、鸡汤、红糖姜汤、黑麦汁等。

催乳食物，不仅能促进奶水分泌，还能为产后的妈妈补充营养，毕竟分娩的过程耗费了不少精力。妈妈吃这些食物后，体力好、精神佳，能增加哺喂母乳的意愿。

既然有催乳食物，当然也有退乳食物，麦茶、麦芽水、韭菜等都具有退乳效果，哺乳期的妈妈要避免吃这些食物，以免乳量受到影响。

另外，哺乳妈妈一定要有充足的睡眠与好的心情，因为疲劳、情绪不佳、压力大等因素，都会减少奶水的分泌量。有些药物、吸烟也会抑制奶水的分泌。

喂母乳期间，妈妈所吃食物的气味会进入乳汁当中，影响宝宝日后的饮食习惯。例如，妈妈如果吃胡萝卜，宝宝将来也会喜欢吃胡萝卜。单一食物经过消化吸收后，在母乳中的味道已经十分稀薄，不见得会有这么强的影响。但哺乳妈妈分泌的乳汁，确实会因为所吃食物的改变而有不同的味道。

如果妈妈摄取多种食物、饮食均衡，宝宝在乳汁中尝到的是多种食物综合的味道，在以后也能接受不同食物的味道，不会有偏食现象。

人工喂养宝宝

人工喂养，是指 4 ~ 6 个月以内婴儿由于各种原因不能母乳喂养时，完全采用配方奶或其他兽乳喂养。

人工喂养相对于全母乳喂养和混合喂养法要复杂一些。但只要细心，同样会收到较满意的喂养效果。

一般市售的配方奶粉，都附有较为详细的喂养量、调配方法和哺喂说明。现在一般不主张直接给小婴儿阶段的孩子哺喂牛奶，尤其是新生儿。

新生儿一般每天要喂 7 ~ 8 次，每次喂奶间隔为 3 ~ 3.5 个小时。喂养量据宝宝体重和能量计算，一般来讲，1 岁以内的婴儿每一天的能量供给为 95 千卡 / 千克体重。可根据孩子体重和 100 毫升配方奶中所含有的热量，计算出 1 天的奶量。每 100 毫升标准冲调后的奶液能提供多少热量，可以在婴儿配方奶包装上的营养成分表里找到。以 100 毫升奶液能提供 67 千卡（即 280 千焦）热量的配方奶为例。例如 3 千克体重的宝宝，则需给奶量为：95 千卡 ×3=285 千卡，因每 100 毫升含 67 千卡，所以24小时的奶量为425毫升，分7～8次吃，每餐给奶量为53～60毫升。

人工喂养注意事项

奶瓶、奶嘴、杯子、碗、匙等宝宝专用食具，每次用后都要清洗并消毒。应当给宝宝准备一个锅专供消毒用。专用餐具消毒时，每次洗净后加水，在火上煮沸20分钟即可。

每次喂哺前，要试试乳汁的温度，过热、过凉都不行。哺乳前，把奶汁滴于手腕或手背部，以不烫手为宜。

喂奶时，奶瓶宜倾斜成45°，使奶嘴中充满乳汁。既要避免冲力太大导致宝宝呛奶，又要防止奶瓶压力不足宝宝吸入空气，造成腹部不适。

注意观察宝宝的大小便情况。碳水化合物少，蛋白质多，宝宝大便干燥，尿量少而发黄；碳水化合物多则大便有泡沫或酸味。

这样配奶

把温开水倒入奶瓶中，看奶瓶刻度确定水的分量。

用配方奶粉包装中提供的小匙，舀出奶粉，每一匙的奶粉须装满奶粉匙，但不要堆高或刻意压平奶粉。

把量匙中的奶粉倒入奶瓶之后，将奶嘴和奶盖装在奶瓶上，并左右摇晃使奶粉与水充分混合。配完后可再把奶水滴在手腕内侧，确定奶温适合宝宝饮用。

新生儿需要3～4小时喂食一次。宝宝第一天一餐的奶量大约30毫升，第二天则是一餐60毫升左右。不同的宝宝间有差异，假使宝宝没吃饱，每次可多加一点奶量，但上限是30毫升。配奶的开水温度只要温和、不烫伤宝宝即可，最好不要超过40℃。

这样喂奶

在宝宝的脖子上垫一条小毛巾，让奶瓶从宝宝嘴巴侧面慢慢滑入嘴里，并确定奶嘴放在舌头的上面，嘴唇整个含住奶嘴。

喂奶的时候，奶嘴里要充满牛奶，奶瓶要稍微倾斜，才能让奶水顺利流出，避免宝宝吸入太多空气。

怎样排气

通常母乳喂养宝宝喝完奶后不会有胀气现象，因为不会有空气进入宝宝口中。但是，喂配方奶的宝宝或多或少都会吸进一些空气，因此喂完奶后妈妈要替宝宝排气，否则宝宝容易出现腹胀或溢奶的状况。

让宝宝坐在腿上，宝宝的头及胸部靠在手腕上，并以另一只手扶住宝宝的背部。

将手指与手掌弯曲，对着宝宝的背部由下往上拍，帮助排气。

或者抱起宝宝，让宝宝的身体靠在肩膀上。在肩膀上铺毛巾，防止溢奶。手指手掌弯曲拱起，由下往上拍打宝宝的背部。

宝宝顺利排气后，能听到打嗝的声音，假使拍到 9 ~ 15 分钟还没有听到打嗝的声音，就停止排气，让宝宝侧睡降低溢奶的情况。

配方奶调制

奶瓶中倒入适量的温开水，然后按照配方奶粉的说明，加入规定比例的配方奶粉，摇动奶瓶至奶液均匀为止。一般配方奶粉中，都有足够的碳水化合物，不需要另外再添加。调制好的配方奶液要晾到和人的体温相同时，再哺喂宝宝。

特别要注意，哺喂宝宝的配方奶，并不是越浓越好，一定要按照说明书提供的比例为宝宝冲调。擅自做主加大或减少配方奶粉的量，都不利于宝宝的健康。

早产儿哺喂

早产儿要尽早开始喂哺，生活能力强的，可以在出生后 4 ~ 6 小时开始喂哺。体重在 2 000 克以下的，可以在出生后 12 小时开始喂养；情况较差的，可以在出生后 24 小时开始喂养。

先用 5% ~ 10% 的葡萄糖水喂哺，每 2 小时 1 次，每次 1 ~ 3 汤匙。24 小时后可以喂奶。

有吮吸能力的早产儿，尽量练习哺喂母乳。吮吸能力差的，先挤出母乳，再用滴管滴入嘴里。注意动作要轻，不要让滴管划破宝宝口腔黏膜。每隔 2 ~ 3 小时喂一次。

无母乳的可以先用稀释牛奶，按 2 ∶ 1 或 3 ∶ 1 比例添加 5% 葡萄糖喂哺。最初每千克体重每天喂 60 毫升，以后逐渐增加。

添加：复合维生素 B 每次 1 片，每天 2 次；维生素 C 每次 50 毫克，每天 2 次；维生素 E 每天 10 毫克，分 2 次服用。

从第二周起，浓缩液鱼肝油滴剂，每天一滴，并在医生指导下逐渐增加。

出生1个月后，在医生指导下补充铁剂，包括喂养母乳在内的早产儿，都要按医生指导量补充钙剂。

早教课堂——聪明宝宝赢在起跑线

早教之初——“零岁教育”

早教，是婴幼儿早期教育的简称。而“零岁教育”，则是近年来在围生医学与婴幼儿护理、早期智力开发和能力培养领域里，受到普遍重视的一个命题。

实际上，从宝宝降临人世的那一刻，早期的教育和能力培养活动就已经同步开始。新生儿出世后，大脑中一片空白，外界环境中的声音、光线、抚摸和接触，开始输入诸多的信息，储存后成为经验和记忆。新生儿早教，包括智力、体能、情绪等诸多方面的培养和训练，人之初的被动教育由此起步。

所谓“零岁教育”，是指孩子一出生就开始接受教育。“零岁教育”的主要目的，是培养完全还不会与人交流、完全不懂事的婴儿的潜意识能力。

而所谓潜意识，通常是指不知不觉、没有意识、不能用语言表达出来的心理活动，称做无意识活动。因为无意识而暗中却能对意识发生作用，故又称为潜意识。

人，是通过大脑细胞的连接进行学习、思维和创造活动的。这种学习、思维和创造，能促进脑细胞之间更多和更复杂化的连接，这种连接即为人的思维活动。

人的大脑分为左右两个部分，又称左半球和右半球。左右脑区的分工不同，左半球负责处理语言、逻辑、数学和次序，即人的抽象思维。右半球则负责节奏、旋律、文学、图像和幻想，即人的形象思维。尽管人的两个脑半球有不同的思维方式，却始终以相互关联、合作的方式发挥思维作用。

实际上，大脑细胞之间的连接，并不是单线的，这种连接会发生很多交叉，还会有顺向或者逆向、循环等情况出现。大脑产生这些树形连接结构，与智力直接相关。婴儿的学习和大脑发育，最初就是要建立起这样一个智力系统。而这个系统的建立，则要依赖于外界对大脑的刺激。因此，科学的教育观点主张，从零岁开始就给予婴儿各种刺激，帮助大脑尽快、尽好地建立起这个树形结构系统。

而所谓的刺激，就是通过孩子自身具有的多种感官，来体验和认识物质世界。

人的神经类型一般分为4种，有强型、平衡、灵活和弱型。无论是遗传、教育环境、成熟因素，还是智力学习都要单独地或结合在一起对每一个孩子起作用，形成一个孩子独特的类型。

人类学科学研究证明，人的大脑已经使用和开发的部分，仅仅是大脑潜能极小的一部分，因此，开发大脑的潜能，就成为早期教育所面对的问题。根据已有的科学研究成果，最大限度地开发人的潜能，则应当从头做起。换句话说，即从出生之初起开发潜能——这就是零岁教育的立足点。

零岁教育，主张从人的感觉器官训练开始，抓好潜能开发。因为通常人类要通过自身的感觉器官，包括视觉、听觉、嗅觉、触觉、重力感和本能感来感知外部事物，从而了解和认识世界。通过感觉这种非常自然，而往往被忽视的方式，使人的个体能力得到发展。新生儿已经具备了听、看、嗅、尝能力，闻到奶香味儿会咂嘴，碰到东西会转头，用嘴吸吮，眼睛能盯住红色物体或盯住人的脸等。这些低级、原始、不协调、无意识的本能行为，属于非社会性行为，必须经过无数次的丰富和“感受学习”，才能使大脑把多种感觉信息综合起来，从不协调向着协调发展。

人的感觉，只有高度地协调发展、互相默契，身心才能达到平衡。因此，婴儿的感知需要进行有意识的训练，这种培养开始的时间越早越好。

科学试验证明，婴儿有一种神奇的能力，被早期教育学家称为“内在能力”，令人十分惊奇。有人试验每天给刚出生的孩子放几分钟古典音乐，满月时，婴儿听到熟悉的音乐则会止住哭闹。5个月以后，婴儿能完全记住这段音乐，再听到熟悉的音乐时会晃动身体，对音乐的节奏做出反应。而在听到别的、不熟悉的音乐时则没有这种表情和动作。专家们认为，这种内在能力，就是一种由感官潜移默化地接受而产生的能力。而且，这种能力在新生儿期最强，随着婴儿年龄的增长会迅速减退。这种已经证实的新生儿的能力，则是零岁教育的理论依据。

孩子出生后的第一年，是人一生当中身心各个方面发展最快的时期，也是人的心理活动萌芽阶段，还是生活经验开始积累的时期。婴儿期的心理发展，会为孩子成长发展奠定基础，特别是婴儿的早期经验，会对以后智能的发展和学习起到重要作用。婴儿的神经系统，具有最强的可塑性，等到各个系统的功能和结构一旦形成，这种可塑性就会变小，发展的空间也相应会变得很小。因此，应当尽早拓展婴儿的智力发展空间。

3岁以前，是孩子感觉教育的关键时期，开发孩子某种学习适应能力，能收到事半功倍的成效。

婴儿一出生，就开始感受着周围环境中的一切事物，如饥似渴地接收和获取各种信息，以满足好奇心，充实原本是一张白纸的大脑。婴儿求知欲的强烈、接受能力的强度、学习效果的惊人程度，是成年人想象不出来的。

从这个意义上讲，周岁以前的早期教育，对于孩子来说实在太重要。研究和试验也证明，早期教育的实质，是在大脑生长发育的关键时期，有意识地采取一些措施，促进婴儿的大脑发育。

早教是婴儿启蒙的开始

人们都知道，从新生儿期开始的早期教育，能促进孩子智力的发育。而寓早教与启蒙生活当中，其实很简单，就是要利用一切机会和宝宝交往，能使孩子在和父母的交往中辨别不同人声、语意，辨认不同人脸、不同表情，保持愉快的情绪。

在宝宝觉醒时，可以和孩子面对面地说话，当宝宝注视妈妈的脸后，不妨慢慢移动自己头的位置，设法吸引宝宝的视线追随妈妈面部移动的方向。

在宝宝耳边（距离10厘米左右）轻轻地呼唤婴儿，使宝宝听到声音后转过头来看，还可以利用一些能发出柔和声音的小塑料玩具或颜色鲜艳的小球等，以吸引起宝宝听和看的兴趣。

在宝宝床头上方挂一些能晃动的小玩具、小花布头等，品种多样，经常更换，能锻炼宝宝看的能力。

平时，无论喂奶或护理新生儿时，要随时随地和宝宝多说话，使孩子既能看到妈妈，又能听到妈妈的声音，也可以播放一些优美的音乐给宝宝听。

经常爱抚宝宝，使宝宝情绪愉快，四肢舞动。俯卧时，可以锻炼宝宝抬头和颈部肌力。但新生儿很容易疲劳，每次训练时间仅数分钟。新生儿的疲劳表现为打哈欠、喷嚏、眼不再注视、瞌睡或哭等，此时应休息片刻再进行。

细心理解宝宝哭的原因，给予适当处理，并可以通过说话声和抚摩宝宝腹部，利用声音和触觉刺激给予宝宝安慰。

对于在出生前后由于窒息、早产、颅内出血或持续低血糖等原因，可能影响智力发育的高危儿，则更应当从新生儿期开始早期教育，因为大脑越不成熟，可塑性越强，代偿能力越好，所以早期教育可以收到事半功倍的效果。研究证明，早期教育可有效预防高危儿智力低下发生，赶上正常孩子的水平。

亲子交流使婴儿聪明：宝宝一出生就有了与人交往的能力，而且愿意和成年人交流。

妈妈是宝宝接触时间最多的交往对象，母子间目光相互注视就是交往的开端。母亲还可利用一切机会与宝宝交流，如喂奶、换尿布或抱宝宝等时候都要经常和宝宝说话，展示出微笑的面容，说一些诸如“看看妈妈”、“宝宝真乖”等亲热话语。如果宝宝在吃奶时，听到妈妈的话，会停止吸吮或改变吸吮的速度，证明宝宝在倾听妈妈说话。

交流的方式可以是多样化的，除了和宝宝“交谈”，还可以和宝宝逗乐，比如摸一摸宝宝的头、轻轻挠宝宝的小肚皮，以引起宝宝注意，逗宝宝微笑。婴儿微笑时，要给予夸奖，妈妈更别忘记了，要常用轻轻一吻给宝宝奖励。

运动早教，别样的训练课堂

新妈妈总会担心：孩子怎么那么爱哭呢？其实，哭也是宝宝在做运动。

哭也是运动

孩子的各种生理发育都还没有完善，需要借助一定的运动量，才能促进身体全面成长。新生儿和早期的婴儿，只能躺在床上舞动四肢，这是远远不够的，必须借助啼哭这种动作，来加大运动量。同时，喂养过量的后果，会使婴儿体重增加过快，新生儿和婴儿初期对此有防御的本能反应，表现出反流食物和哭闹。反流是把多余的食物排出体外，哭闹是借助啼哭消耗体内多余的热量，以达到全身营养的平衡。

随着婴儿生长发育和随意运动的发展，啼哭的内涵会发生变化，运动成分越来越少，社会交往成分越来越多。这时候的哭，则更多地具有社会和情感的成分。

不宜束缚宝宝的活动

活动，是新生儿身体内部需要和外界刺激的结果，只要不加以束缚，婴儿会自发地活动。可以看到新生儿舒展小身体，伸懒腰，用力把小手高举，把小腿伸直，有节奏的蹬踢。这种手脚乱动，是婴儿最早的肢体活动，可以看做是最初的体操。

当宝宝看到有鲜艳色彩的玩具、微笑的面孔；听到悦耳的歌曲、歌声，都会手舞足蹈地表达兴奋和欢乐。这种全身性的运动，不仅能发展身体的运动能力，活动四肢关节肌肉，促进新陈代谢，也有利于情绪愉快，促进心理健康。

生活中，婴儿活动是很少的。传统式的“蜡烛包”包裹新生儿，确实有保暖和使婴儿安静免受惊吓的好处，但也有束缚婴儿四肢活动的缺点。过紧“蜡烛包”的限制，1 个月内会明显减慢婴儿肌肉动作的发育。

经常把婴儿抱在手上也会影响宝宝手足活动。给婴儿换尿布、洗澡时，是舒展小身体的好机会。

锻炼头颈部力量的运动

婴儿出生后几天就可以俯卧，但 1 个月的婴儿俯卧时，还不能自己主动抬起头，只能本能地挣扎，使面部转向一侧，到 2 个月时，能稍稍抬起头和前胸部，3 个月时头能抬得很稳。俯卧抬头练习，不仅有利于锻炼婴儿颈部、背部的肌肉力量，增加肺活量，同时婴儿能较早地正面面对世界，接受较多的外部刺激。

锻炼要在婴儿清醒、空腹情况下，即喂奶前 1 小时进行。床面平坦、舒适，把婴儿两臂屈曲到胸前方，俯卧在床上，家长把婴儿的头转至正中，手拿色彩鲜艳有响声的玩具在前面逗引，使宝宝努力抬头，抬头的动作从抬起头与床面成 45 度～90 度，并逐步稳定。除了训练婴儿俯卧抬头之外，平时每次喂完奶后，妈妈应扶着婴儿头部靠在自己肩上，轻拍背部几下，然后用手轻扶头部，让宝宝的头自然竖直片刻，以锻炼宝宝头颈部力量。

解读宝宝的啼哭

宝宝的啼哭和妈妈的呢喃声，是人之初最基本的交流方式——别看孩子小，却已经具备了与成人世界的交流能力，因势利导地与新生儿交流，不仅益智，而且其乐无穷。

解读宝宝的啼哭声

初生的宝宝，已经具备了与成人世界进行交流的能力，采用的最基本方式就是哭。

新生儿一出生，就具备了相当的运动和判断能力。父母亲温柔地和宝宝说话时，孩子会随着声音有节律地运动。一开始，会转动头，上举手，伸直腿。继续谈话时，宝宝可能表演一些舞蹈样的动作，还可能会扬眉、伸足、举臂，有时候面部会有凝视或微笑的表情。

新生儿一开始是用哭声和成人交流，宝宝的哭，是生命的呼唤，是提醒不要忽视自己的存在。如果仔细观察新生儿的哭声，会发现其中有很多学问。

正常的新生儿哭声响亮、婉转，听起来很悦耳。正常情况下，宝宝的哭声有很多种原因，会用不同的哭声表达不同的需要。可能是诉说感觉到饥饿、口渴或是尿布湿了、不舒服等。在入睡以前或刚醒时候，可能会出现不同原因的哭闹，但一般哭过后，宝宝都能安静入睡或进入觉醒状况。有病的新生儿哭声往往高尖、短促、沙哑或微弱，遇上类似情况应尽快去医院治疗。

在新生儿哭的时候，抱起来竖靠在肩上，孩子不仅会停止哭闹，而且会睁开眼睛。这时候父母亲在前面逗嬉，宝宝会注视并用眼神与父母交流。一般情况下，通过和宝宝面对面的说话，或者把手放在宝宝腹部，或按握住孩子的小胳膊，大多数哭闹的宝宝会接受这种触觉安慰，停止哭闹。

和宝宝多说话

新生儿在听成年人说话时，尽管听不懂语言本身，但能凭着感觉领会语言中的含义，这种奇妙的感觉称为语感，建立在互相交流的基础上。母亲向宝宝微笑，婴儿也会回报以微笑，这种交流是非言语信息交流，可以帮助新生儿理解外部的语言世界。

新生儿的身心发育速度极快，但孩子的大脑发育却会因为环境不同，存在很大的差异，如果能经常和宝宝聊一聊天，刺激新生儿的语言接受能力，就能更好地促进宝宝接受周围环境中的信息，使宝宝的接受能力不断地发达起来。

为此，在宝宝清醒状态下，妈妈可以用缓慢、柔和的语调对孩子说话，可以说："宝宝，我是妈妈，妈妈爱你！"等；也可以轻声为孩子吟唱旋律优美的乐曲，诵读简短的儿歌等。这样做，可以给新生儿以听觉刺激，有助于宝宝接受语言信息，加强母子间感情交流，也有利于孩子语感形成，对孩子早日呀呀学语有益。

游戏课堂——寓教于乐的亲子活动

抚触——促进新生儿皮肤健康

对孩子进行四肢的抚触，有助于新生儿的血液循环，促进皮肤的新陈代谢，增强宝宝皮肤抵抗疾病的能力，从而促进新生儿的皮肤健康。

四肢抚触的方法，是母亲用双手抓住新生儿的胳膊，交替从上臂向手腕方向轻轻捏动，好像挤牛奶一样，从上到下搓滚。对腿部的抚触方法与胳膊相同。

脚和手的抚触，同时也是对于功能的唤醒，有利于宝宝精细动作的发展。抚触的方法是，用两个拇指的指肚从婴儿脚跟向脚趾方向推进，推完后再逐个捏拉宝宝小脚趾的各个关节。

对宝宝小手的抚触方法与脚相同。

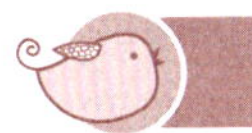

让宝宝认识妈妈

出生一两周后，就可以在宝宝醒着的时候抱起来，让孩子脸对着妈妈的脸，距离 20 ~ 30 厘米。母子眼睛对视，轻轻地跟宝宝说话，同时轻抚小脸蛋，或者让宝宝握住妈妈的手指，慢慢地摆动。

妈妈也可以轻轻哼着儿歌，或说一些亲昵的话，每天抱着宝宝玩一会儿。

在简单的交流过程中，可以促进母子间感情交流，母亲怀抱中的安全、温馨和母爱，会令宝宝重温在母亲子宫内包裹时候的安详与温暖，打消宝宝初到人世间对陌生环境的孤独、恐惧感，有益于宝宝大脑的情绪中心发育，这样既可以促进宝宝感知能力的发育，又有益于宝宝熟悉妈妈的声音，认识妈妈。

宝宝“行走”游戏

新生儿也能行走?

这个问题看起来有些不可思议，然而，千万别以为婴儿身体很软，连头都抬不起来，不能行走。

新生儿天生就有“行走”的反射能力，这种反射能力一般会在出生 56 天左右消失。因此在早期，可以充分利用孩子的这种能力进行锻炼。

具体做法：妈妈双手托在宝宝腋下，大拇指扶好头，不要给宝宝穿鞋袜，让孩子光脚接触床的平面。

这时候，就能惊奇地发现，宝宝竟然能协调地迈步。要把“行走”当成游戏来做，一边逗宝宝做，一边可以喊节奏。行走训练可从出生后第 8 天开始，在吃奶半小时后或睡醒后，每天 3 ~ 4 次，每次 2 ~ 3 分钟。

如果宝宝不喜欢走，就不要勉强；宝宝生病时不要让他“行走”；早产儿不宜做这项训练。

课堂小结

宝宝的发育

新生儿体重 2500 ~ 4000 克；身长 47 ~ 53 厘米；头围 33 ~ 34 厘米；坐高（颅顶至臀）约 33 厘米；呼吸每分钟 40 ~ 60 次；心率每分钟 140 次左右。对新生儿要做好检查，接受评分。一般来讲，产褥期的宝宝，大多数时间都在睡觉，饿了的时候，会醒来吃奶，吃饱以后又会继续睡。

宝宝的护理

对于新生宝宝请不要挤压乳腺，这样容易造成宝宝乳腺炎。需要注意的是宝宝身上的胎脂不要擦去，因为这些胎脂有保护皮肤、防止细菌感染及保温的作用。不要捆绑婴儿，这样很不利于婴儿的呼吸和活动，妨碍包裹内湿热的消散，影响神经系统的正常发育。

宝宝的喂养

不要放弃初乳，因为初乳含脂肪较少，免疫球蛋白 A 的含量比成熟乳多 1 倍，具有免疫功能的细胞也比成熟乳多 1 倍，所以它有增强婴儿抵抗疾病能力的作用。请记得喂养母乳要越早越好，这样不但有利于产妇的乳汁分泌，还能有效地刺激宫缩，有利于产妇的子宫恢复。另外，早哺乳还能建立起亲密的母子关系。母乳不足时要注意放松心情，多吃一些有益于催奶的食物，不挑食，做到营养均衡，并且让新生儿多吸吮。在母亲不能喂养时，一定要科学的选择奶粉，根据宝宝的生长需要和阶段，选择品牌大，口碑较好的厂家生产的奶粉。

早教和游戏的方法

训练宝宝的时候一定要注意用力轻柔，以免损伤宝宝，另外，宝宝在睡觉的时候尽量不要打扰。宝宝的早教应和胎教相结合，胎教的内容选择同样适应于新生宝宝，对宝宝轻声细语的讲一些生活中的琐事、天气、环境、玩具等；给宝宝看一些色彩鲜艳的卡片；听一些有益的音乐。游戏的目的是促进宝宝体力和智力的双向发展，新生儿一般来说睡眠的时间比较长，父母可以在宝宝清醒的时候陪他玩一会，让宝宝喜欢上这些游戏。

第二篇 0~1 岁宝宝的护理课堂

按照习俗，孩子满月了，可以抱出来见一见天，见一见人，见一见世面。在宝宝吃饱和觉醒的状态下，见到人或者被逗笑的时候，已经会甜甜地莞尔一笑，特别招人喜爱。

满月以后的这个月，或者说在 1 ~ 2 个月龄中，是整个婴儿时期宝宝发育最快的 1 个月。

第二堂课

满月以后的宝宝

成长课堂——宝宝的成长历程

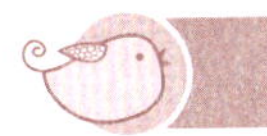

人见人爱的宝宝

按照习俗，孩子满月了，可以抱出来见一见天，见一见人，见一见世面。在宝宝吃饱和觉醒的状态下，见到人或者被逗笑的时候，已经会甜甜地莞尔一笑，特别招人喜爱。

满月以后的这个月，或者说在 1 ~ 2 个月龄期间，是整个婴儿时期宝宝发育最快的 1 个月。

身体发育

这个月龄的婴儿，一般面部长得扁平、鼻阔，双颊丰满，肩和臀部显得较狭小，脖子短，胸部、肚子呈现圆鼓形状，小胳膊、小腿也总是喜欢呈屈曲状态，两只小手握着拳。

动作发育

满 1 个月以后的婴儿，动作发育处于活跃阶段，会做出许多不同的动作，特别精彩的是面部表情逐渐丰富。在睡眠中有时会做出哭相，撇着小嘴好像很委屈的样子，有时又会出现无意识的笑。其实这些动作，都是宝宝吃饱后安详愉快的正常表现。

宝宝睡眠

这个月的宝宝，一天的绝大部分时间在睡眠中度过。每天睡 18 ~ 20 小时，其中约有 3 小时睡得很香甜，处于深睡状态。

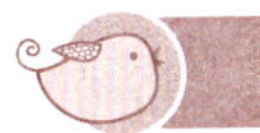

宝宝的能力发展

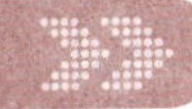

1 ~ 2 个月龄的宝宝，主要的能力特征如下：

视觉

宝宝已经能调节眼睛的焦距，两只眼睛能共同看一个物体。目光开始逐渐固定、集中，主要集中在活动的物体上和颜色发亮及立体的物体上，集中的时间也越来越长，满 2 个月时，宝宝已经能较好地用眼睛注视周围的环境。

听觉

听觉敏感性明显增强，喜欢听悦耳的声音、说话的声音和一些响声。对人的声音很感兴趣，能分辨出声音的高低，还能听出妈妈和经常照顾自己的人的声音。

味觉

味觉会更敏感，如果给母乳喂养的宝宝喝牛奶，孩子会拒绝食用。同样，在给宝宝喂水时要注意，从宝宝出生起，就应当喂白开水，如果一开始喂糖水，以后宝宝就会拒绝喝白开水。

情绪

在高兴时，宝宝会用一系列的反应表示自己的快乐，脸上会出现笑容，发出“哦、哦”的声音，两只小手向上举，双脚会来回蹬。

注意力

现在的宝宝已经有了短暂的注意力，能注意到人的脸、注意色彩鲜艳的东西、注意发出声响的东西，注意看自己的小手。

护理课堂——专家教你科学护理

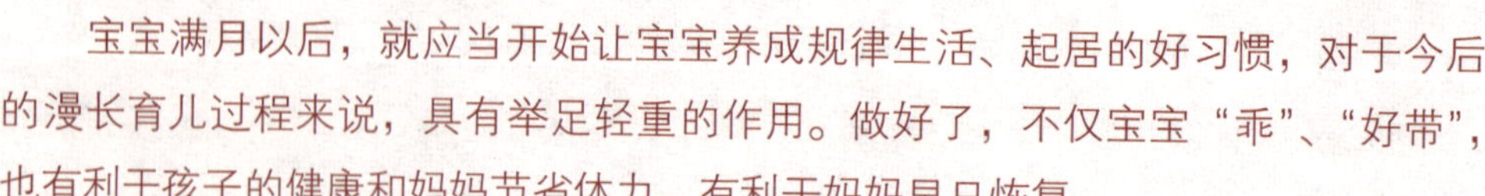

养成规律的生活习惯

宝宝满月以后，就应当开始让宝宝养成规律生活、起居的好习惯，对于今后的漫长育儿过程来说，具有举足轻重的作用。做好了，不仅宝宝“乖”、“好带”，也有利于孩子的健康和妈妈节省体力，有利于妈妈早日恢复。

睡眠

睡眠是健康的头等大事，趁着婴儿还小，睡眠时间较长，并且觉醒时间越来越长的特点，及早养成规律睡眠习惯，可以防止孩子出现“睡倒了觉”的情况，惹得妈妈疲劳不堪。当然，不仅睡眠习惯，随着年龄的增长也可以开始训练排便习惯，排便好习惯形成，更是能让妈妈节省许多体力和精力，早日恢复。

要让孩子养成良好的睡眠习惯，首先要按时睡觉，自然入眠。妈妈如果对宝宝“爱不释手”，吃饱以后还把宝宝抱在怀里，摇着、晃着、拍着，或让宝宝叼着乳头或空奶嘴，都是不良习惯。

一定要注意，在孩子睡觉前不哄、不拍、不抱、不摇，更不要吃东西、叼奶头。最好能从现在开始，就培养宝宝独睡。

到该睡觉的时候，把宝宝放到床上自己睡。如果婴儿在出满月前没有养成按时睡眠的习惯，可以播放一点轻柔的催眠曲，使宝宝逐渐建立起睡眠的条件反射。等到养成按时入睡的习惯后，就可以不再播放音乐。

把尿

婴儿满月后，就可以开始训练把尿习惯。睡前睡后，饭前饭后，外出前和刚回来时，都可以把尿。给宝宝把尿时，可以发出“嘘——嘘”的口哨声，使宝宝对排尿形成条件反射，以后一发出这种口哨声宝宝就会有尿意。训练一段时间后，白天就可以渐渐不用尿布，睡前尿一次，夜里把一次，夜里也不会尿床。

排便

从满月起，就应该训练良好的排便习惯，排便时间最好在清晨或晚上临睡前，也可以有意识地教孩子排便时发出“嗯——嗯”声。早晨排便是最佳时段，而睡前大便可以使宝宝在夜里睡得踏实。餐前大便可以让宝宝吃得好，不要餐后马上就大便。要先观察宝宝排便情况，然后根据宝宝的具体情况，有意识地训练宝宝定时排便。

保洁

婴儿每次哺喂完，都要擦干净小嘴。早晨起床后给宝宝洗脸、洗手，入睡前洗脸、洗手、洗脚、洗屁股，在固定时间洗澡，均能培养婴儿爱清洁的良好习惯。

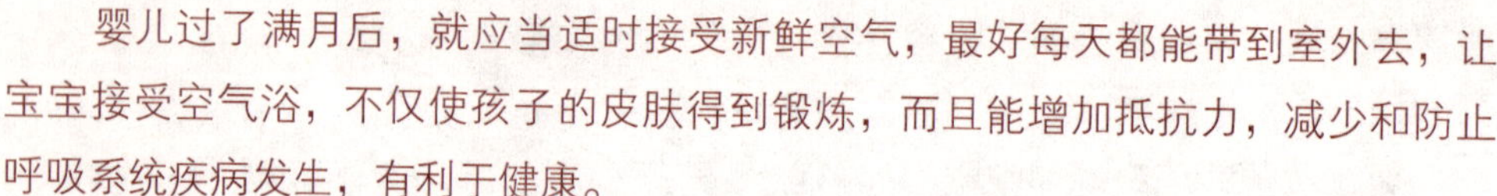

适时去户外活动一下

婴儿过了满月后，就应当适时接受新鲜空气，最好每天都能带到室外去，让宝宝接受空气浴，不仅使孩子的皮肤得到锻炼，而且能增加抵抗力，减少和防止呼吸系统疾病发生，有利于健康。

宝宝出生后 3 周，就要开始逐渐与外界空气接触。在夏天，要尽量把窗户和门打开，让外面的新鲜空气自由流通。在春、秋季节，只要外面气温在 18℃以上，风又不太大时，就可以打开门窗。即使在冬天，在阳光明媚的温暖时刻，也可以每隔 1 小时开一次窗户，以交换空气，让宝宝呼吸新鲜空气，有利成长发育。

到了 2 个月龄，除了寒冷的天气外，只要没有风雨，就可以抱到院子里、户外去，让外面的新鲜空气接触宝宝的小手、小脚、小脸儿的皮肤，使皮肤得到锻炼；让宝宝呼吸比房间里温度要低的室外空气，能锻炼宝宝的黏膜，对防止呼吸系统疾病大有好处。

每天可以抱宝宝出去 2 次，每次 5 ~ 10 分钟。但当室外的温度在 10℃以下时，就不要抱到外面去了。

带婴儿去户外活动时，无论一年四季中什么时候，都要避免强烈日光的直接照射，最好在早上 9:00 ~ 10:00、下午 4:00 左右到室外活动比较好。

“满月头”还是不剃为好

民间旧风俗，在满月时给宝宝剃“满月头”，找人用剃刀刮净婴儿头上的胎发，甚至有人振振有词地说，这样做，以后孩子的头发会增多、变黑。

从头发的结构看，露出皮肤表面部分叫毛干，埋在皮肤里面部分叫毛根。毛干和毛根都是已经角化了的、没有了生命活力的物质。位于毛根下端、真皮深处的“毛球”，内含毛母质细胞，才有生长毛发的能力。所以，不管是剃刮修剪，还是拔除，去除的只是已经角化了的、没有生命活力的那一部分毛发，影响不了毛发的生长。

因此，给孩子剃“满月头”，根本不可能改变头发的数量，使之变得浓、密、黑。

值得注意的是，婴儿头皮相当娇嫩，抵抗力极弱，用未经消毒的剃刀剃头发，容易刮伤头皮，引起感染化脓，甚至导致其他疾病。

另外，婴儿头上有一层“胎皮”，对宝宝的头皮起保护作用，这层胎皮会自动地慢慢脱落。剃“满月头”会把这层胎皮刮掉，易使细菌侵入，引起宝宝头皮发痒，导致各种皮肤病。因此，在宝宝满月时，不宜剃“满月头”。如果宝宝的头发长了，用干净、消过毒的剪刀或推子剪短就可以了。

给宝宝剪指甲

旧习俗有不让给宝宝剪指甲的说法，老辈人认为，剪了宝宝指甲会伤“元气”。做父母的看到宝宝的手那么小，皮肤也娇嫩，也害怕剪指甲会伤到宝宝，所以不给宝宝剪指甲，听任孩子的指甲往长里长，这样对宝宝的健康很不好。

宝宝的小手整天东摸摸、西抓抓，闲不住，容易沾染和滋生细菌等。特别是指甲缝里，更是细菌及病毒藏身的大本营。有人做过试验，指甲缝里的1克脏污物，就藏有38亿个细菌。然而小宝宝渐渐地会动了，总是爱吮吸自己的手指，这样脏东西就很容易被吃到肚子里去，引起腹泻或患寄生虫病。

婴儿的指甲长了，容易抓伤自身娇嫩的皮肤，指甲缝里的细菌也会乘虚而入，引起炎症。所以，要经常给宝宝剪指甲。旧习俗有“百日后才能剪指甲”之说，是丝毫没有道理的。只要宝宝指甲长了，就要及时剪掉。

给宝宝剪指甲，注意不要剪得太短，以免损伤皮肤引起感染，影响到宝宝的正常活动。如果怕损伤宝宝的手指，可以在宝宝睡觉或吃奶时剪。注意将剪下来的指甲屑，清除干净，防止遗落在衣被内，划伤宝宝的皮肤。

婴儿期的宝宝指甲会长得非常快，10天就能长出1毫米左右。过长的指甲不仅会抓伤自身，还可能抓挠破哺乳的母亲的乳房。宝宝的指甲小，不好剪，要用小号指甲刀剪，每次少剪一点，最好在洗完澡后剪。

小心摩擦红斑和臀红

这个月龄的宝宝，皮肤极其娇嫩，稍微不慎，极容易伤害到小婴儿娇嫩、细腻的皮肤，甚至形成炎症。最为常见的情况，是摩擦红斑和臀红症。

摩擦红斑

小婴儿的皮肤娇嫩，极容易发生摩擦红斑，尤其是长得较胖的婴儿更常见。

摩擦红斑主要因为皮肤皱褶处的湿热刺激和互相摩擦造成，通常发生在宝宝的颈部、腋窝、腹股沟、关节屈侧、股部与阴囊的皱褶处。初发时，局部出现潮红充血性红斑，范围大小与互相摩擦的皮肤皱裂面积相吻合，表面湿软，边缘比较明显，较四周皮肤肿胀。如果继续发展，会使孩子表皮糜烂，出现浆液性或化脓性渗出物，造成皮肤浅表性溃疡。

预防婴儿摩擦红斑，主要是保持孩子的皮肤皱裂处的清洁和干燥。宝宝娇嫩的皮肤发生摩擦红斑后，要先用 4% 硼酸液冲洗，然后敷上婴儿专用爽身粉，要尽量让孩子的皮肤皱褶处分开，使皮肤不再摩擦。如果因红斑发生感染，可用 2% 甲紫或抗感染药膏涂治。

臀红

医学上称为尿布湿疹或尿布皮炎，是婴幼儿常见的皮肤病。这种病的产生主要原因是尿布不够清洁，上面沾有大小便、汗水及未洗净的洗衣粉等，刺激宝宝娇嫩的皮肤引起局部皮肤发生炎症。此外，腹泻的婴儿常常会发生臀红。

发病开始，宝宝臀部红肿发炎，继而出现红色小皮疹，严重的会使皮肤破溃，呈片状，能蔓延到会阴及大腿内侧，男婴会使睾丸部受侵损。

尿布皮炎发生的原因，是由于尿布换洗不勤，或者使用了橡皮布、塑料膜、油布等不吸潮透气的材料来包裹婴儿，致使婴儿臀部皮肤经常受到温热的刺激而发生皮肤炎症。另外由于尿素被细菌分解，产生大量的氨，对婴儿娇嫩的皮肤产生刺激。

尿布皮炎的早期表现，只是在接触尿布的部位出现大片的皮肤发红、粗糙。如果发现及时、处理得当，皮炎会很快消退。否则，继续发展下去，可能会出现斑丘疹、疱疹，严重的还可能导致局部皮肤糜烂，甚至出现皮肤溃疡。

尿布皮炎重在预防，应当给宝宝勤换尿布，避免让尿湿了的尿布长时间接触宝宝细嫩的皮肤。尿布应当用旧的细棉布制作，要有足够数量的尿布以供洗换，并且要保持清洁、干燥、柔软。婴儿的穿衣、盖被子均不宜过多过厚，衣服也不宜穿得太紧，室内温度也应当适宜，要注意防止湿度和热度对宝宝皮肤的刺激。

已经发生尿布皮炎的宝宝，要切忌用热水和肥皂擦洗，以免刺激皮肤，加重炎症。轻度尿布皮炎无须专门治疗，只需要勤洗皮肤，保持局部皮肤干燥、清洁，一般在 2 ~ 3 天就能痊愈。如果发生皮肤溃烂等严重情况，则一定要及时到医院治疗。

把宝宝带到室外，每天适当晒一晒小屁股，可以防止尿布皮炎的发生。但要注意防止感冒，晒屁股的时间每次以 3 ~ 5 分钟为宜。

喂养课堂
——宝宝喂养新观念

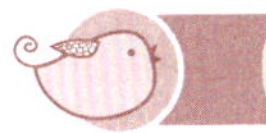

母乳喂养

宝宝的喂养应根据母乳的量来决定喂养方式。

母乳充足时，宝宝体重平均每天增加 30 克左右，身高每月增加 2 厘米左右。过去吃奶次数较勤的宝宝，喂奶间隔的时间会变得长一些。以往过两三个小时就饿得哭闹的宝宝，现在过 4 个小时甚至更久也不醒，说明孩子胃里已经能储存食物，不要因为喂奶时间到了就叫醒宝宝，影响睡眠。

在这段时间，有的哺乳妈妈可能会出现母乳逐渐减少的情况，如果宝宝体重增长速度下降，变得爱哭闹、夜里醒来次数增多，则应当加喂一次牛奶，如果效果还不明显就再增加一次牛奶。

妈妈通过如下的综合感觉判断宝宝是否吃饱：

喂奶前乳房丰满发胀，喂奶后乳房变得柔软；

喂奶过程中可以听见宝宝的吞咽声，连续几次到十几次；

妈妈有下奶的感觉；宝宝的尿布 24 小时内湿 6 次及 6 次以上；

宝宝的大便软，呈金黄色糊状，每天 2 ~ 4 次；

两次喂奶之间，宝宝很满足、安静；宝宝的体重平均每天增长 18 ~ 30 克，或每周增加 120 ~ 210 克。

人工喂养

在这个月龄，人工喂养的宝宝食欲会很旺盛，如果按照宝宝的食欲量不断增加牛奶，就有可能吃过量，孩子就会过分肥胖，在体内积存不必要的脂肪，加重心、肾和肝脏负担。

虽然吃母乳的宝宝也有发生肥胖的，但母乳容易消化，不会加重肝肾负担。

为了不让宝宝长得过胖，这个月龄牛奶的日哺喂量，应当限制在 900 毫升以下，计算 900 毫升产生的热量约为 2475 千焦（592 千卡），足够宝宝的需要。如果一天喂 6 次，每次不要超过 150 毫升；一天喂 5 次的，每次不超过 180 毫升。

满月以后婴儿每天要喝多少奶呢?

人工喂养的孩子，满月后要重新计算每日奶摄入量，满月后的孩子要用全牛奶喂养。

牛奶量的计算

用婴儿的热量需要量来计算婴儿每日每千克体重约需460千焦（110千卡）热量。首先要称量一下孩子的体重，按体重计算出婴儿一天能量的需要量。例如一个婴儿体重5千克，一天就需要热量550千焦（132千卡）。

每100毫升加5%～10%糖的牛奶，可以提供418千焦（100千卡）热能。一个体重5千克的婴儿，一天的牛奶量就是550毫升，相当于市售鲜牛奶2瓶。注意牛奶中一定要加糖，否则提供的热能不足（注意：配方奶粉调制的计量参考方式，一般也是以鲜牛奶做为比照标准的）。

以婴儿的体重来计算 这是一种简单的计算方法。婴儿每2千克体重，一天一瓶牛奶（市售鲜牛奶）。如婴儿体重6千克，每日的牛奶量为3瓶。

水量的计算

用牛奶喂养婴儿，应当另外加一些水，是由于牛奶中矿物质含量多、水分不能满足婴儿的需要。水的需要量可以自行简单计算：给婴儿喂1瓶鲜牛奶，应另外加水80毫升。如6千克体重的婴儿，一日应当另外加水240毫升，相当于1牛奶瓶水。

对于混合喂养和完全人工喂养的婴儿，在这个月龄就应当适量添加蔬菜水和新鲜果汁，以补充牛奶加工过程中损失的维生素C。一般来说，每天添加量不少于2次，最好在喂奶的间歇给宝宝哺喂。

辅食添加

无论是母乳喂养还是人工喂养的婴儿，随着孩子生长发育对营养的需求变化、消化功能的成熟，都应当适时、适度地添加辅助性食物。

人工喂养的婴儿，出生后第三周，就可以喂一些菜水如白菜水或菠菜水等。或者喝一些富含维生素C的蔬果水，如番茄水或山楂水等。每天1～2次，量要从少到多。满1个月以后，给宝宝添加新鲜蔬菜水或水果水也要随着进食量的增加而增多，否则，婴儿食量加大后，容易因便秘或维生素C不足引起其他病症。

母乳喂养的婴儿并不十分需要添加辅食，因母乳中有适合婴儿所需的水分及维生素 C，如果过多地给宝宝添加蔬菜水和果汁，反倒会减少婴儿吃母乳的次数，减少从母乳中摄取各种营养素。

刚刚满月的婴儿，消化功能仍比较脆弱，随年龄的增长会逐步完善，添加辅食要慢慢来，按照由少到多、由稀到稠、由细到粗，由一种到多种的循序渐进原则，千万不能操之过急。否则，就会使婴儿的消化功能负担过重，发生呕吐、腹泻等消化功能紊乱。

母肥子壮——哺乳妈妈的营养

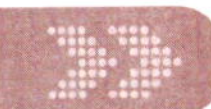

1 月以后，大多数婴儿吃奶的量会明显增加，哺乳妈妈的乳房经过一段时间的适应，不再感到很胀，加上成熟乳汁的颜色显得较白，看上去有些稀稀的，有的哺乳妈妈会对孩子能否吃饱表示怀疑。其实在大多数情况下这种担心是多余的。

通过孩子 1 个月的吸吮，以及哺乳妈妈“坐月子”期间的休息调养，母子之间的依恋关系更密切，能促进乳汁分泌。因此，1 ~ 2 个月之间哺乳妈妈的奶水量，往往会极其丰富，只要孩子需要，就会源源不断，没有必要怀疑自己的乳汁量不能满足孩子的需要。

这个时期的母乳看上去是淡淡的，好像不如牛奶，是由于母乳中蛋白质、脂肪的颗粒较小，而并非营养不好。当然，母乳的营养素含量与母体的膳食有较大的关系，每一位哺乳妈妈的乳汁营养素含量不尽相同，但母乳的营养成分都要比牛奶好。

俗话说：母肥子壮。哺乳妈妈自己要保证每天都有合理的膳食，有利于提高母乳的质量，下面介绍如何安排哺乳妈妈的膳食。

哺乳妈妈每天应摄入的理想食物搭配方案：主食 450 ~ 600 克，肉类 100 ~ 150 克，蛋类 50 ~ 100 克，奶类 200 ~ 400 克，豆类及制品 100 克，新鲜蔬菜、水果 500 克，其中绿叶蔬菜不少于 250 克。

还可以采用如下食物搭配方案：主食 450 ~ 600 克（粗细粮搭配），肉类 200 ~ 150 克，蛋类 50 克，奶类或豆类及制品 200 ~ 300 克，新鲜蔬菜、水果 500 克，其中绿叶蔬菜不少于 250 克。

＊哺乳妈妈三餐食物分配

早餐：主食125～175克，蛋类50克或肉类25克，奶类250克，蔬菜50～100克。

午餐：主食200克，肉类50～100克，豆类50克，蔬菜200克。

晚餐：主食100～150克，肉类25～50克，豆类50克，蔬菜150～200克。

零食：可以是水果、糕点或乳类等，主要补充一些矿物质和足够的水分。如果乳汁分泌量较少，哺乳妈妈可适当增加汤和饮料的摄入量。

哺乳细节——妈妈应知道的事

给宝宝哺乳，并不是喂饱孩子就了事这么简单。出月子以后，妈妈给孩子喂奶，应当注意一些特别容易被忽视的细节，这样有利于母子健康。

穿工作服哺乳

在医院、实验室工作的妈妈，如果穿着工作服喂奶，会给宝宝招来麻烦。因为工作服上往往带有很多肉眼难以看见的病毒、细菌和有害物质。所以，哺乳妈妈无论怎么忙，也要先脱下工作服，最好脱掉外套，洗净双手再给宝宝哺乳。

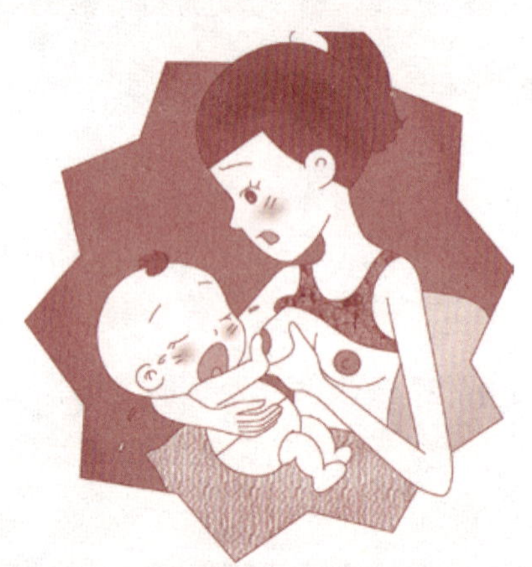

浓妆哺乳

妈妈身体的气味对宝宝有着特殊的吸引力，能激发宝宝产生愉悦的“进餐”情绪，即使宝宝刚出生，也能把头转向有妈妈气味的方向寻找奶头。妈妈的体味有助于婴儿吸奶，如果浓妆艳抹，化妆品气味会掩盖熟悉的母体气味，使宝宝难以适应。宝宝情绪低落，食量下降，从而影响发育。

穿化纤内衣哺乳

穿化纤内衣的最大危害，在于纤维容易脱落而堵塞乳腺管，造成停止泌乳的恶果。哺乳妈妈不能穿化纤内衣，也不要佩戴化纤类乳罩，应以棉类制品为佳。

哺乳时逗笑

宝宝吃奶时若被逗笑，吸入的奶汁可能误入气管，轻者呛奶，重者会导致吸入性肺炎。

哺乳时睡着

忙碌一天到夜间，特别是后半夜宝宝要吃奶时，朦胧中给孩子喂奶，很容易发生危险。哺乳妈妈无论有多累，都应该像白天一样坐起来喂奶，喂奶时光线不要太暗，要能清晰地看到孩子皮肤的颜色。喂奶以后要竖抱并轻轻拍背，待宝宝打了“奶嗝”后再放下。稍观察一会儿，如果宝宝已安稳入睡再关掉灯。

夜间室内要保留一点光线，以便孩子溢乳时可以及时发现，避免发生窒息的危险。

早教课堂——聪明宝宝赢在起跑线

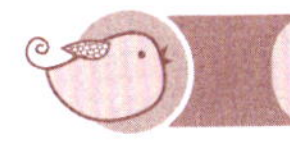

家庭环境和教育

孩子的天赋，对智力的发展至关重要，也为智力的卓越发展提供了可能性。如果没有良好的环境和教育，就不能使可能性变为现实。孩子的生活环境，特别是家庭环境对孩子智力发展的影响最为深远。大多数父母认为，刚出生的孩子是那样弱小娇嫩，不能受任何刺激，应该把孩子放在宁静的居住环境中。殊不知，完全没有刺激的房间对婴幼儿来说是有害无益的，单调的环境会导致婴幼儿产生不同程度的神经迟钝。

研究证明，丰富多彩的环境刺激，对婴儿的智力开发有明显的作用。国外专家曾做过这样一个实验，把同一天出生的婴儿分成两组，一组放在一间墙壁雪白、什么东西也没有的静室内。另一组放在天花板和被子上都有花纹的房间里，婴儿隔窗可以看见医生、护士在工作，还可以听到音乐，充满了良好的环境刺激。两组婴儿在不同的环境中分别护理几个月后，对他们进行智力测验。结果发现在缺乏刺激的房间里长大的婴儿，在智力发育上比另一组婴儿迟钝 3 个月。由此可见，丰富多彩的环境刺激，直接影响着婴幼儿早期的智力发展，家庭生活和社会刺激对儿童智力的发展更为重要。

人的智力的潜能相当大，智商高的人如果没有受到良好的教育，也会变得知识贫乏、创造力萎缩。反之，智力平常的人经过努力学习也可成为知识渊博的学者。教育和主观的努力在其中都起着相当重要的作用。

爱笑的宝宝聪明

爱笑的宝宝不仅是招人疼爱、逗人喜欢，而且大多数长大以后比较聪明。有研究发现，聪明的宝宝对外界事物自然发笑的年龄比一般孩子要早，笑的次数也比较多一些。

两种发笑反应

从宝宝的发育进程看，一般长到 2 个月左右，会出现自然发笑反应。只要孩子醒着，一看到家人熟悉的面孔或新奇的玩具时，就高兴地笑起来，嘴里咿咿呀呀地发声，又抡胳膊又蹬腿，手舞足蹈。

此外，当吃饱睡足、精神状态良好时，尽管没有人逗笑，没有任何外界刺激，宝宝也会自己发出微笑。逗笑被称为“天真快乐效应”，无人逗笑自发的微笑，则被称为“无人自笑”。

天真快乐效应，是婴儿与人交往的第一步，在宝宝的精神发育方面是一次较大的飞跃，对大脑发育是一种良性刺激，被誉为智慧的一缕曙光。

无人自笑，是婴儿在生理需要方面获得满足后的一种心理反应。

无论哪一种笑，两种笑均有益于大脑的发育。多与宝宝接触，并用欢乐的表情、语言以及玩具等激发婴儿的天真快乐效应，同时注重喂养，吃饱睡足，促使宝宝早笑、多笑，是早期智力开发的重要内容。

宝宝的微笑

微笑，是婴儿与父母交流、回报父母辛劳的一种方式，能表现出宝宝健康的情绪。

人与动物之间的主要区别，在于人类有语言和表情交流。笑，是表达多样感情的手段，和语言一样，是人们互相理解的工具。和语言的不同处在于语言会受到民族和文化的限制。而笑，不受这种限制，能使所有的人互相理解。

1～2个月龄时，对婴儿说话、对婴儿微笑，宝宝回报以微笑。是婴儿与人交往和表示自己快乐的一种方式，更是宝宝博得人们喜爱，尤其是令父母疼爱最有效的方法之一。

宝宝需要自己亲近的人在身边，喜欢亲人微笑着和自己说话，感受来自亲人充分的爱。这样，有利于宝宝的生活，有利于孩子和自己生活中重要人物之间建立感情联系，对于婴儿的心理健康发展来说，互相之间的微笑十分有利于亲情交流，父母们也能从中感受到与孩子在一起时的欢愉。

婴儿在愉悦的情绪中时，各种感官能力，包括眼、耳、口、鼻、舌、身等感觉能力都最灵敏，接受能力也最好，而愉悦情绪的持续，有利于健康成长。婴儿能笑出声音，也是孩子的一种进步，最好适当逗笑宝宝，让孩子每天都能开怀大笑几次。经常笑，而且能遇到很多情况都发笑，则证明孩子对引起笑反射的感受积累得多，大脑中枢神经联系广泛，这种联系越多，孩子也就越聪明。

如果婴儿只会微笑，还不会笑出声来，说明父母与宝宝的交流还不够，逗笑的次数太少。可以利用某种玩具、或者触及宝宝身体的某个部位、扮某种怪脸相、把宝宝举起来等，作为逗笑的条件反射依据，而且要经常换用。常常与父母一起逗乐，孩子会自然地发出笑声来。

爱笑的宝宝招人喜欢，也成为健康人格形成的良好开端，是婴儿早期情绪教育的重要内容。

多和宝宝做些交流

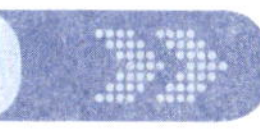

满月后的婴儿还不会说话，父母亲却能从视觉、听觉、动作几个方面着手，与婴儿进行交流，用彩色玩具训练宝宝两眼协调能力、目光集中能力和追视能力。

妈妈是宝宝的第一个老师，这是妈妈得天独厚的条件决定的。宝宝睡觉的时候，总是喜欢向着妈妈的方向，喜欢看妈妈慈爱的目光和亲切的面容，喜欢听妈妈柔和的语音，宝宝最愉快的时候是在妈妈的怀抱之中。这来自于过去 1 个月喂养中感情的交流，从起初的条件反射，成长为完全信任。此后，妈妈的一举一动，都会影响宝宝，教育宝宝。

这个时候的宝宝，懂得如何把自己的愉悦表达出来——婴儿开始出现微笑。这种微笑通常是看见妈妈、爸爸和熟悉的亲人后嫣然一笑。如果父母对这种微笑作出反应，逗哄孩子，宝宝会更加快乐，而亲子之间的美妙关系也就逐步建立起来。

30 厘米距离，是妈妈给宝宝喂奶时，宝宝的眼睛和妈妈的脸之间的最佳距离，这个距离也成为宝宝最喜欢、也最能看清楚东西的距离。妈妈在给宝宝喂奶时，让宝宝快乐的做法是微笑而专注地看着他，母子之间的浓浓爱意会在这种注视下弥漫开来。

宝宝感到不舒服的时候会啼哭，不舒服的原因除饥饿、冷、尿湿以外，还渴望爸爸、妈妈的抚摸和拥抱。另外，宝宝还非常渴望接触外面的世界，多出去走一走，也会带给孩子很多快乐。

如果这个时候发现，宝宝学会了一个人独自玩，把自己的小手伸到眼前凝视、晃动并陶醉其中，千万不要打搅孩子，“自娱自乐”也能让宝宝体会到快乐，而且这也是培养宝宝开始具有“自我意识”的关键。

宝宝有可能是社交型的性格——喜欢有人陪伴，喜欢拥抱、玩具和人。

不停地鼓励宝宝，时时表扬宝宝，总是充满爱意地说孩子的名字。尽可能多地说“我爱你”，用表扬和鼓励强化所有好的性格。

宝宝已经开始对父母表现出很强的依恋，会用殷切的眼神盯着妈妈；一听到妈妈的声音脸上就会闪现出灿烂的笑容；当听见妈妈走过来，就会充满期待地胡乱蹬着小腿儿，摇摆着小胳膊。

妈妈的微笑，是孩子最喜欢看到的。然而，适当和宝宝的对话，则更是交流的最佳方式。这个月龄的宝宝，在高兴的时候，会不自觉地发出“咿咿、唔唔、哦哦、啊啊……”各式各样的声音，表达自己的愉悦情绪。

听到宝宝出声，妈妈用相同的声音回应宝宝，宝宝听到先会感到吃惊，然后，会接着继续发声，妈妈同样回应宝宝的声音，孩子会乐于继续做这种“对话”。

通过母子之间的这种声音“对话”交流，不仅有益于亲子之间的情感传递，同时可以使宝宝认识到自己拥有的能力——声音，其乐融融地和妈妈一应一答。

虽然，每个宝宝需要父母爱的方式迥然不同，就像指纹一样形态各异，但是以下方法可以试一试不停地和宝宝说话，大声、小声，轻柔和急促都可以。

当说话的时候，可以做出不同的面部表情。

告诉宝宝妈妈正在做什么的同时，轻轻地抚摸孩子。

和宝宝说话或者看着孩子的时候，轻柔地摆弄孩子的小胳膊和小腿。

对着宝宝微笑或交谈，轻轻地摇抱，宝宝会感到自己沉浸在语言、声音和爱的氛围中。

不要小看这种母子之间、没有语意的“对话”交流，它对于宝宝的智力发育和感知能力的成长，是大有裨益的。

游戏课堂——寓教于乐的亲子活动

让宝宝学模仿

模仿，是婴儿学习的基本方式之一。

口唇模仿，是一种有益的婴儿游戏，在孩子面前学做唇形，能促进宝宝口唇模仿能力。从新生儿期开始，宝宝就能模仿妈妈的面部表情。而 1 ~ 3 个月的孩子，会经常独自做口唇游戏，抓住这种时机，和宝宝做一做唇部动作，引导孩子唇舌活动，能起到促进能力发展的作用。

激发宝宝表情模仿的方法，是抱起孩子，在宝宝面前做张口、吐舌或者多种表情，这样婴儿逐渐会模仿妈妈的面部动作表情，也会模仿微笑。

发音模仿的方法，是经常用亲切的声音与宝宝谈笑，注意口形和面部夸张的表情。偶然，孩子会发出单一的声韵，啊、呜、哦、喔或者咕、咯声，此时妈妈用宝宝发出相同的声音回应，引逗孩子再次发声回应。孩子啼哭时，妈妈学着哭声发出同样的声音，此时正在哭闹的宝宝会止住哭泣，看着妈妈。

学哭声，是一种良好的回应性反应，也是婴儿发音练习的正确方法。学着哭声和宝宝做一应一答，可以使孩子早一些认识到自己的声音和发音能力。

视觉训练小游戏

注视活动

可以用硬纸片自制成黑白两色的卡片，面积约一块方瓷砖大小，内容可以有靶心图、棋盘图等对称性的图谱，可以是“爷爷、奶奶、爸爸、妈妈、宝宝”等汉字或者放大的人头像彩照，也可以把拆开的《婴儿画报》彩页等放在距离宝宝眼前 20 厘米处，让孩子注视。注视活动，是训练宝宝对颜色、图形的感知和注意力的好方法。图片或识字卡片可以用 3 ~ 5 张分为一组，每天 2 ~ 3 次，每隔 4 ~ 5 天轮流更换。

追视活动

用直径约 10 厘米的红球玩具动物，放在距离宝宝眼前 20 厘米处，待孩子的眼睛开始注视后，再从左到右、从上到下或成环形缓缓移动，让宝宝的视线追随移动的物体。

听觉训练小游戏

言语

出生后，就可以在宝宝耳旁 10 厘米处轻轻呼唤孩子的乳名，使宝宝在听到声音后转过头来。每天都要给宝宝诵读节奏短快、朗朗上口的儿歌，或者给宝宝轻轻哼唱歌谣。无论在给孩子喂奶、洗澡、换尿布或抱起孩子时，都要在跟前用温柔亲切、富于变化的语调反复地跟宝宝说话，告诉宝宝正在做什么，“宝宝，咱们要准备吃奶了”，“打开被子，脱掉衣服，我们的宝宝要洗澡了”。

音乐

把宝宝在胎儿期听过的音乐再放给他听，音量比成年人在室内说话的声音稍大一些为宜。还可以结合宝宝的生活起居规律，如起床、喂奶、做操、游戏、入睡前播放适当的固定音乐，既能增强宝宝的音乐记忆力，又能帮助宝宝建立良好的生活习惯。还可以给宝宝听一听模仿动物叫声和大自然中某些音效的音乐，再配上相应的实物或图片，让宝宝看一看，摸一摸，使宝宝的听觉、视觉、触觉得到综合的训练。

追声寻源

用铃铛、八音盒、钟表、小杯和小勺、塑胶捏响玩具等多种发声体，训练宝宝的听觉辨别力和方位听觉。可以先用各种发声体在宝宝视线内，弄出响声给他听，告诉宝宝这是什么，等到宝宝开始注意后再慢慢移开，让宝宝追声寻源，等到宝宝辨出声源后，再从不同距离或方向发出声响。

让宝宝学会拿

宝宝出生后 1 ~ 2 个月内，可用不同质地、适合宝宝小手抓握的物品，比如拨浪鼓、海绵条、绒布头、纸卷、小瓶盖或小积木、蔬菜根，或者经常让宝宝抓妈妈的手指，把手指常常放在宝宝的小手里让宝宝握一会儿，使孩子获得触觉经验。

2 个月后，可以在婴儿眼前悬吊一些玩具，让宝宝自己动手击打、够取、抓握，还要给宝宝做手指按摩操，从手心到手背，再到每个手指头，每天 2 ~ 3 次。通过手指的锻炼，逐渐形成宝宝自己运用手指，拿住物品的能力。手指相关功能的发育，能在大脑中相关区域中建立起联系，对智力发育有益有效。

给婴儿做被动体操

从现在起，就可以开始对宝宝进行体操锻炼，即做被动体操，由家人协助进行。做四肢伸展屈曲运动。每次运动时间从 2 分钟开始，上下午各一次。6 个月以后，宝宝活动量大了，可以进行翻身、爬行、坐等动作和进行有目的的锻炼。这样的锻炼，可以增强肌肉的紧张度，促进血液循环，有利于宝宝的健康成长。

经过新生儿时期的反复练习，妈妈和宝宝都会喜欢上每日必做的抚触。对宝宝说话时宝宝会发出声音来应答；做按摩手心抚触时，宝宝会张开小手等待；从仰卧变为俯卧时，宝宝会主动抬头。满月后到3个月时，可以循序渐进地增加一些新内容。

屈肘：满1个月后，做双手抓握练习，和新生儿期一样。

双手抓握练习之后，妈妈用手握住孩子小手及腕部，然后分别把宝宝左、右手依次向上臂或肩的方向屈曲，共做4～6拍。

扩胸：两臂胸前平举，成为预备姿势，第1拍两臂侧平举，两臂向左右分开至身体两侧，掌心向上；第2拍两臂收至胸前；第3拍同第1拍平举；第4拍还原。共做4～8拍。

屈腿：手握孩子足踝部，使孩子左、右腿分别做屈膝、屈胯动作。共做4～6拍。

抬头翻身呈俯卧位后，做半分钟抬头训练。注意要把孩子双手分别放在头两侧，起到支撑作用，同时到孩子头前方逗引宝宝抬头。训练宝宝俯卧抬头，让宝宝趴在床上，用音响玩具在孩子头顶的上方逗引，使宝宝抬起眼睛看，每天训练1～2次。通过训练，宝宝日后手的够取、坐和爬都会学得比较快。

1个月龄的宝宝颈肌、背肌力量均不强，不要让孩子抬头时间太久，以免造成疲劳。

宝宝的发育

宝宝这个时候一般体重增加1000克左右，但要注意，如果宝宝的体重增加过快，很有可能是过度喂养，亦或者是妈妈吃的太过于油腻；体重增长减缓要注意宝宝的生活规律，预防疾病的发生。宝宝醒的时候会增多，一般来说这个时候宝宝的睡觉时间为15～20小时。如果宝宝睡眠不安一定要找到原因。在情绪很好时，婴儿会模仿大人的面部动作或微笑。敏感地对待宝宝最初的情绪体验，尽量细心和耐心地与宝宝打交道。现在的宝宝已经有了短暂的注意力，能注意到人的脸、注意色彩鲜艳的东西、注意发出声响的东西，注意看自己的小手。

课堂小结

宝宝的护理

宝宝的房间安装空调的话，一定要注意空调的温度和室外的温度差异不要太大，以免宝宝的免疫力下降，引发“空调病”。宝宝的用品要经常性的消毒，毛巾、尿布利用煮沸的水消毒；衣服和被褥要经常日晒来消毒；房屋也要经常注意保持干净。宝宝清醒的时候要适当的给宝宝做“空气浴”和“日光浴”，但要注意保暖和避免阳光直射入宝宝的眼睛。不要给宝宝剃满月头，剃头很容易刮伤皮肤，造成感染，引发疾病。如果头发过长，可用消毒过的剪刀或推子剪短即可。

喂养注意事项

母乳喂养时，可以适当延长喂奶间隔，一般每3个小时左右喂一次，每天需要喂奶5～6次，每次哺乳的时间应控制在15～20分钟。对混合喂养的宝宝，最好每天早上、中午、晚上睡觉前以及夜里都要让宝宝吃到母乳。对吃配方奶粉的宝宝，此时所需的奶量可能会比新生儿期有大幅度的增加。人工喂养的宝宝在第2个月可以适当添加一些蔬菜汁和果汁，但不能直接喂食，应先加以稀释，因为宝宝的消化功能还不完善。及时的补充二十二碳六烯酸（DHA）和二十二碳六烯酸（ARA），对于宝宝的大脑发育和视神经的发育有着重要的价值。DHA科学摄入量为每天每千克体重20毫克；ARA科学摄入量为每天每千克体重40毫克。

早教和游戏方法

父母需要注意的是，早教训练切不可对孩子的发育提出超出其年龄阶段的要求，也不要一味地将自己的孩子与其他的孩子进行比较。婴儿的心理、行为发育是遵循一定规律的，不是仅凭教育和训练的方法就能改变的，只有在神经系统发育成熟的前提下，教育和训练才能促进婴儿的发育。在普遍规律下，每个孩子都有自己的发育时间表，也都有自己的先天优势和先天劣势，比如，有的孩子说话早，而有的走路早。所以，不能总是横向去比较。宝宝在有人逗他时，会发笑，并能发出“啊”“呀”的语音。如发起脾气来，哭声也会比平常大得多。

第三堂课

宝宝两个月了

成长课堂——宝宝的成长历程

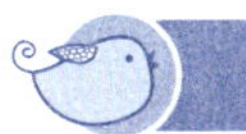

混沌渐开的宝宝

满 2 个月以后，妈妈养育孩子已经比较熟练，开始积累育儿经验，和宝宝的感情联系也越来越密切，宝宝已经能听出妈妈的声音，会对妈妈的呼唤用微笑来回应。

如果母乳充足，孩子吃饱了就睡，会长得很快。妈妈也因为宝宝有充足的睡眠时间，能让自己适当放松一些。

身体发育

这个月的孩子，体重增加最多，平均要增加 1 千克左右，身长平均要增加 3.5 厘米，头围平均要增加 1.8 厘米，而且头围会长得接近于胸围。

婴儿在 8 周时，可以持俯卧位，下巴离开床的角度可以达到 45 度，但不能持久。要到 3 个月时，下巴和肩部才能都离开床面抬起来，胸部也能部分地离开床面，上肢只能支撑部分体重。因此，宝宝在俯卧时，要注重看护，防止因呼吸不畅而引起窒息。

动作发育

出生时总是蜷曲的姿势会有所放松，与孩子的大脑发育有关。两只手的手指也能松开，适合进一步进行抓握训练。上一个月如果经过俯卧、抬头训练，坚持下去，到这个月底，宝宝俯卧时候已经能抬起胸部。

感觉发育

如果妈妈注视宝宝的脸，孩子也会注视妈妈的脸。这个月龄的孩子，很喜欢看人的脸，因为宝宝已经能分辨出脸庞和其他物体的区别。对于父母招呼自己的亲昵称呼，也能有所反应，并用动作或注意力的改变来回应和表示。

现在，孩子已经能用眼睛追踪移动的物体。与新生儿期视距较近的情况相比，从 10 周以后，宝宝开始能区分和辨别相同光线条件下的不同色彩，到 3 个月以后，就能和成人一样，辨别不同的颜色。

睡眠

2个月龄以后的宝宝，平均每天要睡16～18小时。从这个月龄开始，日夜颠倒的现象会出现，即俗话说的“睡颠倒了觉”，白天睡觉，晚上觉醒，生物钟与父母不同步，会令父母们很为之头痛。这种睡眠日夜颠倒的现象，会持续一段时间。一般要到第20周左右，宝宝的生物节律才能基本上做到与妈妈相近，渐渐适应日醒夜眠。

宝宝不好好睡觉，会把父母累得精疲力竭。如果这种日夜颠倒现象比较严重，则需要更辛苦一些，用外界干扰的方法，如吃完奶以后做一做按摩、做一做被动操、洗一洗澡等方法，减少宝宝白天的睡眠时间，控制白天孩子睡眠时间的总量。实在不得已的情况下，可以找医生，在医生的指导下，适度采取药物控制和调整睡眠。

心理发育

2个月龄以后的宝宝，喜欢听柔和的声音，会看自己的小手，并且明显地能抓握妈妈的手指。进入这个月龄，孩子的脑细胞处在突发生长的第二个高峰前期。因此，此阶段不但需要让孩子吃饱吃好，获取充足营养，还需要给予视觉、听觉、触觉等神经系统的训练。从情绪教育的角度看，这个时期的孩子最需要人陪伴，孩子睡醒以后，喜欢有人在身边，受到照料、逗玩、爱抚和谈话，这样做能使孩子感到安全舒适，身心愉快。

语言发育

8～10周以后的孩子，已经能够辨别声音的方向，在觉醒状态下，能安静地听音乐，对于环境中的噪声会表示不满。吃饱、睡足、排便后的觉醒状态下，如果有人逗着玩，能回应以微笑、出声的笑，并且能发出“啊——、呀——”的声音来回应。

常抚慰促进心理发育

抚育宝宝，除了要给予及时周到的身体照顾以外，心理上、感情上的关怀和爱的抚慰同样十分重要。

一般人认为，刚生下来不久的婴儿不会有什么情感需要和心理活动，其实不然。实际上，婴儿天生具备了情绪反应的能力、无意识幻想的能力，从出生后开始，母亲和婴儿就通过亲情的纽带来交流感情。如果婴幼儿能充分感受到母亲爱的表达，会对日后健康的身心发展奠定良好的基础。

所有的温血动物天生就有被触摸的需求，如果这种需求被剥夺，就会丧失欲望，导致生长迟缓，智力低下，甚至会产生不正常的行为方式。

“皮肤饥饿”是一个心理学名词，是指小时候极少得到母亲的拥抱、亲昵的孩子，长大后会形成一种潜在而又深刻地对被爱、被关心、被抚慰的渴望感，如果这感觉过于强烈，会导致一种病态的情感需求。

如果一个人在婴幼儿时期，能充分地享受到母亲的“皮肤接触”，就不会形成心理上的“皮肤饥饿”，会对自己所获得的爱感到满足，这对培养日后的情绪平衡能力、自信心以及关爱别人的能力都能起到积极作用。其实，每一个成年人也或多或少会有被抚慰的需求和感受，尤其是现代人，面对着生存和发展的沉重压力，人们会更渴望别人的爱抚，渴望类似母亲的爱抚。

常在亲人怀抱中的婴幼儿，能意识到同亲人紧密相连的安全感，因而会啼哭少、睡眠好、体重增加快、抵抗力较强，智力发育也明显提前。

相反，如果让孩子长时间处于“皮肤饥饿”状态，会引起孩子食欲不振、智力发育迟缓以及行为异常等。

生活中缺少抚爱、缺乏身体触摸的孩子，往往会自发地咬手指、啃玩具、哭闹不安，甚至把头或身体乱碰撞，这就是“皮肤饥饿症”的表现。

应对宝宝的抚慰需求，皮肤接触是一种最直接的关怀方式。当婴儿哭闹时，不妨抱一抱宝宝，同时用手指轻轻地抚摸宝宝脸蛋的周边，宝宝往往就会安静而又满足地进入梦乡。

对宝宝的皮肤接触，通常是指通过依偎和抱一抱的传达，把自己的感情传递给孩子；也可以慈爱地抚摸孩子的脖子和背部。

“皮肤接触”不仅仅指的是妈妈和宝宝肌肤接触，同时包括通过皮肤接触让婴儿感到母体的温暖和柔软。包括妈妈注视宝宝时的眼神、表情、温柔的话语、轻轻摇晃产生的韵律感，以及妈妈的呼吸、气味、微笑等，婴儿通过这些细节来感受母亲的爱。

护理课堂——专家教你科学护理

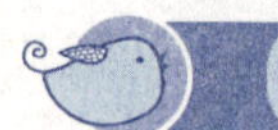

宝宝私密部位的保健

无论是男宝宝还是女宝宝，私密部位、生殖器官的保健，都应当引起充分的重视。在长达数年的育儿过程中，早一些了解关于孩子的私密部位保健常识，有利于长期关注和呵护。

女婴的生殖器保护

女婴生殖器官娇嫩，特别容易遭受各种疾病的侵袭，有时给孩子带来的损害常常会重于成人的妇科疾病。

女婴生殖器官发育未成熟，阴道黏膜较薄，阴道内酸度较成年人低，感染的机会也多。发生感染后，女婴阴道内的白带也会增多。正常女婴的阴道，也有少量的渗出物，颜色透明，没有气味。如果女孩子的白带发生异常，颜色发黄或发白，像脓液，有异味，量多，则有可能患了炎症。如果白带增多呈乳凝块状，阴部发痒，有异味，还出现尿急、尿频、尿痛等症状，看上去发红，就有可能染上了滴虫、真菌或淋病等。

预防女婴生殖系统感染非常重要，要注意：

① 不穿开裆裤，可以减少感染机会；

② 教给孩子从小养成良好的卫生习惯；

③ 女婴洗会阴的盆要单用，不能与洗手、洗脚盆合用，更不能与母亲合用；

④ 女婴的毛巾、床单要单用，并要经常洗晒；

⑤ 女婴大便后，要先拭净小阴唇，再用纸拭肛门。在清洗时，也是先洗前边，后洗肛周；

⑥ 带孩子出去旅游或到公共场所，不要随便使用盆浴，不要使用不洁的毛巾、马桶、卫生纸；

⑦ 如果父母患有性病，要注意隔离和消毒，不要传染给年幼的女儿。

女婴生殖器官如果发生感染，要及时检查。这些疾病都有特效药物治疗，只要坚持用药，注意外阴清洁卫生，保持局部清洁干燥，穿宽松内裤，是可以治好的。

男孩生殖器的健康

男孩生殖器的保健，很容易受到父母的疏忽。

要特别注意男孩子的生殖器健康，注意观察男孩的阴茎、阴囊和睾丸是否正常，是不是患有隐睾、疝气。护理好男孩的包皮和阴囊，尤其是要仔细观察，及早发现问题并对症治疗，以免对孩子造成终身影响。

注意观察，男孩的睾丸是否降入阴囊。一般来说，孩子还在母腹中时，睾丸位于腹腔中。随着孕期的延长，睾丸逐渐下降，孕期第 9 个月时会降入阴囊内。在孩子呱呱坠地后，大多数都能在阴囊内触摸到睾丸。只有约 3% 的男婴阴囊里空空如也，但一般也会在出生后 1 ～ 2 个月摸到。假如出生后 3 个月阴囊仍是空的，就应诊断为隐睾症。手术治疗应在睾丸发生病变之前施行，即 2 岁以内，万万不可过晚。

注意男孩过长的包皮是否需要切除。包皮过长，是指包皮遮盖阴茎头，但能上翻露出阴茎头。如果包皮口狭小或包皮与阴茎头粘连，不能使包皮上翻并显露阴茎头者，则称为包茎。新生儿几乎都有包茎，童年期也会有包皮过长现象，一般在 3 岁以后，阴茎头和包皮之间的粘连会自行消失，包皮可以上翻露出阴茎头，以后阴茎头可自行逐渐露出，到青春期全部外露。

新生儿有包茎和童年包皮过长都是生理现象，不必大惊小怪，也无须治疗。但要经常为孩子清洗，因为此处极易“藏污纳垢”，利于细菌繁殖而诱发炎症，而且可因致癌物——包皮垢的刺激，导致癌变。清洗时动作要轻柔，小心地翻开包皮，切忌用含药物成分的液体和皂类，以免引起外伤、刺激和过敏。清洗后用柔软毛巾轻轻擦干，再把孩子包皮翻回去。

如果触摸孩子阴囊时，发现睾丸以外有包块，应当怀疑两种可能。一种可能是“疝气”，疝是腹内的小肠或其他组织，通过腹股沟管进入阴囊所致，肉眼即可见到阴囊肿大，严重者可以做手术矫治；另一种可能是睾丸或附睾结核，必须及时就医。

护理男孩的阴囊十分重要。阴囊的作用是保护睾丸，如同一具“空调器”，为睾丸营造一个“四季如春”的良好环境。有经验的人通过观察男孩的阴囊就可判断孩子是否正常。一般外界炎热时，阴囊皮肤变得壁薄如纸，加强散热；当外界变冷时，阴囊皮肤立刻收缩呈橘皮状，起保温作用。这种自我调节功能，使阴囊内始终保持在33℃左右的健康水平。因此，要切忌让男孩子在温度过高的热水里长时间浸泡，以免影响精原细胞的发育。

出现婴儿湿疹怎么办

婴儿湿疹，又称为奶癣。湿疹是儿科常见的皮肤病，可能发生在身体的任何部位。主要表现为皮肤出现多形性、弥漫性、对称的损害，即皮肤出现对称的针头大小的丘疹或疱疹，且往往弥漫成片，伴有剧烈的瘙痒感。常常能见到一些可爱的婴幼儿在脸蛋上、眉睫间长有成片的小疙瘩，有些还流水、结痂，此即为婴儿湿疹。湿疹的发作时间长，且反复发作，常常引起家长和孩子严重的不安和焦虑。

中医认为，奶癣为胎中遗热遗毒，出生后饮食失调，脾失健运，内蕴湿热，外受风、湿、热邪所致。西医则认为此症多见于肥胖渗出性体质的婴儿，尤其是人工哺育的婴儿，营养过度、消化不良、对食物过敏都会引发。

湿疹的发病原因比较复杂，较一致的看法是皮肤对外界的不正常反应。可引起皮肤过敏的因素很多，湿、热、冷、日光、微生物、毛织品、药物、尘埃、洗涤剂等。最常见的食品，牛奶、鸡蛋、鱼肉等必需营养品都可能引起过敏反应。婴幼儿的衣物和日用消费品也是引起湿疹的主要原因之一，香皂、护肤品等都可能引发，甚至过敏源还包括哺乳期母体食物。

家庭护理婴幼儿，一旦孩子患湿疹，除按医生要求找到过敏源外，要遵医嘱指导进行治疗，衣物应当宽松、柔软、清洁、干燥且无刺激性，以避免和减轻发病。母乳喂养的母亲要避免摄入辣椒、茶、咖啡、可乐等刺激性食物和饮料，同时观察孩子是否对鱼、虾、羊肉、牛奶等食物过敏，避免食用引起过敏的食物。如果是牛奶引起过敏，可以把煮沸牛奶的时间延长一些，或者反复煮沸一两次，也可以改用羊奶或豆浆及其他代乳品哺喂孩子。

不要给婴儿穿尼龙化纤类衣物，照料宝宝的人也尽量穿棉布衣服，不要使用化妆品，以避免不良刺激。最好给已经患上湿疹的宝宝戴上一副棉布小手套，防止孩子抓挠痒处，挠破患处发生感染。

患湿疹期间，不能给孩子进行预防接种。

患湿疹对孩子是一件很痛苦的事，家人也很急，但不可以乱用药、用药一定要经医生指导。不可用热水洗烫患部，以免刺激皮肤毛细血管扩张加重红肿。可用温水洗拭，但不宜搓擦和浸泡，要避免使用肥皂刺激孩子皮肤。在湿疹刺痒难耐发生时，要避免孩子抓挠，防止局部受刺激感染，过痒时，可外用炉甘石洗剂涂抹。

防治湿疹，养成良好生活习惯很重要。治疗过程中要按医嘱服用和注射药物，也可采用中药外敷和洗剂。

喂养课堂——宝宝喂养新观念

本月宝宝的喂养提示

这个月的宝宝，生长发育迅速，俗语说孩子“一眠大一寸”，就是指孩子在这个时期里，不仅长个头、长体重，而且大脑、智力、能力也都会出现突飞猛进的变化和成长。

母乳喂养通过 2 个月的哺育，哺乳妈妈学会正确哺乳，而且普遍建立了奶水关系，乳汁通常供应充足，并且基本能做到与宝宝的需求量同步，奶胀孩子饿、孩子吃饱后奶空。2 个月以后，基本上可以每 3 小时哺喂母乳一次。如果宝宝晚上睡得很香，就不必专门唤醒，可以减少一次哺喂，孩子也逐渐能在晚上睡得更久一些，胃里也能存食物了。

母乳不足

如果母乳不够孩子吃，哺乳妈妈不要紧张，要让自己放松心情、稳定情绪，同时适度调整自己的饮食结构，多吃一些催乳的食物，包括粥、汤等，适度催乳、发奶。如果乳汁仍然不够宝宝吃，则可以添加配方奶，改为混合喂养措施。

人工喂养

如果一直是人工喂养的宝宝，这个月与上一个月的情况一般没有太大的变化，只是喂奶的间隔时间会变得更加规律一些。

准备添加配方奶

按照相关规定，哺乳妈妈的产假通常为3个半月，产假满后可能就要重返职场上班。

妈妈上班以后，就不能全部用母乳喂养宝宝。因此，从临近上班的前3～5周开始，就要做好相关准备，试着用奶瓶给孩子喂奶，先试着挤出母乳来放到冰箱里保质，到哺喂时间后，用奶瓶装上母乳，以温水隔水稍加热到近似体温后，哺喂宝宝，让宝宝先适应用奶瓶、奶嘴吃奶，然后，逐渐给孩子添加配方奶，让宝宝逐步适应配方奶的气味和口味。

一般说来，孩子需要有1～2周的适应期。因为从出生到现在，宝宝的嗅觉、味觉、触觉都非常灵敏，对于母乳与配方奶，母亲乳头与奶瓶、奶嘴区分得极其精细，甚至于拒食。

所以，未雨绸缪，提前做好准备，给孩子一个充分适应和过渡的过程，不要临近上班了再给宝宝改吃配方奶。

记得给宝宝喝水

多给宝宝喝水，是保证孩子健康成长发育，免遭疾病侵害的最主要的哺喂手段之一，也是育儿的关键要素。

水是机体赖以维持最基本生命活动的物质，在机体内的含量最多，占成年人体重的50%～65%，占婴儿体重的75%，是生命必需营养素中最重要的一种。

人体是由细胞组成的，水是机体细胞和细胞外液的重要组成成分。作为细胞内的水分，已成为细胞的重要构成材料；作为细胞外液，要从血管中输送营养和代谢产物到细胞中。还有约10%的水循环在人体各器官中，输送氧、营养素和代谢产物到身体的各部分，在体温调节中枢的控制下，参与人体内的体温调节。因为机体每日都要经由皮肤、呼吸、大小便中排出相当数量的水分，所以每天都必须从膳食或饮料中补充丢失的水分。

人体每日摄入的水量应与排出体外的水量保持大致相等。婴儿生长发育旺盛，对水的需求相对比成年人高得多，每天消耗水分占体重的10%～15%，而成年人仅为 2% ~ 4%。婴儿每日的需水量与年龄、体重、摄取的热量及尿的比重均有关系。

婴儿期的孩子，每天需水量为每千克体重 120 ~ 160 毫升。人体组织和某些食物代谢氧化过程中也会产生，称为内生水。每 1 克碳水化合物产生 0.6 克水；每 1 克蛋白质产生 0.4 克水；每 1 克脂肪产生 1.1 克水。

每天应当给婴儿喝多少水才合适呢？

一名 8 千克体重的婴儿，如果按每日摄入蛋白质 24 克、脂肪 25 克、糖类 120 克计算，将产生内生水约 110 克，即 110 毫升水。如果按每千克体重供水 150 毫升计算，则这名婴儿每天需水 1 200 毫升，除去内生水 110 毫升，还要为孩子提供 1 100 毫升饮用水。

为宝宝添加食物

由于宝宝身体功能的增长和新陈代谢活动旺盛，每天必须要注意补充大量的水分，以满足需求。一般婴幼儿每天每千克体重需要水 120 ~ 150 毫升。例如，这个月龄孩子如果体重 5 千克，每天需水量在 600 ~ 1 100 毫升，包括喂奶量在内。

除了适当喂哺温热的白开水之外，家庭还可以自制一些新鲜蔬菜、果汁水来哺喂给婴儿，以补充维生素。

* 水果水

取苹果、梨等新鲜水果，去皮和核后切成小丁，加入清水煮沸，然后滤掉果渣，晾温后即可饮用。

* 青菜水

菠菜或其他新鲜绿叶蔬菜叶片 50 ~ 100 克，洗净后切碎，加入清水煮沸，至水变为绿色后，滗出菜水或滤去菜叶，待温度适宜时喂哺。

* 胡萝卜水

胡萝卜 50 克，清水 50 毫升。胡萝卜洗净切碎，放入锅内加水煮沸 2 ~ 3 分钟后，用纱布滤去渣，晾温即可，也可以加入适量白糖。

＊西瓜汁

西瓜 50 克。去皮取西瓜肉，以榨汁机取汁即可。2 ~ 6 个月大婴儿，每次喂食 1 ~ 2 小匙。西瓜多汁，含水量达 93%，同时又是含钾量很高的水果，会有利尿作用，在晚上睡前不宜给宝宝食用，免得宝宝因为尿多而干扰需要睡眠的父母。

＊橘子汁

做法 1：橘子半个，白糖、温开水若干。剥去桔皮，将其中一半用汤匙捣碎后放入纱布里，挤出汁液后，加入适量的水和白糖调匀。

做法 2：取橘子一只，外皮洗净切成两半，分别以半只放上榨汁器盘上旋转压榨，果汁即流入槽中，再以纱布或滤网过滤即可。每个橘子大约可榨取果汁 40 毫升，饮用时，须兑加 1 倍温开水，也可以放少量糖。

特别提示

推荐使用家用榨汁机为宝宝榨取新鲜果汁或蔬菜汁，不要给宝宝饮用市面上出售的现成蔬菜汁或果汁，因为市售的饮料或多或少都含有食品添加剂，不宜给婴儿饮用。

市售饮料大多数并不是水果原汁，而是配制成的，不能为婴儿补充所需的维生素。即使有些饮料含有少量原汁，经过反复消毒加工后，维生素也所剩无几。因此，给宝宝添加营养喝的鲜果汁、蔬菜水一定要自己做。

闻一闻，尝一尝

俗话说："三个月娃娃知饭香"，这个月龄的宝宝，在家庭开饭的时候，已经跃跃欲试，似乎有尝一尝饭菜香味的需求了。

对 2 ~ 3 个月龄的孩子，可以经常抱孩子到餐桌旁边，看一看家里人吃饭，让宝宝闻一闻饭菜的香味儿，还可以蘸一点菜汁，给宝宝尝一尝各种香味。要注意，不要给孩子尝味道过浓、刺激性过强的食物。

这种让孩子闻一闻香，尝一尝味道的做法，看起来简单，但是对于婴儿未来感知觉发育有着重要作用，事关孩子成长过程中感知教育的大事，对于促进心理行为健康和人格健全有益。

无论是母乳喂养还是人工喂养的婴儿，随着孩子生长发育对营养的需求变化、消化功能的成熟，都应当适时地添加食物。

给宝宝喂菜水、果汁的时候，要注意保证所采用的器具消毒和卫生，保证食物的新鲜清洁，这对孩子的健康很重要。

3 个月以内的婴儿吃的食物中，不能放盐。孩子机体所需的盐分，主要来自于母乳和牛奶中含的电解质，因此，给宝宝吃的添加果菜汁水中也不宜放盐。

为补充营养需要，可以做一些菜泥和果泥喂宝宝，同时要注意观察添加辅食后宝宝的大便是否正常，有没有不适应的情况。每次添加量不要过多，要使宝宝的消化系统逐渐适应。牛奶喂养的宝宝，食用果泥还可以防止便秘。

早教课堂——聪明宝宝赢在起跑线

教宝宝学会等待和忍耐

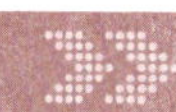

等一等，忍耐一下，是每一个成年人都懂得遵循的社会性内容。

对于婴儿来说，早一些进行“等待”、“忍耐”学习，正是进行早期教育、培养健康人格和性格的奠基行为。

从 2 个月开始，婴儿就需要学习等待。

婴儿的听觉中，最为灵敏的就是听到妈妈的声音。如果孩子因为饥饿而哭闹时，只要听到妈妈熟悉的脚步声，就立即会停止，并转头张望，安静地等待妈妈喂哺。人工喂养的婴儿，在听到准备奶瓶的声音后，也会转头张望，安静等待，如果妈妈立即来，孩子就得到了安慰。如果妈妈只是答应“来了，来了！”但是还是久久地不来，宝宝会再次哭泣起来，召唤妈妈到来。因为在这个月龄，孩子的预测能力开始出现，对于妈妈的声音条件，能预测到结果，如果每次都得到满足，孩子的预测能力就能逐渐提高。

在婴儿哭闹时，高声应答"妈妈来了！"，然后让宝宝适当等待，有利于培养孩子的忍耐性，有利于情绪培养。

但是，值得注意的是，可以让孩子逐渐加长等待的时间，却不宜只答应而不来。如果完全不理会孩子的哭闹声，宝宝尽力哭喊会转变为不良情绪，经常使劲儿哭喊，变得不容易安静，长大以后会形成难以驯服的坏脾气，变得执拗、倔强。

另一种可能，虽说宝宝渐渐地不再哭闹了，却变得对亲人渐渐地疏远，很少再用声音、用眼睛表达信息，因为表达的信息没有人接受而变得情绪淡漠。在婴儿期如果出现情绪淡漠的趋势，不愿意理睬别人的召唤和表示，会影响到视听功能正常发育。不仅认知能力和语言能力发育滞后，而且会因为经常感受不到亲人的爱抚，对亲人不信任，长大以后会养成冷漠孤独、不信任他人、不会对别人表达同情和怜爱的性格。

在婴儿哭闹时，应当尽快发出声音回应"妈妈来了！"用以安抚宝宝，适度让孩子等待，是有利于良好情绪养成，但要循序渐进，逐渐延长让宝宝等待的时间，最终还是要到位，并且要给孩子适度的安慰。

母子之间日常生活中的等待、应答和交流活动，看似事小，却蕴含着一个早教基本原理，就是情绪教育是婴儿人格养成的基础。

宝宝的视力和色彩

人的视力包括两方面，一是能看见，即外界的亮度、对比度、形状、颜色等诸多信息反映到眼底，形成物像，相当于彩色摄影的作用。二是能注视，这属于一种较高级的心理活动，即用心观察物体，记入脑中，并用来与以往的经验做分析比较。

宝宝刚出生时，显然还不能区分相同光线条件下的颜色。

然而，婴儿的视觉是逐渐发育成熟的，刚出生 2 周时，妈妈抱宝宝喂奶时，婴儿就喜欢盯着妈妈的脸。一般在出生后 10 周左右，就能开始辨别颜色。年龄不同，能看清的距离不同，1 ~ 2 个月能看清 1 米左右，3 个月能看清 5 ~ 7 米远。到 3 ~ 4 个月时，宝宝就能跟成年人一样辨别不同的颜色。因此，早一点对宝宝进行色彩的训练，是有助于孩子发育的。

婴儿虽说不能分辨颜色，但对视觉上的刺激反应却很强烈，能看到明暗对比较强的地方。如果看妈妈的脸，会比较喜欢看物体的边缘和弯曲部位，当然，更喜欢看移动的物体。

对于宝宝出生后完全空白的大脑来说，各种刺激因素信息记录下来，会逐渐形成脑部的沟壑。刺激因素越多，信息记录得也就越多。因此，对于满月以后的宝宝，用色彩鲜艳夺目、五光十色且能移动和发出响声的玩具，在吃饱和觉醒状态给予适度的逗嬉，是有利于宝宝智力发育的。

婴儿期宝宝的视觉发育过程是：最初只能用眼睛追随在面前左右方向移动的物体，移动的速度不能太快，然后发展到能追视各个方向移动的物体。

最初，宝宝能注视物体的时间很短，距离也很近。用烛光放在一两米远处，宝宝能注视，再远一点就看不见了。自 2 个月开始，就能注视在房间里较远处来回走动的人，注视能持续 2 ~ 3 分钟。与此同时，宝宝对不同形状的东西注视程度不同。有人做过实验，让婴儿看三个不同的头像，第一个是人脸的画像，第二个把人脸上的五官故意画颠倒，第三个只画上类似人脸的轮廓，让出生后 4 天到半岁之间的婴儿注视这三幅图，结果表明，小家伙们对人脸画像注视时间最长，对乱糟糟的画像注视时间最短。由此说明，婴儿视觉能力具备明显的选择性。

宝宝喜欢看美的东西，不仅能盯住进入视野的物体，还会追随物体移动的去向，东张西望寻找能刺激视觉的物体。逐步学会用眼睛涉猎周围环境的信息，到 3 个月时，就会找人，并且找到成年人手中摇动的玩具，再往后就会积极寻找周围各种活动的、发亮的、色彩鲜艳的、有趣的物体。找到以后，就会欣赏，情绪会很欢快，甚至手舞足蹈来表达内心感受。

游戏课堂——寓教于乐的亲子活动

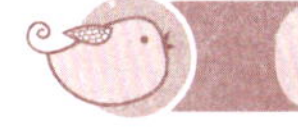

宝宝，笑一个

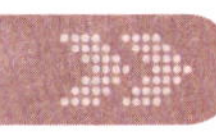

这个月龄的宝宝，觉醒状态延长，白天吃饱、睡足、排便后的清醒状态下，能和爸爸妈妈一起玩一小段时间。

妈妈或爸爸在逗引宝宝一起玩的时候，可以轻轻抚摸或亲一亲孩子的鼻子、脸蛋，或者轻轻地挠一挠宝宝的痒痒，或者用带响声的玩具逗笑，对孩子说“宝宝笑一个！”亲子之间的这种游戏经常进行，逗引得宝宝手舞足蹈、挥臂蹬腿，甚至发出呀呀语声，或者能发出“咯咯”的笑声。

快乐、容易逗笑的孩子招人喜爱，也能合群，逗笑是培养孩子良好性格的开端。

逗笑宝宝，可以注意观察，看哪一种动作最能逗笑孩子，经常有意识地重复这种动作，既能带给家庭欢乐，又能给孩子形成条件反射和交流信息，这将有利于健康情绪的养成。

爸爸抱一抱

在日常生活中，与孩子交流情感，爸爸的重要作用不可忽视。因为，爸爸通常与妈妈不同，和宝宝的交流有自己独特的风格。妈妈一般更多地用比较温柔的语言、抚摸、触抚来和宝宝交流温情。做爸爸的，则一般喜欢在嬉戏、玩闹中和宝宝进行另外一种方式的交流。形象地说，妈妈和爸爸跟宝宝的交流活动，一个偏重于静，一个偏重于动。

对于孩子来说，静有静的温馨，动有动的魅力。每一天，爸爸都能抽出时间，和宝宝亲密接触一会儿，交流一阵感情，体悟孩子每一天的成长和进步，感情联系会越来越亲密，亲情的共鸣会一天一天地浸润在父子之间，这对于孩子的性格养成，具有重要作用。

听一听，动一动

这个月龄的孩子，听到自己熟悉的音乐会做出相应的表情，有的乐曲能引发婴儿的欢乐情绪，听到习惯的音乐，宝宝会手舞足蹈，蹬腿或挥动上肢。

在播放婴儿听习惯了的音乐之前，可以在宝宝的腿脚下面，放一个硬纸袋子或者塑料袋，宝宝无意中蹬动腿脚，会发出哗啦啦响声，听到意外的响声发出的效果，会促使婴儿再次蹬腿脚，把无意识活动变成有意识活动。

还可以在孩子的手边上放一只小铃铛，让宝宝在无意动手时候碰响铃铛，诱使宝宝再次有意识地撞碰小铃铛。

由声音引起的活动，会使宝宝渐渐注意到意外发出的声音，引起有意识的肢体活动，则会使孩子更加兴奋。由此而喜欢经常活动自己的肢体，使无意识的全身性活动变为有意识的单个肢体活动，并且对自己的能力、身体和声音逐渐建立起感性认知。

婴儿还喜欢听父母唱歌，特别是伴随唱歌时做一定的动作。如果父亲在唱歌，唱到某一句时把宝宝举起来，声音会形成条件反射，使宝宝准备被举起来，脸上会出现欢乐而期待的笑容。妈妈在唱歌时，也可以唱到某一处和宝宝逗笑，或者做一个滑稽动作，形成一种声音和动作配合的条件反射，为孩子再长大一些的时候，学习儿歌做动作打下基础。

课堂小结

宝宝的发育

这时候的宝宝肢体活动频繁，力量增大，学会了踢被子，盖上后，会迅速踢掉，让爸爸妈妈无可奈何。所以要注意宝宝的保暖措施，以免宝宝受凉。宝宝开始模仿大人的面部表情了，大人说话时，他会张开嘴巴，睁开眼睛，如果大人伸出舌头，他也会做同样的动作。2 ~ 3 个月的宝宝在语言上有了一定的发展，发音增多，能发出清晰的元音，如啊、噢、呜等。逗他时会非常高兴并发出欢快的笑声。蹬腿动作比较有力，经常把腿脚举高又放下。如果用双手扶在宝宝腋下让他站起来，然后手松开，宝宝能在短时间内站立，然后双膝和小屁股就会弯坐下来。

宝宝的护理

妈妈应经常性的抚摸宝宝，这样不但能促进宝宝睡眠，还能有助于宝宝的消化，另外，对于宝宝的免疫力提高也有一定的效果。如果宝宝患了尿布疹，可擦鞣酸软膏或肤炎净，或用清水冲洗，不要用力擦洗，要用纯棉布蘸干，不是擦干。若有细菌感染则要涂红霉素软膏，夏季必须警惕婴儿患肛周脓肿。为了预防宝宝睡偏头，首先是注意孩子睡眠时的头部位置，保持枕部两侧受力均匀；另外，孩子睡觉时容易习惯于面向母亲，在喂奶时也把头转向母亲一侧，为不影响孩子颅骨发育，母亲应该经常和孩子调换位置，这样，孩子就不会总是把头转向固定的一侧。要注意给宝宝穿上袜子，这样不仅有助于保暖，减少宝宝脚的损伤，还有助于脚的清洁和预防蚊虫的叮咬。

课堂小结

喂养注意事项

人工喂养的宝宝随着体重增长速度的减慢，吃奶量可能会出现稍微的下降，有时甚至出现短暂的厌奶现象，此时不应强行喂食，仍要本着“按需喂食”的原则。婴儿2个月后，可以开始吃果汁和菜水等辅食了。辅食的添加不是可有可无的，要把它与哺乳等同起来。宝宝可以通过母乳和配方奶的摄入，来满足蛋白质、脂肪、矿物质、维生素等营养元素的需求。宝宝一般每天需补充维生素D 300 ~ 400国际单位。这个时期是宝宝身高增长的第一个时期，所以哺乳的母亲一定要注意膳食均衡，保证乳汁营养。

早教和游戏方法

2 ~ 3个月是宝宝脑细胞生长发育的第二个高峰期，这时不但要有足够的母乳喂养，也要给予合理的视、听、触觉神经系统的训练。没有父爱的家庭会严重影响宝宝的身心健康，失去父爱的宝宝大多缺乏自信、意志薄弱，常表现出自卑的情感特质和性格特征。所以，爸爸要经常的抱抱孩子。2 ~ 3个月的婴儿主要是仰卧着，但已有了一些全身肌肉的运动，因此要在适当保暖的情况下使小儿能够自由地活动。宝宝喜欢被抱着面朝着外面，看他前面数不尽的东西，而且为这些有趣的景象感到惊异，还会以一种可爱甜蜜的微笑来回应你。这时父母应该多和他一起游戏玩耍。

已经3个月的宝宝

成长课堂——宝宝的成长历程

本月宝宝的发育特点

动作发育

3个月的宝宝，头能随着自己的意愿转来转去，眼睛随着头的转动而左顾右盼。家人扶着宝宝的腋下和髋部时，孩子能坐着。让宝宝趴在床上时，孩子的头已经能稳稳当当地抬起，下颌和肩部可以离开桌面，前半身可以由两臂支撑起。当独自躺在床上时，会把双手放在眼前观看、玩耍。扶着腋下把孩子立起来，他就会抬起一条腿迈出一步，再举起另一条腿迈一步，这是一种原始反射。到6个月时，扶宝宝直立，孩子的下肢就能支撑全身。

语言发育

3个月的宝宝在语言上有了一定的发展，逗宝宝时，他会非常高兴地发出欢快的笑声。当看到妈妈时，脸上会露出甜蜜的微笑，嘴里还会不断地发出咿呀的学语声，似乎在与妈妈说话交流感情。

感觉发育

3个月的宝宝视觉有了发展，开始对颜色产生了分辨能力，对黄色最为敏感，其次是红色，见到这两种颜色的玩具很快能产生反应，对其他颜色的反应要慢一些。这么大的宝宝已经认识奶瓶了，一看到家人拿着它，就知道要给自己吃饭或喝水，会非常安静地等待着。在听觉上发展也较快，已具有一定辨别方向的能力，听到声音后，头能顺着响声转动180度。

心理发育

3个月的孩子喜欢从不同角度玩自己的小手，喜欢用手触摸玩具，并且喜欢把玩具放在口里试探性地咬嚼。能用叽叽咕咕的语言与父母交谈，有声有色地说得还挺热闹，会听自己的声音。对妈妈显出格外的依赖，离不开。

睡眠

3个月的孩子每日睡眠时间是17～18小时，白天睡3次，每次2～2.5小时。夜里能睡 10 小时左右。

这个阶段，要多多进行亲子交谈，和宝宝说说笑笑或给孩子唱歌，或用玩具逗引，让宝宝主动发音，要轻柔地抚摸和鼓励孩子。

生长发育进程考量

1 岁以内的宝宝统称为婴儿期，也有人把半岁以前的孩子称为小婴儿。

婴儿期的孩子生长发育、能力的发展进程，“一看二听三抬头，四撑五抓六翻身，七坐八爬九扶站，十个月孩子能扶走。”这一段育儿口诀，基本上能反映孩子在 10 个月以内的能力发展状况。

宝宝出生后，就开始了成长与学习的过程，整个生长过程是有顺序并且逐步发展的，做父母的着急不得。宝宝有生长快的，也会有发展相对迟缓的，皆属于正常现象。

宝宝的成长情况，可以从生长与发展两方面判断。发育状况通常由身高、体重来判断，发展则是看粗动作、细动作、语言与认知发展，以及情绪和社会性发展等指标。每个婴儿的发展状况不一，有些婴儿的肢体发展比较快，但是语言学习能力却较慢；而有些宝宝害羞或胆小，也会影响学习走路或与人互动的意愿。

宝宝的粗动作、细动作、语言能力与社会性发展等项目的基本考量原则：

粗动作

不管是学习走、跑或跳，宝宝首先必须学会控制头。因此，控制头部是宝宝动作发展最重要的一步；同时宝宝的身体发展原则，也是从头到脚，也就是先控制颈部，而后则是上半身、手臂、下半身和腿。宝宝的手脚活动协调程度越来越好之后，就先能学坐，而后爬、站和走。

细动作

宝宝身体的另一个发展原则，是由躯干中央向外到四肢发展。所以，婴儿先学会使用手臂，再下来是手掌，最后才能控制手指。训练控制手指的能力，可以让宝宝操纵东西，像是抓东西、握奶瓶以及玩积木等。

语言能力

宝宝会先发出各种无意义的声音，再下来是模仿大人的声音。接着，会说出简单的单字，有的婴儿在 1 岁时能有意识地叫出爸爸、妈妈。从小经常与婴儿说话，能刺激和帮助宝宝的脑部神经末梢建立连接，为语言发展奠定基础。

家庭关系与社会性

社会性，是人类的基本属性之一。宝宝对身边事情的处理能力，指的是婴儿与人互动的能力。婴儿天生就有与父母互动的能力，通过模仿父母的行为、动作，能力变得社会化。宝宝会先模仿单一的脸部表情、手势或是动作，最后则会逐渐模仿父母的整个行为模式。因此作为宝宝“第一任老师”的父母，需要多注意自己日常生活中的行为。

相对于粗、细动作的发展，婴儿在社交与沟通能力上的发展，比较难有明确的指标。因为每个宝宝的气质、个性差异很大，有一些安静、不爱说话的宝宝并不见得就有自闭症倾向，可能只是比较害羞。因此，做父母的一定要多了解宝宝的个性与脾气，以防止误以为宝宝有发展迟缓、生长发育不正常的趋势。

护理课堂——专家教你科学护理

怎样正确抱孩子

怎样正确抱孩子？这个问题看似简单，但正确抱孩子，对宝宝健康成长至关重要。

不宜多抱

初为人父母，总会对宝宝爱不释手，会经常抱着孩子，即使睡着了也不肯放下。然而过多地抱孩子，对宝宝的正常发育有很大危害。正常情况下，新生儿一天的睡眠时间是 20 ~ 22 个小时，满月后的宝宝一天睡眠时间平均不少于 18 个小时，6 个月的孩子一天要睡 12 ~ 14 个小时，1 周岁时每天也要睡 13 个小时左右。

了解到孩子的睡眠规律，就明白抱得过多会影响孩子的睡眠质量，使孩子不能够熟睡。婴儿不会说话，遇冷、热、渴、饿、痛、不适等，都会以啼哭的方式表达。如果不去细细查明缘由，一哭就喂，一哭就抱，会养成不良习惯。

宝宝消化功能弱，吃下母乳后，一般要 3 ~ 4 小时才能完全排空。常常抱着，喂奶次数就会增加，胃肠受压，胃肠的正常蠕动受到限制，日久天长易造成消化不良。

婴儿的啼哭是一种全身运动，可以增进心肺功能，加快全身血液循环，增加各脏器的新陈代谢活动，促进正常的发育。

如果宝宝一哭就抱，会减少孩子的肢体活动量，血液流通受阻，影响各种营养物质的输送，严重妨碍骨骼、肌肉的正常生长发育。但也必须懂得，如果哭闹时间过长，应认真找出原因再给予爱抚。过长时间的哭闹，腹压过高，易发生腹股沟疝。

如果经常抱着孩子走动，容易使宝宝的大脑受到震动，加上强烈的光线、色彩和噪声的刺激，会使婴儿长时间处于兴奋状态，心肺负担加重，身体抵抗力下降，容易生病。

忌摇晃、忌高抛

有的父母误认为，抱着孩子摇晃可以使宝宝不哭，或使他（她）高兴，所以把宝宝抱在怀中或在他（她）躺着时，不停地摇动。还有的喜欢把宝宝向上高抛又接住，逗宝宝玩，这是很危险和有害的动作。

婴儿头大身子小，头部体积和重量占全身的比例较成年人大得多，加上婴儿颈部肌肉娇嫩，对头部的支撑力很弱，难以承受较大幅度的摇晃和高抛的震动。强烈摇晃和高高地抛起，很容易使脑髓与较硬的脑壳互相撞击而引起脑震荡，还可能引起视网膜毛细血管充血，甚至导致视网膜脱落等。因此，不要摇晃和高抛宝宝。

训练宝宝的排便习惯

通常，在刚出生时，婴儿每天排便 4 ~ 5 次，满月后一天 1 ~ 3 次，到周岁以后，有的孩子两三天才排 1 次大便。6 个月以内的孩子，一昼夜要排尿 20 次左右，每次约 30 毫升，半岁至 1 岁时减少到 15 次，每次约 60 毫升，到 2 ~ 3 岁时，每天仅 10 次左右。

3个月以上的宝宝，往往会在大便时，显出与平时不同的表情，小嘴用力、扭腿、憋气、眼神发直、四肢僵硬、表情异样等。这些表现，往往能被细心的妈妈发现，以免排便弄脏衣物。

大小便习惯的形成，可以通过培养和训练，使宝宝在排便过程中建立起良好的条件反射。培养排尿习惯，可以从3～4个月开始，仔细观察宝宝排尿时的表情，记下间隔时间。

把尿，可以在孩子睡醒后、喂奶后、喂水后10分钟、餐前、外出前和回家后尿布未湿时进行。把尿时，可以发出声音信号，如“嘘嘘”声，逐渐形成孩子听声排尿的条件反射。如果把尿一两分钟孩子不尿，可以过一会儿再把。把尿时间过长，婴儿会感到不舒服，容易造成拒把，习惯也不易养成。

排大便训练，可以选择早、晚进食后进行，用孩子憋气排便的“嗯嗯”声提示和鼓励排便，逐渐养成习惯。另外，孩子排便前，往往会有臭屁排出，也是将要排便的预示。

婴儿排尿时，如果发生遇尿则哭，要怀疑是否有不正常情况发生。因为当肾和膀胱感染时，就会出现排尿时的啼哭现象。同时伴有食欲不振、脸色发青、时常哭闹。遇到类似情况时，要给宝宝多喝水，加快代谢，还须在医生指导下用药物治疗。

给宝宝选用枕头

给宝宝选枕头可不能马虎，婴儿生长的不同时期，对枕头需求也不同。

刚出生的宝宝，脊柱平直，平躺时背和后脑勺在同一个平面上，颈、背部肌肉自然松弛，侧卧时头与身体也在同一平面。如果枕头垫高了，反而容易使脖颈弯曲，有时还会引起呼吸困难，以至于影响到正常的生长发育。因此，新生儿不需要枕头，但为了防止吐奶，必要时可以把新生儿上半身适当垫高一点。

宝宝长到3个月时，开始学习抬头，脊柱颈段也开始出现向前的生理弯曲。6个月的宝宝开始学坐，脊柱胸段开始出现向后的生理弯曲，肩部也发育增宽。如果此时不用枕头，头位偏低，会使脑部血液比用枕头时多，影响婴儿入睡。因此，3个月宝宝应开始使用枕头。

3个月的宝宝如果穿得不厚，可以用柔软的全棉毛巾对折当枕头；如果是冬季，宝宝穿了棉衣，就应把头部相应垫高，枕头高度以3～4厘米为宜。要根据宝宝的发育状况，逐渐调整枕头的高度。枕头应扁小，长度与宝宝的肩部同宽。枕芯质地要柔软、轻便，透气、吸湿性好。不要给宝宝使用过硬的枕头，因为宝宝颅骨较软，囟门和颅骨缝还未完全闭合，枕头过硬会造成头颅变形。

随着季节、气候变化，枕芯也应更换。俗话说，“头要凉，脚要暖”是有道理的。婴儿入睡后，头部温度一般比体温低3℃。如果头部温度过高，宝宝会感到烦躁不安，不易入睡。因此，夏季可用绿豆壳、蚕丝和晒干的茶叶做枕芯，有消暑降温之效。冬季最好选用温暖柔软的木棉、灯心草、蒲　绒、荞麦皮做枕芯。此外，还要注意不要用涤纶、泡沫塑料等原料做枕芯，因为这些材料会引起宝宝头皮过敏。

婴儿新陈代谢旺盛，头部出汗较多，睡觉时容易浸湿枕头，汗液和头皮屑混合，易使一些病原微生物及螨虫、尘埃等过敏源黏附在枕面上，不仅散发臭味，还容易诱发支气管哮喘症或导致皮肤感染性疾病。因此，宝宝的枕套、枕芯要经常洗涤和晾晒。

宝宝为什么会流口水

这个月龄的孩子，越来越招人喜爱的同时，却逐渐出现一个让妈妈颇感头痛和尴尬的表现——开始流口水，而且总会有口水挂在嘴角边，擦也擦不尽。这种现象，也是婴儿成长过程中的一个必经阶段。

口水即唾液，是由人的口腔黏膜中的大唾液腺、腮腺、颌下腺和无数个小唾液腺分泌出来的。唾液中含有多种消化酶，能帮助人消化食物，还能中和口腔中细菌产生的酸。如果唾液缺乏，易发生口疮、龋病等疾病。

正常成年人一昼夜分泌唾液1 000～1 500毫升，这样大量的口水，几乎全部被不自觉地吞咽下去，所以不会有口水流出，并能不断地保持口腔卫生。

婴儿唾液腺不太发达，口水分泌得较少。宝宝长到3～4个月的时候，中枢神经系统和唾液腺均趋向于发育成熟，唾液分泌逐渐增多，而孩子还没有吞咽意识和挂在嘴角边不舒服的感觉，因此，会成天挂着“哈拉子”，让喜欢干净的妈妈很伤脑筋。

有的宝宝到3～4个月大时，就已经开始长牙，萌生的牙齿对口腔神经产生刺激，更加会使唾液分泌量增加。宝宝口腔较浅，又不会节制口腔内的口水，吞咽功能又差，所以经常会有口水流出口腔；当宝宝从卧位转换成坐位或直立位时，口水就更容易流出来。

此外，一般在4～6个月以后，宝宝开始出牙时对三叉神经刺激，或者食物的刺激等，均可能使口水流出口腔，这些都是生理性的，不是病态。随着宝宝逐渐长大，这种现象会慢慢消除，一般无须治疗，切忌乱投医。

要注意的是，如果宝宝平时很少流口水，突然口水增多，伴有不吃奶、哭闹等现象，有可能与口腔溃疡等疾患有关，这种情况下就要去医院诊治了。

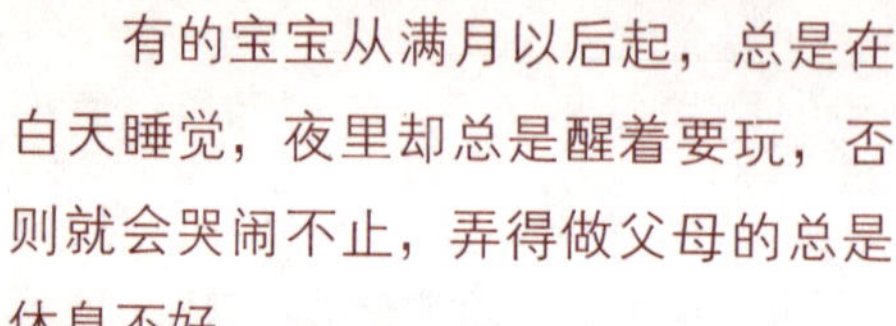

宝宝经常半夜啼哭

有的宝宝从满月以后起，总是在白天睡觉，夜里却总是醒着要玩，否则就会哭闹不止，弄得做父母的总是休息不好。

婴儿的这种现象，人称“睡颠倒了”。婴儿一天一天长大起来，由新生儿期每天需要睡眠20个小时，逐渐睡得越来越少，而昼夜的起居规律、生物节律，则需要有一个适应成年人作息习惯的过程。而且，这个节律调整过程，还与孩子中枢神经系统、大脑和小脑的发育进程有关。

睡眠习惯时间颠倒，造成夜晚啼哭，是婴儿神经反应系统发育尚不完善的原因，需要反复培养，才能建立起白天活动、夜里睡觉的起居规律。

如果宝宝白天睡得太熟，要有意识地让宝宝多醒几次，少睡一会儿，多逗宝宝玩一些时间。必要时，可以看医生，遵医嘱使用适量的药物加以调整，建立起晚上睡觉的正常起居习惯。到了这个月龄，孩子是否能少量使用一些睡眠用药、有没有不良反应、会不会影响到智力发展等顾虑，往往会和睡不好觉的疲倦交替困扰着父母。因此，不如求助于医生，调整好孩子的睡眠，对家人和孩子都有利。

孩子的生物节律建立和调整都比较容易，只需要遵医嘱、少量使用药物调整几天，就能让经常夜晚啼哭的宝宝一觉睡到天亮。

当然，要让宝宝晚上睡好觉，睡眠环境一定要安排妥当。睡前要给宝宝换好尿布，被褥薄厚适宜，不要过暖。室内空气要新鲜，冷暖适当，不要有对流风，也不要让电扇和空调直接吹。夜间宝宝睡觉的室内不要高亮度照明，宜用可调光灯或地灯。

最好让宝宝单独睡婴儿床，不要和父母同床睡。

喂养课堂——宝宝喂养新观念

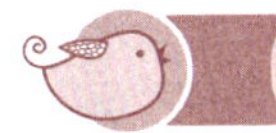

给宝宝补钙的正确方法

宝宝缺钙除了摄入钙量不足引起的低钙之外，主要还有一些妨碍钙吸收的因素：

维生素 D 摄入不足，会引起钙吸收障碍。

脂肪食入过多，可导致钙元素不易溶解，随大便排出。

摄入的钙、磷比例不当，也会影响到钙的吸收。钙、磷的最佳比例应为 1∶3 ~ 1∶5。如含磷高，会形成磷酸盐排出体外。

钙在碱性环境中不容易溶解。

给宝宝补钙，并非一件说补就补、想补就补的事，婴儿生长有一定的规律性，而婴儿专用的补剂究竟应当怎么吃、吃多少，需要严格遵照医嘱，不宜擅自做主，给孩子乱添加钙剂。不仅钙剂，从新生儿期开始，为孩子添加的维生素 D 制剂、鱼肝油口服剂，也都要请教医生，严格按照孩子生长的进程服用，防止出现滥用的问题。

当孩子体内缺乏维生素 D 时，会产生钙、磷代谢失常，骨样组织钙化障碍，引起一系列症状，会让孩子患上佝偻病。

患佝偻病的孩子夜间睡眠不稳，容易惊醒，并且多汗，由于酸性汗液刺激皮肤，造成孩子头部来回摆动摩擦枕部，使头后形成一圈脱发，医学上叫枕秃，俗称“缺钙圈”。较为严重的佝偻病，颅骨出现软化，用手按上去，似乒乓球一样；逐渐出现方颅、胸廓下部肋骨外翻。当孩子学走路时，由于骨骼软而吃力，致使腿部弯曲，形成“O”型或“X”形腿。有的还会出现脊柱弯曲等症状。患有佝偻病的孩子，走路、说话、长牙齿都比正常孩子要晚。

预防佝偻病的方法，首先是给孩子多晒太阳，6个月以内的孩子每天户外活动时间应当越来越长，即使在冬天，也要坚持户外锻炼，让孩子接触阳光，同时还应坚持服用钙片和鱼肝油。已经患有佝偻病的孩子，要根据医嘱，使用维生素D制剂。

试着用勺子喂宝宝

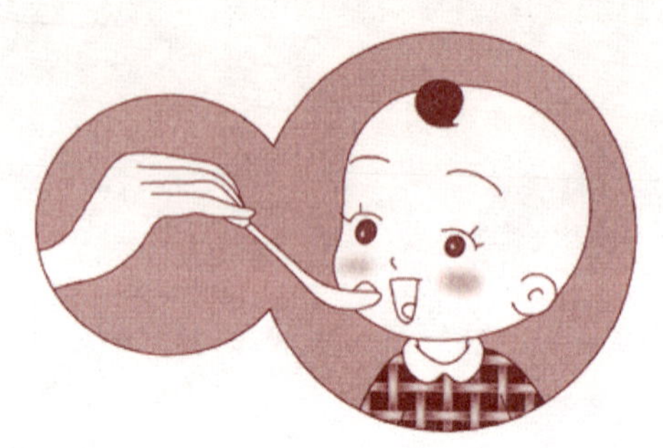

在宝宝3个月以后，普遍可以开始添加食物，如蛋黄、苹果泥、香蕉泥等固体食物，可以尝试着用小勺子给婴儿喂食物或水。

婴儿能接受勺子喂的水或食物，具有适应新食具的能力，则说明了宝宝的舌、咽、唇配合协调，渐渐地学会了见到勺子就张口，吞咽时，舌头也不再把食物顶出口唇之外，而且通过勺子接受哺喂，学会使用舌头舔食食物，则能为再长大一些以后，学会用勺子吃饭打下基础。

如果婴儿从来没有使用过勺子，宝宝会用吸吮的方法，小嘴唇嘬起来，舌头用力与口唇配合，采用吸吮的方法来吃勺子中的食物。

在吞咽时，由于口腔嘬起来后，容积变小，会使一部分食物从嘴角上流掉。反复用勺子喂哺之后，宝宝就能学会渐渐用另一种口唇配合方式，来适应吃食物的新工具。对于勺子的适应能力，也要通过多次的喂哺过程，才能学会。

给宝宝使用勺子喂哺，开始会难一些，但是，只要多练习，就能学会。在20世纪物质条件匮乏时，母乳不足且没有奶瓶的母亲们只用勺子喂养宝宝，宝宝也可以健康成长，说明宝宝天生具备较强的适应能力。

宝宝拒哺有哪些原因

闻到奶香味儿就张开小嘴，是宝宝天生就有的本领。有时候，孩子却会出现哺乳时头转开、不愿意吃奶等现拒哺的现象。造成婴儿拒哺的原因很多，包括：

奶嘴不适

人工喂养的奶瓶上奶嘴太硬，或者开的吸孔过小，吮吸乳汁费力，会造成婴儿厌乳。

疾病

婴儿患上一些疾病，如消化道疾病，面颊硬肿时，均会不同程度地出现厌乳。

鼻塞

上呼吸道感染或感冒及其他原因造成鼻塞，宝宝需用嘴巴进行呼吸，如果吮吸乳汁，必定妨碍呼吸，往往会乍吮辄止。

口腔感染

因疼痛而害怕吮吸乳汁。因为婴儿口腔黏膜柔嫩，分泌液少，口腔一般比较干燥，再加上不适当地擦拭口腔，或饮用过热乳汁，会使婴儿口腔发生感染。口腔感染后，吮吸乳汁即会产生疼痛，从而拒乳。

早产

早产儿身体发育不完善，吸吮功能低下，也常会出现口含奶头不吮吸或稍吮即止的现象。

拒哺即孩子突然变得不爱吃牛奶，有可能是因为前一段时间食量过大、吃得太多，造成了体内负担过重。这时候，不要强迫宝宝吃，可以喂一点果汁和水，等到宝宝想吃的时候再喂。只要每天能进食 100 ~ 200 毫升奶，就不必担心饿坏孩子。经过 1 周左右的调整恢复，就会正常。

早教课堂——聪明宝宝赢在起跑线

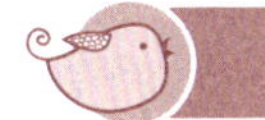

模仿，宝宝学习语言的基础

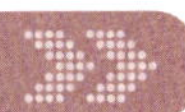

日常生活中妈妈和爸爸说的话，宝宝最爱模仿，这种模仿是宝宝学习语言的基础。孩子虽然还不能正确地发音，但会努力学习父母说话的节奏、韵律或整体

语感，用自己的声音来重复。

在婴儿的咿呀学语阶段，父母每天可以面对着宝宝，带着愉快的表情，发出“妈——妈”“爸——爸”等重复音节，而且要引导孩子注意妈妈的口形，每发出一组重复音节后，就要停下来给孩子张口发声模仿的机会。

到了这个月龄，婴儿已经能够发出五六种简单的声音，对孩子说“妈妈”，知道用眼睛看妈妈，说“爸爸”时会用眼睛看爸爸，证明孩子已经开始明白简单的声音所表达的意义，孩子具备了一定的认知能力，能把一定的语言代表的意义与认知意识固定和联系起来。

有的婴儿学会了说“拿拿”或“要要”的时候，伸手去拿东西，说到“抱抱”知道伸出双手张开要抱，说到“丫丫”时，会伸出脚丫。这样的动作和语声的联系，是成年人指导的结果。孩子具备的初步认识能力，只要得到家长的赞许和鼓励，这种能力就能逐渐固定下来。因此，孩子的语言表达能力要经常练习，经常强化。学会了就要常常练，孩子学会发出表达简单意义的双音节词语越多，语言能力提高就会越快。

可以在日常生活中随时随地教孩子发音，让宝宝多模仿。听到爸爸开门的声音，妈妈说“爸爸回来了”宝宝会马上朝着门的方向看。孩子在爸爸怀里，听到说“妈妈抱”，会马上看妈妈，并且伸出手要妈妈抱。

听声音，拿玩具，也是一种语言训练的好方法，听到“娃娃”时，训练孩子伸手拿玩具娃娃。可以教孩子伸出手，要某件玩具时，说“要”。这个阶段，用玩具引导孩子发展表达能力和听觉联系，是最佳时期。

到6个月龄，婴儿常常发出简单的叠加音，是学习说话的重要时机。一定要对孩子的发音给予积极回应，教给孩子简单的词汇。

妈妈要经常抱抱孩子

妈妈要经常抱一抱孩子，这不仅仅是养育问题，也是早期的情绪教育问题。每天都要适当地抱一抱，能培养孩子良好的个性。反之，则可能对孩子未来产生不良的影响。

婴儿喜欢听妈妈心跳的声音，在妈妈温暖的怀抱中能回忆起自己在妈妈腹中的时候，那种安全又温暖的感觉，对于孩子的情绪有安抚作用。把孩子抱在怀中，轻轻地拍一拍背部，温柔地抚摸孩子，能使孩子安静下来，不再啼哭。

从3个月以后，抱婴儿就适宜采用直立竖抱的方法，扶住婴儿的头，使孩子直立地趴在妈妈的肩上，这样视野开阔，孩子往往会好奇地东张西望，忘记哭啼。

抱婴儿的时候，应当让宝宝能看到妈妈的脸，可以采用让孩子面向妈妈的抱法，把一只手放在孩子两腿中间，另一只手围绕着孩子的胸部，这个月龄的孩子已经不用再扶持头部。也可以让孩子骑坐在妈妈的胯部，支撑孩子的重量。如果孩子觉得坐在怀抱里的姿势不够舒服，会自己调整身体的位置。孩子如果觉得不安全时，就会伸出小手紧紧地抱住妈妈。

4 个月龄的孩子，就可以训练伸出手要抱。妈妈向宝宝伸出手，同时对孩子说“来，伸出手，让妈妈抱抱！”如果孩子还不知道伸出手，爸爸可以站到孩子身后，帮助宝宝伸出手臂来。如果宝宝知道伸出手是要抱后，要鼓励和表扬，而且要把他抱起来。

为了引起孩子的注意，妈妈可以先拍一拍手，再伸出手向着孩子。宝宝伸出手以后，一定要抱起孩子，通过这种动作联系，强化宝宝的认识，把“伸手”和“抱起来”联系起来形成意识。

教宝宝学认图卡片

3 个月后的孩子已经能注视卡片，给孩子看一看花花绿绿的卡片，是一种很便捷的游戏。书店一般有售专门为孩子认识事务用的识图认字卡片，也可以自制一些卡片，让孩子辨识卡片上的图画和文字，如水果、蔬菜、动物等。从四五个月开始玩，到 11 个月大时，孩子就能具有初步的读图识字的能力了。稍后，还可以借助卡片，教孩子学唱儿歌。

看图识字的办法，虽然简单，却很有效。识字卡片一般包括图画和文字两部分，卡片本身就是很好的一种玩具，可以任凭孩子摆弄。如果发现孩子在注视卡片时，则可以不失时机地大声给宝宝读出卡片中的内容。每天利用卡片加强印象，通过潜移默化，会为以后的教育打下良好的基础。

卡片的形状可以做成多种多样，可以做成圆形、方形或菱形等，平时放在孩子手、眼能接触得到的地方。

孩子一旦记住卡片上的内容，就会对那张卡片失去兴趣，不妨把孩子认识了的卡片先暂时收起来，过几天再拿出来，又成了有新鲜感的玩具。

人们本来就生活在文字的世界里，让卡片在孩子的周围多一些，则会起到耳濡目染的效果。天长日久，对于卡片上内容的印象积累得多了，相对孩子认知本领来说，早晚都能展示和表现出来。

让宝宝学习用手势表达意愿

用手势表达自己的意愿，是 3 ~ 4 个月龄孩子智力发展、自我意识形成的标志之一。

孩子首先已经认识到自身与环境、家人的关系，理解到自身能从环境和家人那儿索求到需要的东西，并且开始尝试用自己能使用的方式，向家人表示需求。

最初的表达，可能出自偶然。例如，孩子半躺在婴儿床上，发现妈妈来了，伸出小手要妈妈。如果得到妈妈的回应，下一次再见到妈妈，就会伸出双手向妈妈要求抱。连续几次后，就能认识到，通过手势能与妈妈交流、表达要抱的意愿并且能得到满足。

天长日久下来，孩子会越来越认识到，可以用手势表达自己更多的需求和意愿。先通过手势表达语言与家人交流，才会有将来的进一步语言交流。

因此，这个月龄，已经成为孩子学习手势表达的最佳时段。可以因势利导地从日常玩耍过程中，教给孩子学习几种手势表达意愿。

逗一逗

从满 3 个月龄开始以后，就可以逐渐训练婴儿做逗一逗手指的游戏，练习伸出手指，双手触碰和按摩。

让婴儿坐在妈妈的怀里，妈妈分开两手抓着孩子的双手，捏住宝宝的食指，教孩子把两个食指的指尖对拢，点上几下，然后分开。指法对点时，说“逗，逗，逗”，点一下，说一次。分开两只手时，说“飞，飞”。做得次数多了以后，只要妈妈说“逗，逗，逗虫虫”，孩子就会用双手指尖对拢点，说到“飞，飞了！”孩子就能张开双手。

“Bye-Bye”

爸爸离开外出时，对孩子挥手说“再见，Bye-Bye”，教宝宝也挥手学做招手再见的手势。孩子如果不会模仿，妈妈可以拿起宝宝的手臂，边挥边说“爸爸再见”，经常和反复地做练习，孩子就能学会表示再见的挥手手势。学会招手以后，可以让孩子在家人、朋友离开时，主动挥手说“Bye-Bye”、“再见”。

由此类推，学会用招手的手势表达“再见”以后，可以进一步教孩子模仿成年人双手抱拳，做拱手的手势，表示“谢谢”。做双手手掌拍击的动作，表示“欢迎，欢迎！”

但要特别提醒要注意的是，这个月龄的孩子，对于手势表达并不能完全理解，绝大多数孩子要到 9 ~ 10 个月龄时，才能完全做到对成年人的语言指令做出动作反应。因此，可以将训练婴儿用手势表达不同的意义作为日常生活中的启智游戏，不宜操之过急。

游戏课堂——寓教于乐的亲子活动

给宝宝选择合适的玩具

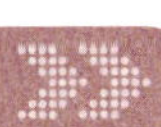

为宝宝选择玩具，选带有木柄、容易抓握、色彩鲜艳、能发出响声的玩具比较适宜。

摇棒、铃串、捏一捏发响的塑胶小动物等，都是给宝宝玩的佳品。还可以选择彩色的小手镯，给宝宝带在小手腕上，吸引孩子注意自己的双手，从无意识动作变成有意识地利用自己的肢体、锻炼手部动作能力。

带有木柄的小玩具，适合婴儿的小手抓握。练习抓握能力，有助于手部精细动作的发展。

色彩鲜艳的玩具，能刺激婴儿的视觉，积累相关视觉信息，有利于大脑发育。

能发出响声的玩具，能刺激宝宝的听觉反应，同样能刺激大脑相关区域的发育。

能吸引婴儿的注意力，诱导孩子动手去拿着玩的玩具，是发展宝宝综合协调能力的辅助用具。

给宝宝选择玩具，要注意检查结合部位是否牢固、结实，防止脱落后，被孩子误塞入口鼻中，引发事故。

抬胸、抓吊球

对于这个月龄的孩子，可以在抬头训练的基础上，练习双臂支撑、抬起胸部和头的能力。

抬胸练习

让孩子俯卧在床上或桌子上，用色彩鲜艳的声响玩具在孩子前上方摇响，逗引宝宝抬头、挺胸，然后，逐渐把玩具往上方更高处移动，逗引孩子用双手支撑起身体，抬高胸部去看玩具。

初次练习时，可以先轻轻地把婴儿的手臂移动到胸前。如果孩子已经能用单臂支撑身体，伸出另一只手去够拿玩具时，就要把玩具给孩子拿到手玩。

婴儿在此时，能伸出一只手够取物品，则表明孩子手眼协调能力有了进一步的发展。可以引导孩子够取不同质地的物品，选择木质、塑料、绒布、丝绸材料和形状不同的物件，方形、圆形、质软、质硬、纸制品、橡皮制品，锻炼婴儿手的触觉能力进一步发展。如果婴儿还不能用单手或者用双手抓握物件，可以进行够取抓物练习。

够取、抓握吊球

找一个孩子小手能拿住的小球，如装中药丸的塑料壳，打开后缚上一根粗线，打上结挂在孩子能够取到的地方，可以吊在婴儿床上方。开始时，婴儿只能用手拍击，球在空中晃荡，能诱导孩子去够取。也有可能使用双手去抱，或者伸长手臂够到拴小球的线才能拿到小球。

如果婴儿还不能使用单手或双手抓住小球，可以握着孩子小手，让宝宝能拿住小球玩一会儿，使孩子保持兴趣、增加信心。然后，止住晃动的小球，让宝宝试着自己用手去抓，通过多次的尝试，渐渐地就能学会够取和抓握住空中晃动的小球。

够抓到吊着的小球，远比拿到放在桌子上的静物难度大。因为用粗线吊着的小球晃荡不停，目标不固定。所以，孩子够抓到吊球的本领，要比取到静物大得多。

够取并抓握住空中吊着的小球，能培养和训练婴儿手眼协调能力，锻炼肌肉和韧带组织，刺激大脑相关区域建立联系，促进中枢神经系统发育。

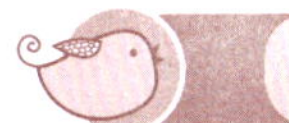

把东西抓到手

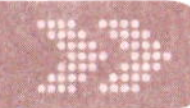

从3个月起，孩子就会试着抓东西。这时，可以每天抱在怀里，用玩具或者食物引逗宝宝伸手抓。不要把物件放在宝宝抓不着的地方，只要能抓到手，就达到了游戏和训练的目的。

孩子把东西抓到手后，要给他玩一会儿，然后再慢慢从他小手中拿出来，再让他伸手抓。如果不放手，可以让他多抓一会儿。

可以在婴儿床上方悬挂两三件玩具，让宝宝躺在床上伸手抓。但要注意玩具要经常变换，一是让宝宝觉得新鲜，二是防止斜视。还要注意吊挂玩具的绳子不可太长，以防缠绕住宝宝的手臂。

孩子能俯卧或能挺胸坐在妈妈怀里时，可以用玩具放在他能伸手抓到的地方，让他主动抓着来玩一会儿。然后，再把玩具换个地方，鼓励宝宝转头转身去寻找。每当宝宝抓到玩具后，会感到兴奋，此时妈妈要用语言、微笑和爱抚鼓励他。因为对孩子来说，这是一项了不起的成功，是长了本领。这个游戏可以训练孩子手眼协调能力，宝宝去抓东西，是会用手去探索周围事物的第一步，这项训练还能锻炼孩子的头、颈、上肢的活动能力，特别是手的精细动作。

训练宝宝抓东西，要注意给孩子抓的东西一定要清洁卫生，因为宝宝抓到手后，放在手里玩一会儿，就可能放在嘴里咬。给孩子抓的玩具和物品要安全，不能用小颗粒、小球以免孩子吞咽，同时不能锐利有尖，要无毒无害。给孩子抓的东西还要经常变换，多种多样，用以训练感知能力，如换上硬、软、光滑的可以增加触觉，颜色、形状、大小可以训练视觉，水果、点心可以训练嗅觉，有声音、有音乐的玩具可以训练听觉。

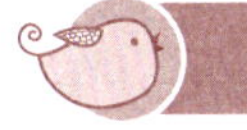

让宝宝学爬行

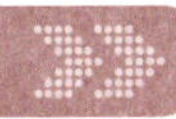

爬，是一个很重要的动作发育，婴儿会爬了，才能自己移动身体到想要去的地方，孩子的活动范围要比坐着、抱着宽阔许多，要去探索周围世界就方便得多。所以，会爬的孩子能学到得多，也灵活得多。

学爬，要经过不少步骤，先是能俯卧抬头抬胸，上肢能把上身撑离床面，开始时，宝宝只能肚子贴着床面匍匐爬动，以后四肢训练时也要按次序进行。

在1～3个月龄阶段，就要经常让婴儿有俯卧机会，用玩具训练抬头、转头、手臂前撑抬胸，3个月时开始练翻身，学会翻身以后，就可以让宝宝学习爬行。

用有吸引力的玩具放在宝宝头前方，却让孩子伸手够不着。然后在前面用语言鼓励宝宝努力移动自己的身体向前。一般情况下，孩子往往会向后退，可以用双手推抵住孩子两侧脚底，帮助宝宝向前匍匐移动，等到孩子自己的手能抓到玩具，会因为取得成功而感到非常高兴。从孩子学会翻身动作和俯卧抬头抬胸动作以后，可以反复多次进行这样的训练，孩子就能学会熟练地向前爬行。

3个月龄，开始进行的爬行训练，与8个月时的爬行有着明显的区别。做爬行练习的目的，不是让宝宝学会爬行，而是要通过练习爬行，促进宝宝大脑感觉统合系统功能的健康发展；同时，也是激发孩子愉悦情绪的重要方法。

课堂小结

宝宝的发育

这个月的宝宝，有的大小便已很有规律，特别是每次大便时会有比较明确的表示，大人比较省心省事。但是这一阶段，绝大多数宝宝还是需要使用尿布或纸尿裤的。这个月宝宝已经开始分辨他生活中的人，非常依恋与他最亲密的人，并且明显表现出喜欢其他小朋友，如果听到街上或电视中有儿童的声音会扭头寻找。宝宝可能已经学会用手舞足蹈和其他的动作表示愉快的心情；开始出现恐惧或不愉快的情绪。3个多月的孩子视觉有了发展，开始对颜色产生了分辨能力，对黄色最为敏感，其次是红色，见到这两种颜色的玩具很快能产生反应，对其他颜色的反应要慢一些。

宝宝的护理

3个月左右大的孩子，需要母亲有意识地训练自己的孩子，养成良好的睡眠习惯。经常帮宝宝擦拭流出的口水，让宝宝的脸部、颈部保持干爽。擦拭时不可过于用力，轻轻擦干即可，以免损伤局部皮肤。一定要学会对宝宝进行排便训练，使宝宝的大小便形成习惯，并学会建立良好的条件反射。对于经常夜晚啼哭的宝宝，妈妈一定要找到原因，建立好良好的生物节律，尽量多陪宝宝玩耍，让宝宝白天少睡觉。

课堂小结

宝宝的喂养

这个时候的宝宝发育很快，需要的维生素也会增多，哺乳妈妈一定要记得给宝宝补充机体所需的钙质和维生素C。如果宝宝这个时候体重下降，而且不爱吃东西，出现拒哺的现象，妈妈一定要注意看是不是口腔疾病引起还是别的原因。在给宝宝添加辅食的时候可以适当地给宝宝使用勺子喂，这样是为以后增加辅食做好准备。需要注意的是此时的辅食只能作为补充食品让婴儿练习吃，以习惯和适应奶以外的食品，为断奶做准备。千万不要让婴儿吃过多的辅食而减少母乳或牛奶的量。

早教和游戏方法

宝宝这个时候的视听能力进一步加强，父母要记得训练宝宝的视听练习，促使宝宝视听能力的发展。当宝宝的胳膊能撑起身体的时候，可以尝试让宝宝学爬行，虽然此时还不会用劲去爬，但需要培养这个爬行的意识，为以后准备。培养宝宝学说话，虽然这个时候的宝宝还不能发出正确的读音，但是经常性地教他，就会使宝宝学会说话的时间提前。多陪宝宝玩耍，给他买一些好玩的玩具和卡片，教他认识玩具和卡片中的内容，促进宝宝的视觉和智力的发展。

第五堂课

4个月大的宝宝

成长课堂——宝宝的成长历程

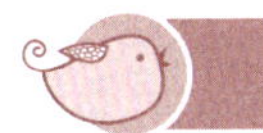

寻找和认识

出生后 4 个月龄的宝宝，对周围的各种物品都会非常感兴趣，会主动用手拍打和够取眼前的玩具。总是在“咿咿呀呀”地自言自语，高兴时能笑出声来，尤其喜欢爸爸、妈妈挠痒痒玩，现在，有的孩子已经会向妈妈伸手要求抱。

动作发育

这个月龄的婴儿显得要懂事得多了，孩子的体重已经是出生时的 2 倍。口水会流得更多，微笑的时候会垂涎不断。如果仰卧在床上，已经能自如地变为俯卧位。坐位时，背会挺得很直。当家人扶宝宝站立时能直立。在床上翻身变俯卧位后，很想往前爬，但由于腹部还不能抬高，所以爬行受到一定限制。

这个月龄的婴儿会用一只手去够自己想要的玩具，并能抓住玩具，但准确度还不够，往往一个动作需要反复好几次。洗澡时，会很听话，还会打水玩儿。

这个时期的孩子还有一个特点，就是会不厌其烦地重复某一个动作，经常故意把手中的东西扔到地上，拣起来又扔，可以反复 20 多次。也常常会把一件物体拉到身边，推开，再拉回，反复动作，这是孩子在显示自己的能力。

感觉发育

会用表情表达自己的想法，能区别亲人的声音，能识别熟人和陌生人，会对陌生人做出躲避的姿势。

睡眠

每昼夜要睡 15 ~ 16 小时，夜间睡 10 小时，白天睡 2 ~ 3 觉，每次睡 2 ~ 2.5 小时。白天活动持续时间延长到 2 ~ 2.5 小时。

4个月后的宝宝睡眠明显减少，玩的时候多了。如果家人用手扶着宝宝的腋下，孩子就能站直。孩子可以用手去抓悬吊着的玩具，会用双手各握一个玩具。如果叫宝宝名字，孩子懂得对着叫自己的人笑。在仰卧的时候，双脚会不停地踢蹬。这时的宝宝喜欢和人玩捉迷藏、摇铃铛，还喜欢看电视、照镜子，对着镜子里的人笑。宝宝的生活丰富了许多。

日常教养

需要仔细观察婴儿，理解孩子，对孩子的表情和动作准确解读，让孩子知道妈妈能明白，让孩子不会感到焦虑。

父母要多给予孩子爱抚，孩子从黑暗的母体子宫来到世界上，不亚于我们去了另外一个星球一样陌生，父母的爱抚可以减少孩子的紧张感。

每天陪着宝宝看一看周围世界丰富多彩的事物，可以随机应变地看到什么就对孩子指认什么，做什么就讲什么。如电灯会发光、照明，音响会唱歌、讲故事等。各种玩具的名称都可以告诉宝宝，让孩子看一看、摸一摸。这样坚持下去，每天5～6次。开始时孩子学习认一样东西需要15～20天，学认第二样东西需12～16天，以后就越来越快了。注意不要性急，要一样一样地教，还要根据宝宝的兴趣去教。这样，5个半月时就能认识一样物品，6个半月时就会认识2～3件物品。

防疫提示

这个月要第3次服用小儿麻痹糖丸，注射第2针白百破混合制剂。

开始长牙

宝宝的牙齿从无到有，出牙时间的早晚及出牙的顺序，都是父母非常关心的事，因为牙齿生长情况，是评价婴幼儿生长发育状况的一个重要指标。

萌牙期

婴儿的乳牙，在出生后4～7个月开始萌出。一般在6个月左右萌出第一颗乳牙。最先萌出的乳牙，是下面正中的一对门齿，然后是上面中间的一对门齿，随后再按照由中间到两边的顺序逐步萌出。

宝宝出牙的早晚，主要是由遗传因素决定的。有的孩子出生后4个月就开始出牙，也有的孩子要到10个月才萌出乳牙。假如10个月以后，乳牙仍然没有萌出，也不必紧张，只要宝宝的身体健康，没有其他问题，晚一些甚至到1周岁时，再萌出第一颗乳牙也没有关系，只要注意喂养，合理又及时地为宝宝添加辅助食品，多晒太阳，孩子的牙齿自然会长出来。如果不出牙，并且伴有其他异常情况，可以去医院检查治疗，切不可滥用鱼肝油等药物。

有的父母误认为，乳牙好不好问题不大，反正孩子将来还要换牙，这样的想法不对。因为乳牙的好坏，会直接影响到恒牙的萌出及其功能。

乳牙萌出的时间有早有晚，早一些长牙的在 4 个月已萌出，多数宝宝在 1 岁时，已经有 6 ~ 8 颗牙，2 岁时乳牙出齐，共 20 颗。

牙齿的生长要有充足的热量、蛋白质、钙、磷及维生素 A、维生素 D、维生素 C 和氟等。钙、磷是牙骨质的主要成分，如果钙、磷及维生素 D 摄入量不足，会影响到牙齿的正常形态和结构；如果长期缺乏维生素 A、维生素 C，牙齿会长得稀疏、短小，或者横七竖八，里进外出。所以，在宝宝的出牙期，要注意营养，不断补充牙齿需要的钙、磷，而且要注意添加维生素 D，在 4 ~ 6 个月时要给宝宝加维生素 D 和钙片，饮食中注意加蛋黄、菜泥、果泥、鱼泥、肉泥、骨头汤、面条、饼干、馒头片等。

孩子出牙多数情况是自然萌出，没有什么感觉，也有部分宝宝会伴有局部发红、发痒、流口水、咬硬东西或手指，哺乳时咬乳头等现象。这些大都在出牙以后自然消失。有些父母在宝宝出牙前，用未经消毒的布去擦宝宝的牙床，这样做不好。孩子的牙龈比较薄弱，容易因外界刺激而引起牙龈组织发炎。为了帮助宝宝乳牙的顺利萌出，可以给孩子饼干、馒头片之类的食物去咬或者咀嚼，但不要给孩子咬嚼太硬的东西。

宝宝初生的牙齿，釉质较薄，极易受到损伤，尽量不要给宝宝吃甜食和糖果，以防止龋病发生。

护理课堂
——专家教你科学护理

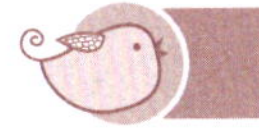

检视育儿环境

婴儿室的环境

婴儿室的室内温度，应当保持在 20℃左右，湿度以 40% ~ 60% 为宜，与室外的温差应当控制在 5℃以内。

要有较厚的窗帘，可以用来调整室内的光线。

孩子的头顶上不宜悬挂东西。

育儿床不宜放在空调或电风扇直吹的地方。

婴儿室要空气流通，但育儿床不要放在通风口，避免风直接吹到孩子。

婴儿室不宜安装电话，以防电话铃声突然响起惊吓孩子。

父母不要在婴儿室看电视、吸烟。

不宜把育儿床直接放在灯下，避免强光直接照射到孩子。

不要让宠物进入婴儿室，特别是猫、狗，以防宠物毛引发过敏，或使孩子染上弓形虫病。

到了这个月龄，有不少家庭开始让孩子独睡，从小培养孩子自理能力、独立能力，这是个好习惯。

婴儿的卧具

为宝宝选择适合的卧具，不仅需要达到美观、实用、便于清洁的日常生活需要，还有一些事关健康的环节。

床：婴儿的床应当有护栏，护栏不能低于孩子身长的 2／3；护栏的木栅不宜太窄，以防止卡住头；最好让宝宝睡木床，木床要光滑无刺，免得扎伤皮肤。有的家长出于心疼孩子，让孩子睡软床，铺厚垫，用软枕，其实不好，这样容易造成婴儿窒息，因为太软的床不利于孩子滚动，一旦被被褥等误堵住口鼻后难以挣扎；同时，床太软不利于孩子的骨骼发育，更不利于孩子练习翻身、坐起、站立、爬行和迈步。

枕头：孩子的枕头不能太硬，过于硬的枕头会让孩子睡成偏头；枕头也不宜太软，太软幼儿面部会埋陷进去，容易发生窒息；一般来说，枕头的高度以 3～4 厘米为宜；枕头应当吸汗、通气，防止头部生痱子；枕芯可以选用木棉、茶叶、荞麦皮做成。

褥子：褥子可用棉布和棉花充填做成，褥子上面不要铺放塑料布，以防止婴儿被塑料布蒙住头而发生意外，塑料布因为不透气，还容易造成皮肤感染。

被子：被子也应当是全棉的，大小要依照孩子身长制作，太大、太长会很不方便，也容易让孩子睡眠时蒙住头；孩子易出汗，被子不宜太厚；薄被子会更贴身些。

床单：床单也要用全棉的，用浅色为好，尽量少花色，以防止颜色脱落，污染皮肤。

养成良好的睡眠规律

睡眠，是人生中最重要的大脑恢复与机体休整方式，在人一生中占有极其重要的地位。婴儿的睡眠时间一般要比成年人多1／3。睡眠质量好，是健康成长的关键，养成良好的睡眠习惯至关重要。

睡眠习惯

良好睡眠习惯的养成，首先要让宝宝按时睡觉，自然入睡。有的妈妈对宝宝爱不释手，让孩子习惯于在母亲怀抱中摇晃着、拍打着入睡，或者让孩子叼着乳头、空奶嘴睡觉，这些都是不良习惯。孩子从小就要养成睡前不哄、不拍、不抱、不摇，更不要吃东西、叼奶嘴的习惯。到该睡觉的时候，把孩子放到床上自己睡。对起初没有养成按时睡眠习惯的宝宝，可以放一点轻柔的催眠曲，帮孩子建立起睡眠条件反射。等到孩子养成按时入睡的习惯，就可以不再播放音乐。

婴儿小时候可以仰卧，大一点则可以侧睡，再大一些最好能养成“卧如弓”的睡眠姿势。

侧卧睡眠时，以右侧卧位最好，有利于胃中食物向十二指肠方向移动，同时减少对心脏的压迫。

不要让宝宝蒙头睡觉。注意不要压住宝宝耳朵，以防习惯后变成“招风耳”。

孩子仰卧睡觉时，要注意把小手放在身体两侧，不要放在胸上。

婴儿喜欢朝光亮的方向睡觉，要注意帮助孩子转换体位睡眠，以免总是朝一个方向睡觉，使头形发育不端正。

晚上不睡的宝宝

夜间，婴儿入睡的方式因人而异，多种多样。有的孩子睡前玩个不停，想睡时，躺在妈妈怀里就睡着了。有的孩子到规定的时间睡进被窝，倒下就睡着了。也有的孩子会在被窝里折腾好久才入睡。有的孩子睡前要吃奶，临睡还要叼着空奶头、用小手抚摸着妈妈的头发才入睡。

不容易入睡的宝宝，一般精力充足。必须在白天多活动，让孩子玩得很疲劳了，才能睡得快、睡得好。半夜醒来的孩子，如果吃着母乳能睡着，就可以让宝宝吃一点，或喂一点牛奶。一边吸奶一边睡觉，是婴儿的特点。只要不养成半夜起来玩一会儿的习惯就成。

睡眠起居规律，是一种生活习惯，可以通过日常生活来适度调节。要有意识地训练孩子，养成良好的睡眠习惯。白天，要尽量让孩子少睡觉，而夜间除了喂奶和换一两次尿布之外，不要打扰孩子的睡眠。在后半夜，如果孩子睡得很香，也没有哭闹，就可以不用喂奶。随着孩子月龄的增长，逐渐过度到夜间也不换尿布，不喂奶。

如果母亲总是不分昼夜地辛劳来呵护宝宝，反倒会让宝宝养成昼夜不分的生活习惯。

婴儿形体语言解读

婴儿在学会说话以前，人虽然很小但生理需求很多，还没有足够的与成年人沟通、表达的能力，尤其是无法顺利传递信息，会让妈妈照顾不周。

然而，孩子虽小，却有着丰富的面部表情和形体变化，只要能解读这些形体语言表达的“密码”，就能充分了解孩子的感受和需要，给孩子最好的呵护。

＊表情懒洋洋

解读：吃饱了！

妈妈最怕宝宝饿着，但过量喂食显然也不是好事。怎么才能判断宝宝已经吃饱了呢？其实也很简单。当宝宝把奶头或奶瓶推开，头转一边，一副浑身松弛的样子，多半已经吃饱，不要再勉强宝宝吃。

＊动作喊叫

解读：烦恼！

1岁以前的宝宝，在嘈杂的环境中很容易受到干扰，但苦于不能说，只好用尖叫、哭闹表达自己的烦恼。家人可以带孩子去安静的地方散步，或是给点好玩的东西让孩子安静下来。同时，大人也要做好榜样，再怎么烦恼和生气也不要在家里高声喧哗吵闹，宝宝的学习能力可是惊人的哟。

⋆ 表情严肃

解读：缺铁。

宝宝的笑脸，是营养均衡状态的"晴雨表"。从发育进程看，一般在出生后2～3个月便能在父母的逗引下露出微笑。有些宝宝笑得很少，小脸严肃，表情呆板，可因体内缺铁造成。遇到这种情况，最好连续一个星期给孩子补铁。很快，宝宝严肃的表情会逐步消失，代之以灿烂的笑容。

⋆ 表情笑

解读：兴奋愉快。

当孩子感觉舒适、安全的时候，就会露出笑容，同时还会双眼发光，兴奋、用力地舞动小手和小脚。这表示很开心，是妈妈最愿意看到的表情，也是最容易读懂的表情。这个时候，不要吝啬自己的笑容，充满爱心的回应，会让孩子更安心、笑得更灿烂。

⋆ 表情爱理不理

解读：我想睡觉。

玩着玩着，宝宝的眼神变得发散，不像刚开始那么灵活而有神，对外界的反应也不太专注，还时不时打哈欠，头转向一边，不太理睬妈妈，这表示宝宝困了。这时就不要再逗孩子玩，要给宝宝安静而舒适的睡眠环境。

⋆ 表情瘪嘴

解读：有需求。

孩子瘪起小嘴，好像受了委屈，这是要开始哭的先兆。有经验的父母会知道孩子是用这种方式来表达要求，至于孩子是饿了要吃奶，还是尿布湿了要人换，或寂寞了要人逗，要根据具体情况来进行判断。

＊表情小脸通红

解读：大便前兆。

判断孩子大便的时机，可以减少父母日常的辛苦量。如果看到孩子先是眉筋突暴，然后脸部发红，而且目光发呆，是明显的内急反应，要赶紧准备让宝宝排大便。

＊表情吮手指、吐气泡

解读：别理我。

多数宝宝在吃饱、穿暖、尿布干净而没有睡意的时候，会自得其乐地玩弄自己的嘴唇、舌头，比方说吮手指、吐气泡什么的。也许这时孩子更愿意独自玩耍，不愿意别人打扰。

＊动作乱咬东西

解读：长牙难受。

宝宝到了长牙期，会把乱七八糟的东西塞进嘴巴，乱咬乱啃，不给就闹。长牙那种又痒又痛的感觉很难忍受，抓到什么咬什么，是宝宝逃避难受的方式。千万不要把玻璃制品之类或锋利的器具放在宝宝的手边，避免伤害。可以给宝宝吃一些饼干，这些食品可以帮助孩子长牙，也很安全。

＊表情眼神无光

解读：疾病先兆。

健康的宝宝眼神总是明亮有神、转动自如的。若发现孩子眼神黯然呆滞、无光少神，很可能是宝宝身体不适的征兆，也许宝宝已经患病。最好带孩子去医院看看，千万不要耽误！

＊ 表情噘嘴、咧嘴

解读：要排尿。

每次小便之前，宝宝通常会出现咧嘴或是上唇紧含下唇的表情。出现这种表情的时候，最好把一把小便，或检查尿布是不是应该换了。

＊ 动作吮吸

解读：饿了。

喂哺过一段时间以后，宝宝小脸转向妈妈，小手抓住妈妈不放。用手指一碰面颊或嘴角，便马上把头转过来，张开小嘴做出寻找食物的样子，嘴里还做着吸吮的动作。这说明孩子饿了，赶紧给宝宝喂吃的。

给宝宝洁身需要注意的细节

从新生儿期开始，已经为宝宝养成了勤洗澡、爱洗澡的习惯。一般来说，婴儿在这个年龄阶段都很爱洗澡，喜欢在洗澡的过程中，开心地玩水。

给婴儿洗澡和清洁身体，有几个细节是需要注意的。

皮肤清洁

婴儿的皮肤一般是干性的，干性皮肤的孩子头皮也会有干性、薄屑状的皮肤碎片。

宝宝不需要每天洗澡——每周三次就足够。从头到脚全身清洗，能保持宝宝重要器官的清洁。由于孩子的免疫功能正在成长中，因此，要用温水为宝宝洗脸，使用小毛巾或者更柔软的纱布团。在能吃固体食物前，孩子的脸是不会很脏的。有时，用奶瓶喂哺宝宝时，乳汁会从嘴里溢出，流到脖子上，要及时擦拭下巴和脖颈上的乳汁。宝宝的头部和脖子容易出汗，注意用清水清洗，避免发生痱子。宝宝几周大的时候，鼻子和脸颊上可能会出现红色小疹子，这多为喝牛奶所致，妈妈不必担心，它对宝宝没有伤害，会在几天至几周内消退。

保护眼睛

孩子的各种器官功能都在成长中，宝宝眼睛的瞬间反射以及泪腺分泌功能也在逐步成熟，给宝宝洗澡时，要避免使用沐浴液与洗发液，用清水为宝宝洗澡最好。

清洗眼睛周围区域时，可以使用纱布团蘸温水轻轻按压。注意两只眼睛用不同的纱布团擦拭，以防眼病互相传染，例如沙眼或结膜炎。

关注耳朵

宝宝的小耳朵能自动清洁，千万不要用棉花棒清洁耳朵里面。给宝宝洗脸后，用干纱布团轻轻按压净耳朵边的水迹即可。

宝宝也会有耵聍（耳屎），这是正常的。如果看到宝宝耳朵里有液体流出，一定要带宝宝及时去医院，这可能是感染、发炎的症状。

手指清洁

应当定期为宝宝修剪指甲，以免孩子抓伤自己。为宝宝修剪指甲所用的工具，最好是专用的圆头指甲钳或特制的婴儿修甲刀，还可以试着用牙齿小心地咬去宝宝的指甲，代替修剪。如果宝宝总是不停地晃动胳膊，可以试着通过唱歌谣来稳定宝宝的情绪，或者趁孩子睡熟时进行。洗澡后是修剪指甲的好时机，温热水会把宝宝的指甲泡软利于修剪。

牙齿与齿龈清洁

出牙期在 4 ~ 6 个月，这时可以每两天为宝宝清洁一次牙齿，如果宝宝不喜欢洗牙，就别强迫他。为宝宝清洁牙齿的工具可以是特制的婴儿牙刷、清洁过的成人手指或者一片细长、柔软的小纱布，也可以使用一点婴儿牙膏。注意要清洁齿龈，保证宝宝长出的每颗牙齿都是健康的。清洁牙齿时，可以让宝宝拿一个婴儿牙刷玩，从小让孩子知道刷牙的必要性。

私处清洁

男孩子在半岁以前，都不必刻意清洗包皮，因为大约 4 岁时，包皮才和阴茎完全长在一起。过早的翻动柔嫩的包皮会伤害生殖器。也不要过早地清洗女孩子的外生殖器，以免弄破宝宝柔嫩的皮肤，幼小宝宝的生殖器有自动清洁的能力。

防止尿布湿疹

要注意定时察看、更换尿布，保持宝宝小屁股的干燥和清洁。如果使用棉布质地的尿布，在清洗时不要使用洗衣粉类的化学品。每次换尿布和洁净小屁股后，不要立刻换上尿布，要先等待宝宝的小屁股自动变干。为宝宝护理小屁股时，注意避免使用肥皂或者其他含有酒精以及香精的清洁用品。

确保洁身安全

孩子进入浴盆之前，试一试水温，注意水温在 30℃为宜。洗澡中要添加热水时，注意事前抱起孩子或用厚毛巾包好，避免宝宝被热水烫伤。注意在浴盆中放置防滑的垫子。半岁孩子洗澡时，浴盆中的水可以深 10 ~ 13 厘米，新生儿浴盆中水深 5 ~ 8 厘米为宜。保证洗澡时的室温在 24℃左右。千万不要让宝宝有单独在浴盆中的时候，哪怕几秒，以防止发生意外。

现代家庭尤其要特别注意，给宝宝洗澡的时间一定要做到专心，手机也罢、电话也罢，给宝宝洗澡时间内一概不接打，没有任何事情比宝宝的安全更加重要！千万不要扔下宝宝在水里面去接电话，注意力一旦转移，就容易发生危险。

为宝宝准备婴儿车

4 个月后的婴儿，可以开始经常使用婴儿车，把宝宝放在婴儿车里，既能练坐，又可以给孩子几件玩具任孩子自己去玩，家长还可以放心地去做别的事儿，不需要寸步不离地守在宝宝旁边。婴儿坐在小车里，还可以由父母推着去户外晒太阳、呼吸新鲜空气，接触和观察大自然，促进宝宝身心健康发育。

婴儿车样式很多，有的小车可以坐，放斜了可以半卧，放平了可以躺下，使用起来很是方便。要注意的是，不能让宝宝坐在婴儿车里长时间保持同一种姿势，任何一种姿势时间长了都会使宝宝正在发育中的肌肉负荷过重。也不可以让孩子成天单独坐在小车里，那样会缺少与父母的交流，久而久之影响到孩子正常的心理发育。应当让宝宝坐着玩一会儿，再交替抱一会儿。

带宝宝外出散步时，要注意尽量不要往高低不平的地方推婴儿车，上下颠簸、左右摇摆的路上不仅推来费劲，宝宝在里面更难受。此外，还要注意宝宝坐在车里，要比推车的人低，离地面近，容易呼吸到地面上的灰尘，于健康不利。因此，推着婴儿车带宝宝外出散步时，要到地面情况好、环境好、来往车辆行人少的地方。当然，公园和郊野是首选的理想之处。

喂养课堂——宝宝喂养新观念

喂养指导

宝宝出生后几个月是快速生长的时期，需要足量、优质和全面的营养。如果单纯从营养学的角度来讲，母乳确实是婴儿最好的食物。凡是初生儿需求的养分，母乳中几乎全部具备，而且各种营养数量充分、比例适当，完全能满足4~6个月大婴儿的生理需要。

研究显示，用母乳喂养的婴儿发展更为健康，效果包括增强免疫力、提升智力、减少婴儿猝死症的发生、减少儿童期肥胖、减少罹患过敏性疾病的几率等等，它对健康带来的益处可以延续到成人期，是任何奶粉都无法替代的。

所以，四个月的宝宝最好是纯母乳喂养，一方面是有利于孩子的成长，另一方面也有利于和孩子培养感情，促进新妈妈的身体加速复原。

宝宝营养好，个子长得高

所谓营养好，个头高，在这个阶段的意义，是指母乳喂养与辅食添加，对孩子最佳营养物质的摄取有重要作用，而生长发育过程中的营养状况，是决定孩子身高的重要因素。

孩子身材高矮，除了遗传因素以外，后天的环境条件也起到很重要的作用。母乳喂养与否、母亲文化程度、母亲照料能力、是否腹泻和家庭收入是影响儿童身高的相关因素，而母乳喂养与辅食添加对儿童最佳营养物质的摄取发挥极重要的作用。

婴儿出生后4 ~ 6个月内纯母乳喂养，能满足婴儿生长发育需要的热量及各种营养物质。此期间如果添加水或其他饮食，婴儿就会少吃母乳，增加婴儿患腹泻的可能。世界卫生组织1998年有一份万名儿童调查的研究结果表明，非纯母乳喂养婴儿身材矮小率是纯母乳喂养婴儿的2.2倍，同时发生腹泻的危险性也增加2.7倍。纯母乳喂养婴儿身材矮小的发生率比综合喂养的婴儿降低25%。

婴儿4 ~ 6个月以后，必须开始添加辅食。有些家庭给孩子的辅食主要以粳米、面食为主，蛋、瘦肉和豆类食品的摄入不足。婴儿的胃容量很小，这些食物很容易使婴儿有饱胀感，但热量及营养素含量却不能满足孩子生长发育的需求。

生长发育所需的热量与营养素，以及锌、铁等主要来自动物性食物及蔬菜。

有研究资料证明，18 ~ 24 个月的婴幼儿如在食物中添加动物性食物的比例提高 10%，身材矮小的发生率将下降 2.6%。添加蔬菜、水果类食物也可得出相似结果。

要建立婴幼儿的科学饮食结构，必须注意改善和调整孩子 18 个月内的营养状况。

早教课堂——聪明宝宝赢在起跑线

教宝宝换手和对击

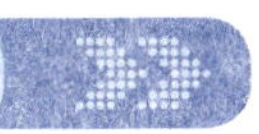

一般来说，4 ~ 7 个月的孩子，会具有两只手各拿一个玩具玩、换手拿玩具的能力。应当注意观察宝宝，是在什么时候开始有了两只手拿东西和换手的能力。

换手

练习换手拿玩具，可以在宝宝坐在床上或童车中的时候，递给孩子一块积木，等到孩子拿住以后，再向孩子的另一只手递另一块积木，看看孩子是不是能把原来拿到的积木换到另一只手，再来接递过来的积木，或者直接用另一只手伸出来接积木。

如果孩子把手中已经接到的积木扔掉，再来拿妈妈递的新积木，

就要引导宝宝学着换手，把手上的积木传递到另一只手上后，再来拿妈妈递给他的另一块积木。

换手拿积木练习，是适合这个月龄孩子锻炼动手能力的最佳活动。一般来说，6个月的孩子大多数能做到两只手各拿一件东西。

婴儿拇指和其余4个手指开始对抓的时候，才能拿稳东西，在此之前，用5个手指一起拿东西容易掉下去。拇指与其余4个手指相对，是猿类和人类才有的本领，也是使用工具的必须能力。当然，人类还具有更进一步的拇指与食指做精细运动的能力，婴儿的精细动作要到8～9个月龄时才能学会。

多数孩子在6个月能学会双手传递，但是，有1/3的孩子要到7个多月才能做到，因此家长不必为此着急。

对击练习

婴儿的手要反复训练，因为人的手部动作练习，在大脑中相关区域所占的比例很大，能用手进行各种各样的精细动作，是人类智慧的重要表现。

为了反复训练宝宝手的动作能力，还可以适当进行对击练习。选择各种质地的玩具，例如，拿积木或可敲打的小锣、小鼓、小木鱼等给孩子玩，教宝宝用一块积木对击另一只手上拿的另一块积木。对击练习，可以促进孩子"手——眼——耳——脑"的综合联系，刺激感知能力协调发展。

宝宝翻身练习

如果在3个月龄之前，对婴儿进行翻身训练，是锻炼身体能力的话，那么，孩子到了4个月以后，则不会再满足于自己成天仰卧了。宝宝会常常用力地把自

己的头抬起来，看一看四周，头颈部和腰腿部的生长发育，使婴儿完成翻身动作的能力水到渠成。

4 个月的婴儿可以先做仰卧到侧卧，再到俯卧，然后再从俯卧到侧卧、到仰卧的过程。翻身的整个过程中，需要头、颈、腰、四肢的参与。先练习仰卧到侧卧，妈妈可以先把宝宝的双脚交叉，一手拉着宝宝的双手放在胸前，另一只手轻推婴儿的背部，帮助宝宝转向侧卧位。要注意，翻身练习训练，应当交替向左和向右进行。

5 个月的婴儿可以练习从侧卧位到俯卧位，然后从俯卧位到仰卧位。改变体位的同时，家长应当与婴儿亲切地谈话，并且要用玩具诱导宝宝，使孩子产生翻身的欲望。还要注意，俯卧的时间不宜太长，避免使孩子的面部受到压迫。

帮助婴儿学习翻身，一定要循序渐进，不能操之过急，切忌对孩子粗暴。如果翻身成功以后，要抱起来，亲吻、表扬和鼓励宝宝，使孩子产生愉悦情绪，感受到成功的乐趣和父母的爱意，保持继续进行尝试的兴趣。

练习翻身的床，要硬一些好，以木板床或大桌面为佳。还要注意，床面应当平滑，提供给孩子翻身的空间要大一些，严密注意孩子的安全。

孩子学会翻身 180 度，证明身体和下肢动作配合能力良好。也有些婴儿在学会 90 度翻身后不久，就能完成 180 度翻身。多数孩子能在 5 个月学会侧卧翻身，6 个月时完成 180 度翻身，俗话说：三翻六坐七滚八爬，是前人育儿经验的归纳。

翻身动作的完成，是婴儿出生后完成的第一个全身协调的动作，对于婴儿的大脑和内耳平衡器官的发育会带来极其重要的益处，也会为宝宝以后学习爬行、翻滚等大动作打下良好的基础。

培养宝宝的观察力

抱起婴儿，用手打开电灯开关，然后，用手指引婴儿看发亮的灯光。反复多次地开关电灯，用手指向灯光的同时，对宝宝说“灯”“这是灯！”使婴儿的注意力，从妈妈的嘴唇转而注视明暗变化的灯。反复多次练习，每天可以做五六次，直到妈妈说到“灯”时，宝宝的眼睛就会盯住灯看。

对婴儿进行看灯的练习，可以提高孩子的认知能力，从具备光线变化的灯光，逐渐扩大到认识日常用品的能力。由孩子熟悉和感兴趣的物体开始做，从知道“灯”是什么，到妈妈问“灯在哪里？”孩子就会知道转移视线看着灯。

这个月龄的孩子，开始有了情绪记忆能力，对于妈妈、爸爸和周围的人很熟悉。听到开门的声音，妈妈对宝宝说：“爸爸回来了！”孩子知道循声朝门口看去，用视线找寻爸爸。

而且，孩子非常好学，喜欢去室外，看一看周围环境中的一切新鲜事物。公路上的汽车、公园里的树木和花草、天上飞的鸟儿、街上的行人、五颜六色的霓虹灯……，孩子会对能看到的一切都表现出好奇和兴趣。因此，应当多带孩子到户外走一走，开阔眼界。同时，妈妈可以用语言和动作来启发孩子进行观察活动。这样做，不仅能扩大婴儿的认知范围，还能促进孩子对语言信息理解力的发展。

从观察、认识灯开始，利用孩子的逐渐发育成长，从物到人进行观察活动。可以从灯开始，逐一认识室内的较大家具、物品、玩具，带孩子看一看家庭成员的活动情况。

通过观察物品和人的过程，能训练婴儿的视觉能力、听觉能力的综合联系，增强思维能力，刺激大脑的快速发育。

游戏课堂——寓教于乐的亲子活动

照镜子

抱着孩子坐到镜子前面，让婴儿面对镜子，然后轻轻敲击镜子面上的玻璃，引导宝宝注意到自己映照在镜子中的形象。宝宝应当能集中眼光，注视自己的身影。然后，对着镜子中宝宝的映像微笑，并且发声。

照镜子是一项可以持续很长时间的游戏，从4个月开始训练面对镜子，婴儿逐渐能注意镜子中的自己。进一步会明确关注自己的脸和小手，从单纯的抚摸镜子，进而会轻轻拍打自己在镜中的影子。到了5个月以后，孩子逐渐熟悉了镜子中自己的映像，妈妈可以和孩子一起照镜子，对着镜子中的母子映像做各种表情，逗引和诱导孩子笑出声来。

照镜子游戏，不仅能训练婴儿的视觉，对于孩子建立自我意识、发展动作能力也有辅助作用。

藏猫猫

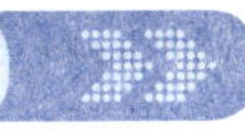

妈妈把毛巾蒙在脸上，俯身在宝宝面前，然后，让孩子把脸上的毛巾拉下来，在孩子成功拿掉毛巾后，笑着对宝宝学小猫叫："喵呜！"

这样玩过几次以后，孩子能很兴奋，很期待地跟妈妈玩"藏猫猫"游戏，每次拿下毛巾，都会咯咯直笑。

玩熟练以后，宝宝会把小脸也藏在衣被里，跟妈妈做"藏猫猫"游戏。在做游戏的同时，可以和宝宝有意识地、较夸张地做出笑、哭、不高兴等表情，让孩子边玩边熟悉妈妈不同的面部表情所表达的意思。

拉大锯

宝宝仰卧在床上，最好是在睡醒后一个小时左右。

妈妈站在宝宝跟前，宝宝两手各握住妈妈的一个拇指。同时，妈妈用手掌握住宝宝的小手，让宝宝借助妈妈的拉力起来，妈妈再把手推出去使宝宝躺下。可边锻炼边念儿歌："拉大锯，扯大锯，外婆家，唱大戏。爸爸去，妈妈去，小宝宝，也要去。"

这一游戏通过在宝宝听音乐的同时，妈妈做一些动作，让宝宝感受儿歌中的节奏。需要注意的是每次游戏的时间不要过长，动作要轻柔。

宝宝的发育

这个时候的宝宝一般开始了认生，喜欢让自己认识的人抱，不喜欢陌生人。还会从听觉上区别熟人和陌生人。一般来说，发育较快的宝宝这个时候有的已经开始扎牙，开始扎牙的宝宝一定要注意口腔的清洁，并注意增加营养。扎牙的宝宝普遍会流口水，所以要给宝宝戴上围嘴，及时擦干流出的口水，以免造成宝宝皮肤红疹的出现。宝宝的玩耍时间加长，睡眠的时间减短，所以多陪宝宝玩一些宝宝喜欢玩的游戏，藏猫猫、照镜子等等。

宝宝的护理

宝宝的居室一定要安静、整洁，尽量为宝宝选择适宜的枕头和床被，如果天气不冷的话，尝试一下让宝宝独睡。妈妈可以通过日常生活来适度调节孩子的睡眠规律，使宝宝养成良好的睡眠习惯，不要养成抱着睡、晃着睡的习惯。在给宝宝做清洁的时候一定要注意卫生安全，确保宝宝不会受到意外的伤害，洗澡的时候特别要注意。在给宝宝用婴儿车时，不能让宝宝坐在婴儿车里长时间保持同一姿势，也不要让宝宝整天都坐在婴儿车里。

早教和游戏方法

宝宝可以进行适当的翻身训练和抓握练习，训练手指的敏感性，通过手的动作，来让宝宝进一步认识事物。依旧对宝宝进行说话，让宝宝学习模仿，适当多抱抱孩子，让孩子的心理得到安慰。当宝宝学会自己坐的时候，可适当让宝宝自己玩，可和宝宝继续玩藏猫猫、照镜子的小游戏，这些都是宝宝乐此不疲的游戏。

第六堂课

5 个月的宝宝

成长课堂——宝宝的成长历程

本月宝宝的发育特点

出生5个月的婴儿喜欢玩“藏猫猫”游戏，能被妈妈、爸爸逗藏的游戏逗得很开心、“咯咯”地笑出声来。宝宝常常会把玩具拿在手上摇着玩，还喜欢摸东西、敲打东西。宝宝会望着镜中的自己微笑，还会看电视。

婴儿的乳牙，在出生后4～7个月开始萌出。一般在6个月左右萌出第一颗乳牙。最先萌出的乳牙，是下面正中的一对门齿，然后是上面中间的一对门齿，随后再按照由中间到两边的顺序逐步萌出。

视觉发育

5个月的宝宝视觉又有了进一步的发展，眼睛能随着活动的玩具移动，玩具掉到地上，宝宝会用目光追随掉落的玩具。这时的宝宝看见东西后，就会想去抓，眼手动作变得比较协调。还能注意到远距离的物体，如街上的汽车和行人等。

视觉发育

5个月的宝宝听觉更加灵敏，对许多声音都能做出反应。宝宝能很熟练地分辨出亲人的声音，根据声音，能很快地找到爸爸妈妈。孩子喜欢听节奏性强的歌，虽然听不懂歌词的意思，但喜欢听音乐和节奏。

情绪

5个月的宝宝已经有情绪，能够因为需要是否得到满足而表现出喜、怒、哀、乐等各种情绪。例如，当宝宝正在喝奶的时候，突然拿走，孩子就会用哭闹来表达生气和不满情绪。

记忆力

5个月的宝宝记忆力逐渐增强，懂得用视力去寻找掉到地上的玩具，不过，当新的玩具出现眼前时，就会很快忘掉刚才正在玩的玩具。

护理课堂
——专家教你科学护理

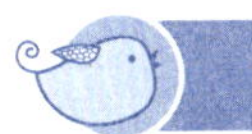

日常呵护细节

孩子一天一天地长大，能力也一天一天地见长。会翻身、能抓握，能拿着玩具自己玩，也能斜倚在婴儿床、婴儿车里玩，越来越像一个独立的个体。而日常生活当中有一些细节也需要经常注意，防止孩子受到伤害。

长到这个月龄以后的孩子，已经能翻身、打滚儿和挪动自己的身体，小手活动能力也强得多了。此时，更不能放松监护，预防意外事故发生显得格外重要。

勤剪指甲

宝宝的指甲长得特别快，如果不及时修剪，会经常抓伤自己娇嫩的皮肤。婴儿指甲长得快，每天会以 0.1 毫米的速度生长，所以间隔 1 周左右就要给孩子剪一次。

剪指甲时，要注意在婴儿不动的时候剪，最好等孩子熟睡时剪；由于婴儿的指甲很小，很难剪，尽量要用细小的剪刀来剪，剪得不要太多，以免剪伤皮肤；婴儿喜欢用手抓挠脸部和身上，往往容易抓破皮肤，剪指甲时不要留角，要剪磨成圆形。

防止误吞咽

5 ~ 6 个月的孩子能用自己的小手准确抓握、拿到东西，什么都想拿来，而且什么东西都想放在口里尝一尝。因此，在宝宝能够得到的地方，不要放可能引起事故的小物件。例如，豆类、瓜子、花生、纽扣、药片、发卡、硬币、徽章等，直径小于孩子嘴的球形物体更不要让孩子能拿到手里玩和放进嘴里尝。

防烫伤

尽量让孩子离发烫发热的家用物品远一些，水壶、火炉、热汤锅、正在晾凉了准备喂哺的热粥热汤、燃着的蚊香、烟头等。如果发生意外，应当尽快把被烫伤的部位放在凉水中降温冷却。身上烫伤后，要尽快除去衣物，用凉水轻敷，涂抹药剂。如果烫伤严重要及时送医院诊治。

防创伤

给宝宝的玩具，不要有棱的、带尖的、锋利的坚硬物体，也不要给孩子玻璃和陶瓷件等易碎品，以防打碎后误伤孩子。有一些塑料制品玩具，因为质量问题或老化，碎裂后的断茬也可能伤害孩子。因此，对这个月龄孩子的玩具要做一次全面检查，排除危险。当然，不属于孩子玩具的家用工具、针线、刀具更要远离宝宝能接触到的地方。

养成良好的起居习惯

什么时候睡觉，什么时候起床，是否睡懒觉、是否“夜猫子”型的晚睡晚起？别小看这些琐碎的生活细节，其中有些细节对养成孩子健康生活习惯，树立良好的“绿色”生活理念都是十分必要的。因此，值得研究、学习和实践。

半岁以前的孩子，要从睡眠规律和适度运动等多方面，培养良好的生活起居习惯。

规律正常的生活是基本要点，睡眠教育要从培养孩子早睡早起的生活规律开始。刚出生不久的小婴儿，一天中的大部分时间都是在睡眠中度过的，不必拘泥于生活规律的培养，但是从 4 个月以后开始，就要一点一点地培养孩子的生活规律。

早晨睡懒觉，和晚上熬夜是恶性循环的因果关系。所以，早上要尽可能让孩子早起。婴儿如果无法区分昼夜，在这时候决定起床时间，是一件很勉强的事。并不是要把熟睡中的孩子强行唤起，而是在每天早晨定时打开窗帘，在这个时间段里，即使不叫醒孩子，也营造了早晨起床的气氛。相反，到了晚上，就要把窗帘拉上，使房间暗下来，营造睡眠气氛。

早晨到了九点钟唤醒宝宝，晚上到了八点钟就哄孩子睡觉，根据孩子的身体状况，调整正常的生活节律。这样多次重复，慢慢地宝宝的生活规律就会被培养起来。到了晚上该睡觉的时候，如果宝宝还睁大着眼睛，妈妈不妨陪着孩子一起睡，也是一种好办法。

白天适度运动。像散步这一类户外运动，如果适度，宝宝到了晚上会睡得很熟很香。但是，如果带孩子去人多混杂的超市逛，则会产生不良反应。在人多、热闹的地方，孩子只会因为兴奋而过于疲劳，回家后会因为兴奋而毫无睡意，这会导致孩子到了晚上睡觉时间哭闹。因此，要尽量少带孩子去人多的场所。公共场所人多，也容易感染各种传染病，对健康不利。有绿地、花草和水面的地方，空气清新，是带孩子去散步和做运动的好地方。

养成享用一生的健康生活习惯、良好的“绿色”生活理念，是家庭早期教育的内容，更是值得研究、学习和实践的科学育儿手段。

怎样给宝宝喂药

孩子从小到大，难免会有大小病灾，对于妈妈们来说，给孩子喂药是一个最普遍的难题。家长给孩子喂药，需要注意一些细节。

要严格按照医生叮嘱的服药方法，给宝宝喂药。服药前，要了解药物的名称、服用量、给药方式和服用次数等，一般来说，这些内容不仅医生会仔细告诉家长，还可以在说明书上找到。服药前须知：首先，要问一问医生或者药剂师，是在给宝宝喂奶前或喂奶时用药，还是在两次喂奶之间给药。喂药的时间选择，对药物的吸收是有影响的。不仅要知道为什么给孩子喂这种药，而且要知道这种药有什么不良反应。医生或药剂师会详细解释，如何观察孩子对药物的反应。如果宝宝服用某种药后出现了皮疹或发痒，就要找医生看看。

必须仔细把握孩子服药的数量，按说明书的要求做。普通家庭所用的茶匙大小差别很大，最好用有标准量度的匙。当然，也可以把注射器当作测量工具来使用。

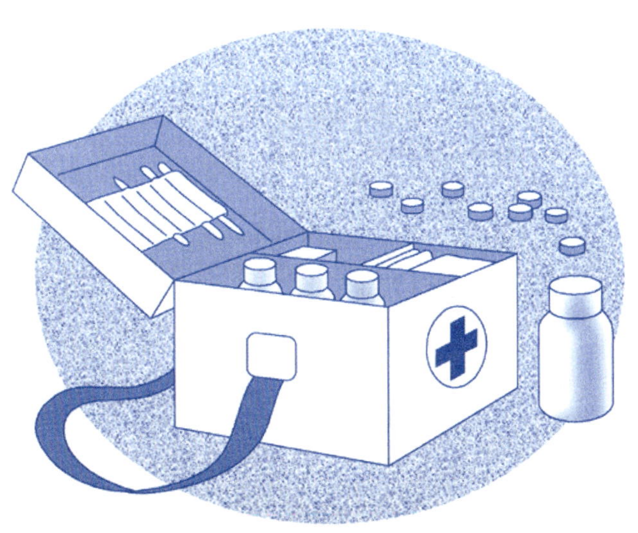

给宝宝喂药时要特别耐心。先把婴儿抱在怀里，让他（她）的头略仰起，或者放在喂奶时的体位。然后，用注射器或滴管慢慢地把药滴到婴儿嘴里的后中部位，轻轻地拨动孩子的脸颊，以促使把药咽下去。也可以把药放进空橡皮奶头里，然后把橡皮奶头放进嘴里让孩子来吮吸。如果喂的量较大，婴儿可能会打嗝，这时就要歇一会儿后再喂。另外，喂药时要有耐心，即使宝宝不太喜欢药物的味道，也一定要让孩子把药吃完。孩子服完药后，应该抱着孩子睡。

如果宝宝开始作呕，就要停止下来，休息一会儿，安抚一下宝宝再喂药。如果在喂药后发生呕吐，就把孩子头斜向一边，轻轻拍打背部。呕吐后，把嘴洗干净。看看宝宝吐出来的药物量有多少，问一下医生，是否可以继续用这样的剂量给孩子服药。切忌给吃饱肚子的孩子再喂药。

如果婴儿大一些，能吃些食物，可以把药放在少量的食物里。药片可以压碎拌在果酱里让孩子吃。但某些药物如果和奶或者食物掺杂在一起，就不能很好地被吸收。

婴幼儿拒服药物令人伤脑筋，有的家长趁着孩子睡熟后，掰开嘴唇给孩子喂药，这样做非常危险。孩子的神经系统发育不全，咽喉道狭窄，若突然刺激咽喉神经，会引起喉部痉挛而导致窒息，造成危险。所以，一定要在清醒时喂药。

不要捏着鼻子给孩子喂药，拒服药的婴幼儿常常会紧闭小嘴，捏着鼻子让孩子张口后灌药，是许多家长喜欢的做法。鼻子被捏住，呼吸只好以嘴巴代劳，这样容易把药液呛进气管或支气管，轻则引起呼吸道或肺部发炎（吸入性肺炎），重则会因药物堵塞呼吸道而引起窒息。

不要仰卧位服药。有些人让孩子仰卧着服药，有些人甚至连水也不喝，这是不科学的。患儿（或成人患者）仰卧位吞服片剂、胶囊剂，药物易黏着食管，造成直接刺激，引起溃疡。因此，在咽下药物后，要保持身体直立，至少 90 秒，饮水至少 100 毫升。

孩子发热的家庭护理

导致婴幼儿发热的病因很多，属一般内科疾病的常见症状，涉及面广。孩子自身生活能力弱，家庭护理发热需要严密观察，详细记录，注意做到：

及时降温。家庭护理病孩，每天要测量体温、脉搏和呼吸 4 次，必要时可多次反复测量，并详细做好记录。发现体温高达 39℃以上时，应当给孩子降温。采取物理降温法，用冷湿毛巾或裹冰块的毛巾敷在额部，同时，用温水浸湿毛巾，轻轻揉擦颈部，四肢从上而下擦到腋窝、腹股沟处，动作要轻柔，不可过重，半小时后再测体温。要注意，高热寒颤或刚刚服用过退热药时不能冷敷。

药物退热。对疾病有明确诊断，物理降温效果不明显的，可服用退热药。如果退热药服用后出现大汗淋漓，要给患儿饮用口服补液补充丢失的体液。汗后更换湿内衣以防受凉。如果发现患儿面色苍白、皮肤湿冷和呼吸急促等症状，是虚脱表现，要及时请医生处理（药店一般有包装好的家用口服补液。家庭自制口服补液比例约为：食盐 1.75 克，白糖 10 克，温开水 500 毫升。盐约为一啤酒瓶盖的一半，白糖两小勺，水约为一啤酒瓶。盐与糖的比例 1 ∶ 6 左右）。

饮食调理。发热期间，宜选用高营养、易消化的流质食物给孩子吃，如豆浆、藕粉、果泥和菜汤。体温下降，病情好转后，改为半流质食品，如面条、粥类，佐以高蛋白质、高热量菜肴，如豆制品、蛋黄、鱼类以及各种水果和新鲜蔬菜。完全退热进入恢复期后，再哺以正常食品。

喂养课堂——宝宝喂养新观念

喂养指导

这个阶段仍需要母乳喂养，如果孩子发育正常，就不需要刻意的增加辅食和配方奶。到了 5 个月的宝宝食量差距就比较大了，有的一次吃 200 毫升奶还不一定够，但有的宝宝一次喝 150 毫升奶就足够了。

5个月的宝宝体重增加状况和上一个月的区别不大，平均每天增长15 ~ 20克，母乳喂养的情况跟上个月差不多。母乳喂养可每隔4小时喂奶一次，每次喂110~200毫升，喂5次。时间分别在上午6时、10时，下午2时、6时，晚10时。

但是当母乳不充足时，宝宝就会因肚子饿而哭闹，体重增加也变得缓慢，这时就必须添加配方奶了。

科学选择配方奶粉

目前市场上销售的配方奶主要分为4类：

①大多数为牛奶配方奶，用于因各种母亲方面的原因不能进行母乳喂养的孩子；

②不含乳糖的牛奶配方奶，适合不能耐受乳糖的婴儿食用；

③大豆配方奶可用于不能耐受乳糖的婴儿、对牛奶过敏的婴儿、母乳缺乏而乳制品不足地区的孩子以及患有半乳糖血症的孩子，但由于大豆配方奶中蛋白的质量及钙和矿物质的吸收率都不如牛奶配方奶，使用时应严格掌握适应证；

④特殊配方奶是专用于患有某些疾病的孩子，如苯丙酮尿症，此时应按照专业医生推荐选择适宜的配方奶。

早教课堂——聪明宝宝赢在起跑线

宝宝记忆力的练习

人的记忆，是过去经历过的事物在大脑中的反映，是人的心理特征之一，也是人具备智力的基本要素。记忆是储存知识和信息的仓库，依靠记忆才可能获得

知识和经验，如果没有记忆，一切心理活动和智慧活动都不可能实现。

记忆有再认和回忆两种形式。再认是过去的事物在下一次出现时有熟悉感，记得是以前认识的。回忆则是以前接触过的事物，不在自己的眼前也能再现的大脑能力。

一般认为，婴儿最初出现明显的记忆现象，是在出生后 4 ~ 5 个月龄，表现出再认能力。每当见到妈妈或者奶瓶时，会显得十分愉悦。到这个月龄的婴儿，已经能认出自己熟悉的人和物件。但是，再认保持的时间很短，只能再认相隔几天的物体。随着宝宝发育成长，活动能力和范围的扩大，生理能力和感知能力发展，孩子的再认范围也逐步扩大，记忆对象增多，保持记忆的时间也不断延长。

婴儿能辨认亲人，则表示开始具备了辨认记忆能力，对身边的亲人会表现出明确的感情记忆，对于初次见面的陌生人，则会保持紧张和警惕的注视，这就证明孩子已经具备了辨认记忆能力，利用宝宝刚刚出现的记忆能力，可以训练孩子多多认识周围环境中的人和物体。一般婴儿能在出生后 10 ~ 12 周内，认识母亲和相片，15 周内认识家庭中的亲人们。

认识家庭环境中的亲人，认知家庭环境中的物体，都是培养孩子认知能力、发展记忆力的途径。

抚慰品与心理健康

到了这个月龄的孩子，已经开始对自身的独立性有了模糊的认识。

如果宝宝认识到自己离开了父母，孩子会在自己疲劳或不高兴的时候，使用一些方法来替代父母给自身的安全感。例如，抚弄一个可以拥抱或抓在手里的玩具、毛巾、毯子、手帕、奶瓶或橡皮奶嘴，也可能吸吮手指头或橡皮奶嘴。通过这些抚慰品，可以让孩子在不放弃独立性的前提下，获得快乐和安全感。吸吮手指或橡皮奶嘴，或者在婴儿床上喝奶瓶，都会让孩子感受到在父母怀抱里吸吮母乳或喝奶瓶的快乐。抚弄一个可以抱着或抓在手里的玩具、毯子、毛巾等，可以让孩子勾起自己被包裹着喂奶时，轻轻抚弄妈妈的衣服或毯子时的愉悦感。

宝宝热切依恋某一个玩具或一块毛巾时，可能会时时都要抓在手里，会把这件东西抓得越来越脏，甚至弄得破烂不堪，但宝宝一般会强烈地反对洗涤这件东西，而且完全拒绝替换。如果发现这件东西丢失，孩子会变得非常沮丧，有可能连续几个小时不能入睡。

孩子已经形成对一件习惯性抚慰品的依恋后，试图制止这种依恋是不正确的，也不可能做到。最好的办法是在孩子晚上睡着以后悄悄地拿去洗净晒干，尽可能保持颜色形状不要有太大的改变。一件抚慰品的气味对有些孩子来说，可能很重要，如果能有两个同样的东西给孩子替换当然最好。

孩子依恋自己喜欢和习惯的抚慰品，也是一种必然的心理过程，并没有什么害处。一般在孩子长到 2 ~ 5 岁的某一个时候，自然能戒掉这个习惯，只有少数孩子会保持更长的时间。在孩子长大时，只需要家长明智地提醒一下孩子就行了。

宝宝开始“认生”

3 ~ 5 个月龄的婴儿，对于自己周围环境的认识进一步扩大，能认识妈妈熟悉的脸庞，一见到妈妈就会露出愉悦的神情，会笑。如果妈妈离开，婴儿会哭闹。一般从 5 个月起，婴儿对周围的人开始持自己的选择态度。看到陌生人的面孔时，会变得敏感、紧张，表情僵化甚至躲避和哭闹，不喜欢被生人抱和逗玩，这种行为一般称为“认生”或者“认人”。

抱着婴儿到户外活动时，孩子会开始警惕生人，往妈妈的怀里躲藏。妈妈带婴儿外出散步，遇到妈妈的熟人，宝宝的态度会发生根本变化，完全不像一两个月以前那种见人就爱笑的可爱样子，而是小面孔也会板起来，显得神情紧张，警惕地听着妈妈和别人说话。

出现这种表现，妈妈一般会感到很奇怪，怎么宝宝变成这样了，远远不如早先那么大方、见人爱笑、招人喜欢了呢?

其实，这是宝宝新的进步：能区分陌生人和熟悉的人了。并且，孩子会对妈妈产生依恋的情绪，在这个年龄段，孩子对亲人萌生依恋，才是正常的情感发育经历。婴儿会在遇到生人时，把自己的身体藏到妈妈身后或者躲藏进妈妈的怀里，因为孩子感到只有在妈妈身边才安全。从 6 个月龄一直到一岁半时，孩子对妈妈的依恋感会越来越明显。应当保护孩子的依恋情感，经常不断地给予宝宝爱抚和呵护，使得孩子能从父母亲的爱抚和呵护中，得到安全感和依靠，才能放心大胆地继续去探索和适应周围环境中的人和事物。

一般来说，随着孩子认识能力的逐步提高，认生现象会逐渐好转。

在这个阶段，可以有意识地带孩子见一见陌生人，开始时可以只和生人说说话，等到孩子逐渐放松警惕后，再让生人拿一件玩具逗一逗孩子玩，对着孩子笑，表示亲热。等到孩子的面部表情放松，露出笑容后，还可以让对方抱一会孩子，但是，妈妈要待在旁边，让宝宝随时可以投回妈妈的怀抱中。经过几次这样的锻炼，孩子对生人会渐渐地熟悉，下次再见到就不会躲避和怕生。

处在人口较多的大家庭、或者家住大杂院的宝宝，比起住在单元楼房中的孩子容易接近生人，就是因为平时有比较多接触生人的机会。为此，居住住宅楼中的家庭，应当常常带孩子到户外、大院、小区里有意识地接触人，使孩子习惯于经常见到生人，减少对于陌生人的畏惧。

从小减少孩子怕羞、怕人的环境，多给孩子提供与人接触的机会，对于宝宝形成开朗、大方的性格，对于孩子的情绪教育来说，看似小事，实则事关重大。

环境刺激有益于宝宝智力发展

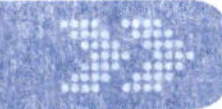

婴儿从出生到3岁，各种能力突飞猛进的发展，和大脑的快速发展密切相关。

人出生时，脑重量约为370克，6个月时脑重量增加1倍，2岁末时脑重量为出生时的3倍。大脑皮层约有140亿个神经细胞，出生后虽然基本上如数到位，但神经细胞像一棵幼苗，从出生到2岁时，神经细胞由“小树”迅速发展，变成枝繁叶茂的“大树”。神经细胞之间的联系在出生时很少，出生后通过突触形成数以亿万计的网络联系，在大脑内进行有序的功能活动，是智力发展的基础。孩子出生后这些脑结构和功能的发展，一半归功于遗传基因，另一半要归功于环境刺激。

环境刺激对宝宝智力发育空间的作用，主要体现在视觉、语言、听觉、运动和适应能力方面。

视觉发展和环境刺激

婴儿通过出生后丰富的视觉刺激，逐渐形成复杂的视觉通道。这些视觉线路的畅通，由亿万个神经细胞有序地连接完成。这是人类遗传基因和环境刺激共同相互作用的结果。就像人们打长途电话一样，遗传基因就像作为城市间铺设好电话总干线，通过视觉的环境刺激，逐渐接通每家每户的分机线路。

在婴儿期，如果没有丰富的视觉刺激，不仅视觉通道无法形成，还会使大脑视觉潜能丧失。在视觉发育的关键期，如果婴儿视觉异常如斜视和弱视等，都要尽可能及早纠正。宝宝出生后前半年，是视觉发育最快的时期，也是最重要的时期，视觉关键期长度4～5年。

语言发展和环境刺激

孩子生活在正常的环境中，都能学会说话。先说单音字，后说双音词，然后说出整个句子。这种语言发育的过程，由人类大脑的遗传基因决定。婴幼儿学习语言比成年人要快得多，因为这个时期大脑处在突触生长顶峰期，提供了语言传递选择的最佳机会，而且神经系统有高度可塑性。

婴幼儿语言的发展不可缺少的条件，是必需处在某种语言的声音、意义和语法连贯组合刺激的环境之下，大脑内的语言网络才能完成正确和持久的连接。对于婴幼儿语言刺激经验，应当在早期短暂的关键期内获得，愈早开始愈好。

各种能力和环境刺激

婴幼儿的能力，如听觉能力、运动能力和社会适应能力等的培养，均需要从小开始，给予良好的环境，使大脑的各种能力得到充分发挥。

与学习有关的大脑区域中，脑细胞生长更快，突触联系更广泛，促进更多的信息交流和处理。相反，脑细胞如果不被利用，细胞则会凋亡，突触会减少。外部环境对智力发展，尤其在婴幼儿发育关键期内，对智力开发有极其重要的意义。丰富的环境刺激与丰富的经验能促进宝宝大脑功能发育，剥夺环境刺激则会严重阻碍孩子的脑发育。

大脑的发育，智力的开发，还需要营养的支持和健壮的体格。因此，为了使孩子更加聪明，充分发挥大脑潜能，应当为孩子创造良好的外部刺激环境，提供充分合理的营养，保证良好的健康状况，让孩子生活在一个感知刺激丰富的环境和充满爱意的家庭和社会氛围之中。

撒娇解读，依恋情绪有益宝宝

到了5个月的宝宝，虽然还不会开口说话，却已经会通过身体语言对妈妈撒娇。这是一个必经的过程，不仅在这个月龄，等到再大一些，宝宝体验到独立行走的欣喜后，不过多久又会撒娇要妈妈抱着走。有时候，宝宝本来正玩得开开心心，也会莫名其妙地跟妈妈撒娇、黏人。

其实，撒娇对于宝宝来说，是一种非常重要的心理营养。宝宝喜欢向妈妈撒娇，在心理上产生依赖，这是一种依恋情绪，是宝宝在向妈妈发出这样的信号：“妈妈，我想亲近你。”在这个月龄出现对妈妈依恋的情绪，不仅是正常的，而且是健康、有益的。

分析起来，宝宝喜欢对妈妈撒娇的原因包括：

撒娇带来愉悦

对妈妈怀抱依恋，是因为体验到与人接触的快乐，以对妈妈的体验为基础，孩子会逐渐发展积极与别人接触的社会性。所以，能充分感受到妈妈疼爱的宝宝，以后对社会交往会更具有信心。

撒娇是情绪表达

在与妈妈的交往体验中，婴儿逐渐学会表达自己的要求，也学会回应妈妈的要求，渐渐培养出宝宝与周围人的回应能力。撒娇，是宝宝表达自己的一种方式，如果妈妈能很好地于回应，让宝宝在情绪上得到安定，这种表达就可以得到更好的延伸，并开始发展语言能力。

撒娇是安全感的源头

妈妈对孩子来说，就是安全的港湾。宝宝在挑战新事物时，需要很大的勇气，如果遭遇失败或困难时，能马上得到帮助和鼓励的安全感，就会有继续挑战的勇气。妈妈在身边时，宝宝常常会愿意试着走路，试着探索周围环境，是因为孩子知道妈妈随时都会来帮助自己。因此，依恋的形成对运动技能和学习新知识相当重要。

撒娇可获得感情弥补

多数婴儿会有自己特别喜爱的玩具，有的孩子会用某一条毛毯、枕头或某件特定的衣服来作为自己的情感依赖。有的孩子甚至必须抱着自己的依恋物品才能入睡，即使弄脏了也不愿意放手。离开妈妈的时候，这些玩具或物品对宝宝来说会显得尤其重要。这是情感依恋的投射，是对妈妈不在场时候的感情弥补。

下班回到家，辛劳忙碌的妈妈总有许多事要处理，宝宝却黏得很紧，似乎一刻不愿离开。这时不妨把家务事情放一边，先抱宝宝玩一会儿，补偿与孩子分离的时间，对宝宝和妈妈分别一天的寂寞进行安慰，满足孩子撒娇的精神需求和情绪教育补偿。

要注意给宝宝撒娇以温柔的回应，让孩子拥有甜蜜稳定的依恋情感，这对于健全宝宝的心理成长有深远的影响。

游戏课堂——寓教于乐的亲子活动

学逗宝宝“说话”

孩子情绪愉快的时候，要运用各种方法逗引宝宝发音，训练“说话”，与宝宝“交谈”。

说笑逗引

抱起孩子，与宝宝面对面，用愉快的口吻和表情与宝宝说笑和逗乐，使宝宝发出满意的“呃——、啊——”声或笑声。

玩具逗引

用孩子喜爱的玩具、图片逗引孩子发声，一旦逗得高兴了，宝宝兴奋得手舞足蹈时，自然会发出各种不同的声音。

户外活动

在户外活动时，遇到让宝宝感兴趣的人或物体时，宝宝也会高兴地咿呀作语。

轮流逗引

家庭成员轮流逗乐宝宝，当然宝宝在妈妈的怀里更爱笑，更爱笑出声音来，快乐的亲情逗乐，会令四肢和全身松弛，身心愉快。家庭游戏适宜体现活泼的气氛，但要注意不要对孩子有任何勉强。如果宝宝情绪不好时应当停止，而且要注意效果，不要乐极生悲，逗得过分让孩子哭闹。

“……在哪里呢？”

“……在哪里呢？”可以作为日常生活中和孩子经常玩的游戏。

开始，训练宝宝知道自己的名字，问孩子“……在哪里呢？”孩子应当能听到自己名字就有所反应，如果在孩子的另一面呼唤，孩子马上会回头。

进一步，用小铃铛或者类似能发声响的小件玩具，在孩子面前晃动，然后拿掉，问孩子“铃铛在哪里呢？”孩子也会循着声音消失的方向追寻，这也是对宝宝认知能力的一种锻炼。能找铃铛以后，可以把玩具换成不发声音的毛绒玩具，如果孩子能继续用视线追寻，就要把玩具拿给孩子以示鼓励。

配合以前的照镜子练习，可以在镜子前面问：“……在哪里呢？”孩子应当能够迅速地在镜子里看向自己的形象。

在宝宝懂得妈妈问：“……在哪里呢？”这句话的含义以后，可以进一步给孩子指认物品名，指认以后，还可以用孩子小手去摸一摸物品质感。

孩子从听物名到指认物品，有一个逐渐过渡的过程。通过包括触摸在内的多种感觉途径认识物品名称，有利于促进手——眼——脑的协调发展，也有利于记忆。

扶腋蹦跳

扶着婴儿的腋下，让宝宝挺直身体，蹬动双腿学蹦跳，是 5 ~ 6 个月龄婴儿适宜进行锻炼的运动。

只要把孩子抱直后，放在腿上或床上，婴儿会自己蹬动双腿，可以随着孩子一蹦一跳的节奏，上下稍稍用力辅助。这种活动，一般是宝宝最喜欢做的。

蹦跳一会儿，还可以站起来，把孩子从腋下抓紧，悬空提进来，左右摆动宝宝的身体，边摆边说“摆啊——摆摆！”孩子会逐渐适应腋下扶持着摆动，配合动作。

做完摆动后，把孩子向上举起来，“举高高”也是婴儿最喜欢和爸爸一起做的动作游戏。因为父亲有力量，运动幅度较大，这几种幅度大一些的运动，最能使宝宝开心。而这几项运动游戏，都需要身体的平衡能力，能锻炼宝宝的前庭系统，发展婴儿站立位置、摆动位置和抬高位置保持平衡的能力。

在扶腋让孩子蹦跳时，双腿能伸直并能短时间承受身体重量，证明婴儿下肢肌肉发育良好。

由于婴儿正在发育中，容易疲劳，扶腋蹦跳不宜做得时间太久。可以让孩子多做仰卧蹬腿、踢动悬空玩具的动作，不宜让双腿承受身体重量的时间太长。如果婴儿在扶腋蹦跳时，双腿弯曲不能承担身体的重量，就不适合做蹦跳练习。可以先练习仰卧蹬踢玩具的动作，做到 2 周以后，等到孩子的下肢发育适度再做蹦跳动作。

课堂小结

宝宝的发育

这个月的孩子每天睡 15 ~ 16 小时，夜间睡 10 小时，白天睡 2 ~ 3 次，每次睡 2 ~ 2. 5 小时。白天活动持续时间延长到 2 ~ 2. 5 小时。能够认识妈妈以及亲近的人，听到妈妈的声音会安静下来或微笑，并将头或眼睛转向妈妈用声音回答大人的逗引，模样可爱，反应灵敏，喜欢和生人表示友好。喜欢略带甜味的食物，对于母乳还是最喜欢的。此外，对于其他气味较重的味道也非常敏感，如遇酸、苦等味道时，会有拒吃的表现。这个月的婴儿，能很容易从仰卧翻到侧卧，再从侧卧翻到俯卧。但从俯卧翻到侧卧，再翻到仰卧，还是比较困难的，因此仍然有堵塞口鼻的危险。

宝宝的护理

为让宝宝养成良好的起居习惯，应多从睡眠习惯和适度运动等方面进行培养，这样才有利于宝宝的成长。如果宝宝常在半夜醒来，应注意是环境因素引起的还是自身因素引起的，及时发现问题，及时解决，这样才能有助于宝宝的睡眠。给宝宝喂药的时候一定要注意，不要捏着宝宝的鼻子喂药，也不要让宝宝仰卧位服药，喂药一定要有耐心。宝宝发热一定要及时降温，使用物理降温最好；另外，可以适当的服用一些退烧药。退热后注意保暖，以免宝宝受凉。

训练、早教和游戏

对于宝宝的精细动作多加以训练，适当的抱宝宝出外活动，训练宝宝的视觉和呼喊他训练听觉；宝宝的腿部有力可适当的扶腋蹦跳。创造一个良好的家庭环境，培养宝宝的良好心理素质，这样才有利于宝宝的智力和体能的双方面发展。家人要多和宝宝一起玩，在玩的过程中，培养宝宝看一看，摸一摸，听一听，摇一摇等动作，使宝宝的听觉、视觉、触觉、感知能力和手的协调有进一步的发展。学会怎样逗引宝宝，适当的多说话，用玩具和图片逗引宝宝开心，人还可以轮流的逗引宝宝，给宝宝不一样的感觉。

第七堂课

宝宝半岁了

成长课堂——宝宝的成长历程

宝宝的能力发育

运动发展

6个月时，大部分宝宝已能够从坐位被拉起，放下时能独立坐一会儿，但必须身体前倾用双手支撑来维持坐姿。会熟练翻身，被扶着双手站立时，能将臀和膝关节略微弯曲，做蹬跳动作。坐在椅子上时，能抓晃动的物品。扶着宝宝腰部，让宝宝站立，宝宝能上下蹦跳。

手、眼、口的协调能力发育

6个月的宝宝，已经能够自由地使用双手，并且手、眼、口已经配合得比较自如了，但看上去还是比较笨拙，他能将一块积木传给左手，右手再拿第二块。如果妈妈逗宝宝玩，用手绢遮在宝宝的脸上，宝宝能够用手抓住并扯下来。

这时的宝宝还不会用手指尖捏东西，只能用手掌和全部手指生硬地抓东西。但只要在眼前的东西，不管是什么伸手就抓，有时两手一起抓。并有目的地向前移动身体抓取他想要但够不到的东西。

精细动作

宝宝所有的手指都能做出抓的动作。

将小玩具放在宝宝身边，宝宝能用一只手臂伸向玩具，并大把地把玩具抓在掌心。

宝宝手中拿着玩具时，可以转

动手腕，将物品拿在手中转。

吃奶时，双手能握住奶瓶。

将宝宝的衣服盖在他的脸上，他会自己用手将衣服拿开。

语言发育

6个月的宝宝，开始无意识地发出“爸”、“妈”等音，同时能发出比较复杂的声音，如拼音中的“a”、“e”、“i”、“o”、“u”等，好像要说话。会发不同的声音，表示不同的反应。只要不是在睡觉，宝宝嘴里就一刻不停地“说着”，如他会一边摆弄着手里的玩具，一边嘴里发出“喀……哒……妈”等声音，好像自己跟自己在说着什么。

宝宝情绪的敏感期

半岁以上的孩子，运动量、运动方式、心理活动等各方面都有明显的发展。宝宝可以自由自在地翻滚运动；如果碰见了熟人，会有礼貌地逗人开心；向熟人表示微笑，这是很友好的表示。不高兴时会用撅嘴、扔摔东西来表达内心的不满。照镜子时，会用小手拍打镜中的自己。经常会用小手指向室外，表示自己很向往户外活动，示意父母带自己到室外活动。

宝宝的心理活动已经比较复杂，面部表情就像一幅多彩的图画，会表现出内心的活动。高兴时，会眉开眼笑、手舞足蹈、咿呀作语；不高兴时会怒气冲冲，又哭又叫。能听懂严厉或柔和的声音。当家人暂时离开孩子时，会表现出害怕的情绪。

情绪，是宝宝需求是否得到满足的一种心理表现。宝宝从出生到2岁，是情绪的萌发时期，也是情绪、性格健康发展的敏感期。父母对宝宝的爱、对孩子生长的各种需求的满足，以及温暖的怀抱、香甜的乳汁、富有魅力的眼光、甜蜜的微笑、快乐的游戏过程等，都会为宝宝的心理健康发展奠定良好的基础，为智力发展提供广阔的课堂。

宝宝感觉发育

听觉发育

随着宝宝的听力比以前更加灵敏，逐渐能分辨不同的声音，并学着发声。虽然宝宝还不能准确明白大人的话是什么意思，但妈妈会觉得宝宝已经领悟别人是在喊他的名字，妈妈在说什么。

视觉发育

到这个月，宝宝的视觉距离会明显增加，能注意到天空的飞鸟、白云、飞机等。对于感兴趣的玩具，宝宝会翻来覆去地看。这对于扩大宝宝的认知是非常有利的。

动作发育

会翻身。如果扶着孩子，宝宝能站立，扶立时喜欢跳跃。把玩具等物品放在宝宝面前，会伸手去拿，并塞入自己口中。6 个月的宝宝开始会坐了，但还坐不太稳。

语言发育

6 个月的孩子的听力比以前更加灵敏，能分辨不同的声音，并能模仿着发声。

睡眠

宝宝一昼夜需要睡 15 ～ 16 小时，白天一般要睡 3 次，每次 1.5 ～ 2 小时，夜间睡 10 小时左右。

护理课堂——专家教你科学护理

宝宝日常保健提示

在生长发育迅速、新陈代谢旺盛、免疫力低下的婴幼期，正是各种疾病的易感染期。6 个月到 1 岁的孩子身上，来自母体的免疫力储存开始消耗尽，因此显得

特别容易患病，在这个阶段中，应按照以下几点备加呵护：

锻炼身体

让孩子多接触阳光、新鲜空气和冷水。对于半岁以上的大婴儿来说，多活动是最好的锻炼方法。孩子需要进行适量的全面锻炼，每天运动以一个半小时为宜。经常晒太阳可以预防佝偻病，经常接触冷水，能促进孩子体温调节反应性，增强机体适应气温变化的能力。

补充足够的水分

婴儿饮水不足时，常常表现出烦躁不安、哭闹、皮肤干燥失去弹性，不但影响生长发育，还会导致免疫功能降低，使孩子易患感染性疾病。

增减衣物

随季节、天气的变化，随时给孩子增减衣服。这是预防染病的有力措施。

充足的睡眠

睡眠有利于孩子的生长发育和智力开发，还能增进孩子的食欲，增强抵抗力。

发热时不要立即退热

一定范围内的发热是机体抵抗疾病的生理性防御反应。发热时，机体代谢速度加快、免疫功能活跃、抗体生成增多，肝脏解毒功能增强，有利于身体对疾病的抵抗。

传染病流行期间，尽量不带孩子去公共场所，以减少感染机会。

计划免疫

一定要让孩子参加全程全量的计划免疫。因为免疫接种，是帮助孩子抵抗感染性病症的有效措施。按计划免疫要求与医务人员配合，不让孩子错过每一次保障健康的机会。

宝宝睡觉爱蹬被子怎么办

许多孩子睡觉时爱蹬被子，晚上得不停地给孩子盖被，弄得人不胜其烦，甚至影响到父母的睡眠。如果听任孩子踢蹬被子，第二天没准孩子起床后就会喷嚏连连、鼻流清涕——感冒了。

孩子爱蹬被子的主要原因：

给孩子盖得太厚，或室内温度太高，孩子觉得过热。特别是入睡时，由于孩子神经调节不如成年人成熟，易出汗，会下意识地蹬被子来散热。

被子过沉，影响了呼吸，孩子会通过蹬被子来解除阻力；

睡前吃得过饱，胃部不适，易翻动身体而把被子蹬掉，中医称为“胃不和则卧不安”。此外，孩子睡前过度玩闹，造成夜梦过多；或者因罹患佝偻病而造成神经系统功能的不稳定等，都是造成孩子睡眠不宁而蹬被子的原因。

孩子蹬被子，极易导致着凉，引发感冒、腹痛、腹泻等病症，反复生病还会影响生长发育。

预防孩子蹬被子可从以下几点着手：一是检查一下孩子所用被褥的厚度和轻重。由于孩子的代谢比成人要旺盛，所以盖的被子应该较成人略薄些，但不宜过小。可以把被子做成简单的被筒，既轻软而又足够大的被筒，不易被孩子蹬掉；二是不要在睡前给孩子吃得过饱，临睡觉前也不要过度嬉闹，以免睡卧不宁；三是可以为孩子买睡袋，或自制一个睡袋，睡时在其上加盖一层薄被即可，自制睡袋可采用多种形式，应注意如果采用前开式睡袋，睡袋的拉链勿过高，以免磨伤孩子。

乳牙保健和口腔卫生

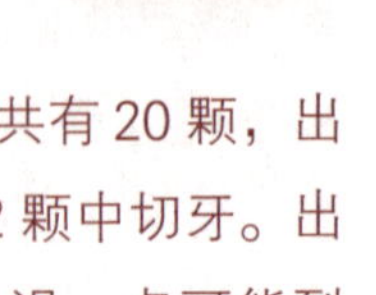

人一生共有两副牙齿，乳牙和恒牙。最先长出的是乳牙，乳牙共有 20 颗，出牙有先后顺序，最先萌出的是下腭的 2 颗中切牙，然后是上腭的 2 颗中切牙。出第一颗牙的年龄每个孩子都不一样，早的 4 个月就开始出牙了，迟一点可能到 10 ~ 12 个月，平均在 7 ~ 8 个月龄出牙，以后陆续萌出，到两岁半时，20 颗牙出齐。6 岁以后开始脱乳牙换恒牙。

有些父母看到人家孩子出牙了，自己的宝宝还不出牙就感到非常奇怪，一般只要在周岁以前，能萌出一颗牙齿都不算迟。如果宝宝 1 岁以后还没有出牙的，就应该去儿科医院检查一下。

婴儿的乳牙一般要持续使用 6 ~ 10 年时间，这段时间正是孩子生长发育的高峰期，如果牙齿不好，会影响到孩子对营养物质的消化吸收，妨碍健康，还会影响到孩子的容貌和发音，因此，必须注意保护乳牙。

孩子的乳牙早一点的会在 4 个月左右萌出，乳牙萌出以后，应当注意：

保持口腔清洁

婴儿期虽然不刷牙，但每次进食后和临睡前，都应当喝一些白开水，以起到清洁口腔、保护乳牙的作用。

保证足够的营养

及时添加辅食，摄取足够营养，以保证牙齿的正常结构、形态以及对齿病的抵抗力。如多晒太阳、及时补充维生素 D 可帮助钙质在体内的吸收。肉、蛋、奶、鱼中含钙、磷十分丰富，可以促使牙齿的发育和钙化，减少牙齿发生病变的机会。缺乏维生素 C 会影响牙周组织的健康，所以要经常吃些蔬菜和水果，其中纤维素还有清洁牙齿的作用。饮水中的微量元素氟的含量过高或过低时，对牙齿的发育都是不利的。

注意用药

四环素以及某些抗生素，会使孩子的牙齿变黄及牙釉质发育不良，因此，服用药物要慎重。

正确的吃奶姿势

人工喂养的孩子，会因吃奶姿势不正确或奶瓶位置不当，形成下颌前突或后缩。孩子经常吸吮空奶嘴，会使口腔上腭变得拱起，使以后萌出的牙齿向前突出。这些牙齿和颌骨的畸形，不但会影响孩子的容貌，还会影响咀嚼功能。因此，孩子在喂奶时要取半卧位，奶瓶与孩子的口唇成 90 度角，不要使奶嘴压迫上、下唇。不要让孩子养成吸空奶嘴的习惯。

适当锻炼牙齿

出牙后要经常给孩子吃一些较硬的食物，如饼干、烤面包片、苹果片、白萝卜片等，以锻炼咀嚼肌，促进牙齿与颌骨的发育。1 岁以后臼齿长出后，应当经常吃些粗硬的食物，如蔬菜等。如果仍然吃过细过软的食物，咀嚼肌得不到锻炼，颌骨不能充分发育，但牙齿却继续生长，就会导致牙齿拥挤、排列不齐或颜面畸形等，会很难看。

发现乳牙有病要及时治疗

如果乳牙因病而过早缺失，恒牙萌出以后位置会受影响，使得恒牙里出外进，造成咬合关系错乱，会导致多种牙病的发生。因此，如果发现孩子的乳牙有问题，必须及时诊治，否则会影响孩子日后的容貌。

半岁以后的孩子易得病

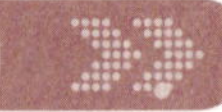

孩子到了半岁以后，特别容易得病，主要有两方面原因:

内因

刚出生的宝宝免疫系统还不完善，早期体内的免疫球蛋白并非来自自身的免疫系统，而是在胎儿期经胎盘从妈妈那儿获得的。妈妈那里储备的免疫物质随宝宝的生长发育而逐渐消耗，一般是3～4个月，最多6个月，这些免疫物质就会用完。而这时宝宝自身的免疫系统还不成熟，无法产生足够的免疫球蛋白，免疫力就出现了缺口。可以说是“青黄不接”，环境中的致病菌就趁虚而入，所以就特别容易生病。

外因

婴儿出生之后，娇嫩的宝宝来到的不是真空，也不是无菌环境，而是一个有好多病原体存在的大环境。

半岁至2岁的婴儿，产生免疫球蛋白的能力比较低，因此抗病能力比较差，在正常情况下，2岁以内的婴儿每年要患五六次感冒，而且还容易并发肺炎。如果婴儿未注射过疫苗，还容易患麻疹、百日咳、猩红热等传染病。2～5岁的婴儿，抗病能力逐渐增强，但每年要患3～5次感冒。

5岁以后，孩子体内产生免疫球蛋白的能力明显增强，抗病力越来越强。

半岁到3岁以内，是儿童抗病能力最低的时期，这个年龄的孩子容易患感冒、扁桃体炎、中耳炎、气管炎、肺炎、脑炎、肝炎等感染性或传染性疾病。

要针对孩子生长时期的不同特点，适时参加计划免疫，并合理安排婴儿的饮食，多晒太阳，适当补充维生素A和维生素D，这样能促进婴儿免疫系统成熟，减少婴儿患病机会。

婴幼儿抵抗能力弱，机体防御机制容易出现问题，预防各种传染性疾病的最主要因素，是防止病从口入。肠道传染病主要是病从口入，摄入的食物中带有不洁成分或细菌性痢疾等传染源，甲型病毒性肝炎的病毒也主要是通过食物中带污染物质传染给患者。肠道寄生虫如蛔虫、蛲虫等寄生虫卵的传播途径也主要是通过摄取食物进入人体。因此，要注意培养孩子良好的卫生习惯，吃东西前一定要洗手、勤洗手、勤剪指甲、勤换衣服、勤洗澡、勤理发、居室勤通风换气保持空气新鲜以及养成定时大小便的良好生活习惯，都是预防传染性疾病的有效措施。

冬春季节，气候干燥，灰尘多，是各种病毒活跃的季节，这时候，要尽量少带孩子去人流稠密的公共场所，减少感染机会。还要注意随着季节变化，适时增减衣服，预防感冒，减少因感冒引起的身体抗御疾病能力弱的机会。当然，远离传染病源，注意良好的卫生生活习惯，是预防各种疾病发生的关键。同时，增强孩子自身抵抗力，加强体质锻炼，更是强身健体之本。一旦发现孩子有异常情况，不可掉以轻心，自作主张地喂服药物。要及时发现、及早诊断各种异常状况，让医生来解决问题。

观察宝宝的健康细节

孩子生病时，要观察疾病过程中的各种变化，并把发现的异常情况记录下来。

细心的父母，对孩子的每一个日常生活细节都了然于胸，稍有异常，就能注意到。而且，孩子如果有健康问题，往往也表现得比较分明。

皮肤：发热还是发凉，干燥还是潮湿。是否有瘙痒。有没有皮疹，如皮肤发红、出水疱、有大片的隆起或小米粒大小的突起等异样。如果发现有皮疹，要仔细地查明是什么时候，什么部位首先出现的，是否伴有发热。如果伴有发热，是否与出疹同时发热，还是先发热后出疹，或发热后几天出疹。

面部：发红还是苍白；嘴唇有无青紫；有没有痛苦的表现，如皱眉、焦躁不安等。

眼睛：眼皮是否发红；眼睑有没有肿胀；眼睛内有没有异物和损伤。

鼻子：呼吸是否困难，比如呼吸时鼻翼的扇动。是否流鼻涕或有出血。嗅觉灵不灵。有没有损伤或肿胀，是否有液体或血液流出。

听觉：是否灵敏。

舌头和口腔：舌头潮湿、粉红还是干燥有裂纹，有没有白色或黄色的舌苔。呼吸是否困难，有没有张着嘴喘气。口腔有没有异味。

咽喉：说话的声音是否嘶哑；吞咽食物是否费力。

咳嗽：声音重浊还是轻，有力还是费力。每天什么时候咳得最厉害。是否有痰咳出，痰中是否带有脓或血丝。

食欲：吃饭或吃奶是否正常，吃得香不香。有没有呕吐，是否连续不断，大约间隔多长时间。呕吐物是什么颜色，是水还是没消化的食物。是否只有恶心不呕吐的情况。是否有像喷射一样的呕吐。

发热：是否感觉到发冷。是否有控制不住的颤抖。每天要注意测体温 4 次。

疼痛：在什么部位，是否严重。疼痛感像什么样，如针扎、烧灼，还是迟钝不敏感。疼痛持续多久。如果服用过药物，疼痛是否减轻。

大便：是否规律，间隔多长时间。有没有不消化吸收的食物、黏液和血。大便的颜色。

排尿：小便时是否疼痛和费力。小便次数是否频繁。有没有特殊的气味。尿的颜色。

行为与神志是否过于安静或过分哭闹。

喂养课堂——宝宝喂养新观念

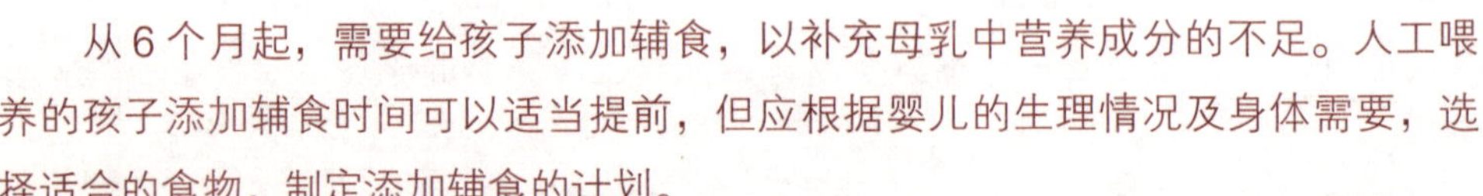

喂养指导

从 6 个月起，需要给孩子添加辅食，以补充母乳中营养成分的不足。人工喂养的孩子添加辅食时间可以适当提前，但应根据婴儿的生理情况及身体需要，选择适合的食物，制定添加辅食的计划。

添加辅食的同时，要遵循这样的原则：从少到多，从稀到稠，从细到粗，从一种到多种。

添加辅食时一定要在宝宝健康、消化功能正常时进行添加，孩子患病时最好暂缓添加，不能随心所欲或急于求成，要遵循科学规律，否则容易引起婴儿消化不良、呕吐、腹泻等不良反应。

在 6 ~ 7 个月时，先添加液体类辅食，如米汤、菜水、果汁等，以补充维生素 C、维生素 A 和矿物质。

一日食谱

＊ 主食

母乳；母乳 + 配方奶；

餐次及用量：每次 90 ～ 180 克，每隔 3 ～ 5 小时 1 次。每天总量约 800 克。

＊ 辅助食物

开水：温开水；

水果汁：橘子汁、山楂水等可以轮流在白天两次喂奶中间饮用，每次 90 克左右。

宝宝辅食的添加

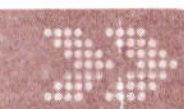

从第 6 个月起，哺喂孩子可以开始添加蛋黄。但要注意不能喂蛋清，以免引起宝宝过敏。因为孩子的肠道还不能适应蛋清。

食物的形态可从汤汁或糊状开始，渐渐转变为泥状到固体。

可以逐渐增加稀粥、面条、吐司面包、馒头等。

纤维较粗的蔬果和太油腻、辛辣刺激或筋太多的食物，不适合喂宝宝吃。

喂食前，先试一试食物的温度，不要烫着宝宝。

制作添加辅食的原则

随着婴儿不断地生长发育，孩子所需要的营养物质仅从奶中获取已逐渐不够，辅食添加成为保证婴儿获得足量营养素的必要途径。

烹饪食物必须包括三大要素：

卫生要素：满足安全与健康的需要；

营养要素：满足生理、运动消耗的需要；

美感要素：满足感官、精神的需要。

在制作婴儿辅食时也应参照这三项要求，而卫生上的要求在制作过程中应特别重视。婴儿的消化系统非常娇嫩，免疫系统的发育又不完善，一旦摄入不洁的食物，会引起腹泻。这样一来，非但没有补充营养素，还会使体内的营养素丢失，得不偿失。所以，制作婴儿辅食时要把住卫生关，如制作的辅食要熟透，盛辅食的容器要严格消毒，制作者的手要清洗干净。

给婴儿喂菜汁、菜泥

菜汁可以由新鲜的蔬菜加水煮沸后制成，其中溶解有大量的维生素C和其他水溶性维生素。维生素C具有保持人体正常生理功能、促进健康、增强机体抵抗力的作用，体内如果缺乏维生素C会引起坏血病。

6个月以内吃母乳的婴儿，哺乳妈妈膳食中的维生素C含量，直接影响到母乳中的维生素C含量，只要母亲多吃一些富含维生素C的蔬菜、水果，婴儿就无须再喂菜汁；而人工喂养的婴儿，因为牛奶中维生素C的含量极低，应该经常喂一些菜汁，以补充维生素C。

蔬菜中还含有许多与婴儿健康关系十分密切的矿物质，如钙、磷、铁等。由于这些营养素不溶于水，在菜汁中不可能摄取到，因此有必要把蔬菜制成菜泥或碎菜来喂婴儿。吃母乳的婴儿，在6个月后母乳已不能满足生长发育需要，必须添加辅食。因此，无论是哪种方式喂养的婴儿，在6个月时都应该经常吃一些菜泥。

添加蛋黄

蛋黄是一种营养比较丰富的食品，不仅含有优质蛋白质、卵磷脂、维生素，还含有矿物质如铁、钙、磷等，是补充铁的良好食物来源。在婴儿即将耗尽体内储存铁时（一般在6个月龄时）就要开始添加蛋黄。

作为一种新添加的辅食，应当从少量开始，给婴儿一个适应的过程。添加时，把一个鸡蛋煮熟，取出1／4个蛋黄，碾成糊状，然后与奶、水等混合均匀后给孩子食用。连续几天，观察孩子吃了蛋黄后的消化情况。如果大便正常，可以从1／4加到半个，再观察一周，如果没有异常反应，可以加到一个整蛋黄。

在添加蛋黄的过程中，如果孩子出现消化不良，可以暂时停止添加蛋黄，或维持所能接受的蛋黄量，待到宝宝大便正常以后再少量增加。

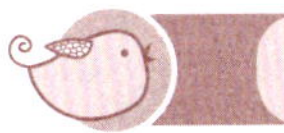

对牛奶和鸡蛋过敏怎么办

牛奶和鸡蛋的营养丰富，所以家长几乎天天都给孩子吃。但婴儿食物过敏的患病率偏高，牛奶和鸡蛋是引起过敏的主要食物。

我国的儿童过敏性疾病近年呈上升趋势，成为危害儿童身心健康的常见慢性疾病，而食物过敏是许多过敏性疾病的诱因。

婴幼儿因食物引起的过敏性疾病的主要表现是，孩子在吃了一些食物后，呕吐、腹泻或打喷嚏，皮肤出现湿疹。

4～6个月龄，是孩子食物过敏的高发年龄段，大豆、花生、鱼、橘子等均可引起婴幼儿食物过敏。牛奶和鸡蛋是引起孩子过敏的最常见食物，占食物过敏患儿的63.6%，其中鸡蛋引起的过敏占45.4%。食物过敏没有特殊的治疗手段，只能避免让孩子食用这些会引起过敏的食物。

在不足6个月的婴儿期内，不宜给孩子吃鸡蛋清。因为婴儿消化系统发育尚且不完全，肠壁很薄，渗透性很高，而鸡蛋清中的蛋白为白蛋白，分子小，可以直接通过肠壁进入婴儿的血液中。摄入这种异体蛋白抗原，可以使婴儿体内产生

抗体，当再次接触这种蛋白时，则会出现一系列过敏反应与变态反应性疾病，如湿疹、荨麻疹、喘息性支气管炎等。所以，给小婴儿只宜喂蛋黄，不宜吃蛋清。

建议家长不要强迫孩子吃不喜欢吃的食物，尤其是天天都吃而可能产生厌烦感的牛奶和鸡蛋。

宝宝牙齿与营养

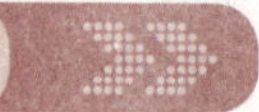

婴儿通常在6个月以前没有牙齿，牙床是一道圆形黏膜突起，比较坚硬，可以上下合拢。孩子吃奶时，靠牙床含住妈妈的乳头，进食别的半固体状无渣食物时，也是靠牙床把食物压碎。

到6个月以后，孩子开始陆续出牙，出牙是婴儿生长发育过程中的一个重要阶段。出牙的过程，是覆盖牙齿上的牙槽骨自动吸收，牙根生长，把牙冠顶出牙龈。在牙冠把牙龈顶开一个小口以后，牙冠与牙龈之间的潜在间隙与口腔相通，口腔里的细菌会进入这个间隙，会使牙龈发生轻度炎症，出现红肿痒痛。

孩子出牙的时间和顺序有一定的规律，一般下牙略早于上牙，常常成对地萌出。6 ~ 9个月萌出门牙，12 ~ 14个月出第一颗大牙，14 ~ 18个月萌出犬齿，第二颗大牙要到3岁左右才能萌出，但不同的孩子常有个体差异。如果1岁还没有萌出门牙，或者到3岁时20颗乳牙没有出齐，则要到医院检查是否有发育障碍。

由于出牙与给孩子添加辅食的时间基本一致，因此，出现腹泻等消化道症状可能是出牙的反应，也可能是对某种辅食过敏，可以先暂时停止添加辅食，观察一段时间就能判断清楚。

这个月龄的孩子，开始对小食品感兴趣。可以把蔬菜和水果切成条放在孩子面前，示范给孩子看怎么吃，让孩子学习，让孩子可能随时拿到手里来咬和嚼。过上一段时间，宝宝就会脱离只会吮吸食物的阶段，学会咀嚼。

经常给婴儿吃一些蔬菜水果条，不但有利于改正吮吸手指或吮奶嘴的不良习惯，还能使牙龈和牙齿得到很好的刺激，减少出牙的痛痒感，对牙齿的萌出和牙齿功能的发挥都有好处。

孩子在咀嚼食物时，必然增加整个牙颌系统的运动，这种功能性运动，对整个颌面和牙齿的生长发育都是必不可少的，能使颌骨变得更加强大，与其他部位更加协调，以便乳牙和将来的恒牙能整齐地排列在颌骨上，保证孩子成年后有一口整齐漂亮的牙齿。

早教课堂——聪明宝宝赢在起跑线

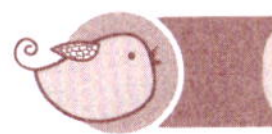

玩具与安全

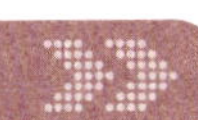

这个月龄的孩子，玩具一般都是哗啦棒、小鼓、不倒翁、布艺动物、塑胶玩具等。

但是，比较麻烦的事情是，宝宝如果一旦在这个阶段学会了爬，能在房间里到处爬行时，对父母提供的玩具就不感兴趣了。相反，宝宝会喜欢玩日常用的工具，会很高兴地玩茶杯、勺子、台灯、电源开关、门把手、抽屉的拉手、电视机开关、收音机等，因为活动的范围广了，会更加促使孩子认识周围更多的事物。

这时候，正是利用玩具来诱使宝宝爬行和站立的好机会，应当充分利用孩子感兴趣的一切东西。

不要把容易产生危险的器具当成玩具让孩子玩，不管宝宝有多好奇、多想玩，也不能让孩子玩打火机、笔、水壶、药瓶、热水瓶、加热器、电源开关等。类似的器件要作为禁止孩子碰到的物品，统一收拾起来，放在宝宝不可能拿到的地方。

如果孩子想去摸热水器、水壶时，即使里面的水凉了，也要制止，告诉孩子："不许碰！"同时拿走。电视机、收录音机之类电器并非玩具，更要收拾好不能让孩子碰。

如果育儿室很宽畅，可以在这个月给孩子买室内滑梯，但一定要把房间每一个角落都收拾得干干净净，使宝宝即使摔着头部也不会撞伤。

大约从这个月龄开始，孩子会对电视渐渐感兴趣。但是，认为把电视开着，让宝宝学习语言的想法是误区。语言是人与人之间的交流工具，孩子只有在和母亲的联系之中才可能学会语言，让宝宝听电视学语言是无济于事的。

连续翻滚和匍行

学会连续翻滚，是婴儿爬行之前，唯一独立移动身体的方法。

已经会翻身的孩子，要学会打滚儿，需要用玩具引导孩子做。拿宝宝喜欢玩的玩具放到孩子一侧，让孩子翻过身来拿；再移到头侧，引导孩子俯卧后，再移到前方，引导孩子翻滚 1 周。然后，可以把玩具扔得远一点，轻轻扶着孩子的肩膀和臀部推动，帮助孩子连续翻滚几周，拿到玩具。反复几次后，以后只要把玩具扔到孩子附近，宝宝就会连续翻滚着去拿取。

婴儿在连续翻滚时，会抬起头来防止自己的头碰到地面。如果孩子头抬得不够高，妈妈可以用手扶持一把，帮助孩子抬头。还要注意，在孩子连续打滚时，使劲使身体朝着一个方面滚动，要给孩子清理净滚动途中的障碍物，避免孩子撞碰或受到伤害。还要给孩子提供足够的打滚用的面积，防止婴儿从床上滚掉到床下摔伤。

学会连续打滚儿移动身体取物后，婴儿可以开始学习匍匐移动，又称匍行。匍行，是以腹部为支点，用手向前方使劲。但是，孩子学会在床上打滚以后，一般会双腿跷起来，手上使劲时，腿也会跟着使劲。腿上的劲肯定大于手劲，越是使劲，身体反倒越会向后退。后退时，妈妈可以用手帮助推抵宝宝的脚底，协助孩子学习向前方匍行。

学会匍匐前行后，只需要用大浴巾或围巾，帮助孩子抬起腹部，婴儿就能够自己用手和膝盖爬行。因此，匍匐是爬行的预备阶段练习。

培养宝宝的方向感

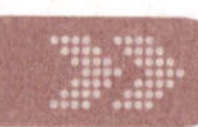

训练孩子从小具有“方向感”，是培养视觉－空间智能的一个重要方面。

方向感不好的人，经常会迷路，对于别的视觉元素掌握程度也会比较低。

常常听到别人说，某某的方向感不好，一天到晚总是迷路，去过不久的地方很快就不认识了。出现这样的情况，是由于人在视觉－空间智能方面的弱势所造成的。这一类人对于空间方位：上、下，左、右，里、外，前、后；方向：东、南、西、北；还有别的视觉元素如：距离、高低、景深等因素的掌握程度也会比较低。此外，还包括绘画时的构图、布置家具时的位置等空间智能方面也都会受影响。

从这个月龄起，对于婴儿的方向感练习，就应当开始实施。可通过下面的亲子游戏，培养婴儿的方向感。

认识左右的双手

妈妈和孩子可以一起诵唱儿歌：右手举高高，左手碰碰天，左手、右手，拍拍拍，右手、左手，好兄弟！

根据歌词做动作，分别举起宝宝的左右手。可以让孩子通过双手的摆动来练习双手的灵活度，另一方面也可进行方位的认知。本游戏适合 6 个月的宝宝玩。

找玩具

可以试着把玩具先放在宝宝的面前，然后用小毛巾或小纸盒盖起来，让孩子自己把玩具找出来，启发孩子认识物体恒存的概念，知道玩具在毛巾的下面或是小纸盒的里面。

也可以把玩具放在孩子能拿得到的桌子上或桌子下面。带着宝宝一起找，找到以后要用较慢的语速告诉孩子："原来在下面啊！"多找几次以后，对宝宝说"下面"，孩子就知道到桌子下面找。通过找玩具游戏，可以辅助孩子建立里面、外面、上面、下面等抽象概念。

搭积木

给宝宝两三块积木，先搭一次给孩子示范，看一看。然后可以往上堆高或者把积木并排，排成长长的一条，然后让孩子模仿。

随着孩子越长越大时，搭排积木的数量可以慢慢增加。

捉迷藏

满 6 个月龄后，已经有移动能力、会爬的孩子，就可以玩捉迷藏的游戏，顺便练习孩子听音、辨别方位的能力，可以在不同的地方，叫孩子的名字，让宝宝找找妈妈藏在哪里。

较小的婴儿可以在较小的范围当中练习；较大的孩子，可以在整个家中安全的地方玩。

在和妈妈玩捉迷藏的过程中，孩子必须要判断声音的位置、距离、远近。做得多了，则有利于发展视觉－空间感受能力。

散步

带孩子到户外活动，散步时，对于常走的路或距离较近的地方，沿途边走时，可以边和孩子说，咱们该向左转、或右转，走到某一个特别的标志性地段如超市、公园、儿童游乐园附近时，对宝宝说：我们应该向左还是向右转？逐渐形成习惯，让孩子用小手指出左边、右边，对于大一些的孩子，还可以让宝宝带路。

套套杯

可以利用现成的各种杯子、布丁盒子或幼儿过家家的小碗玩具，让孩子练习用一个套一个。当然，要大的才能装小的，让孩子练习对于空间大小的概念。

市面上也有卖专门的“套套杯”，外型大小较为整齐，但家中利用空置的杯盒或用过的包装盒，也能起到同样的效果。

组合玩具

要加强孩子的空间智能，给孩子选择玩具最好以组合式的玩具为优先考虑。像积木、接插玩具、拼图、组合模型之类的，都是很好的选择。组合玩具应当在孩子大一些以后，具备专注能力时再玩。

游戏课堂——寓教于乐的亲子活动

家庭游戏

从箱子向外拿玩具

为孩子准备一个装满物品、玩具的箱子，如绑有铃铛的手帕或绒布熊等，给宝宝做示范，一件一件地把箱子里的物品拿出来，孩子模仿着做会玩得很高兴。

揉撕纸

5 ~ 8 个月的婴儿非常喜欢玩揉纸和撕纸的游戏，这是训练婴儿手指灵活的好办法，可以给孩子各种不同质地的纸，如广告纸、包装纸、塑料纸、卫生纸等，玩过几次，孩子会知道每种纸摸起来的感觉和撕揉的声音不一样。

听听里面

准备两个空箱子，把玩具放在里面，拿到婴儿身边摇出“咔咔、沙沙”的声音，引起孩子的好奇心。如果宝宝伸手想拿箱子，就把整个箱子递给孩子。打开盖子看到玩具，妈妈可以很高兴地说："里面有玩具啊！"同时，把玩具递给孩子。接着再试着让孩子自己把玩具放进箱子里。

声音在哪里

让孩子听闹钟、门铃、电话等声音，启发宝宝寻找声音的来源。妈妈要边找边说："是什么声音？"找到以后说："原来是电话在响啊！"

敲打

给婴儿一把尺子或小棍儿，让孩子敲打不同的物品。尽管没有节奏感，但宝宝还是很喜欢听"咚咚"、"当当"的声音。开始只是喜欢乱敲，不久就能分辨出声音的高低，敲打会变得有节奏。然后，可以给孩子示范敲打不同的节奏，让宝宝模仿。

随音乐跳舞

教婴儿伴随音乐起舞，培养乐感。妈妈开始可以抱着孩子，握着孩子的手，拉着孩子随着音乐的节奏舞动。婴儿会很喜欢和妈妈一起摆动身体。

拉扯玩具

把吹塑玩具悬挂在空中，在绳子的前端绑上容易抓握的环，让宝宝拉拉看。妈妈先在婴儿的面前表演几次，婴儿看到妈妈玩得很高兴，也会试一试。

再拿一个

对婴儿来说，用两只手各拿一个玩具很困难。一开始，孩子要拿新玩具时，手上的玩具会不自觉地松掉，慢慢地就能学会用两手各拿一个玩具。在孩子两手都拿玩具时，可以试着再给一个玩具，看看孩子怎么办，会不会换出手来再接。

丢球游戏

开始孩子只会把球拿在手中，即使做引导，也不知道该怎样做。妈妈可以另拿一只球，把球丢出去，做示范给孩子看，但不要抢孩子手里的球。

学步车

运动能力发达的孩子，可以放在学步车内，孩子就会高兴地朝自己愿意去的方向前进。开始时，可能孩子只会坐在里面，慢慢地就会前后移动。等到孩子掌握到一些要领后，就能很快地坐在学步车，朝着自己想去的方向移动。

有些人认为，婴儿坐学步车会变成罗圈腿，将来学走路会延迟等。其实，孩子是不是罗圈腿，完全是由于别的原因所致，跟学步车毫无关系。但是，也不要整天把孩子放在学步车里不管，那样，宝宝会不愿意再在床上爬，将来走路也会更迟一些。因此，还是要经常让孩子趴着练一练爬行，牵着孩子的手练一练走路。

玩水

夏天，给孩子洗澡时，可以在水盆里放一些软木塞、塑料玩具、小皮球之类的玩具，让孩子坐在水里边洗边玩。

玩水，可以让孩子获得关于流动、漂浮等感性知觉，对孩子的智力发展有利。但玩具一定要干净、无锐角、不会伤着孩子。这一类玩具因为与孩子洗澡时的皮肤接触，一定要保持清洁和消毒。

户外活动

这个月龄的孩子很喜欢到户外玩。天气好的时候，应当尽量多带孩子去户外玩一玩，即使是让孩子坐在婴儿车里，推到户外转一圈也好。如果有绿地，可以就地铺上一块浴巾，让孩子在上面晒日光浴。如果宝宝从小就习惯了日光浴，冬天也可以在向阳背风的地方进行日光浴。

宝宝的发育

宝宝这个时候一昼夜睡觉 15 ~ 16 个小时，一般白天要睡 3 次，每次 1.5 ~ 2 个小时，夜间睡觉会达到 10 个小时。半岁以后宝宝的听力变得更加灵敏，能很好的分辨不同的声音，并能模仿着发出相似的声音。会蹦跳，扶立时喜欢两腿不停地跳跃；会短时间的坐立，但还不能坐稳；会翻身，学会拿取东西放进自己的嘴里。这个时期宝宝的心理活动变得更加复杂，会用自己的方式来表达开心和不开心，所以妈妈一定要注意培养孩子的情绪发展。

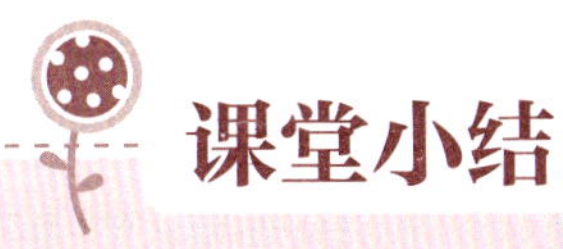

课堂小结

宝宝的护理

一般这个时候的宝宝都已经开始长牙，早的会在4个月的时候，迟一点的也就是10～12个月，每个孩子的状况不一样，出牙的时间也有所不同。半岁以后，随着辅食的添加，宝宝的体能会有一个过渡期，所以会常常生病，这个是正常现象。疾病不同产生的现象也不同，作为宝宝的看护人，要时刻注意宝宝的变化，出现危象的时候一定要去医院诊断，以免导致不良后果。由于宝宝的皮肤比较娇嫩，在不同的季节需要做不同的护理，适当的给宝宝补充营养，使宝宝的皮肤得到很好的呵护。

宝宝的喂养

本月龄的宝宝在选择过渡性食物方面，可以增加一些鱼类，以海鱼最好，鱼类最好是肉多刺少的，以便于加工成肉糜。开始增加半固体食物，如米粥或面条，因为营养价值的缘故，每天只能增加一次。还要适当的观察宝宝的体重。注意换乳期的营养，在增加食量和次数的同时，还要注意营养的均衡性，这样才能满足宝宝成长的需要。适当的给宝宝吃一些蔬菜水果条，这样不但有利于改正吮吸手指和奶嘴的坏习惯，还能使牙龈和牙齿得到很好的刺激，减少出牙的痛痒感。

早教和游戏方法

让宝宝练习坐要注意，不要让宝宝单独的坐在床上，以免宝宝从床上滚下造成伤害。一定要注意宝宝玩具的安全性，不适宜宝宝玩的那些比较零碎和细小、有伤害的玩具要让宝宝远离。多多练习宝宝的方向感，寻找藏起来的玩具，和宝宝继续玩捉迷藏，抱着宝宝出外散步。和宝宝一起玩简单的家庭游戏，听听盒子里面发出的声音，敲击一些不同的物体，听音乐跳舞，学会丢球等。

第八堂课

7个月后的宝宝

成长课堂——宝宝的成长历程

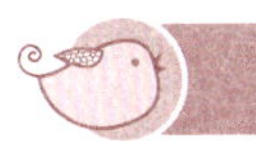

好奇心重的时段

想要让孩子长高，应当从营养、锻炼、睡眠、情绪等多方面努力，长期坚持不懈。过胖、过瘦都会损害孩子的健康，应当给孩子养成良好的习惯，控制体重。

动作发育

7 个月的孩子各种动作开始有了意向性，会用一只手去拿东西。会把玩具拿起来，在手中来回转动。还会把玩具从一只手递到另一手，或用玩具在桌子上敲着玩儿。仰卧时，会把自己的脚放在嘴里啃。7 个月的宝宝不用人扶，能独立坐几分钟。

语言发育

会发出各种单音节的音，会对玩具说话。

睡眠

和 6 个月的宝宝差不多，孩子每天需要睡上 15 ~ 16 小时，白天睡两三次。如果孩子睡得不好，家长要找一找原因，要想到宝宝是否病了，量一量体温，仔细观察一下面色和精神状态。

心理发育

7 个月的宝宝已经习惯于坐着玩了。尤其是在浴盆里洗澡时，总是喜欢玩水，用小手拍打水面，溅出许多水花。如果扶持孩子站立，会不停地蹦。嘴里咿咿呀呀地像叫爸爸、妈妈，脸上经常会露出幸福的微笑。如果当着孩子的面把玩具藏起来，他能很快找出来。喜欢模仿大人动作，也喜欢让大人陪他看书、看画、听“哗哗”的翻书声。

年轻的父母第一次听到宝宝叫爸爸、妈妈，是一个激动人心的时刻。7 个月的宝宝不仅常常模仿父母教孩子时发出的双连复音，而且有 50% ~ 70% 的孩子会自动发出“爸爸”、“妈妈”等音节。开始，宝宝并不知道是什么意思，但见到家长听到叫爸爸、妈妈时他们会很高兴；叫爸爸时爸爸会亲一亲，叫妈妈时，妈妈会亲一亲，孩子就会渐渐地从无意识发音，发展到有意识地叫爸爸、妈妈，这标志着宝宝已经步入了学习语言的敏感期。父母亲要敏锐地捕捉住这个教育契机，每天利用宝宝愉快的时候，给宝宝输入语言信息，包括朗读图书、念儿歌、说说绕口令等。

一岁以前的免疫

细菌和病毒都是非常小的微粒子，可以任意飘浮在空气中，伴随着空气被吸入人体内，引发各类疾病。

用于防止婴幼儿免遭严重传染病侵害的疫苗有两种：一种是减毒活性疫苗，注射后会有非常轻度的感染如：小儿麻痹、腮腺炎、麻疹或风疹疫苗。由此，人体自身免疫系统产生保护性抗体，就可以阻止自然界病毒的传染。在接种后，注射部位可以出现轻度肿胀，一两周后，可能出现低热、关节疼痛和皮肤红疹。这些症状在几天后就会自然消失。

第二种是注射白喉、百日咳、破伤风混合疫苗。这种疫苗是细菌（百日咳）或者由细菌产生的毒素（破伤风和白喉）所制成。这类疫苗注射之后，大约半数孩子会出现注射处疼痛和红肿反应。接种后 24 ~ 48 小时内，有 25% ~ 50% 的孩子会有发热、情绪焦躁或者昏昏欲睡的症状。

疫苗的严重不良反应，虽说很少见，但也确实发生过。据现有的资料证明，有极少数孩子无法注射病毒性疫苗。注射活性疫苗时，可能出现病状，对于这些孩子来说，死疫苗比减毒疫苗要安全一些，可以单独找防疫部门咨询。

总之，与避免传染病的好处相比，疫苗引起的危害显然要小得多。

注射麻疹减毒活性疫苗

孩子满 8 个月以后，要进行麻疹减毒活性疫苗接种，注射后 1 个月左右，体内产生特异性抗体，就能预防麻疹，继而减少发病的可能性。注射以后过 10 ~ 14 个月要再加强一次，以保证体内有效抗体的浓度。

麻疹是一种病毒引起的急性传染病，发病时会有高热、眼结膜充血、流泪、鼻涕、打喷嚏等症状，3 ~ 5 天后，全身出现皮疹，出麻疹的孩子全身抵抗力降低。如果护理不好或环境卫生不良，很容易发生并发症。常见的有麻疹合并肺炎、喉炎、脑炎或心肌损害，严重的会造成死亡。患过麻疹的人可以终身免疫。

接种麻疹减毒活性疫苗的目的是提高孩子血中抗麻疹病毒的抗体水平，让孩子具有对麻疹的免疫力，避免发病。接种疫苗后个别孩子会有轻度反应，不会影响到健康。

注射乙脑疫苗

我国统一规定的免疫程序有卡介苗、脊髓灰质炎糖丸活性疫苗、白百破混合制剂和麻疹减毒活性疫苗。各地区还可根据当地流行病的情况决定，是否注射乙脑疫苗。例如，北京地区规定，在婴儿 12 个月时接种乙脑疫苗。

满 12 个月第一次注射乙脑疫苗，1 周后再注射一次，这两次是基础疫苗防疫。1 年以后加强一次，能预防乙型脑膜炎的发生。孩子在入学以后，还要加强免疫。

流行性乙型脑炎疫苗，是从白鼠组织培养出来的活性病毒疫苗。接种疫苗以后，至少要过一个月时间，抗体才能在血清中达到高峰。接种一般在春末夏初的 5 月份完成。

疫苗复种

人类把能引起某些疾病的细菌或病毒，制做成毒性减低的菌苗，即疫苗，再通过注射或者口服的方法，把疫苗输入人体，使人体在一定时间内产生抗体，预防疾病的发生，达到控制和消灭各种传染病的目的，这就是预防接种。

一般情况下，接种疫苗以后在体内产生抗体需要 1 ～ 4 周的时间。这种抗体只能在人体内维持一定的时间，抗体过了有效期以后，效果就会逐渐降低，就会再有患上疾病的可能性。因此，必须按照规定的期限进行复种或加强接种，才能保持人体的抵抗力。如乙脑疫苗，有效期只有 1 年，麻疹的减毒活性疫苗有效期为 4 ～ 6 年。

婴儿体内抗体的多少，和抵抗疾病的能力有关。抗体不足的时候，就不能预防疾病的发生，达不到预防的目的。有的疫苗在注射第一次后，就属于这种情况。例如，白百破（白喉、百日咳、破伤风）三联疫苗，在基础注射时，必须连续打两次针，隔一个月注射一次，才能有效。

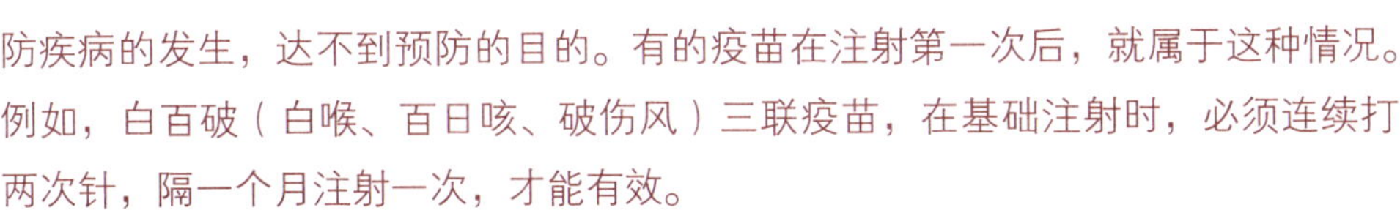

重视孩子的防疫，只有按时接种和按照要求复种，身体内才能产生足够的抗体，防止疾病的发生。

护理课堂
——专家教你科学护理

怎样做好家庭监护

7个月的孩子，在家庭日常生活中，以养成良好的生活习惯和防止意外为主要内容。其中首要的是培养良好的大、小便习惯。

坐便盆

从孩子学会坐以后，就可以培养和训练孩子坐盆大便的习惯。

训练孩子坐盆大便，最好定时、定点让孩子坐盆，并教会宝宝用力。在孩子有大便的表示，比如说，正在玩着突然坐卧不安，或者凝神、用力发出“嗯嗯”声的时候，就要迅速让孩子坐盆，逐渐形成习惯，不要养成孩子在床上、在玩的时候随处大便的习惯。

一开始孩子还不一定能坐稳，一定要扶着。从培养习惯入手，如果孩子不习惯，一坐就打盹就不要太勉强，但每天都坚持让孩子坐，多训练几次就能形成习惯。

控制小便

训练孩子小便，要比大便困难得多。因此，需要的时间也要长得多。因为孩子小便的生理信号没有肠蠕动那么明显，训练孩子小便时，必须学会抑制小便信号，即膀胱紧张的反射性反应。训练孩子控制小便，包括清醒时和睡眠中两种状态。一般清醒时的控制较容易，刚开始时，孩子知道自己尿湿了，继而知道正在尿湿自己，渐渐地会表达出自己尿湿了，然后，才会预知到自己要撒尿。

在训练孩子之前，可以帮助孩子把这几层意思表达出来，教宝宝一些相关的语句如“宝宝尿尿了”，或“宝宝要小便了”等，让孩子了解表达生理功能的这些简易词汇。等到开始进行膀胱控制时，让孩子注意到自己已经可以在便盆上小便，让宝宝顺其自然地排出小便。

孩子坐便习惯培养，最好用塑料的小便盆，盆边要光滑。这样的便盆不管是夏天还是冬天都适用，如果用搪瓷便盆，到了冬天因为凉，孩子会不愿意坐。

选择合适的鞋

7个月的孩子会坐、能翻身后，渐渐地开始能扶着栏杆站起来，平时，也喜欢站在父母的腿上又蹦又跳。因此，给孩子选择一双合适的鞋子很重要。

鞋子最好选择软底布鞋或用粗毛线织的，鞋子大小一定要合适。太大了，孩子活动不方便，一动就容易掉；太小了，容易挤压孩子的脚。一般孩子穿上鞋子前后面都应当有一点空余，因为在孩子走的时候，每一步都会使脚尖挤到鞋子前面去。给宝宝试鞋大小时，一定要让孩子穿上鞋子站起来，再判断鞋子大小，因为孩子站立时，比坐的时候脚在鞋子里占据的面积大。一般孩子站着的时候脚尖前有半个拇指大小的空余为宜。

孩子脚长得快，2个月左右就须更换一次鞋子，父母应当经常给孩子量一量脚的大小，以便于及时更换鞋子，保证孩子穿得舒适，活动方便。

家庭防意外

孩子会爬行以后，发生危险的机会也随之增多。宝宝会在小床上转来转去，会从婴儿车里爬出来翻倒在地上，摔得太重会留下后患。因此，孩子的婴儿床一定要有护栏，孩子在婴儿车里坐时，跟前不能离开人，因为事故往往就在一瞬间发生。

孩子如果和父母一起睡大床，要让孩子睡最里边。会爬行的孩子放在大床上，光用枕头和被子来隔离是挡不住的。

小粒的食物不要给孩子吃，也不要让孩子能够到这类食物。花生、瓜子、栗子、葡萄干、榛子仁之类的一定要防止孩子放进嘴里，误吸入气管造成事故。

能爬行的孩子，烫伤的机会也增加得多，饭桌上放一桌热菜，孩子一把抓下桌布，就有可能把饭菜全扣在身上，烫伤孩子。家庭熨烫完衣服，把熨斗放在一边，孩子有可能上去触摸而被烫伤。家里的一只热水瓶、一杯开水、一锅热汤、一碗热粥都有可能伤害到孩子。

家庭中的水缸、水池、鱼缸、澡盆都会对孩子造成威胁，给孩子洗澡时如果去接电话，把孩子单独留在澡盆里，也可能发生危险。

不要给孩子吃带棍棒的雪糕和糖葫芦，也不能让孩子自己拿到筷子和勺子，以防戳伤。

最危险而最不受人注意的，是现代家庭处处都有的塑料袋，孩子如果抓到塑料袋，有可能套住自己头造成窒息，发生危险。因此，一定要收好塑料袋，不要让孩子拿到。

带孩子坐婴儿车外出散步时，在半路上遇见熟人说话，千万不要光顾说话，忘记了宝宝。因为孩子可能会从婴儿车里爬出来，摔倒在地上。去公园玩时，要避开大孩子们玩较剧烈活动的场所，以防大孩子们跑动中意外冲撞到宝宝。

住在楼房里，更要防止孩子打开通往走廊的门，爬到楼梯口从楼梯上摔倒下去。

冬天取暖和夏天降温，都要防止伤害到孩子，冬天防烫伤，夏天要防止电风扇风叶碰伤或卡住孩子的小手。

家庭护理一定要处处悉心呵护好宝宝，容不得丝毫闪失。

宝宝误吞异物怎么办

家庭养育过程中，这个年龄阶段的孩子，最容易出现种种意外事故，是宝宝安全隐患最高发的“多事”阶段。

孩子误把外形好看、色彩鲜艳的药片当作糖果吃下去，是常发生的事。孩子好奇心强，又不懂事，有时候会把家里到处放的清洗剂或者药水拿来喝，也属常见。

误吃药物

发现孩子误吃了药，一定要镇定，不要因为家长的紧张情绪，让孩子受到惊吓。然后要耐心细致地查看和想方设法了解清楚孩子到底吃了什么药，吃了多少，是否已经发生危险。如果训斥孩子或惊慌失措，会令孩子恐惧和哭闹，影响急救。

确定孩子误服了药物后，若送医院路程较远，可以先在家中做应急处理，如果是刚刚吃下，可以用手指轻轻刺激孩子咽部，引起发呕，让孩子把误服的药物吐出来。如果误服的是药水，可先给孩子喝一点浓茶或米汤后再引吐。初步处理后，要抓紧时间送往医院观察和做进一步处理。

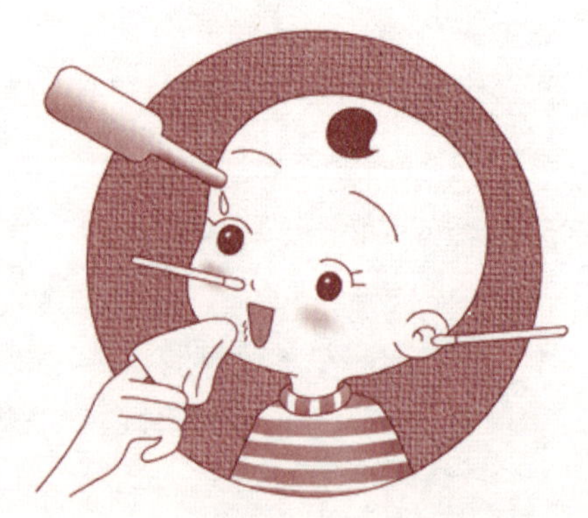

耳入异物

婴幼儿常常会误把小物件塞入耳内，或者有小虫子进入耳内，发生类似情况，可让孩子把头偏向一侧，患侧耳洞朝下，让异物掉出来。小虫入耳，可以往耳朵里滴几滴温水，把虫冲出。

鼻孔异物如果是豆粒、纸团等物尚未泡胀，可用擤鼻涕办法把它擤出来，若已经泡胀则须到医院处理。小虫子进了鼻腔，可用纸捻成细条刺激孩子鼻腔，让孩子打喷嚏喷出虫子。如果异物较大，不可以胡乱给孩子掏挖，否则易进入咽喉、气管引发窒息。

咽部异物

发生咽部异物后，可让孩子张大嘴，用匙柄压住舌头，拿镊子轻轻夹出。如果是鱼刺卡住咽喉，不要让孩子吃馒头、吞饭团，因为这样会使刺扎得更深。如果自己动手取不出来，须送往医院。

异物入气管

异物入气管首先会引起剧烈咳嗽，并有气喘、呼吸困难、呼吸声音异常等表现，较大的异物堵塞气管会引发窒息。婴幼儿出自好奇，喜欢将小物件含在嘴里，稍有不慎便会滑入喉部。在跑、跳、跌倒时口中含的糖块等食物也会呛入气管。边吃饭边逗孩子玩儿，容易使食物呛入。发生气管异物，属危险急症，应当立即送往医院处理，决不能耽误。医生会根据异物进入和卡住的具体部位，在直接喉镜或气管镜的检查支持下，取出异物。

家庭护理婴幼儿发生上述情况，要迅速判断准确情况，最好在简单处理后，到医院进行检查。

喂养课堂——宝宝喂养新观念

本月宝宝的喂养指导

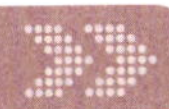

这个月龄的宝宝，在行为上和生理上，会发出准备学习新的进食方式与进食技艺的信号。这个阶段里，添加固体食物标志着宝宝的成长迈上了一个新台阶。

接触新的口感与味道，时时刺激宝宝学习在嘴里移动和咀嚼食物，这个时期必须添加食物的另外一个重要原因，是宝宝从母体内带来的铁元素含量开始逐渐减少，需要从饮食的摄入过程中来补充。单纯的母乳喂养，也不能再满足于孩子生长的需要。这个月龄会发现，宝宝的体重不再像前 2 个月那样，每天增加 25 ~ 30 克，如果孩子体重不再增加，吃完奶后显得意犹未尽，说明添加固体食物的时候到了，可以找医生做一次具体的咨询。

应当及时、大胆地给宝宝添加固体食物。而且适度粗糙的食物，对宝宝口腔、胃肠壁的刺激增强，肠壁肌肉的蠕动能力增强，这样才能练出宝宝强有力的消化功能。一定要明白这样一个道理——送给孩子什么样的美食，也不如送给孩子一副好肠胃；吃什么都消化，才能吃什么都香。

几个月的孩子，要吃粗的、硬的、多样化的，说起来容易做起来难。有时会遇上这样的情况，食物中添加什么就排泄什么，孩子大便中带着整块的菜叶、整瓣的橘子，成块成粒，半干不稀，次数也忽多忽少，搞得全家人心神不宁。

其实，只要孩子不哭不闹，照吃照玩，大便的次数并不重要，食物未经消化就原样拉出来也正常。只是食物没有起到添加营养的作用，仅充当了锻炼肠胃的训练器械——运动是需要器械的，肠胃也不例外。

宝宝慢慢地就能在“训练中”适应，吃的食物能逐渐地完全消化、吸收，大便形状也会好转。

一日食谱举例

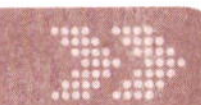

＊ 主食

母乳

餐次及用量：每隔 4 小时 1 次，每天 900 克。

上午：6 ： 00、10 ： 00；

下午：2 ： 00、6 ： 00；

晚上：10 ： 00。

每次喂 110 ~ 200 克。

＊ 辅助食物

温开水、凉开水、各种水果汁、菜汁、菜汤等，可任选 1 种，每次喂奶时添加 95 克左右。

浓米汤：在上午 10 ： 00 喂奶时添加，每天 1 次，每次 2 汤匙，逐渐加至 4 汤匙；

蛋黄泥：每日上午 10 ： 00、下午 2 ： 00 各喂 1 次，用量适当。

宝宝不吃粥的应对

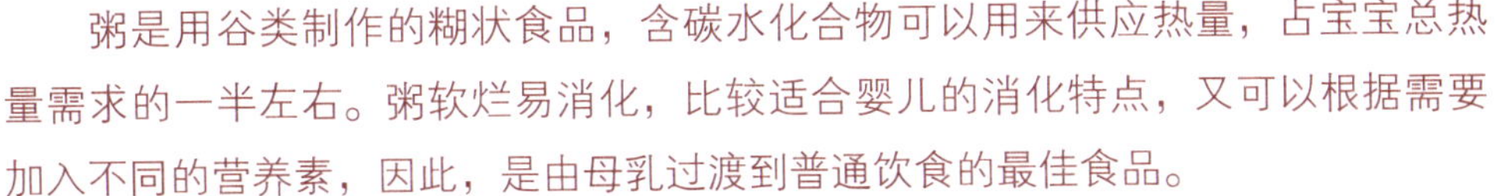

粥是用谷类制作的糊状食品，含碳水化合物可以用来供应热量，占宝宝总热量需求的一半左右。粥软烂易消化，比较适合婴儿的消化特点，又可以根据需要加入不同的营养素，因此，是由母乳过渡到普通饮食的最佳食品。

但有的宝宝不肯吃粥，即使喂入口中也不做吞咽，为什么呢?

宝宝出生后，皮肤感觉出现最早，包括温觉和触压觉，以后相继形成味觉和嗅觉，最后形成的是视觉和听觉。母乳喂养时，妈妈用手把宝宝抱起来喂奶，皮肤得以广泛接触，母子依偎，充满温情。哺乳的同时，宝宝也能感受到妈妈身体熟悉的气味和母乳散发出来的芳香，一闻到妈妈的气味就会显得十分兴奋愉悦。长期的接触，使宝宝和妈妈、母乳建立起牢固的特定关系，相应的感知觉也很快形成和发展起来。这样，一旦改为用小勺喂食粥类，会引起宝宝不满，出现哭闹，拒绝进食。

宝宝不肯吃粥的应对：不要期望立即取消已经建立的饮食习惯，尽可能满足宝宝的某些要求，保留一定的喂奶形式。喂粥时把宝宝抱在手臂上，尽可能像母乳喂养时那样，使胸部皮肤与宝宝面部接触。

可以哺乳和喂粥交替进行，使宝宝在环境变化比较小的情况下，慢慢改变单一吞咽母乳的习惯，逐渐建立与勺子和粥相关的进食习惯。

还可以把粥煮得烂一些，放进奶瓶，或在粥中加入适量的奶或奶粉，使粥有奶味。

总之，不能操之过急，环境不要突然改变，要让宝宝慢慢适应新的生活习惯。

科学喂食，拒绝小胖墩

宝宝肥胖和生活、饮食关系密切，爸爸妈妈一定要多加注意。

不要经常给宝宝吃保健品

“只要吃好、喝好身体就会好”这句话从过去到现今一直是很多妈妈信奉的法则，更多的人认为只要有营养就不怕多！因此，许多家长将服用保健品视为补充营养的最佳途径，常常购买钙片、维生素 C 含片等，希望通过保健品来达到迅速补充营养的目的。其实婴幼儿按照膳食宝塔摄入营养，完全能够满足需要。从食物里补充的营养素比加工提炼的药物维生素好，而且更容易吸收。

吃饭要定时、定量

宝宝一天三餐或四餐的时间要相对固定，进食量也要相对固定。早餐一定要吃好、吃饱，并摄入一定的新鲜果蔬，摄入的总热量应为一天的 30%。同时适度减少晚餐的进食量，如孩子睡前有饥饿感时，可让其喝一杯鲜牛奶，这样既不会加重肠胃的负担又有助于孩子的睡眠。

适度控制饮食

在提供充足的蛋白质、维生素和矿物质的情况下，适度控制糖类和脂肪的摄取。比如应该以瘦肉、鱼、海产品、脱脂奶类、豆制品、蔬菜和富含维生素的水果为主，尽量避免食用肥肉、油炸食品、奶油食品、果仁、糖果、甜点、高糖饮料、快餐和膨化食品等。可以采取一些技巧，如碗要小一点，底要浅一点，看起来饭比较多，孩子感觉分量充足；做包子、饺子时，皮薄一点，菜多一点。

烹调方法有讲究

有的妈妈在饮食上倾向于选择肉类或高脂肪食物，以及较为精致、太甜的食物，高纤维的食物却选择的较少，这样的饮食习惯容易造成营养过剩，宝宝不胖才怪呢。食物烹制时，尽量少加入刺激性调味品，多采用蒸、煮或凉拌的方式烹调，让宝宝减少植物油的摄入。

养成细嚼慢咽的好习惯

细嚼慢咽有助于孩子细细品味食物，并提高对饥饿的忍耐性和食欲敏感性，找到吃饭的自然停止点，避免饮食过量。还可以用游戏的方式，比如我们比一比谁咀嚼的时间更长，来培养宝宝细嚼慢咽的习惯。另外，要叮嘱孩子不要边看电视边吃饭等。

注意零食的合理选择

对于已经习惯吃零食的孩子，可将其常吃的糖果、巧克力、口香糖、汽水、蜜饯等高糖、高热量的点心、零食换成牛奶、酸奶、水果等低脂高纤维食品，同时减少饮料的摄入量。口渴时尽量选择白开水，因为白开水才是人体最健康、最经济的水分来源。

每天应该让孩子进行适量的运动，饭后不要马上睡觉。

较小的婴儿，父母可以陪着在床上玩一会儿。较大的孩子可以适当延长活动的时间，但不宜进行剧烈活动。

早教课堂
——聪明宝宝赢在起跑线

能力“夸”出来，鼓励出自信

半岁以后的孩子，是最喜欢听妈妈爸爸鼓励和夸奖的时期。因为在7～9个月龄的婴儿中，已经能听得懂来自爸爸妈妈最常说的、表示赞许的话语。同时，孩子的语言、动作和情绪全都开始随着月龄加大而迅速发展。

做为家庭成员中的核心，宝宝学会为家里所有的人表演游戏，做自己新学会的动作，而且在做好新的动作以后，听到来自爸爸妈妈的喝彩和称赞声，会重复做这个动作。这是孩子通过家人的称赞鼓励体验到成功快乐的表现。而成功的快乐，是一种良性的情绪力量，能为宝宝从事智慧活动提供巨大动力，形成最有利于继续学习的心理背景。同时，还能够保持最优化的大脑活跃状态，使孩子兴趣盎然地激发进一步学习的动机，使孩子形成自信的个性心理。而这些良性情绪刺激，对于孩子的健康成长来说极其重要。

在家庭日常生活中，对于孩子的每一点小小的、不管多么微不足道的成绩和进步，都要及时发现，随时随地给予鼓励，千万不要吝啬对孩子的赞扬。对孩子进行鼓励和赞扬的同时，还应当辅以丰富生动的表情，由衷地喝彩，兴高采烈地拍手，赞许地竖起大拇指。一个人夸奖孩子，全家都要相应。总之，调动一切因素来强化亲子气氛，强化对于孩子有益的良性心理因素环境，让孩子在鼓励和夸奖声中成长，愉快、健康，心理发展良好。

对孩子说“不”

到这个月龄，孩子应当开始了解什么是不能做的、什么是被禁止的。因为，做为社会性的人，必须生活在各种各样的规范中。

当然，作为全家的宠爱中心，孩子无论做什么都会被父母欣然接受，甚至于到了“无法无天”的地步。到了这个月龄，只有通过父母严厉的表情和坚决地说出“不行”、“不准”等表示禁止的语句，孩子才能了解到，世界上还有不能做的事情。

婴儿学会爬行，并且随着月龄的增长，活动范围扩大，随之而来的危险也不断增加。宝宝在家里兴奋地到处爬，发现稀奇的东西就想冲上去，用自己刚刚会使用的认识方式，摸一摸……突然听到妈妈一声断喝“不行，很烫！”吓得一哆嗦，慌忙地缩回正要靠近炉火的小手，然后会很诧异地看着妈妈。

平时很慈祥的妈妈一反常态地严厉，会让宝宝的眼泪眼眶里转，委屈得快要哭出来。

制止孩子的手上动作、不至于让宝宝被烫伤，并不是“不行”这句话，而是语调一反常态的气氛。因为宝宝并不能理解“不行”这句话的意思，妈妈的语气却传达了制止宝宝行为的喝阻力。虽然，妈妈这一声喝阻不是轻易说出来的，对于已经能自由活动却没有判断能力的孩子来说，如果不能及时赶到宝宝身边时，这一句“不行”、“不准”至少能起到暂时的制止作用。

要制止孩子做的事，必须严厉。如果不是非制止不可，妈妈们当然不会说。临到出危险之前一声喝止，吓得孩子哭起来。然后，妈妈可以抱起宝宝，等到孩子哭声止息平静下来以后，拉着宝宝小手靠近火炉感受热度，对孩子说“看，很烫吧？不小心被烫到会很痛！”

正如前人曾用针尖来教会孩子顶端尖细的东西很可怕一样，虽然有时候危险要实际经历才了解到其可怕性，但及时用语言传达出禁止的信息，让宝宝了解到世界上存在着各种被禁止的危险事物也很重要。

随着孩子的逐步成长，以社会的各种规范为基础的被禁止行为越来越多，这个时期，应当让孩子开始认识到，这个世界上还有被禁止做的事，开始初次接触到规则和制止自己行为的“不”字。

对宝宝进行发音练习

宝宝开始咿呀学语，标志着进入新的发音阶段，意味着宝宝开始学习说话，进入了前语言积累期，这时应当对宝宝进行发音训练：

模仿

在宝宝很小的时候，要指导宝宝发音和模仿各种声音。孩子通常会对模仿动物的声音和汽车、火车的声音很感兴趣。因此，可以先教宝宝模仿这些声音，如小狗的“汪汪”、汽车的“笛笛”等。还可以配上相应的动作和手势。例如，“咚咚”地打鼓、“滴滴哒哒”地吹喇叭等，激起宝宝模仿的兴趣。如果孩子发错了音，应当及时纠正，不要批评，应就某一种发音进行反复多次校正强化，直到发音正确为止。

训练听力

从7个月宝宝心理特点出发，在生活中积极寻找听力培养的载体，努力把对孩子的听力训练融于各种活动中。

借助日常生活进行综合训练。例如，喝水前妈妈说："用小手试一试水杯，不烫再喝"；睡觉前先听一点音乐再入睡；玩积木时先说"先拿一个，都拿出来了再玩。"在给宝宝看图片讲故事时，可以巧妙地把听力培养渗透于其中。让宝宝看图片，一边讲故事，一边让宝宝指出图片上的实物，借助耳听、眼看、手动，让孩子同步接受视、听信息。

借助游戏，提高听力和注意力 7个月以后的宝宝语音听辨能力比较弱，应当借助游戏对宝宝进行听力训练。如"小小录音机"的游戏，妈妈可以和宝宝互为"录音机"，一方"录音"，随意模仿一声动物叫或说一个词，另一方"放音"，把对方的话复述出来。时常训练，宝宝的听力会在不知不觉中得到提高。

借助日常生活全面渗透。要在活动中为宝宝创设听知环境，可以录制一盘常听到的声音的磁带，如自来水的流水声、房间里的脚步声、常见动物的叫声等，经常给宝宝听，培养宝宝的倾听习惯。还可以通过经常性发出的指令，来训练宝宝的听力和按指令行动，可以让宝宝"叫爸爸"；还可以在桌子上放上红、黄两种颜色的手绢，让宝宝反复认清两色的手绢，再让宝宝拿出某一种颜色的手绢。

为了使宝宝发音自如，在日常生活中还要有意识地对宝宝进行口腔练习。可以让宝宝咬嚼较硬的食物；教给孩子用小嘴吹蜡烛、吹羽毛，还可以让宝宝看清楚妈妈的口形，模仿发音，做发音练习。

让宝宝练习爬行

爬行，有利宝宝健康发育的运动方式：

进行过爬行训练的宝宝，四肢肌肉动作会更加协调，活动更加灵巧。爬行，可以扩大宝宝的视野和活动范围，让宝宝及早接触周边事物。

爬行运动，能消耗宝宝较多的体力，加速新陈代谢，能促进食欲，增进睡眠。

爬行，可以增加大脑内神经细胞之间的联系，为条件反射的建立打下稳定的基础。经历过"爬行"的宝宝，将来动作会更敏捷、协调，学习积极性会更高。

现代家庭育儿，有很多孩子没经过爬行，就直接进入行走阶段，对宝宝的动作和智力发展是一个较大的损失。妈妈们理应重视"爬"的训练，要及时给宝宝补上。

可以在家庭中专门为宝宝开辟一间活动室或一块活动空间，也可以在地板上铺塑料板块或毛毯，创建一个安全、卫生、舒适的环境，供宝宝学爬行用。在孩子练习爬行的环境中，桌子角最好是圆形的或有软包装，墙上插座最好有插头盖，居家空间小则可以在床上训练。

宝宝出生后不久，进行俯卧抬头训练，为爬的动作做好准备。

训练宝宝双手撑地、挺胸，胸廓抬得越高，以后学爬行会越快。

4 ~ 5 个月的时候，让宝宝俯卧抬头、挺胸。为增加爬行的乐趣，可以在宝宝的前方放一件色彩鲜艳会发声或会动的玩具，吸引宝宝伸手去够。

当宝宝想拿又够不着时，下肢会乱动。如果宝宝的两膝关节屈曲后伸直，就表示要爬了，妈妈用手掌向前推宝宝的双脚，使其身体向前移动，手就可以拿到玩具。

反复训练，宝宝逐渐就会爬了。刚开始时，孩子还不会收腹，爬时腹部离不开地面，会出现横爬或倒爬，都是正常现象。

在宝宝横爬或倒爬时，可以在宝宝腹部下面放一块大毛巾，当宝宝向前爬时，用力提起大毛巾，使宝宝的腹部离开地面而向前移动。反复练习后，宝宝动作协调了，就会真正爬行，这样的爬行就是“手膝爬行”。

宝宝努力爬到“终点”时，要适时给予鼓励。

教宝宝爬行时，父母通力合作效果最好。

既然爬行这么重要，有些家长会担心自己的宝宝不会爬行是否正常？没有经历过爬行的宝宝，智力发育会不会差一些？

其实，爬行是孩子站、走的准备动作，但并不属于宝宝生长发育的必经阶段，不要因为宝宝不会爬而担心会影响孩子的生长发育。虽说爬行有利于宝宝胸部发育和四肢的协调能力，但是没经历爬行的宝宝同样可以在今后成长的过程中加以完善。

精细动作的锻炼

半岁以前，孩子抓东西总是用大拇指和其余四个指头伴在一起。到了 7 ~ 9 个月龄，孩子已经掌握了人类拿东西的典型动作，因此，大脑相关区域的联系也发展成熟到相应程度，可以学会使用工具，会做简单的劳动。

双手配合

半岁以前的孩子，两只小手总是单干。现在的孩子，能互相配合，协调活动，把这只手上的东西换到另一只手里，用拿在两手上的玩具对敲，会令孩子感到有趣和快乐。

重复动作

这个时期的孩子很喜欢做重复动作，而且往往会是同时运用两种物体的动作。比如，把小盖子盖在瓶子上，拿下来，再盖上，再拿下来，再盖。把球扔到地上，捡起来，再扔，再捡再扔……这种类似单调无味的动作，孩子竟然能重复做20次、40次，非但不会觉得无聊，反倒觉得很好玩——这样的重复动作，正是孩子在思考。宝宝在头脑里已经产生了概括能力，从而弄懂了两件物体之间的关系，自身与物体的关系，对自己动作的效应产生了乐趣。从此，孩子的小手变得更勤快，特别喜欢动，什么东西都要去拿一拿，摸一摸，碰一碰，摆弄摆弄。孩子自此以后，不再像以前那么好吃，什么东西都用嘴来辨认。现在，手成为孩子认识客观事物的工具，很多物品经过双手的触摸、拿捏而产生感知。

试用工具

这个月龄的孩子，手的动作灵活复杂，开始要试用工具，想自己拿勺子吃饭，拿杯子自己喝水，伸手要自己穿衣戴帽……尽管姿势不对，效果不好，只能比划比划，吃，吃不进嘴里，穿，穿不到身上，但却总不甘失败，非要试一试不可。这时候如果家长不理解孩子的心愿，伸手阻拦，会伤害宝宝的自信心。

应当在孩子事事尝试的时候助一臂之力，让孩子感受到自己做事的喜悦。孩子的双手越练越巧，手指头尖上长智慧，应当多创造条件，多给孩子练习机会，让孩子得到满足。如果一切都要给孩子包办代替，则会压抑孩子的智慧发展。

锻炼宝宝的协调能力

孩子出生后6周内，手总捏成拳头，只在啼哭时才可能张开一下。到了8周后，孩子张开手的时间多了，会表现出有意识的运动，代替了抓握反射。这时有些父母看到孩子抓东西不如以前有力时很担心，其实没有必要。因为孩子是在学习新的技能，几周以后，就可以运用自如。在此之前，孩子并不想把手与手指的动作协调起来，只把时间用在观察手的外形、感觉和动作上。孩子会常常张开小手，活动一下手指，进行仔细的观察。

在4～5个月时，孩子能有意识地控制伸手，会同时向物体伸出双臂，并用双手抓住。

6个月以后，孩子可以用双手抓住物体，或是将物体夹在手指与手掌之间，但灵活控制能力还不强。这时孩子能区分出物体的大小，并能根据物体的大小张开手。孩子特别喜欢感受物体，所以尽量给孩子不同质地、不同形状的东西。在孩子躺着的时候，孩子可能会抓住自己的脚，再放在嘴里。但孩子不理解物体有什么用途，所以如果给孩子一个方块，就会抓住它。如果再给宝宝一个方块，便会丢掉第一块，去接第二块。这时，孩子开始用自己的手学习吃东西。孩子的手—眼协调能力有了很大的发展，能抓起小食品，放在自己的嘴里，但放得还不太准。

8 个月的孩子能把东西递给妈妈，但还没有学会怎样松手、怎样给。能完整地做出这一点必须在 1 岁以后，这时孩子可能喜欢从高处或是小车上故意让东西掉下去。

从 8 个月起，孩子的抓握精确性越来越好。到了 9 个月，不再把东西夹在手指与手掌之间，而是夹在拇指与食指间。到了 1 岁后，孩子可以用拇指尖与食指尖抓起很小的物体。孩子可以把物体从一只手放到另一只手，两只手可以同时各拿一件物品。

到了 8 ~ 10 个月时，孩子开始学习操作能力，可以在物体上进行挤、拍、滑动、捅、擦、敲和打。孩子用手探索所有的东西，包括食物等，并混合在一起，可以涂抹或倒出流质物质。孩子还可以准确地把大多数固体物体放入嘴里，例如脚、手指、塑料玩具或盖子等。

随着孩子操作能力的提高，孩子不再喜欢把东西放进嘴内，转而开始玩一些像拍手一类的游戏。同时孩子也学会了一些社会交际能力，可以对人做再见的手势。

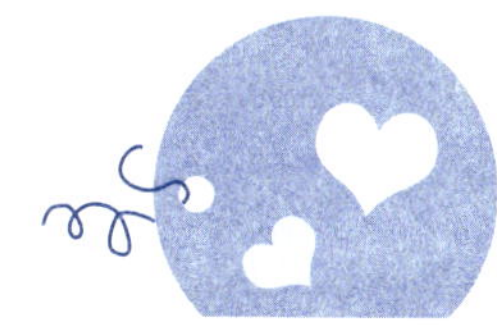

游戏课堂
——寓教于乐的亲子活动

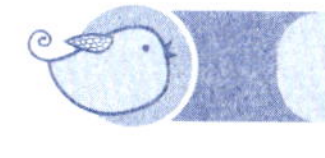

小狗追大狗

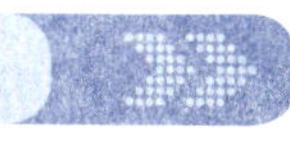

练习爬，训练平衡能力，增进亲子情感。妈妈扮成大狗爬着追小狗宝宝，或者小狗追大狗。可以假装爬得很慢，或者中途突然加速，或者“汪汪”叫，可用各种变化增加游戏的气氛。抓住宝宝，或者被宝宝抓住了。妈妈可以把宝宝抱起来，“妈妈大狗被抓住啦，小狗真厉害！”“宝宝爬得真快，妈妈好不容易才抓住宝宝呢！”

爬行时，宝宝可以抬头转颈四处看，不仅颈部肌肉得到锻炼，接受环境刺激的机会增多，还能促进大脑发育。

骑马

训练动作的灵活性和平衡力，练胆量，增进亲子感情。爸爸平躺在地毯或大床上，宝宝坐在爸爸身上，大手握小手；坐稳后拉着宝宝做骑马奔跑“得儿得儿”——爸爸忽而上下颠动身体，忽而左右摇晃身体，嘴里发“得儿”声，感受着颠簸和晃动，宝宝会感觉很开心。站在马背上“得儿得儿”，先保持身体不动，让宝宝在爸爸的腹部站一会儿；适应了再开始颠簸摇晃，由慢到快，晃动幅度由缓和到剧烈。

要根据宝宝的情况掌握调整动作幅度，自由发挥；尽量鼓励宝宝主动做动作，如伸屈膝盖、摇晃身体、爬上坐下；保持欢快的气氛，让孩子玩得开心。

爬山

妈妈搂着宝宝顺势平躺下来，让宝宝从一侧爬越妈妈的身体到另一侧，“宝宝爬山喽！”“宝宝好厉害！”然后妈妈侧躺，增加“山”的高度和爬的难度，锻炼宝宝动作的灵活性。还可以把卷紧的被子卷放在妈妈身体的一侧，约距妈妈伸展一臂的距离，让宝宝在被卷上和妈妈的身体之间来回爬，上下爬。妈妈躺在一边保护宝宝，并为宝宝加油鼓劲。

选择在地毯上玩比较安全，玩起来也更自在。鼓励能激发宝宝继续玩的意愿。

小鸟倒飞

练习平衡，感受速度，锻炼宝宝的胆量。爸爸或妈妈双臂凌空托起宝宝，仰面朝天，或俯身面下；前后、左右来回晃动宝宝，“小鸟飞高高，小鸟飞低低！”“小鸟俯冲喽！”双手抓住宝宝的脚踝，让宝宝头朝下俯冲；宝宝习惯以后，还可以提着孩子的脚慢慢地上下摆动，宝宝会玩得很开心。

摇晃感、速度感和倒立感，有助于训练孩子走路时所需要的平衡感。

做俯冲的动作，要循序渐进，确保安全。

模仿游戏

学习交往，发展良好的情感。妈妈先做“再见”“谢谢”“好呀”等动作给宝宝看，然后，把着宝宝的手模仿；妈妈抱娃娃，亲娃娃，对宝宝说，“宝宝也抱抱娃娃！”“哦，娃娃喜欢宝宝抱！”妈妈把苹果递给爸爸，爸爸说“谢谢”；爸爸把饼干递给妈妈，妈妈说“谢谢爸爸”；“宝宝把苹果递给妈妈，好吗？”如果宝宝不会，妈妈就轻轻取过来，然后说：“谢谢，宝宝真乖！”

对于宝宝来说，把东西交给别人，就像东西被抢走了一样。这款游戏能让宝宝懂得“把东西分享给别人，别人会很高兴”。如果宝宝不愿意交出东西，则不要勉强。

装进去、倒出来

练习坐和手的动作，了解“里面”和“外面”简单的空间概念。准备一只大小适合的纸盒或塑料筐，质地较轻，光洁不毛糙。宝宝坐稳，纸盒或者塑料筐放在宝宝面前，确认宝宝正注意妈妈的动作。妈妈把玩具、积木等各种东西一一放入盒子里，“小汽车放在盒子里”；把着宝宝的手，“哗啦啦”倒空盒子或塑料筐。诱导宝宝反复做填装倒空的动作。

反复做放入、倒空的动作，直到宝宝自己跃跃欲试。如果宝宝不会别勉强，孩子很快就会热衷于玩“填装倒空”的游戏；“纸袋填满倒空”的游戏也一样会喜欢。

课堂小结

宝宝的发育

7个月后的宝宝坐得很稳，坐着可以左右前后自由转身；能腹部着地爬行或用手和膝爬行，爬行训练了脑指挥肌肉的协调能力，扩大了宝宝认识世界的范围。宝宝嘴里常会无意识、大声地叫着“ba——ba”、“ma——ma”，还能用声音来表示要东西，慢慢懂得一些简单的命令。手的动作进一步发展，有的宝宝已经会使用拇指与食指捏起饭粒、糖丸等小的东西；拿到东西后会翻来覆去地看看、摸摸、摇摇，表现出积极的感知倾向。注意宝宝的防疫，一定要按时给宝宝注射免疫疫苗，这样身体才能够产生足够的抗体，防止疾病的发生。

课堂小结

宝宝的护理

培养孩子良好的大小便习惯，并为宝宝准备合适的鞋子。在宝宝玩耍的时候应注意预防家庭意外。为宝宝准备的折叠式婴儿车中有半弯形的座位，对宝宝正好合适。淡失一定要注意在宝宝的座位两面用东西垫好，系好各种带子，保证宝宝在里面的安全。如果宝宝出现一些不明原因的发烧、腹泻、疼痛等情况，一定要及时送往医院，请医生做详细的诊断。当宝宝不小心把异物误吞时，一定要及时正确地处理，必要的话尽快去医院就诊，以免宝宝发生意外。

宝宝的喂养

增加半固体性的代乳食品，用谷类中的米或面来代替两次乳类品。在每日奶量不低于500毫升的前提下，减少两次奶量，用两次代乳食品来代替。为了保证宝宝能获得足够的营养，提倡母乳喂养，断奶后或人工喂养的宝宝，应选择合适的代乳品和必要的辅助食品。开始学会让宝宝自己进食，尽可能地让宝宝自己动手拿取食物，但不要让宝宝养成边吃边玩的坏习惯。断奶的时期一定要选择好，炎热的夏季和冬季以及宝宝生病不舒服的时候尽量不要断奶。

早教和游戏的方法

训练宝宝的协调能力，让宝宝有意识地用手抓握东西；训练宝宝的发音，让宝宝模仿着说话。让宝宝学会爬行，不但能促进食欲，锻炼身体，还能增加大脑内神经细胞之间的联系，促进身体协调能力的发展，多多培养宝宝的适应能力，鼓励宝宝让宝宝有自信，学会让宝宝说不，充分给予宝宝出去游玩的时间。和宝宝玩游戏，培养宝宝的爬行能力和机体协调能力，例如拿玩具让宝宝爬过去拿、寻找爸爸妈妈、骑大马等。

8 个月的宝宝

成长课堂——宝宝的成长历程

这个月龄的宝宝

初为人父母，要开始改变自己的生活方式。父亲需要戒烟；需要把更多的时间和精力放在家庭里；家庭花销加大，需要节省开支；孩子的东西占据空间，还要能容忍孩子把房间搞得一塌糊涂。

夫妻两人需要更加融洽，只有欢乐、融洽的家庭氛围才最有利于孩子的心理健康。

夫妻双方如果在教育孩子的问题上看法和做法不一致，对孩子是很有害的，会使孩子感到迷惑，令孩子焦虑。

孩子满 8 个月以后，要进行麻疹减毒活疫苗接种。注射后 1 个月左右，体内产生特异性抗体，就能预防麻疹，继而减少发病的可能性。注射以后过 10 ~ 14 个月要再加强一次，以保证体内有效抗体的浓度。个别注射后的孩子会有轻度反应，但不会影响到健康。

牙齿

大部分婴儿已经开始出牙，有些孩子已经出了 2 ~ 4 颗牙齿，即上门齿和下门齿。

动作发育

满 8 个月龄的宝宝不仅会独坐，而且能从坐姿变成躺下，扶着床栏杆站立，并能由立位坐下，俯卧时，用手和膝趴着能挺起身来；会拍手，会用手挑选自己喜欢的玩具玩，但经常咬玩具，会独自吃饼干。8 ~ 9 个月的宝宝一般都能爬行，爬行过程中可以自如变换方向。坐着玩时，会用双手传递玩具。如果玩具掉到桌子下面，知道寻找掉的玩具。知道观察大人的行为，有时还会对着镜子亲吻自己的笑脸。

语言发育

能模仿大人发出的单音节词，有的宝宝已经会发出双音节的词“妈妈”了。

睡眠

8 个月的宝宝每天需睡 14 ~ 16 小时，白天可以深睡两次，每次 2 小时左右，夜间如果尿布湿了，只要孩子睡得很香，可以不马上更换。但有尿布湿疹，或屁股已经淹红了的宝宝，要及时更换尿布。如果孩子大便了，就要立即更换尿布。

情绪

宝宝见到熟人，会用微笑来表示认识他们，看见亲人或者看护自己的人会要求抱，如果把喜欢的玩具拿走，孩子会哭闹。新鲜的事情会引起宝宝的惊奇和兴奋，从镜子里看见自己，会到镜子后边去寻找。

这个月龄的宝宝会有怯生感，怕与父母尤其是妈妈分开，这是孩子正常的心理表现，说明宝宝对亲人、熟人与生人能准确、敏锐地分辨清楚。因而，怯生标志着父母与孩子之间依恋的开始，也说明孩子需要在依恋的基础上，建立起复杂的情感、性格和能力。

孩子如果见到生人，往往用眼睛盯着他，怕抱走自己，感到不安和恐惧。对 8 个月的孩子来说，这是一种正常的心理应激反应。关心孩子的心理健康发展，不要让陌生人突然靠近孩子，抱走孩子。也不要在生人面前随便离开孩子，以免使孩子感到不安。

怯生，是儿童心理发展的自然阶段，一般在短时间内可自然消失。对宝宝的怯生，可以在教育方式上加以注意，如经常带宝宝逛逛大街，上上公园，还可以听收音机，看看电视等，这样可以使宝宝怯生的程度减轻。总之，扩大宝宝的接触面，尊重他的个性，不要过度呵护。这样可以培养宝宝勇敢、自信、开朗、友善、富有同情心等良好心理素质。

宝宝的能力

这个月龄的孩子，已能依靠物体而站立起来，能试着捏起较小的东西。

孩子会表现出明显地依恋父母，一旦看不到家长，立刻表现出惊恐不安，心理学上称为“分离忧虑”。过去不认生的孩子，突然会变得害怕邻居或保姆，这些现象属于孩子正常发育的一个必经阶段，不用为此而担忧。

记忆

记忆力有明显的进步，能记住父母经常反复说的话或做的动作。

注意力

宝宝的注意力比前几个月能持续的时间更长，尤其是对自己感兴趣的东西，注意力会更集中。给一个新鲜的玩具，宝宝会拿着这个玩具很专注地自己玩，时间比原先长多了，而且会越来越久地具备专注能力。

观察力

有了初步的观察力，孩子会观察家里人在干什么；也会对一些细小的东西发生兴趣，如掉在桌上的面包屑，家人掉在床上的头发丝等，都会去观察。

思维

孩子的思维能力有进一步提高，会通过一些小的探索和尝试来发现一些问题。例如，给一个带盖子的小瓶子，把盖子取下来，宝宝会尝试着再盖上。开始会把盖子拿反，或是把盖子放到瓶身或瓶底位置。但经过一段时间的尝试，孩子能发现盖子与瓶子的关系，知道该把盖子放在什么位置上。而且，孩子会用很长时间来反复做盖上——拿下——再盖上——再拿下的动作，不厌其烦，专心致志，这是孩子开始有了空间意识和逻辑思维能力的表现。可以在孩子认识到瓶子和盖子的关系以后，以此类推，给孩子一些大小不等的容器，让孩子多玩一玩放进去、拿出来、盖上、再打开的游戏和动作，激发思维能力。

身高、体重增加的规律

体重是验证体格发育的一项重要指标，宝宝的体重过轻、过重都不是健康状态。

体重

体重增加速度与年龄相关。出生后3个月内的孩子如果喂养合理，体重迅速增长，每周增加200～250克,3～6个月时，每周平均增加150～180克。此后，每周可增加60～90克。

婴儿体重可以分为3个年龄阶段计算。

1～6个月时孩子的体重：[出生体重（克）+月龄×700]克；

7～12个月时孩子的体重：（6000＋月龄×250）克；

1岁以后的体重：[（年龄×2）＋7或8]千克。平均每年递增2千克，男孩与女孩相比，10 岁以前男孩一般比女孩重，10 ~ 16 岁时，女孩一般比男孩重。

如果体重不按常规计算方法增加或减少，除患病因素外，大都是由于护理不周或营养质量不高造成，应当及时纠正。有一些孩子发育迟缓，有可能与父母体质瘦小有关。

身高

婴儿身高增长最快的时期在出生后的 1 ~ 6 个月内，平均每个月长 2.5 厘米。孩子 2 岁时，全年约增长 10 厘米，以后每年递增 4 ~ 7.5 厘米。

如果与出生时身高相比，1 岁时的身长为出生时的 1.5 倍，4 岁时为出生时的 2 倍，13 ~ 14 岁时为出生时的 3 倍。

身高增长的计算公式：[（年龄 ×5）+ 80] 厘米（青春期例外）

影响到身高的因素很多，如生病、生活条件差、喂养不妥、体力运动不适当、精神压力、各种内分泌激素变化以及骨骼发育异常。此外，还有个体差异等因素。

护理课堂——专家教你科学护理

养成规律的生活习惯

8 个月龄的孩子已经能够独坐得很好，从现在起，每天可以要求宝宝自己坐盆大小便。在坐盆的时候注意不要让孩子吃东西，也不要让孩子坐在盆上玩，不可以坐的时间太久，大小便之后就要起来。

如果孩子不能按时间吃和睡，也不必着急，每到该吃的时候就喂孩子吃，但不必强迫孩子吃。

到睡觉的时候，坚持把孩子放到床上去睡。

每当孩子做得好时候就夸赞孩子，长期坚持下去，就能使孩子养成有规律的生活习惯。

多锻炼

孩子的运动能力增强了，可以随意挪动自己的身体，总想自己做一点什么。即使换尿布时，放在床上躺着，孩子也会喜欢光着身子而抵抗，让人换不利索。此时，要利用这一点来进行锻炼。

过了7个月以后，让孩子再做被动婴儿操会很困难。但放上物品让孩子自己爬行着去取比四肢屈伸体操效果好。还可以让孩子扶床的围栏站着，上面挂上纸球、纸花让孩子抓，这样做比妈妈用手扶着腋窝来跳更让孩子高兴。外出散步到公园里，妈妈抱着去坐滑梯或扶着打秋千，会让孩子很开心。

8个月的孩子在夏天时，可以去学游泳，在岸边洗洗脚，在沙地上爬一爬，在水里泡上几分钟，孩子都会很开心。但注意尽量不要让酷日直接照射到孩子，灼伤皮肤。

天不太冷时，可以把家中的窗户和房间的门都打开，每天更换新鲜空气的同时，让孩子学爬、学站立、学走路，每天安排1小时左右。

户外活动

8个月龄的宝宝，带起来已经省事很多，可以经常带上孩子外出。

孩子会非常喜欢户外活动，因为到大自然中去的感觉，与在家里截然不同。户外开朗明快的环境，对孩子的身心发育都非常好。因此，在天气晴好的假日，全家一起出游是一件令人愉快的事。但要注意的是，不能以成年人的喜好来安排，一切安排都要以宝宝为中心才对。

眺望大自然风光，呼吸户外新鲜空气，足以令宝宝兴奋，即使是还不会走路的孩子，在婴儿车里或父母怀抱里，都会活泼得直蹦，用身体语言来表达自己的兴奋和开心。

带孩子外出，最重要的一点就是衣着问题。外出活动为宝宝选择衣物，应当以孩子舒适并且能自由活动为原则。

外出活动，孩子的运动量大，也容易出汗，在天暖和的季节出门时，必须给孩子带足替换衣服。外出后，往往会又脱又穿的，因此，选择式样简单、容易替换的衣物为宜。

保护牙齿

为了保持孩子牙齿的健康，睡觉前不要给孩子喝含糖成分的饮料和吃饼干，一定要及早培养孩子清洁口腔的习惯。

早先，人们总以为，孩子的乳牙会随着换牙把蛀牙也换走，因此不太在意孩子乳牙的保护。近年的研究发现，如果孩子的乳牙有龋病，会对恒牙有影响，对乳牙的保护才引起重视。

孩子还不会漱口时，饭后可以用喝水的方式让宝宝漱口。然后，用纱布把孩子嘴里的食物残渣清除干净，让孩子保持口腔清洁。

为了及时训练孩子刷牙，在牙齿刚萌发时，就为宝宝准备好塑胶牙刷，让孩子习惯于妈妈用牙刷帮助清洁口腔。开始可以让孩子仰卧，妈妈帮助清洁口腔，逐渐养成习惯后，就要让孩子自己动手刷牙。

宝宝睡眠的护理

睡眠教育，要从培养孩子早睡早起的生活规律开始。让孩子拥有良好而充足的睡眠，是保证孩子健康的重要内容。早晨睡懒觉和晚上熬夜，是因果关系的恶性循环。所以，早上要尽可能让孩子早起。

婴儿如果无法区分昼夜，在这时候决定起床时间，是一件很困难的事。并不是要把熟睡中的孩子强行唤起，而是在每天早晨定时地把窗帘打开。在这个时间段里，即使不叫醒孩子，也营造了早晨起床的气氛。相反，到了晚上，就要把窗帘拉上，使房间暗下来，营造睡眠气氛。

哄孩子入睡是头痛事，几乎所有的家庭，都曾为让小家伙按时睡觉伤过脑筋。孩子喜欢预先知道下一步要做什么，所以，定时做睡觉准备，就会使孩子想到上床睡觉的时间要到了。

对宝宝来说，吃喝拉撒睡几乎就是生活全部，虽然事情不多，但护理好孩子却并不容易。

由于孩子每天大部分时间是在睡眠中度过，睡眠问题应当成为育儿大事。有些父母认为，孩子那么小，吃了就睡，应该没有问题。就算一时睡不着也没关系，只要摇一摇，哄一哄，自然会安然入睡。

俗话说：“睡得好，长得高，胃口好”，是有道理的，近 1 岁的孩子每天有一半时间在睡眠中度过。在睡眠时，大脑生长激素分泌量较多，这种生长激素能刺激骨骼、肌肉等人体组织的增长，白天清醒状态下，生长激素分泌很少，婴儿入睡时生长速度是清醒时生长速度的3倍。因此，可以说，孩子是在睡眠之中不知不觉长高的。睡眠充足的宝宝，大脑功能恢复得好，精神良好，对什么都感兴趣，吃饭也吃得香，营养吸收也能得到保障。所以，给孩子充足的睡眠时间很重要。

这个年龄段的孩子每天最好能睡14 ~ 16小时，一般可以安排一次午睡2小时，晚上睡12 ~ 14小时。在孩子睡觉时，创造一个良好的睡眠环境，保证宝宝睡眠的质量。卧室要空气清新，经常通风换气，但不要有风直吹孩子。室内要保持清洁、安静，白天要挂窗帘，晚上要熄灯睡觉。

夜间，孩子入睡的方式因人而异，多种多样。有的孩子睡前玩个不停，想睡时，躺在妈妈怀里就睡着。有的孩子到规定的时间睡进被窝，倒下就睡着。也有的孩子会在被窝里折腾好久才入睡。有的孩子睡前要吃奶，临睡还要叼着空奶头、用小手抚摸着妈妈的头发才入睡。不容易入睡的宝宝，一般精神都很充足。必须在白天多活动，让孩子玩得累了，就能睡得快、睡得好。

晚上临睡觉前，不要逗孩子玩，玩得过度兴奋会睡不着觉，或者睡不实。半夜醒来的孩子，如果吃着母乳能睡着，就可以让宝宝吃一点，或喂一点牛奶。一边吮奶一边睡觉，是婴儿的特长。只要不养成半夜起来玩的习惯就可以。

往往有一些孩子白天睡足了，到了晚上，却怎么也不睡，弄得父母疲惫不堪。

人类昼出夜伏的习惯，是在长期的生活中形成的，是一种普遍的生活习惯。如果有意识地培养自己白天睡觉的习惯，那么到了晚上也就不会发困。孩子更是这样，如果睡够了，不管什么时候醒来，都会显得很精神。当然，如果白天睡够了，夜间醒来不睡，就会搅扰得家人全都不得安宁。

睡眠既然是一种生活习惯，就可以调节。需要妈妈有意识地来训练孩子，养成宝宝良好的睡眠习惯。白天，要尽量让孩子少睡觉，夜间尽量不要打扰孩子的睡眠。后半夜如果孩子睡得很香，也没有哭闹，就可以不用喂奶。随着孩子月龄的增长，逐渐就会过渡到夜间也不换尿布、不喂奶，一觉睡到大天亮的规律性睡眠习惯。

如果调整孩子生活和睡眠习惯有困难，采取措施不起作用，可以在医生指导下，服用一点镇静药，只要剂量适当，服用上两三天的镇静药，不会影响孩子大脑的发育，也不会引起什么不良后果。

保护宝宝的皮肤

皮肤是人体最重要的组织之一，皮肤在人体功能中有极重要的作用。皮肤因为在人体表层，受伤的机会较多。婴幼儿的皮肤娇嫩，更加容易受到伤害。家庭护理时，对孩子的皮肤保健是极重要的内容。

护理好婴幼儿的皮肤，首要的是保持清洁和干燥。冬天至少每周洗一次澡，夏季应当每天洗澡。洗完后换上清洁柔软的衣物。用尿布的婴儿要经常更换尿布，保持婴儿臀部皮肤干燥，防止发生尿布性皮炎。婴幼儿皮肤娇嫩且易受损，家庭要选用刺激性较小的中性洗涤用品，最好用婴幼儿专用洗涤香皂和护肤品。夏季做好散热防痱子，冬季到户外注意防冻疮。

此外，要保持居室空气的通畅，勤晒被褥和衣物。室内物品要摆放有序，利器、电器、加热器具都要放到孩子够不着的地方，防止孩子被碰伤、划伤、撞伤和烫伤。

合理的营养是皮肤健康的保证。要培养孩子不挑食，粗细搭配，平时的饮食中，要多让孩子吃到新鲜蔬菜和水果，特别是胡萝卜和绿叶类蔬菜，以保证皮肤上皮细胞新陈代谢所需要的维生素。

充足的阳光有促进皮肤健康、抑杀细菌的功效。阳光中的紫外线有助于孩子骨骼正常发育，还能刺激血液再生，提高血红蛋白，使皮肤红润，还能增强机体免疫力，减少疾病发生，应当多带孩子到户外活动，接受阳光的合理照射。

婴幼儿天生皮肤细腻娇嫩，有一种清纯、天真的自然美，人见人爱。因此，用不着用化妆品来给孩子“增色”，无论什么化妆品，难免含有对皮肤有害的物质，少用一点对皮肤无大碍，但时间长了，会成为损害孩子皮肤的“杀手”。所以，尽量不要使用成人化妆品给婴幼儿化妆，描眉、勾眼、画腮、抹唇，这样反倒会掩盖了孩子的天真无邪之美，还会给孩子娇嫩的皮肤留下隐形祸患。

一旦孩子皮肤发生疾病，应当立即到医院诊治。

喂养课堂——宝宝喂养新观念

这个月宝宝的喂养特点

宝宝长到 7 个月时，已经萌出乳牙，有了咀嚼能力，舌头也具有搅拌食物的功能，对饮食也越来越多地显出个人爱好，喂养方法也随之有了一定的新要求。

要继续吃母乳和牛奶，因为母乳或牛奶中所含的营养成分，尤其是铁、维生素、钙等已不能满足宝宝生长发育的需要，乳类食品提供的热量与宝宝日益增多的运动量中所消耗的热量不相适应，不能满足宝宝的需要。因此，此时应该是宝宝进入离乳的中期，奶量保留在每天 500 毫升左右就适宜。

增加半固体性的代乳食品，用谷类中的米或面来代替两次乳品。在每日奶量不低于 500 毫升的前提下，减少两次奶量，用两次代乳食品来代替。

代乳食品的选择。应选择馒头、饼干、肝末、动物血、豆腐等。

养成良好的饮食习惯

要让孩子养成良好的饮食卫生习惯，应当每天在固定的地方、固定的位置给孩子吃饭，给孩子一个良好的进食环境。

在吃饭时，不要和孩子逗笑，不要分散孩子的注意力。可以让孩子自己拿饼干吃，也可以让孩子自己试着拿小勺子吃东西。不要因为孩子吃得到处都是就坚持要喂哺孩子。每一个孩子的成长都要有这么一个过程，但如果孩子只是拿着勺子玩，而不好好吃饭，就要收走手上的小勺子。

吃饭是一种饮食行为，需要在孩子饮食的过程中进行正确的示范和引导，让孩子从小养成正确的饮食习惯和行为。

定时定量，少吃零食

养成孩子定时定量吃东西的习惯十分重要。如果给孩子太多的零食，一会儿吃糖，一会儿吃饼干，胃里不空，到正常吃饭的时间，孩子就会没有饥饿的感觉。

家庭可以通过固定时间、固定地点、特定餐具和语言来让孩子意识到要吃饭

了。通过条件反射的方式来使孩子有吃饭的意识，当热气腾腾的饭菜放在桌上时，宝宝就会意识到“吃饭的时间到了”。另外，不要让孩子养成吃零食的坏习惯。

专心吃饭，培养孩子对吃饭的兴趣。许多孩子喜欢边吃饭边看电视或者边玩玩具，这对孩子的健康是很不利的。吃饭需要专心，父母必须让孩子养成专心吃饭的习惯。如果孩子不喜欢吃饭，父母就要培养孩子对吃饭的兴趣。在吃饭时可让幼儿自己参与，捧饭碗、拿小勺，挑选自己爱吃的食物，这样孩子既学会了吃饭，又培养了对吃饭的兴趣。

营造吃饭的愉快氛围

有的孩子吃不下饭或不想吃饭，父母因此大动肝火，甚至辱骂批评孩子，造成孩子每次吃饭都泪水涟涟。这样，孩子就会在潜意识里讨厌吃饭，害怕吃饭。吃饭成了一件不开心的事情，难免会导致厌食。

建议父母们在家庭中，一方面要营造愉快的吃饭氛围，让孩子开开心心地吃饭，尽量不要在饭桌上斥责孩子，影响孩子就餐的情绪；另一方面，如果孩子不愿意吃或不想吃，不要勉强，就让孩子饿一饿也并不是什么坏事。

本月宝宝的营养

在整个孩子长牙期间，要继续每天吃一些小饼干、馒头片和水果条等，让宝宝练习咀嚼。

无论是母乳喂养还是人工喂养的孩子，每天的给奶量不变，分3～4次喂哺。辅食每天给孩子两顿粥或煮烂的面条，还可以添加一些豆制品，佐以菜泥、果泥和肝泥等，鸡蛋仍然只吃蛋黄。

＊8个月的宝宝参考食谱

母乳或牛奶750毫升，分3～4次喂哺。

粥一碗，分两次喂哺，可用研碎的面包片、烂面条一碗、麦片四大匙、半只土豆或1/3只煮软研碎的红薯替代。

蛋黄一个，或研碎的鸡胸肉2小块、肉末2小匙、豆腐1/5块替代；

鱼肉每天20克，或鱼肉松2大匙；

水果每天50克，可喂食苹果1/4个、桃1/3个、香蕉半个、橘子一个。

蔬菜每天30克，可选择胡萝卜、柿子椒、圆白菜、黄瓜、白菜、番茄、茄子等新鲜时令蔬菜。

做好营养搭配

食物中能被人体消化吸收和利用的物质称为营养素，包括蛋白质、脂肪、碳水化合物、矿物质、维生素和水共六大类物质。前3种能产生热能，也称为产能营养素；后3种不能产生热能，称为非产能营养素。人体对这6种营养素的需要

量，随着年龄的不同而有所不同，婴幼儿期是人一生中生长发育最快的阶段，所以对营养素的需要量也相对较大。人体必需的氨基酸、脂肪构成成分的脂肪酸以及维生素、矿物质等人体自身都不能合成，因此必须从食物中获得，称为必需营养素。

近年来，婴幼儿中严重的营养缺乏症并不多见，但由于父母缺乏必要的营养知识，同时一些不良的饮食习惯如长期偏食、挑食、吃零食等，都会造成某些营养素的缺乏症。实际调查发现，近年来孩子比较容易缺乏的营养素有维生素 A、维生素 B_1、维生素 B_2、维生素 C、维生素 D 以及矿物质中的铁、锌、钙等。

为了保证孩子能获得足够的营养素，提倡母乳喂养，断奶后或人工喂养的孩子，应该选择合适的代乳品和必要的辅助食品。孩子出牙以后，要充分注意食物来源的多样化，各种食物搭配，以保证维生素不至于缺乏。

宝宝在 6 ~ 7 个月时开始长牙，对营养的需求更大。这时候，光靠喂奶（牛奶或配方奶粉）已经无法供应宝宝快速成长所需要的营养，应准备一些半固体食物给宝宝吃，并开始准备断奶了（注：断奶并非不让宝宝再喝牛奶，而是换成以一般的固体食物为营养的主要来源）。

虽然宝宝可以开始吃一些固体食物，但这个时期的宝宝仍然是以奶类（母奶或婴儿配方奶粉）为主要的营养来源，建议每天喂 4 次奶，另两餐给固体食物。给孩子准备食物时，应包括蛋黄、豆类、鱼肉肝类、五谷根茎类、蔬菜类、水果类等四大类食物。

随着孩子逐渐长大，蛋白质食品如鱼、肉类（猪瘦肉、牛肉、猪肝）需要及时补充，以逐渐替代乳类食品，为断奶作准备。

鱼肉细嫩，可较早吃，婴儿自 3 个半月开始，即可以吃一点鱼肉。肉泥则从 8 ~ 10 个月开始较为适宜。初食时量应少些，每天 10 克，以后逐渐增加到每天 50 克。在鱼、肉类不易供应的地方，可以用豆腐替代食用，亦须从少量开始到每天 25 ~ 50 克。烹调的方法应根据不同年龄分别制作。2 岁以下的婴儿所用食品应切碎煮酥烧烂，不能用油煎炸。在托儿所生活的婴儿，从吃粥的 6 个月龄开始，即可开始吃各类蛋白质食品，如鱼、肉、鸡鸭、肝脏等，因为经历了一段时间的试吃，孩子们会适应得较好，不过食量较少。

因此，添加任何新食物时，必须掌握从少量开始到逐渐增多的原则，这样做虽然开始时间较早，孩子却能适应。

教宝宝自己吃饭

孩子逐渐长大，越来越喜欢自己动手，包括吃饭。妈妈喂饭，会被宝宝推开，用不张嘴、转开头来表示拒绝，不是不吃，只是为了能自己动手吃！开始，自己动手吃可能会弄得到处都是，还吃不进嘴里——这没关系！孩子的精细动作能力，需要进一步锻炼和提高。

半岁到 1 岁孩子，手的动作更加灵活，总是想自己动手，父母可以手把手地教一教孩子自己动手吃饭。只要让孩子把小手洗净，尽可能地让孩子自己动手拿食物，训练手指的精细动作和协调能力。包括吃饭时，孩子学着在餐桌上用小勺子把饭菜往自己嘴里送。

好奇心强的孩子，见到父母在餐桌上用筷子吃饭，也会感兴趣，会有自己也动手学用筷子的要求，对于孩子的这种积极性，要多给予鼓励，做好了要多多表扬、多称赞孩子。

要尽可能地让孩子去探索和试验，不要怕麻烦。不要嫌孩子不会使用筷子，把饭菜弄得满桌子都是，却喂不到嘴里多少，即使宝宝把饭菜沾到手上、脸上、头发上、衣服上甚至桌椅上洒得到处都是，也没有多大关系。因为多鼓励孩子自己去做，自己去动手，锻炼孩子的自信和手指头精确运动能力才是最重要的。只要多多练习，孩子总会学着做好的。要知道，有许多成年以后仍然用不好筷子的人，都是源于这个时期父母给的锻炼和尝试机会不够。

这个时期的孩子，正是边吃边玩，进食量时多时少的时期。无论吃不吃，一顿饭要固定时间，过了二三十分钟后，不管吃没吃好，都要把饭菜撤掉，以防止孩子养成边吃边玩的习惯。

不宜断奶的情况

孩子如果有以下的情况，不宜断奶：

从来没有添加过辅食，孩子的消化道对断奶后食品没有适应的能力，如果采用突然断奶的方式，会给孩子带来不适，引起消化道功能紊乱，营养不良，影响孩子生长发育。

婴儿患病期间不能断奶，断奶时，母婴身体都会发生变化。孩子患病时，再加上断奶因素，会加重病情或造成营养不良。

炎热的夏季不宜断奶，气温高，孩子消化功能差，稍有不慎，就易引发消化道疾病，因此也不宜断奶。

给孩子断奶，一般来说选择在秋季为宜，不要在炎热的夏季给孩子断奶。因为孩子由哺乳改为吃饭，必然会增加肠胃的负担，加上天气炎热，消化液分泌减少，胃肠道的功能降低，容易发生消化功能紊乱，引起消化不良，甚至发生细菌感染而造成腹泻。

如果孩子该断奶的时间正巧在夏季，可以提前或稍微推迟一段时间再断奶，以免给孩子带来健康方面的影响。

早教课堂——聪明宝宝赢在起跑线

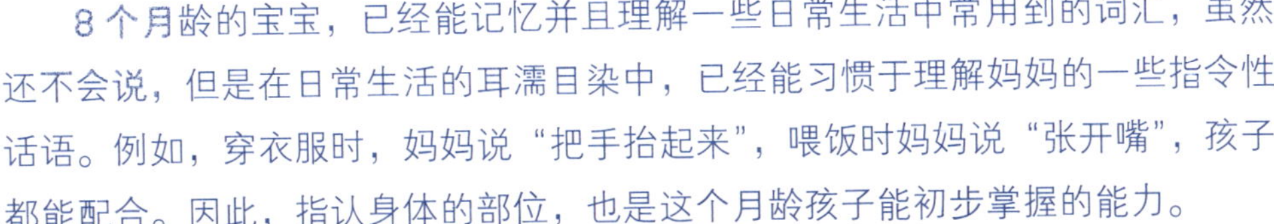

教宝宝指认身体

8个月龄的宝宝，已经能记忆并且理解一些日常生活中常用到的词汇，虽然还不会说，但是在日常生活的耳濡目染中，已经能习惯于理解妈妈的一些指令性话语。例如，穿衣服时，妈妈说“把手抬起来”，喂饭时妈妈说“张开嘴”，孩子都能配合。因此，指认身体的部位，也是这个月龄孩子能初步掌握的能力。

宝宝一般最早认识的，是自己的小手。也有一些孩子最先学会认眼睛或鼻子。对孩子说“再见”时，宝宝会摇动小手，说到“握手”时，知道伸出小手。因此，让孩子认识自己的身体，先认识小手就要容易得多。

有的孩子喜欢蹬踢玩具，可以趁着孩子兴趣浓厚的时候，教宝宝认识“脚丫”。如果宝宝喜欢玩照镜子游戏，可以先学认脸部的器官。

照镜子，是指认身体部位的最直接和最简单的方法，也可以利用娃娃玩具来辅助照镜子指认身体部位。先照镜子，指认自己的身体部位，然后在玩具娃娃身体上找到相关部位。

指认身体部位，是让宝宝理解和学习语言，记忆词汇意义的方式。从 7 个月起，宝宝开始逐渐学习和理解日常词汇。平时，给孩子穿衣服、洗澡的时候，妈妈都可以用一些简单的词语来对宝宝说，例如“伸手”、“抬腿”、“闭眼”、“张嘴”等，孩子会逐渐懂得和记住妈妈常常说的短语的意义。一般宝宝在 8 个月龄左右，就能学会指认身体。

可以和孩子用做游戏的方式来指认身体部位，先通过照镜子，启发孩子找到五官的位置，然后再不用镜子，让宝宝指认洋娃娃的眼睛、鼻子，“这是娃娃的眼睛，宝宝的眼睛在哪儿？”“这是娃娃的鼻子，宝宝的鼻子呢？”

给孩子吃饼干前，可以说“把手伸出来！”宝宝急于拿到吃的，自然会伸手。要反复重复和强调：“这是手，用手拿！”穿衣服时，让孩子“抬起手！”，洗手时，“把手伸出来！”和人再见时，说“再见，摆摆手！”还可以说：“来握握手！”

捅一捅，宝宝新的探索方式

8 个月龄的孩子，对周边环境会产生强烈的好奇心。尤其是学会了灵活运用手指以后，能独自坐稳和会爬行，具备了一定的移动能力，最喜欢用手指到处乱捅。

这个月龄的孩子，时常会用手指头捅自己的耳朵、鼻子、嘴和肚脐眼，也喜欢捅别人的耳朵、鼻子、眼睛和嘴巴。孩子会把捅别人的感觉，与捅自己的感觉拿来做比较。在这个月龄，不论妈妈还是爸爸抱起孩子来，宝宝都会在人的头上、脸上、五官上乱捅乱抓一气，这种行为，并不是孩子淘气或者捣乱，这也是孩子成长过程中的必经阶段，不必总是制止孩子。因为，孩子的精细动作能力已经发展到了相关阶段，准确地运用手指，去捅入某一个孔形、洞形中，需要孩子手—眼—脑协调和精确地配合。通过自己手指捅一捅，孩子懂得了准确地运用手指去探索环境，孩子认识到自身与环境的关系。

除了喜欢捅自己的身体外，还会喜欢在屋子里乱捅各种各样的东西，比如门锁的钥匙孔、门缝、墙上的小洞等。最危险的，当然怕宝宝会用手指头捅墙上的电源插座孔。为了保护好这个月龄好奇心强的孩子，应当随时有专人管护，电源插座应当安装在孩子够不到的地方或加上保护盖，绝对禁止孩子碰带电的物件。更要防止孩子捅进转动的电风扇，防止孩子手指头捅进任何家用电器受到伤害，造成不可挽回的损失。

为了防止孩子用自己的手指甲挠破脸，要经常给孩子修剪指甲，随时把指甲尖修圆，以防孩子因搔痒而抓破皮肤，发生感染。

这个月龄的孩子因为能够扶站，容易出现碰伤、坠落摔伤，一定要把房间里的每一个角落都收拾得干干净净，把有棱角和较硬的、有可能碰伤孩子的东西收起来，以防止跌倒后碰伤孩子。

探索环境的过程

8个月到一岁半的幼儿，身体与智能发展迅速。

8个月时，孩子能自己坐，能爬，会试着站立，可能会靠着墙壁或沙发边缘移动步子。从此时开始，手眼的协调、手指的灵活运用，能用拇指与食指夹起一件小东西刺激了宝宝对新东西的兴趣。当然，这时的宝宝也容易受到意外伤害。

在行动、心智、沟通上的长足进步，更激发孩子探索整个环境的欲望。孩子会把自己的认识大幅度向前推进，收集所接触的每一个片段，组合成心中的大世界，是探索者、资料收集者、一个活跃的参与者。

宝宝用眼睛观察的时候，会学到许多事情。因此家长就要为孩子创造有益的视觉环境。比如在婴儿床上可吊一些动的玩具，但是要注意保持安全的距离。对形状突出的东西、颜色鲜明的人像画等，宝宝有较大的兴趣。所以，在宝宝卧室的四周，也不要贴太多的图片，以免妨碍宝宝睡眠。

妈妈是宝宝最敏锐的观察者，对宝宝抚慰、注视都是必要的。宝宝情绪好时，就是妈妈和宝宝玩游戏的好时机。在喂奶、哭闹、换尿布等时候，宝宝会要求妈妈答应，妈妈应该给他回应，宝宝一定会快快乐乐地对妈妈做出反应。淘气的时候，妈妈就把孩子抱起来，给予微笑，与宝宝谈话、抚摸、摇一摇，表达亲情。宝宝对亲子之间所衍生的欢乐会铭刻心中，不管是安静时，或是欢闹时，都会自得其乐。此后几个月，宝宝常会自言自语，独自乐在其中。

宝宝对声音非常敏感，知道哪些声音是母亲发出的，哪些不是，会对母亲的声音表达出与其他声音不同的反应。其实，早在出生 1 个月左右，宝宝就已经知道这些了。至于知道的时间早晚，大多是靠宝宝的切身经验以及天生气质来决定的。

在不同的场合，宝宝知道如何去分辨是不是自己所熟知的父母或陌生人，也知道母亲和父亲的不同之处。

早在两个月时，如果一会儿抱起来，一会儿又放下，孩子就会表示抗议；如果屋内只有自己一个人在时，也会抗议；如果自己的父母不在，而有外人在场，宝宝察觉到后也会发出抗议。随着年龄的增长，这种抗议会逐渐减少，持续期一年左右。

看到有人笑，宝宝会回以微笑。这是一种社会性交流，因视觉相互接触而产生。

孩子会对周围事物不断地尝试探索，从中学习。妈妈对宝宝有期待，如准备喂奶时，期待孩子会张开嘴，这就是一个学习信号。宝宝对妈妈的神态以及嘴巴的注意，更是学习的信号之一。妈妈对宝宝行为的回应，是宝宝接受外界影响的第一收获，宝宝会立刻朝着妈妈的方向靠拢。

8 个月的宝宝，开始学着解决一些简单的问题：“怎么做，才会让爸爸妈妈来？”“该怎么做，才能拿到吊着的小玩意儿？”“怎么做，才能将那件东西放进嘴里？”小脑瓜里，这样的念头开始不断地萌生出来。

妈妈要尽可能多回应宝宝的行为，因为每过一周，宝宝都有惊人变化，更能适应周围的环境。身体的发育使宝宝能移动身体，获得去拿到自己想要的东西的能力，也令宝宝感到非常满足和高兴。

不光能发现外界的学习线索，孩子也会凭借自己的能力，从外界对自我表现的反应中去学习。一旦发现自己的行为能够顺利进行时，宝宝就会很高兴。

独自站立练习

站立动作的出现，需要婴儿的腰部和下肢骨骼和肌肉组织发育完善。婴儿在

6个月龄以后，下肢就有了一定的支撑能力，就可以有意识地锻炼孩子扶持站立。

满8个月以后，稍加扶持，孩子就能越来越久地独自站立，在8～9个月龄有意识地进行扶持站立练习，能起到立竿见影的效果，因为孩子不仅能站得越来越久，而且，很快就能自己扶持着婴儿床围栏、家具边缘等能够扶持的物体，小心翼翼地独自站立起来，扶站对于今后独立学步也有重要作用。

人类远古的先祖在进化的过程中，站立对于大脑发育的促进、四肢的分工协作和解放，意义非同寻常，因而，对于发育中的宝宝来说，扶持站立的意义也是可想而知的。

扶持站立最初训练，可以从6～7个月龄开始，由成年人扶着婴儿的腋下，使婴儿的两条腿伸直，站立在床上。开始练习时间不宜太长，也可以把宝宝轻轻地举起来，使脚离开床面，然后再放下，帮助婴儿反复地做跳跃动作。这样做有利于激发孩子的欢乐情绪，也有利于锻炼腿脚的支撑能力。

到7个月龄后，可以训练婴儿扶手站立，扶着孩子的手，使孩子站立在床上。到8个月以后，只需要扶着婴儿的一只手，孩子就能站立。

扶持站立的过程，可以从开始的紧紧扶抓到逐渐放松，让婴儿自己体会直立和平衡的感觉。

能站稳以后，每次站立的时间可以由短到长，然后从扶持站立，变为让孩子自己扶着栏杆站立。

到了9个月的婴儿，就逐渐能扶站得很稳当。到了10个月时，站立训练就可以进入独自站立阶段。

随着婴儿动作能力的进一步发展完善，会逐步形成无须成年人扶持、自由地从坐位站立起来，再由站立位自主完成蹲下、坐下的动作能力。

等到孩子具备双腿稳定站立的能力以后，可以再接着训练只用一条腿支撑全身重量的能力，即做“金鸡独立”的模仿动作。把双手向前方展开，用一条腿支撑身体，站立片刻。

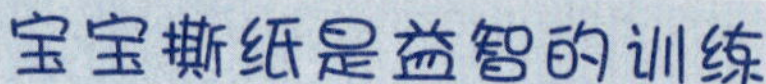

宝宝撕纸是益智的训练

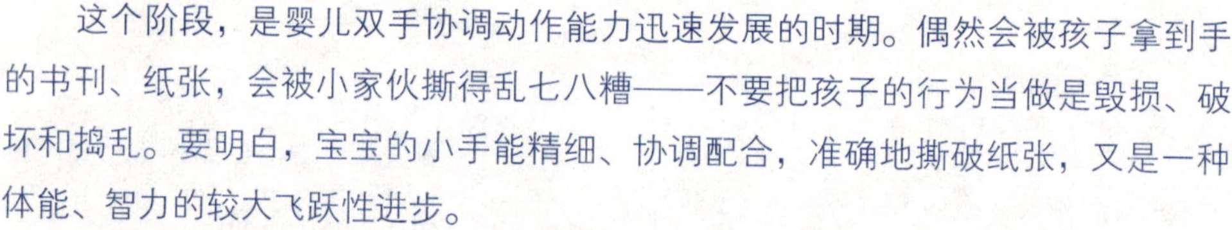

这个阶段，是婴儿双手协调动作能力迅速发展的时期。偶然会被孩子拿到手的书刊、纸张，会被小家伙撕得乱七八糟——不要把孩子的行为当做是毁损、破坏和捣乱。要明白，宝宝的小手能精细、协调配合，准确地撕破纸张，又是一种体能、智力的较大飞跃性进步。

因此，发现宝宝能撕破纸张的时候，可以有意识地给孩子一些纸张，让宝宝学着撕纸、揉搓纸团玩，训练手指的精细动作能力。当孩子发现，通过自己小手的动作可以改变物体的形状和发出撕纸的“嘶啦”声响时，会感到特别的快乐和欣喜。

孩子爱撕纸不是坏习惯，不用把孩子旁边的纸拿开，可以因势利导，教会孩子把大张纸撕成小纸片，然后再撕成碎纸屑，使宝宝初步认识到，自己具有改变外界环境的能力，从中得到乐趣。与此同时，也训练了宝宝手眼之间的协调能力，促进脑功能的健全和成熟。

因此，发现孩子学会把纸撕破后，不仅不要阻止宝宝撕纸，相反还要鼓励孩子多撕、撕碎、撕出花样来。这样做，有益于训练婴儿手部动作的精确性和感觉的灵敏度。

训练撕纸，可以锻炼婴儿双手和拇指、食指的协调程度。妈妈可以坐到孩子对面，拿一张纸，一边说“嘶啦，嘶啦！”，一边把纸撕破给宝宝看，然后给孩子一张纸，让宝宝模仿着撕。能撕纸以后，还可以拿一张大一点的纸，妈妈和宝宝分别捏住纸的两端，一起动手撕。

纸张质地不同，撕破时有响声，孩子会玩得很开心。不仅撕，还可以把稍硬一些的纸张揉搓成团，一起听一听揉搓纸张时哗啦啦的响声。

可以专门给孩子拿一些干净的废纸，让宝宝撕着玩，纸张可以由薄到厚，由小到大。这样做，可以锻炼孩子手部肌肉的能力、发展相关协调能力，对于孩子用眼、用手、双手配合能力都是极好的开发，从而在脑部相关区域建立起相关联系，有利于综合智能开发。而且，小家伙一般都会撕得兴起，乐此不疲。玩过几次以后，妈妈可以把纸撕成三角形、圆形、方形，摆在面前给孩子看。尽管孩子还不能理解这些形状的意义，但做为视觉经验的储存，扩展脑部记忆区域的效果来说，这项活动有益于智力发育。

怎样开发宝宝的右脑

人的大脑右半球，主管人的想象、颜色、音乐、节奏等。开发宝宝的右脑，可以令孩子具有神奇的创造能力。通过手指精细动作的训练、语言学习、借助音乐和运动锻炼，都能达到开发右脑的效果。

刺激指尖

人体的每一块肌肉，在大脑皮质中都有相应的神经关联，其中手指运动中枢在大脑皮质中所占区域最广。所以手的动作，特别是手指的动作，越复杂、越精巧、越娴熟，就越能在大脑皮质建立更多的神经联系，使大脑变得更聪明。因此，训练孩子手的技能，对于开发智力十分重要，“心灵手巧”是前人的经验之谈。

玩沙子、玩石子、玩豆子等，可以锻炼孩子手的神经反射，促进大脑的发育；伸、屈手指，闭上眼睛扣衣服，练习写字绘画，可以增强手指的柔韧性，提高大脑的活动效率；摆弄智力玩具、拍球投篮、学打算盘、做手指操等精细的活动，可以锻炼手指的灵活性，增强大脑和手指间的信息传递；玩积木、橡皮泥有利于动手能力的培养；经常让孩子交替使用左、右手，可以更好地开发大脑两半球的功能。

语言学习

人们经过长期研究得出一个结论，儿童学会两三种语言跟学会一种语言一样容易，因为当孩子只学会一种语言时，仅需大脑左半球，如果培养同时学习几种语言，右脑就会参与其中。

爬行

妈妈们会经常要求宝宝不要在地上爬行，怕弄脏衣服，嫌不雅观。然而要刺激右脑，最好的方式就是从小就训练爬行，对未来的平衡感和运动细胞都有帮助。

借助音乐

大脑的右半球负责完成音乐、情感等功能，称为“音乐脑”。如果在宝宝幼儿期能经常学音乐、听音乐，可以开发“音乐脑”，提高孩子的智能，学习弹琴是一种很好的指尖运动。还可以在孩子做其他事情的时候，创造音乐环境。因为音乐由右脑感知，左脑不受音乐影响而继续工作，在不知不觉中锻炼孩子右脑。

运动锻炼

有意识地让左手、右手多重复几个动作，可以刺激右脑，激发灵感。右脑在运动中对鲜明形象和细胞的激发比静止时快得多，由于右脑的活动，左半球活动受抑，人的思维会摆脱逻辑思维，创造性灵感常常会脱颖而出。

游戏课堂——寓教于乐的亲子活动

捏取

让宝宝练习用手指协调运用，捏取较小的东西，如小粒糖球、爆玉米花等。这个月龄的孩子，开始是用拇指、食指和中指一起来捏取，以后会逐渐发展到只用拇指和食指就能相对捏取得很稳。每天都可以练习几次，但要特别注意，捏取小东西时候，一定要有成年人在旁边陪同和监护，防止孩子把小件物品误塞进口、鼻，发生呛噎甚至引起危险。捏取练习完以后，一定要把小件物品收拾好，不要放在孩子伸手能拿到的范围里，防止发生意外。

丢沙包

妈妈提前先缝好一个小口袋，然后在里边装上米粒。和宝宝面对面，与宝宝的距离约 30 厘米左右，然后妈妈拿起沙包，用语言请宝宝注意，慢慢将沙包扔到宝宝面前，请宝宝接住。然后再请宝宝捡起沙包，并将沙包再扔给妈妈。这种游戏可以经常和宝宝玩。

做丢沙包的游戏不仅可锻炼宝宝的上肢力量及肌肉控制能力，还能促进宝宝的空间直觉能力，尤其是距离感的加强。

大和小

将父母的物品和宝宝的物品，如衣服、袜子、鞋子、枕头及水果等大小分明的东西并排放在一起。反复对宝宝说："这是大的，这是小的。"小的排在前边，大的排在后边。通过游戏让宝宝分辨大小，认知事物的不同。

这一游戏重在培养宝宝对事物的观察力和分析能力，在初步认识大和小的基础上学会对大小物品的分类和对比，认识事物的不同特征。

捡糖块

在宝宝伸手可以触及的地方放两堆数量明显不同、形状也不同的糖块。妈妈引导宝宝认识多和少，指着少的说："这堆少，宝宝快来捡捡。"帮宝宝把少的糖块捡到小碗里。捡完了之后，妈妈再指着多的说："这堆多，宝宝再来捡捡。"帮宝宝把多的糖块捡到另一个同样大小的小碗里。将两个小碗放在宝宝面前，比较碗里糖的多少。

这个时期的宝宝多以无意注意、学习模仿为主。随着宝宝的生理、心理发展，对事物的多少也会逐渐有所察觉。

课堂小结

宝宝的发育

这个时期宝宝的发育很快，不仅会独坐、爬行，有的小宝宝还能扶着栏杆站起来，能简单的发出妈妈的声音。宝宝的记忆力和注意力在加强，观察力也有了明显的提高，有了进一步的思维方式，爸爸妈妈一定要多培养宝宝的这些能力。宝宝这个时候会对所有东西都充满好奇。他们很快乐，但又爱发脾气，不仅贪玩，还喜欢被人拥抱，还会用手势、表情或者发出一串咿呀的语言告诉你他的想法。这个阶段，宝宝还会出现一个非常重要的动作，用食指抠东西，例如抠桌面，抠墙壁。两只手与眼睛的协调性也更高了。

课堂小结

宝宝的护理

宝宝会玩以后睡觉就会变的不规律，要适当培养宝宝的睡眠习惯，临睡前尽量不要逗宝宝，给予安静舒适的环境。注意宝宝皮肤的呵护，多晒太阳，多食用一些有营养的食物，不要给宝宝脸上涂抹太多的化妆品。培养宝宝的坐便习惯，让宝宝形成一种自然的条件反射，这样才能养成一定的规律。宝宝的活动能力增强，就要多锻炼，多进行户外活动，提高身体机能，另外，要注意牙齿的呵护。

宝宝的喂养

无论是母乳喂养还是人工喂养的宝宝，每天的奶量分 3-4 次喂养，辅食为两顿粥或煮烂的面条，还可以添加一些豆制品。培养孩子养成定时定量，少吃零食的好习惯，同时要营造一种适宜吃饭的愉快氛围，这样才能使宝宝有良好的饮食习惯。现在宝宝可以从水杯里喝水或其他流食了，妈妈可以尝试着在杯子里盛上一些宝宝喜欢的奶、饮料，吸引宝宝练习使用杯子。会让宝宝自己拿勺子吃饭，这样不但能锻炼身体的协调能力，还有利于培养孩子的成就感和兴趣。

早教和游戏的方法

继续训练宝宝的爬行，并让宝宝有意识地学会指认身体的部位，适当地扶着宝宝学会站立和短暂的连续迈步。多多培养宝宝的动手能力，给他一部分玩具让他学会探索玩具，并根据玩具的不同特点让宝宝感觉出不同的玩法。培养宝宝的听力和发音，多和宝宝说话，让宝宝模仿自己的发音方式，注意语速不要太快；另外，要注意多进行手－眼－脑的协调练习。游戏的方式有很多种，爸爸妈妈要根据宝宝的兴趣玩一些让宝宝开心的游戏，注意不能让宝宝太累。

第十堂课

9 个月后的宝宝

成长课堂——宝宝的成长历程

这个月龄的宝宝

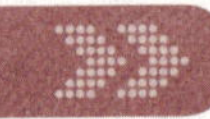

孩子的身材高低与营养状况有密切的关系，但同时也受到遗传、性别、妈妈健康状况、生活环境等多种因素影响。所以，身高不够正常标准的孩子不一定都有病，很可能是由于父母亲身材矮，导致孩子个头也不高。

7 ~ 12 个月的婴儿，身高平均每月能增长 12 厘米。

牙齿

孩子的乳牙开始萌出大部分在 6 ~ 8 个月时，最早可在 4 个月，晚的可能在 10 个月时。婴儿乳牙萌出的数目可用公式计算：月龄减去 4 ~ 6。例如，9 个月的宝宝，9 –（4 ~ 6）=5 ~ 3。应该出牙 3 ~ 5 颗。

动作发育

9 个月的宝宝能够坐得很稳，能由卧位坐起而后再躺下，能灵活地前、后爬，能扶着床栏杆行走。

会抱娃娃、拍娃娃

能模仿成年人的动作，双手会灵活地敲积木，会把一块积木搭在另一块上，或者用瓶盖去盖瓶子口。

语言

能模仿发出双音节词语，如“爸爸、妈妈”等。

睡眠

9 个月的宝宝睡眠与 8 个月差不多，每天需睡 14 ~ 16 小时，白天睡两次。正常健康的孩子在睡着之后，应该嘴和眼睛都闭好，睡得很甜。若不是这样，就该找一找原因。

心理发育

9 个月的宝宝知道自己的名字，叫到名字时会答应。如果想拿某种东西，家长严厉地说："不能动！"就会立即缩回手来，停止行动。这表明，9个月的宝宝已经开始懂得简单的语意了，这时，如果说再见会招一招手；给孩子不喜欢的东西会摇头；玩得高兴时，会咯咯地笑，并且手舞足蹈，表现出非常欢快活泼。

9个月的宝宝在心理要求上丰富了许多，喜欢翻转起身，能爬行移动，扶着床边栏杆站得很稳。喜欢和小朋友或成人做一些合作性的游戏，喜欢照镜子观察自己，喜欢观察物体的不同形态和构造。喜欢家长对自己的语言及动作技能给予表扬和称赞。喜欢用拍手欢迎、招手再见的方式与周围的人交往。

9个月的孩子喜欢听别人夸奖，这是因为语言行为和情绪都有进展，能听懂父母经常说的夸奖和鼓励一类词句，因而能做出相应的反应。

宝宝的能力

9个月的宝宝能稳坐较长时间，能自由地爬到想去的地方，能扶着东西站得很稳。拇指和食指能协调地拿起小的东西。会招手、摆手等动作。出生9个月的宝宝，喜欢和家人一起玩游戏，喜欢听家人对自己言语行动的称赞和夸奖。这个月龄的宝宝已经会挥手表示"再见"，拍手表示"欢迎"。有时会对物体的不同形状构造发生兴趣，能对物体仔细地观察。

有不少9个月大的孩子已能到处爬，还能独自站立一小会儿。能用一只手抓住玩具，还能用拇指和食指捏住小物件。

9个月的孩子记忆力进一步发展，不断寻求新的刺激，过去几个月里感兴趣的玩具、游戏突然变得枯燥无味了，对家人的依恋情绪却更深了。在这个年龄的宝宝还会有不安全感，这种害怕心理，再过1个月左右会自然克服。

9个月的宝宝尽管感觉能力有进一步发展，但由于言语和思维发展还处于较低的水平，主要还是依靠感知觉来认识事物。

注意力有所提高，可以集中注意力15～20秒。

记忆力也有所发展，能记住自己的名字，听到有人叫自己的名字时，会回转头。

宝宝在经历了一段时间的视觉、听觉、触觉等感知觉以及注意、观察、记忆、思维、情绪等的发展后，获得初步的对事物的一般感性认识，为此后的智力发展奠定基础。

护理课堂——专家教你科学护理

怎样给宝宝选择衣物

“人靠衣冠马靠鞍”，为天真活泼、可爱的宝宝选择衣着打扮，也是一个很重要的内容。

一般谈到婴儿，讲得较多的是喂养、健康和生长发育方面。对宝宝的穿着却考虑得少，或许因为市场上可供选择的服饰太多，或者认为只要穿得暖、穿得舒服就可以，没什么太大的讲究。

其实，为孩子添置合适的衣着，很有讲究和学问。

衣服

0～1岁以内的婴儿长得快，一定要选购宽松式样的衣物。应挑选棉布制成的衣物，既吸汗，又不会引起皮肤过敏。

更大一些的孩子在穿着方面，要求不像成年人那么多。比如睡衣，不论白天、晚上孩子都能穿，天气凉爽时，可以穿长睡衣，这样可有效防止睡着后把被子蹬掉，天热时则可以选择短睡衣。应当备上3～4件，以方便替换。

宝宝的衬衣分为三种类型：

侧开口式：适合较小宝宝用，较小的宝宝腿伸不直，用侧开口的衬衣方便穿着。有些型号的衬衫上有一块垂片，可以把尿布别在上面，能防止尿布掉下来。

单片式衬衫：优点在于可以防止宝宝的腹部受凉。

套头式：前面不开口，没有扣子，不会硌着孩子。

宝宝睡觉起来后，可以把套头衫穿在睡衣里面或外面，保护孩子不受凉。选购时，应注意领口是否宽松。如果是肩上开口的，按扣一定要结实牢固。宝宝穿衣应当简单、方便、舒适。购买时要选择适合1周岁内穿的型号。给孩子穿衣前，别忘记把标签和说明取下来，避免擦伤孩子皮肤。

裤子

为了护理方便，1 岁以内的宝宝一般穿开裆裤。开裆裤也应选择较为宽松的，一些家庭为了防止孩子裤子掉，就用力帮宝宝系紧裤带，这种做法非常错误。孩子的裤带不宜扎紧，否则容易引起孩子肋骨外翻，裤腰上的松紧带也不宜过紧。

袜子

穿袜子对孩子是必需的。因为宝宝身体的各项功能发育都尚未健全，体温调节能力也差，尤以神经末梢的微循环最差。如果不穿袜子，极其容易受凉。随着宝宝不断长大，活动范围扩大，两脚活动项目增多，如果不穿上袜子，容易在蹬踩过程中损伤皮肤和脚趾。穿上袜子还可以保持清洁，避免尘土、细菌等对宝宝皮肤的侵袭。

注意选择透气性能好的纯棉袜，尼龙袜不吸汗，且影响宝宝的皮肤。还应注意选择适合宝宝脚型的袜子，避免过大或过小的袜子影响宝宝脚的发育。

鞋子

宝宝选购鞋子应当注意:

宝宝生长发育很快，鞋子要买得稍大点，鞋尖部必须有空间，让宝宝的脚趾自由活动。

选购鞋底松软的鞋子，鞋底较硬的鞋子会使孩子脚部感觉不适。

宝宝腹痛怎么办

开始自己活动的孩子，一般都会很活跃、可爱，只有偶尔不舒服，才变得发蔫、没精神。而育儿过程中，宝宝最常见的异常情况要数腹痛。

一般来说，引起腹疼的常见原因有肠痉挛、蛔虫病、痢疾、肠套叠、阑尾炎等。由于孩子腹痛病因的复杂，一般要进行多方面的综合判断才能确诊。如果能了解宝宝腹痛的大致原因和分类，在应对宝宝腹痛时就不会手忙脚乱。

腹痛种种

通常，根据宝宝的年龄特点、腹痛程度与部位可以了解到大致原因。

从年龄上判断，1 岁内的宝宝腹痛多为肠套叠，3 岁左右的宝宝腹痛肠痉挛的可能性比较大，学龄前儿童腹痛多由肠蛔虫引起或是自主神经功能紊乱导致。

疼痛程度

重度腹痛静卧不敢动，多为急性炎症，如急性阑尾炎、急性胆囊炎等；剧烈腹疼呈绞痛样，多为蛔虫症、尿路结石等；撕裂性腹疼，常见于内脏穿孔，如胃和胆囊穿孔等。

疼痛部位

中上腹痛多见于胃病；右上腹痛多见于肝、胆疾病；中下腹疼痛多为肠道疾病；整体腹痛多为脏器病变穿孔或病变组织坏死或出血；脐周疼痛多为小肠疾病；右下腹疼痛多为阑尾炎。

送与不送医院

宝宝腹痛是不是要送医院的问题，最好采取谨慎的态度。因为腹痛隐藏的问题可小可大，稍不注意，就会耽误病情。特别是当宝宝痛得打滚，或伴有高热、腹泻或呕吐等任何一种症状，就应火速送到医院诊治。当然，有些单纯性的腹痛很可能只是一场虚惊。别看有些疼痛相当剧烈，宝宝哭闹不止，等送到医院以后，疼痛就消失了。这是因为宝宝肠道痉挛，痉挛一旦解除，疼痛立刻缓解，宝宝又恢复了活蹦乱跳。但在分不清楚情况时，建议还是送医院保险。

敷与不敷

有些父母听到孩子叫腹痛，就找来热水袋给孩子热敷。这种做法对因受寒、饭食过多引起的胃部胀痛有效，能缓解胃肠痉挛，减轻疼痛。但有些疼痛没那么简单，热敷反而会加重病情、引发危险，如蛔虫病是引起宝宝腹疼的常见原因，某种因素刺激虫体时反而会使蛔虫窜上窜下地蠕动，刺激肠道引起更加剧烈的痉挛疼痛，此时按揉宝宝肚子，也会更加刺激蛔虫，甚至引发胆道蛔虫症。蛔虫还可能穿破宝宝娇嫩的肠壁，引起腹膜炎。

揉与不揉

宝宝叫腹痛，妈妈一般都喜欢帮宝宝揉一揉，觉得一定能缓解孩子的疼痛，这种方法对胃肠道痉挛引起的胃肠绞痛有一定效果。但是以下情况可不能随便揉肚子：

急性阑尾炎在孩子中较多见。幼儿阑尾炎早期并无典型症状，可能肚脐周围有轻微疼痛，时有呕吐、腹泻的症状，按压肚子时疼痛并不明显，孩子的免疫功能较差，患阑尾炎时很容易发生穿孔。如果在此时按揉宝宝的肚子或做局部热敷，还可能会促进炎症化脓处破溃穿孔，形成弥漫性腹膜炎。

肠套叠多见于年幼儿童，特别是肥胖儿。由于被套入的肠管血液供应受到阻碍，引起疼痛，时间长了会发生坏死。如果盲目按揉，可能造成套入部位加深，加重病情。

宝宝腹痛时，父母不要过于紧张，一旦觉得自己解决不了，最好尽早带宝宝去医院检查。

习惯性腹痛

在排除各种可能性的急性疾病和蛔虫病外，找不到病因的各种反复性腹痛都可能是习惯性腹痛。这种腹痛的原因尚不清楚。

目前，对于习惯性腹痛还没有特殊的治疗方法，要尽量防止宝宝发生便秘，平时多给宝宝吃水果、酸牛奶等有利于胃肠道消化功能的食品。宝宝发作疼痛时，可用拇指压迫“足三里”穴，能给宝宝止痛，但注意不要用指甲压，以免伤害孩子幼嫩的皮肤。

“足三里”位于膝关节下面距离一个手指宽的外侧，可以让宝宝坐在椅子上，屈曲膝关节用右手拇指压在右膝关节上面，也可用左手量左膝，中指压在膝关节外侧的部位即是足三里的穴位。这个穴位的上下范围较大，不需要很准确。

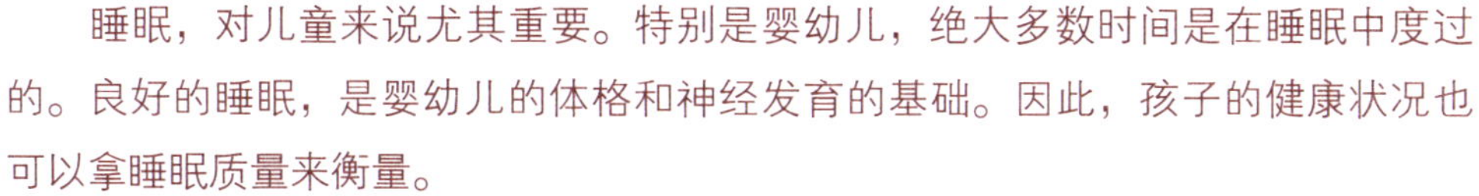

通过孩子的睡态辨病

睡眠，对儿童来说尤其重要。特别是婴幼儿，绝大多数时间是在睡眠中度过的。良好的睡眠，是婴幼儿的体格和神经发育的基础。因此，孩子的健康状况也可以拿睡眠质量来衡量。

正常情况下，婴幼儿睡眠应该是安静的、舒坦的，呼吸均匀无声；有时小脸蛋会出现各种丰富的表情。但是，当孩子患病时，睡眠状态就会出现一些异常情况，家长要特别留心。

入睡后，撩衣蹬被，清醒时同时伴有两颧和口唇发红、口渴喜饮或手足心发热等症状，中医认为是阴虚火旺所致。

入睡后，脸孔朝下，屁股高抬，同时伴有口舌溃疡、烦躁、惊恐不安等症状，中医认为是“心经热则伏卧”。这常常是孩子患了各种急性热病后，余热未净所致。

入睡后，翻来覆去，反复折腾，同时伴有口臭、气促、腹部胀满、口唇发红、舌苔黄厚、大便干燥等症状，中医认为这是胃有宿食的缘故，应消食导滞。

睡眠时，哭闹不停，时常摇头，用手抓耳，有时还伴有发热，可能是患有外耳道炎、湿疹，或是患了中耳炎。

入睡后，四肢抖动，则多是白天过于疲劳或精神受了过强的刺激（如惊吓）所引起。

入睡后，用手去抓挠屁股，在孩子睡沉了之后，可以在肛门周围见到白线头样小虫爬动，这是患有蛲虫病。

熟睡时，特别是仰卧睡眠时，鼾声隆隆不止，张口呼吸，这是因为增殖体、扁桃体肥大影响呼吸所致。

综上所述，细心的妈妈只要及时发现孩子的睡态异常，就可以及早发现疾病，以免病情加重。

给宝宝量体温

活泼可爱的宝宝，突然变得不再活泼、不爱玩，或者吃饭不香时，别忘了给宝宝量一量体温，看孩子是不是发热。

如果只用手摸一摸孩子的前额是否发烫，这样做不准确。有时候孩子体温正常，摸着额头也许会感觉到热。有时候孩子低热，摸上去感觉却是正常的。有时候家长的手太热或者太凉，不能正确估计出孩子是不是发热。最准确的做法，是测量一下体温。

正常人的腋温不超过37℃。但因人的体表温度可随环境的温度、湿度、风速、衣着而变化，所以人的体温不是一个具体的温度，而是一个范围，如口腔温度为36.3 ~ 37.2℃，腋下温度为36.5 ~ 37℃，直肠温度为37 ~ 37.5℃。

发热，可分为高热：口腔40℃以上；中度热：口腔温度在38 ~ 38.9℃；低热：口腔温度在37.5 ~ 38℃。

婴幼儿的腋下温度在不同的季节也不同，春、秋、冬季上午平均是36.6℃，下午为36.9℃。夏季上午为36.9℃，下午为37℃。

给宝宝测量体温不能放在口里，因为孩子也许会把体温表给弄破，割破口、舌或咽下水银，会很危险。给婴儿量体温，只能从腋下或肛门测量。

在量体温前，先把体温计中的水银柱甩到35℃以下，然后把体温表夹在孩子腋下，体温表要紧贴孩子的皮肤，不要隔着衣服测量。然后家长要扶着孩子手臂10 分钟，取出体温表后观察度数。

发热刚刚开始时，可以每隔 4 小时测一次体温。时间为早上 8 时，中午 12 时，下午 4 时，晚上 8 时，午夜 12 时，清晨 4 时。这样，一天测试 6 次，可以较细致地观察孩子的病情。在确诊以后，可以在每天上午和下午各测试一次，观察降温效果。

如果孩子发热，应当卧床休息，多喝水，体温太高时，可以物理降温，如采用酒精擦浴、冷毛巾湿敷、头枕冷水袋等，也可以使用退热片。如果仍不退热，就要带孩子去医院看病。

还要注意观察孩子有没有伴随其他症状，如是否呕吐、腹泻、咳嗽、气喘等，以便去医院看病时，向医生详细介绍病情，协助医生做出正确的诊断。

看病之后，就要按医嘱服药，只要没有出现特殊情况，就用不着接连不断地去医院。

发热宝宝的家庭护理方法

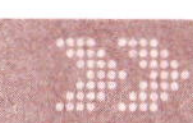

发热，是婴幼儿常见的症状。由于婴幼儿抵抗力弱，容易感染，所以比成人容易发热。

婴幼儿的胃酸浓度低，细菌进入胃后不容易被杀死，到肠壁内之后继续生长，孩子的肠壁又薄又嫩，细菌较易进入血液；孩子的皮肤黏膜娇嫩，轻微的损伤易致使病菌侵入。另外，孩子的淋巴结过滤作用差，白细胞吞噬病菌能力低，组织液、汗液、尿液中的溶菌酶作用比较弱。这些原因都会使孩子的抵抗力降低，容易受到感染而发热。

还有，孩子的免疫系统发育不完善，特别容易感染疾病。孩子的神经系统发育不完备，体温调节功能不健全，轻微的刺激能使产热和散热过程受到破坏，引起发热。

如果孩子发热时间短，体温又不很高，那么一般影响不大。但是如果体温高，持续时间长，则会影响孩子的生长发育。因为，发热会增加心脏负担，发热时心率会加快，每增加 1℃，心跳每分钟会加快 15 次；高热可能降低孩子的抵抗力，长时间发热，孩子的体力及抵抗力逐渐降低；高热时，体内各种营养素代谢加快，氧消耗增加，消化功能减退，会发生腹泻、失水和酸中毒；长时间高热，还可能损伤大脑及神经系统。

一般来说，发热越高、持续时间越长，对大脑的损害越大。发热早期出现头痛、烦躁、头晕、失眠等，以及发热时间过长出现的昏迷，都是脑损伤的表现。如果体温超过 42℃，不及时处理，患儿将会有生命危险；肛温超过 41℃，可能使大脑发生永久性损害。

许多疾病都可能引起发热。婴幼儿发热时，要注意以下几点：

室温是否过高

在炎热的夏季，气温很高，婴儿自身调节体温能力较差，妈妈抱着婴儿时，热气不容易散发，使体温升高。但是这种发热一般时间不会太久，把孩子放在凉爽的地方，稍微扇上一扇，再给孩子饮用一点清凉的水果汁，或给孩子洗一个温水澡，几小时后体温就会降到正常。在冬季，如果室内温度过高，婴儿又包裹得过多，也会使婴儿体温过高。遇到这种情况，打开包裹散热，把体温降到正常。

是否感冒

婴儿出现发热，同时伴有鼻塞、轻微咳嗽、不愿意吃奶等症状，说明婴儿可能患有感冒。此时要注意多给孩子喝水。食欲差、吃得少没关系，待到感冒好了，食欲自然也就好了。如果孩子鼻子堵得厉害，影响吃奶和睡眠，可给孩子滴 1 ~ 2 滴 0.5% 的呋麻液。先在一侧鼻孔滴 1 滴，隔几分钟后，再给另一侧鼻孔滴 1 滴，一天可滴 3 次或 4 次，不可过量。也可用稍热一点的毛巾热敷前囟门与鼻孔，但要注意温度不能过高，以免烫伤孩子。千万不要给孩子用滴鼻净或成人用的滴鼻剂，以免发生中毒。还可给孩子口服小儿感冒冲剂、至宝锭、妙灵丹等中药。当然，最好还是到医院，请医生治疗。

是否咳喘

如果孩子发热不退，咳嗽加重，就要想到孩子是不是患了气管炎、肺炎。此时孩子嗓子呼噜，喘气较粗，咳嗽时可引起呕吐，鼻子一扇一扇的，口周发青，烦躁不安，爱哭闹，遇到这种情况，应当带孩子去医院就诊。

中耳炎也会发热

婴儿感冒几天后，突然高热，哭闹很厉害，左右摆头或碰到患侧耳朵时，因疼痛加剧，会哭闹得更加厉害。孩子会因疼痛而拒绝吮奶，1 ~ 2 天后，耳朵里流出脓来，体温有所下降。遇到这种情况时，要及时就医，否则会转为慢性中耳炎，有引起脑炎的危险。

喂养课堂
——宝宝喂养新观念

本月宝宝喂养要点

孩子长到 9 个月以后，乳牙已经萌出四颗，消化能力也比以前增强，喂养应该注意：

母乳充足时，除了早晚睡觉前喂一些母乳外，白天应当逐渐停止哺喂母乳。如果白天停喂母乳比较困难，宝宝不肯吃代乳食品，则有必要完全断掉母乳。

用牛奶喂养的宝宝，仍应当保证每天 500 毫升左右牛奶。代乳食品可以安排 3 次，因为此时宝宝已逐渐进入离乳后期。

适当增加辅食

可以是软米饭、肉（以瘦肉为主），也可以在稀饭或面条中加肉末、鱼、蛋、碎菜、土豆、胡萝卜等，数量应当比上个月有所增加。

增加点心

可以在早、午餐中间增加饼干、馒头片等固体食物。

补充水果

宝宝自己已经能把整只的水果拿在手里吃。要注意在宝宝吃水果前，一定要把宝宝的小手洗净，把水果洗干净，削完皮后让宝宝拿着吃，一天可以吃一个。

给宝宝喂米饭

从给宝宝喂粥开始，每次只喂少量，看孩子是否对粥有兴趣，能不能大口大口吞下，如果孩子能适应粥，就可以逐渐换成大米饭。

到了这个月龄，孩子一般可以吃大米饭。给宝宝喂米饭，先作示范，把米饭放入自己的口中，表现出对米饭的兴趣，然后再喂宝宝。喂时用语言表达，如：宝宝今天真乖，能吃大米饭了，吃了大米饭，宝宝能长得又白又胖。在以后喂米饭时，可以加一些肉汤、鱼汤、菜汤等，以供给宝宝足够的热量以及蛋白质、脂肪、维生素等，促进宝宝的生长发育。

参照下列标准，掌握好宝宝一天米饭的用量：

当宝宝6～7个月时，即可盛半碗软米饭（150毫克左右），分两次加入3勺肉汤或菜汤，半个蛋黄。

8～10个月时，软米饭半碗，4勺汤，鱼、肉、菜等适量，一个蛋黄。

11～12个月时，软米饭1碗，5勺汤，鱼、肉、菜等适量。

孩子1岁到1岁半时，软米饭1碗（250毫克小碗），6～8勺汤，鱼、肉、菜等适量，一个鸡蛋。

＊9个月龄宝宝的参考食谱

早晨7：00粥半碗，肉松适量，鸡蛋一个。

上午9：00牛奶100毫升，饼干1～2块。

中午12：00面条半碗，加蔬菜、肉、鱼。

下午15：00牛奶200毫升，小点心一个。

晚上18：00粥一碗，碎菜、肝末。

晚上20：00临睡前加一次牛奶，约150毫升。

平衡膳食营养

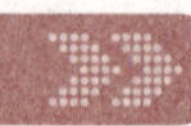

所谓平衡膳食营养，是指摄入食物中各种营养物质的含量与人机体的需要量成比例。只有这样，宝宝生长发育所需要的各种营养成分才能得到满足，使宝宝体力和智力全面发展。

平衡膳食营养，是通过各种食物的合理搭配、正确的喂养方法来实现的。

谷类、肉和蛋类、蔬菜和水果及奶类，是构成平衡膳食的主要食物。谷类提供人体所需的碳水化合物、蛋白质及B族维生素等多种矿物质；肉类中的猪肉、牛肉、羊肉和禽、鱼类富含人体吸收率较高的血红蛋白铁；蔬菜水果含有多种维生素及钾、钙、磷等矿物质；奶类除含有优良蛋白质外，更是钙的优质来源。

因为没有任何一种食物，可以同时提供所有人体必需的营养素。所以，在为宝宝制定食谱时，需要注意以上各类食物的合理搭配。

同时，还需要经常变换烹调方式，尽量使口味多样化，增加宝宝的进食兴趣。比如，婴儿期食用的菜泥、肉泥，在孩子逐渐长大以后，可以改为烹调各类蔬菜、小肉丸、鱼丸、蛋羹、饺子等。还要注意要少给宝宝乱吃零食，以免影响正餐食物的摄取。

不要以为奶类食品只是婴儿期的食物，其实，奶类是人生各阶段都需要的营养食品。对于 1 岁以后的幼儿，奶类容易消化吸收，又含有丰富的蛋白质及钙质等营养物质，仍是宝宝健康成长不可缺少的食物。

早教课堂——聪明宝宝赢在起跑线

宝宝的语言积累

孩子出生后半年内，开始“打——打”、“爸——爸”地“冒话”。在双手的活动中，多次感知后，逐渐把事物和动作与相应的词语建立起了联系。特别明显的是连续重复音节，喜欢发出各种声音，音节也比较清楚。孩子喊出一串“爸爸爸爸……”时，做父亲听了会很高兴，认为孩子会叫爸爸了。其实，孩子还不会有意识地叫爸爸，嘴巴里发出的声音还并不代表有什么意义。孩子在高兴时还会喊出一连串音节，比如“啊——加加加”，“噢——妈妈妈”听上去像是在说话，但又不知道在说什么。

9 个月的宝宝模仿成年人说话发音，好像鹦鹉学舌，一会儿爸爸，一会儿妈妈，帽帽、哥哥……无所指地乱说一气。有时候会连续几天发同一个音，不管什么东西，都会用这一个音来替代，如说出“舅舅”，指代所有想要的东西，包括玩具、杯子都只发这一个音。孩子的发音器官还不够协调，较难发出的语音还模仿不出来。

到接近周岁时，孩子更会喜欢自己唠叨话，会学着成年人读书的样子，咿咿呀呀地说个不停，时而拉长音调，好像说话，又像唱歌，自个儿说得兴致勃勃，越说越起劲，别人一点也不明白。这是给自己用来练习的，父母们应当为孩子高兴，因为孩子在认真地学习发音，值得鼓励。

在家庭的教育下，宝宝逐渐学会把一定的语音和某个具体物体联系起来，比如问“灯在哪里？”孩子会用手指着灯，问鼻子、眼睛、嘴巴、耳朵在哪儿，都能指得很准确。

但真正把词义和事物联系起来，要经过一个很长的过程，有待于多次训练，反复地把词与事物联系起来，才能形成牢固的神经联系。半岁以后，孩子开始用不同声音招呼别人和对待自己。招呼人时，会用“吾——吾”、“哎——哎”，1周岁前，可以清楚地叫妈妈。

孩子说话的规律，是先听懂，然后才会说。1周岁以前，能听懂的词很多，会说得很少，想说说不出来。这时，正是需要大量积累语言信息，进而掌握语言的阶段，尤其是需要有人多多地和孩子交谈，培养词汇理解力和逐步形成表达能力。

语言练习

9个月龄的孩子，已经能熟练准确地完成一些手势表达语言指令。和客人再见时招手，妈妈说“再见”，宝宝会招手表示；在客人来访的时候，妈妈说“欢迎”，宝宝能拍手表示欢迎。

理解语言，是对这个阶段孩子进行语言教育的主要内容。在日常生活中，可以通过示范动作配合语言，告诉孩子怎么做，让孩子能理解更多的语言表达的含义。例如，“坐起来”、“拿来”、“等一等”，宝宝就是在日常生活中逐渐理解语言的。

模仿发音，能使用一些有意义的单词，例如称呼“爸爸”、“妈妈”、“奶奶”、“姐姐”等简单的词组。同时，也要练习说一些简单的动作用词，例如“拿”、“走”、“坐”、“站”等。引导孩子完成模仿发音以后，要诱导孩子主动发音表达意图，见到父亲知道叫爸爸，需要妈妈帮助懂得叫妈妈，要某样东西知道说“拿”。

联系语言动作，练习能执行简单的指令，懂得话语和动作的联系。例如，“姐姐到咱家玩，欢迎她！”孩子做出拍手欢迎的动作以后，要鼓励和夸奖，让孩子懂得自己正确理解了语言指令并做对了动作，宝宝会很高兴。

听儿歌，学习语言和积累期的孩子，最喜欢听有韵律的声音和欢快的语言节奏。经常对孩子诵读一些节奏欢快、押韵的简短儿歌，以加深语言的感觉，渐渐地，孩子就能跟着妈妈念儿歌，一起发出儿歌每一段最后一个押韵的字音来，这是提高语言能力的重要方式。例如，“小鸭嘎嘎，爱说大话，嘴会唱歌，脚会画画。画把雨伞，没有伞把，唱歌跑调，呀呀——呀——呀！”如果天天听，孩子就渐渐地能跟着妈妈诵读的节奏，开口跟上“……嘎，……话，……画，……把，呀……呀！”妈妈诵读时，配合以丰富的表情和动作，最后的几个字，宝宝会和妈妈一起做出夸张式表演的动作，玩得很开心。

环境色彩对宝宝的影响

孩子的身心健康，会受到周围环境色彩的影响，在五彩缤纷的环境中成长的孩子，观察、思维、记忆的发挥能力要高于普通色彩环境中长大的孩子。

反之，如果婴幼儿总是生活在黑色、灰色和暗淡等令人不快的色彩环境中，会影响大脑神经细胞的发育，使孩子显得神情呆板、反应迟钝。

不同的颜色，会对人的心理产生不同的效应，颜色在一定程度上还能左右人的情绪和行为。一般来说，红、黄、橙等颜色能产生暖的感受，是暖色。暖色有振奋精神的作用，使人思维活跃、反应敏捷、活力增加。

绿、蓝、青等颜色能产生冷的感觉，属于冷色。冷色有安定情绪、平心静气的特殊作用。所以，给孩子布置一个适合身心发展的多彩环境非常重要。如绿色能使孩子情绪稳定。如果孩子不太活跃，可以把房间布置成暖色，以激发孩子的活力。

一般来说，孩子的卧室色彩以冷色为主，这样孩子容易安心入眠，而活动和用餐房间则应以暖色为主，可以增进孩子的活力和增加食欲。孩子学习环境的颜色最好不要太杂乱，过多的颜色容易使孩子分心。

从孩子还小的时候，就应该多带到室外去“见一见世面”，看一看蔚蓝的天空，漂浮的彩云，公园里五颜六色的鲜花……让孩子从小接触绚丽多彩的颜色，能对孩子产生良好的刺激，促进孩子大脑发育，使孩子更加聪明、机敏。

开步，学走路的时机

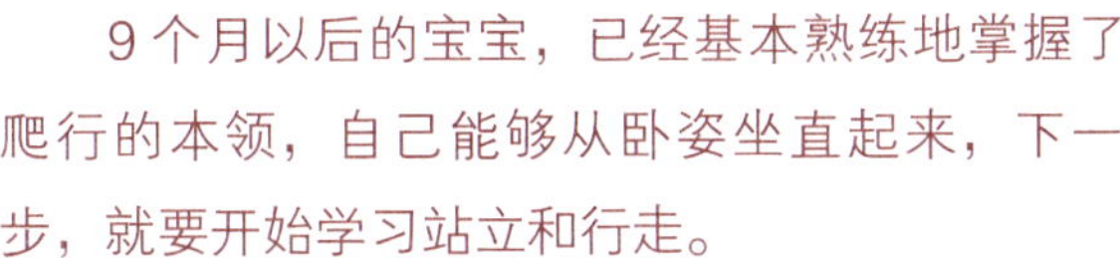

9个月以后的宝宝，已经基本熟练地掌握了爬行的本领，自己能够从卧姿坐直起来，下一步，就要开始学习站立和行走。

独立站立，是学走的基础。学“开步”前，可以先做站一站练习，开始可以让孩子扶着婴儿床的栏杆或者妈妈的一只手，由坐姿慢慢地站起来。一般到11个月的婴儿就能独自站立，不必扶持物体也能基本保持平衡。但要注意不宜让孩子站得时间太久，且一定要在有成年人监护下站立。这个阶段的孩子脊柱开始出现腰部前凸，有利于婴儿直立行走和保持身体平衡。有个别发育较早的孩子已经能扶持着栏杆或妈妈的手迈步行走。

训练孩子站一站和走一走的同时，能使婴儿的手和脚的活动更加灵活、自如，同时促进智力发展。此时的孩子手脚动作会变得更加灵活，两只手可以分别做不同的动作，给孩子穿衣服和穿鞋子时，能听着妈妈的指令，抬高、伸出、向下、向后等做出动作来配合。孩子还能攀爬上一定的高度。

可以先训练婴儿扶着小车站立，站几分钟后改成坐姿，还可以从坐姿变成爬行姿势。通过反复来回的训练，能锻炼宝宝手和脚的灵活性。

能独自站立后，宝宝开始学习扶着东西走路。最初会很谨慎，尝试探索着像是螃蟹横行，还常常会有双脚绊在一起的情况，但不久就逐渐能改为直行。此时，可以让宝宝尝试着一个人慢慢走。当然，妈妈爸爸的赞许和鼓励是必不可少的。

一般情况下，孩子“开步走”要经历五个发展阶段（见表1）：

表1　学步的五个阶段

时间	特征	训练要点
10～11个月	开始学走的阶段，如果发现放手以后孩子能站稳，就可以开始尝试学走	可以借助学步车，帮助孩子消除走路的恐惧感，体会到能自己走的乐趣
11～12个月	“蹲”是这个阶段的最显著特点，应当着重训练从站到蹲，再站起来的连贯动作	和孩子玩时，可以用玩具放到地上，让孩子自己动手捡起来，训练腿部肌肉力量
12～13个月	可以扶持着东西行走，开始训练孩子的平衡能力	父母分别站在两边，让孩子慢慢地从爸爸这边走向妈妈
13～14个月	放开手，孩子可以走几步，重点训练宝宝在不同的地面行走的能力	教孩子爬楼梯，学会如何在不同的地面上行走
14～15个月	孩子已经能平稳地行走	多带孩子去户外，遇到斜坡要让孩子自己走

一般发育好的宝宝，到1岁时已经会走了，有的宝宝要等到2岁，这与孩子肌肉力量、平衡和协调能力有关。经常训练翻、爬、站的宝宝，早走的概率要高得多。

此外，宝宝个性的影响也不容忽略。平时行为比较冲动、好动的宝宝学会走路的时间一般较早；个性温和，对事物采取观望、等候态度的宝宝，走路比较迟。

偏瘦的宝宝动作相对比较敏捷，比起胖一些的宝宝要先学会走。

学步阶段须知

一般来说，说话早的宝宝学会走路的时间，比说话晚的宝宝要迟一些。但是，学会走路的时间早或晚，与宝宝今后的智力和运动技能的发展，并没有直接的联系，不必为此担忧。

在孩子学步初期，如果出现以下情况，不必感到意外：

受到挫折，如跌倒、碰伤、与亲人分离或生病以后，孩子走路的能力会出现“下降”现象，与宝宝学走的自信心下降、肌肉力量减弱有关。这种走路能力下降现象只是暂时的，短期内就能恢复，不必怀疑宝宝的能力。

孩子开始学步时，每移动一步，注意力都应非常集中，不能分神在同一时间内做两件事，否则容易摔倒，不能误认为孩子反应迟钝。如果宝宝正在走路，又要听妈妈的指令，孩子一定会先停下脚步，再听妈妈说什么。

爸爸妈妈静止不动时，宝宝会在面前走来走去，走的距离会长一些。如果爸爸妈妈自己在不停地走动，宝宝会走得更少，甚至会停下不再动。

对孩子来说，开始学走路，并不是朝着一个方向直走，而是来来去去，围绕着一个中心走动。

如果带孩子到户外玩时，宝宝在玩，妈妈却总是变化方位，再叫宝宝走到自己面前，宝宝会突然不肯再按照指令往前走。这是因为宝宝要走到变化的位置有困难，而且用尽各种方法都不见成效，除非妈妈回到原地，宝宝才肯走动。

安全问题

会走以后的宝宝，在家庭环境中会面临种种威胁：

摔倒：刚学会走路的宝宝，迈步走的时候身体重心不稳，一直向前冲，及时停下步伐很难，所以，应给宝宝创造一个平坦、无障碍物的空间，防止孩子摔倒。

走失：对外界事物充满好奇，而初步学会走动的诱惑，会驱使宝宝四下走动。因此，妈妈带宝宝外出时一定要看管好，防止走失。在人多拥挤的场所，最好不要让宝宝单独走，以免走散。

扭伤：刚学会走路的宝宝，最容易扭伤脚，又不能清楚表达伤痛的诉求，需要妈妈细心观察宝宝的一举一动。如果发现宝宝走路时一拐一拐，或者轻轻压腿部时宝宝会感到疼痛，则提示宝宝可能扭伤了。

创造安全环境要多费心学会走路的宝宝所碰到的危险远比翻、爬、站要多，在环境安全上就要多费一些心思。

鞋袜：在学走路时，最好给宝宝穿上防滑的鞋袜，防止跌倒。

阳台：宝宝一旦会走，阳台就应当成为妈妈特别关注的地方。阳台上不要放有小凳，以免宝宝爬上去；阳台围栏要高于 85 厘米，阳台的栏栅间隔要在 10 厘米以内。

家具：家具要尽量靠墙边放置，有可能导致危险的物品要放在高处或拿开，家具的尖角，要用防护软垫包好。

门：孩子在开关门时容易夹伤手，最好在门缝处装防夹软垫。宝宝自己动手开关门时，最好要有人在旁边看护。

训练走路的同时，让宝宝多与外界接触，克服怕生情绪，养成开朗大方的习性。

游戏课堂——寓教于乐的亲子活动

跟妈妈做

妈妈和宝宝面对面坐着，妈妈双手举起，口喊“万岁”或“高高”，让宝宝看，然后妈妈抓着宝宝的手模仿，宝宝一定会很高兴。如果孩子有了模仿的举动，要表扬鼓励说：“宝宝做得真好，宝宝真聪明。”

玩滚筒

用圆柱形的滚筒玩具，或者饮料瓶子放在地上，让孩子用双手推动圆筒向前滚动。等到孩子作熟练以后，在让孩子改用单手推动滚筒，滚到指定的地方。孩子做正确了以后，要很高兴地给予鼓励。这种练习，不仅能让孩子手上动作协调、听得懂指令，还有益于宝宝认识物体的形状和特性，知道圆形物体能滚动和怎样让圆柱体滚动。

踩影子

在阳光明媚的天气里，把宝宝带到户外，引导宝宝看自己或别人的背影。然后和宝宝一起玩踩影子的游戏，并一边为宝宝唱歌："我在哪，你在哪，你是一个小尾巴。"在宝宝刚学步时，这是一个很好的游戏，它可以提高宝宝走路的兴趣。更重要的是，能帮助宝宝多认识一些自然界的新东西，比如影子，让宝宝知道，影子在太阳下和自己总是不分离的。

帮妈妈拿东西

妈妈坐在床头，然后对宝宝说："宝宝，把那边的小熊玩具拿过来。"宝宝会爬过去将玩具拿给妈妈。妈妈接过玩具时，别忘了要夸奖宝宝："宝宝真能干。"得到妈妈的奖励，宝宝会更愿帮妈妈拿东西。也可以让宝宝拿两件东西给爸爸和妈妈分一下，比如拿两个苹果，一个给爸爸，一个给妈妈。宝宝有时候不舍得给，这时父母可以拿一件宝宝喜欢的玩具和宝宝交换。从小和宝宝玩这样的游戏，可以帮助宝宝养成愿意与人分享的好习惯，而且宝宝也能在游戏中体会到帮助别人的快乐。

课堂小结

宝宝的发育

这个时期，当宝宝独站或扶站时，能有意识地从站立到坐下，再从坐姿到俯卧。双手拉着家长或者扶着东西蹒跚挪步。随着宝宝学会随意打开自己的手指，他会开始喜欢扔东西。如果你将小玩具放在他椅子的托盘或床上，他会将东西扔下，并随后大声喊叫，让别人帮他捡回来。9 ~ 10 个月的宝宝已经能够理解常用词语的意思，并会一些表示词义的动作，能够主动地用动作表示语言。开始能模仿别人的声音。这个时候的宝宝喜欢听别人的夸奖，喜欢拍手欢迎、招手、再见的方式与周围的人交往，喜欢照镜子、观察物体不同的形状等。

课堂小结

宝宝的护理

一定要给宝宝选择合适的衣服，衣服最好是纯棉的，裤子宜选择开裆裤，袜子最好也是纯棉的，鞋子要稍微的大一些，便于宝宝脚趾活动。宝宝的睡眠状态能有助于妈妈观察宝宝是否有疾病的发生，所以，对于宝宝的睡姿一定要学会细致的观察。对于宝宝疾病发热，一定要适时的测量体温，最好不要把体温计放在宝宝嘴里，以夹在腋下为佳。宝宝发热是由许多原因引起的，妈妈要注意观察是哪种原因引起的发热，如果是急性疾病引起的发热，妈妈要及时地送往医院诊断。

宝宝的喂养

这个月的辅食量要比上月稍微增加，另外，在两餐之间可适当的给宝宝添加一些水果或者饼干作为宝宝的点心。宝宝一般在10个月时可以完全断母乳了，饮食也大部分固定为早、中、晚三餐，并由稀饭过渡到稠粥、软饭，由肉泥过渡到碎肉，由菜泥过渡到碎菜。进入第10个月的宝宝，如果能熟练地摆弄勺子，表现出吃东西的动作，而且不依靠妈妈，自己能往嘴里送东西了，这就意味着宝宝已经到了断奶后期了。记得膳食平衡，只有这样，营养才能满足宝宝生长发育的身体机能需求，使宝宝体力和智力得到全面的发展。

早教和游戏的方法

这个月龄的宝宝动作能力有了较大的提高，训练宝宝花样的爬行和迈步，其次是训练宝宝的手指精细动作的能力。这个时候是宝宝开步的最佳时期，一定要及时的让宝宝学会迈步走，但要注意安全问题，以防宝宝不慎摔伤或扭伤。这个月的宝宝已经有了理解语言的能力，对于生活中可以通过示范动作配合语言，让宝宝理解更多语言的含义。游戏方面要培养宝宝的爱心，跟着妈妈学做动作等等，要注意语气温柔，最好是家里人都来参与宝宝的游戏，那样宝宝会更加的开心。

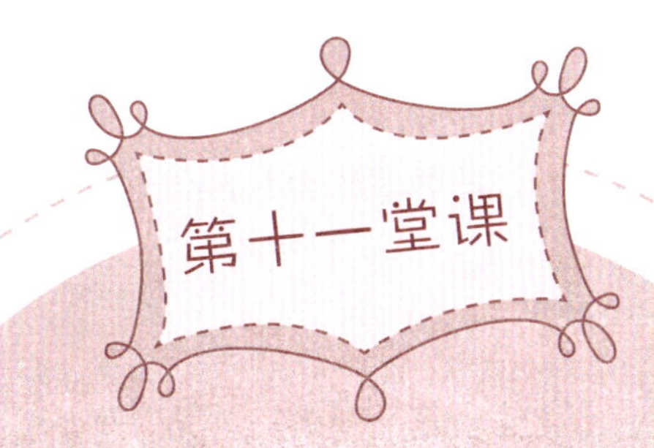

第十一堂课

宝宝10个月啦

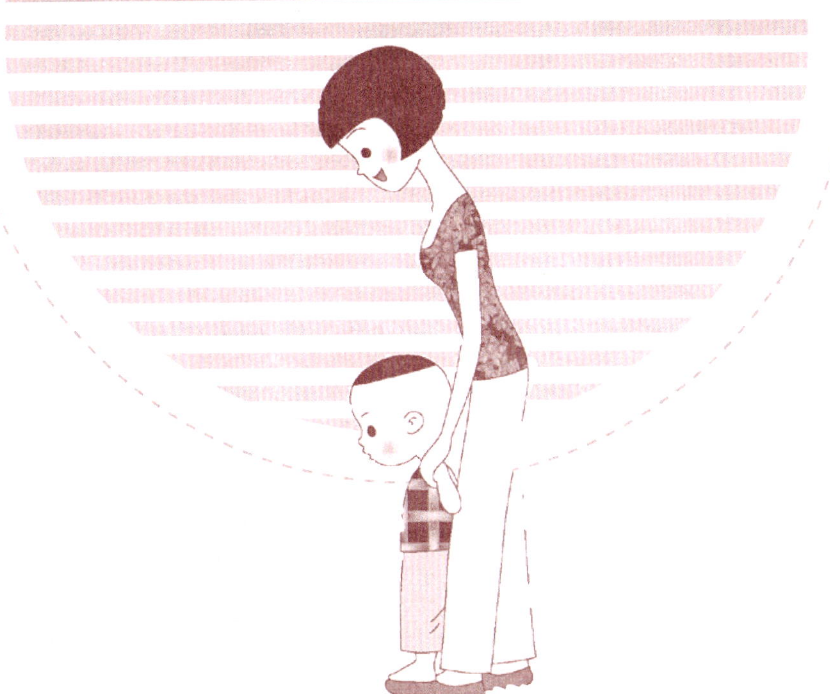

成长课堂——宝宝的成长历程

这个月龄的宝宝

10个月到1岁这3个月，抓住孩子模仿能力增强的特点，做好语言训练；对孩子说话、说话、再说话，不怕重复，不怕没有内容，多说话，用普通话教孩子。

牙齿

10个月的婴儿一般萌出了4～6颗牙齿，上下门牙4颗和下边2颗切牙。但也有些正常孩子从10个月才开始出牙。

动作发育

10个月的婴儿能稳坐较长的时间，能自由地爬到想去的地方，能扶着东西站得很稳。拇指和食指能协调地拿起小的东西。会做招手、摆手等动作。

语言发育

能模仿成人的声音说话，说一些简单的词。10个月的宝宝已经能理解常用词语的意思。并会一些表示词义的动作。10个月的孩子喜欢和成人交往，并模仿成人的举动。当不愉快时，会做出很不满意的表情。

睡眠

10个月的宝宝每天需睡眠12～16小时。白天睡两次，夜间睡10～12小时。家长应了解，睡眠是有个体差异的，有的婴儿需要的睡眠比较多，有的婴儿需要睡眠就少一些。所以，有的宝宝到了10个月，每天还需要睡16小时，有的只需要睡12小时就足够了。只要宝宝睡醒之后表现非常愉快，精神很足，就不必勉强孩子多睡。

心理发育

10 个月的宝宝喜欢模仿着叫妈妈，也开始学迈步学走路了。宝宝喜欢东瞧瞧，西看看，探索周围的环境。

10 个月的宝宝在体格生长上，比以往会慢一点，因此食欲也会稍下降一些，这是正常生理过程，不必担心。吃饭时千万不要强喂硬塞，如硬逼宝宝吃会造成逆反心理，产生厌食。

这个阶段的孩子，是喜欢模仿说话的时期，家长应当抓住这个时期多进行语言训练。父母亲此时要对宝宝多说话，内容是与生活密切相关的短语。如周围亲人、食物、玩具名称和日常生活动作等用语。注意不要教孩子儿化语，要用正规语言代替手势。在学习的过程中，要让孩子保持愉快的心情，心理上愉悦健康，孩子学东西就会快。

宝宝的能力

10 个月的宝宝喜欢探索周围的环境，喜欢把手指伸进小孔中；在玩玩具时，宝宝有时能把一件玩具放进另一件玩具中。

孩子还喜欢喊“妈妈”，喜欢模仿家人的动作。

10 个月的孩子能扶着家具围绕屋子行走，会爬上椅子又爬下来，能用一只手拿两件小东西。10 ~ 12 个月的孩子已经具有真正说话的声调，很喜欢重复别人的声音，有的孩子会突然冒出第一句话。理解力明显增强，能答应别人叫的名字，执行家人的简单命令，能认得常见物体和家人的名字。辨别情绪的能力变得更加明显。这个月龄已经会说“不”，第一次有了占有欲，自己的玩具不轻易给别人。

10 个月的宝宝记忆力得到进一步发展，能记住自己和家庭成员的名字，还能记住一些常用物品的名称。

注意力也有了一定的发展。对于自己感兴趣的事物，孩子会较长时间的去注意和观察。这时的宝宝不仅能模仿动作，还会模仿听到的一些声音。

理解力

这时的宝宝会模仿成年人的动作，如摇头、点头、招一招手、眨一眨眼等。对一些简单的句子能有反应，问到名字，宝宝会指指自己，向宝宝要手中的东西，会递给人，玩具能玩很长时间。对周围的一切有好感，总想去试探一下。

进食能力

食物在口中能很协调地转动咀嚼，对杯中的液体食物能连续吸吮 4 ~ 5 次。

护理课堂——专家教你科学护理

健康的生活习惯

养成良好的日常生活和起居习惯，能使宝宝的大脑更健康。

睡足睡好

如果缺少充足的睡眠，大脑的记忆系统对新技能或新信息的接收会发生障碍。此外，睡眠对于各种记忆的形成也有重要的作用。每晚睡眠 10 小时的孩子，成绩优于每晚睡眠少于 8 小时的孩子。让孩子的大脑充分休息，才能提高智力水平。因此，培养宝宝良好的睡眠习惯，保证睡眠质量是很重要的。

重视早餐

不吃早餐，会使机体和大脑得不到正常的血糖供给，大脑的营养供应不足，时间长了会对大脑有害。在条件相同的情况下，吃高蛋白质早餐的孩子成绩优于吃素食早餐者，而不吃早餐孩子的学习成绩更差。

多听音乐

音乐旋律中所含的一些适宜音频的刺激，能促进相关的大脑锥体细胞增长树突和树突棘，建立起更多的联系，促进大脑更好地发育。适量的选择一些柔和的音乐给孩子听，有益于孩子的智力发展。

多吃糙食

现代人们越来越讲究“食不厌精”。食物一精，变得细腻、柔软、口感好，便于咀嚼和吞咽。然而，只吃柔软的食物对孩子的大脑发育没有好处。大脑的发育需要各种各样的刺激，较糙硬的食物能促进咀嚼，咀嚼运动能使面部血液循环加速，流向大脑的血液量明显增多，促进大脑发育。

防止肥胖

人的智力情况，与大脑沟回皱褶多少有关，大脑的沟、回越明显，皱褶越多，智力水平越高。但食物中如果摄入脂肪过多，会使沟回紧紧靠在一起、皱褶消失、大脑皮质呈平滑样，而且神经网络的发育也差，智力水平就会降低。

避免噪声

嘈杂的家庭环境，有害婴儿的大脑发育。持续的嘈杂声会对婴幼儿的大脑造成压力，影响到婴幼儿的听力和语言能力的发育。

防治便秘

发生便秘时，代谢产物久久滞积在消化道，经肠道细菌作用后会产生大量有害物质，如吲哚、甲烷、酚、氨、硫化氢、组胺等。这些有害物质容易经肠道吸收，进入血液循环，刺激大脑，使脑神经细胞慢性中毒，影响大脑的正常发育，妨碍大脑的正常功能，影响孩子的记忆力、逻辑思维和创造思维能力。

多吃鱼虾

鱼虾中有丰富的蛋白质、锌、铁等微量元素，也有“脑黄金”之称的二十二碳六烯酸（DHA）。鳝鱼、鳗鱼、红鳟鱼、沙丁鱼等都是 DHA 的“富矿”，不妨多给孩子吃一些。

运动手指

人的大脑中，与手指相连的神经所占的面积较大，平时如果经常刺激这些神经细胞，大脑会日益发达，达到心灵手巧，有助于大脑的积极思维，手指运动能激发大脑右半球的细胞活动，开发人的智力。

芳香居室

生活在芳香环境的人，视觉、知觉、接受能力等方面拥有明显的优势。柠檬、茉莉和桉树香味能消除人无精打采的状态，使用脑效率提高；巧克力香味能使人的记忆力增强。

赤脚行走

现代人普遍穿着富含化学成分的衣服面料，好像一层绝缘体把人包裹住，如果再穿上胶底鞋，人体积存的静电就无法传导到地面，积存过多后会影响人体内分泌的平衡，干扰到人们的情绪，造成失眠、烦恼症状。如果适度赤脚行走，不仅能刺激足底穴位，还能驱除体内积存过多的静电，是一种很好的健脑方法。

给宝宝洗头

家庭护理孩子，最令人头痛的事就是小家伙不愿意洗头。从 8 个月大小开始，孩子多数不愿意洗头。每次洗头，都会让妈妈大伤脑筋。但常常洗头，有利于宝宝头发的生长和保养，不洗是不行的。

其实，造成孩子害怕、不愿意洗头的原因，多数是因为曾经在洗头时，被洗发液或水误入眼、耳、鼻、口刺激，弄得孩子很难受，留下了坏印象，孩子才会抗拒洗头。

因为宝宝从小一般都喜欢洗澡，并且乐于在洗澡时玩水，玩得很开心，而往往在洗澡过程中洗头时，因为不能很好地配合闭眼、屏气、抿嘴，被带有洗发液的水呛入五官。如果这些不适在洗头过程中形成条件反射，习惯成自然，宝宝会养成抗拒习惯。

此外，宝宝非常讨厌水进入眼睛，洗头的时候，孩子一哭，妈妈就以为洗发液进了眼睛，立刻会往孩子脸上淋水，结果让孩子更不高兴。往往孩子开始的哭闹，是不愿意头发被弄湿。越给孩子淋水，越发让孩子认为母亲有意让自己难受。

要想让孩子的头发长得好，保持宝宝头发清洁很重要，通常 2 ~ 3 天就应给宝宝清洗一次头发，使头皮得到良性刺激，促进头发的生长，还能避免头皮上的油脂、汗液以及污染物刺激头皮，引起头皮发痒、起疱甚至发生感染，导致头发脱落。

给宝宝洗头发时，要选用无刺激、易起泡沫的儿童专用洗发液，洗头发时要轻轻用手指肚按摩宝宝的头皮。不可用力揉洗头皮和头发，以免头发缠成一团不容易梳理，使头皮受损致使头发脱落。

每次清洗头发以后，最好用柔软而有弹性的儿童专用发梳为宝宝梳理头发，这样可以刺激头皮，促进局部血液循环，促使头发生长。

孩子如果有一头秀发，不仅是健康的标志，对于成年后的健美影响也极其重要。常常洗头，保养好头发，当然是秀发的基本保证。因此，给孩子洗头非常重要，找到和排除孩子抗拒洗头的原因，想办法得到小家伙的配合，就能消除这件令人头痛的事情中的难点。

当然，保护孩子的秀发，还要注意别的因素。

要想让宝宝的头发长得好一些，就要注意让宝宝均衡摄取营养，这对头发生长极为重要。要保证肉类、鱼、蛋、水果和各种蔬菜的摄入和搭配，含碘丰富的紫菜、海带类海产品食物也要经常给宝宝食用。如果宝宝有挑食、偏食的不良饮食习惯，应该赶快纠正，以保证丰富、充足的营养通过血液循环供给毛根，促进头发生发。

充足的睡眠对宝宝的头发生长也很重要，睡眠不足容易导致宝宝食欲不佳、经常哭闹、生病，间接地影响头发生长。此外，适当地接受阳光照射对宝宝头发生长也非常有益，紫外线可促进头皮的血液循环，改善头发质量。需要提醒的是，在阳光强烈时不可让宝宝的头皮暴晒，最好戴上一顶遮阳帽，以防晒伤头皮。

宝宝腹泻了怎么办

婴幼儿消化功能不成熟，发育又比较快，所需热量和营养物质多，在家庭日常的喂养和护理过程中，稍有不当，就容易发生腹泻。因此，婴幼儿发生腹泻的情况极常见。

常见引起腹泻的原因有：进食量过多或次数过多，加重胃肠道负担。喂养的食物不当，难消化吸收。喂养不定时，使得肠道不能形成定时分泌消化液的条件反射功能，机体消化功能降低等。总之，不合理的喂养是导致婴幼儿腹泻的主要原因。另外，因为食物或者餐饮用具污染，给孩子喂养过程中吃进了带细菌的食物，引起胃肠道感染，也会引起腹泻。还有就是孩子受凉、患感冒、肺炎等疾病时，也会引起消化系统功能紊乱而发生腹泻。

如果孩子腹泻严重，伴有呕吐发热、眼窝凹陷、口渴、口唇发干、尿少，就说明已经因腹泻引起脱水，应去医院输液补充体液。为防止孩子脱水，应当在腹泻次数较多时，适量减少饮食甚至禁食，让肠胃休息。同时，口服补液或自行配制糖盐水喂服，少量多次。

家庭护理腹泻的孩子，要注意腹部保暖，以减少肠胃蠕动。可以用毛巾裹腹部或拿热水袋热敷腹部，让孩子充分休息。排便后，可以用温水清洗臀部和肛门部，防止局部皮肤炎症。

宝宝总是眨眼的原因

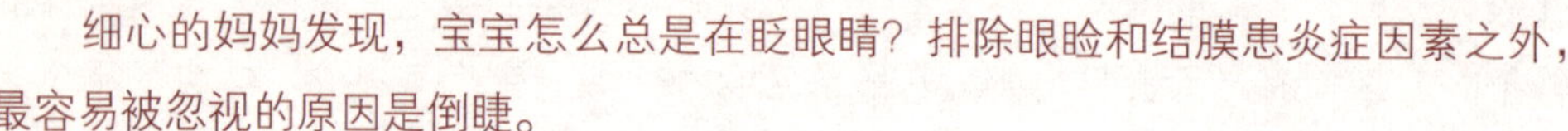

细心的妈妈发现，宝宝怎么总是在眨眼睛？排除眼睑和结膜患炎症因素之外，最容易被忽视的原因是倒睫。

正常情况下，人的睑缘后缘贴附于眼球，上下睑睫毛分别向外上及外下方向呈微弯形生长，无论睁眼或闭眼，睫毛从不触及眼球。如果睫毛改变方向，倒向内侧并且接触眼球、刺激角膜，称为倒睫。

出现倒睫的情况多少不一，有时是一两根睫毛，有时是部分或全部睫毛都倒转向眼球。凡能引起眼睑内翻的各种原因都能造成倒睫。例如，沙眼是导致成年人倒睫的主要原因，婴幼儿则多见于内眦赘皮、小眼球、无眼球等先天性异常。东方人的孩子多数存在内眦赘皮，鼻梁较宽，婴幼儿内眦赘皮常会引起下睑鼻侧倒睫。

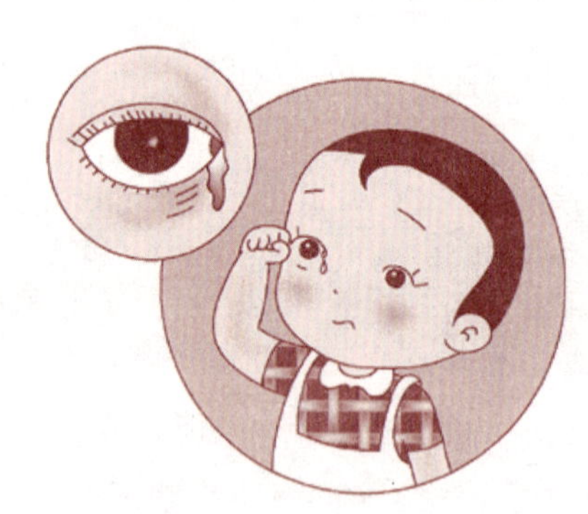

宝宝出现倒睫后，表现出眨眼次数增多，经常用手揉眼睛，异物感、畏光、流泪，甚至眼睑痉挛，并发角膜炎，时有刺痛。检查时可见睫毛接触眼球，结膜充血，角膜表面混浊，有时可见角膜溃疡。婴儿下睑倒睫最为常见，下睑、下方结膜、角膜受累较明显。

发生倒睫后，首先要治疗原发病症。婴幼儿内眦赘皮所致的下睑鼻侧倒睫，因为睫毛较软，对眼球刺激症状相对较轻，在成长发育过程中能恢复正常，可以先做眼睑按摩。按摩不能恢复的，如果存在角膜损害则要手术矫正。少数倒睫的，可以用睫毛镊子拔除。要防止再生，可使用电解法破坏睫毛毛囊后再拔除睫毛。倒睫较多或同时存在眼睑内翻时，要施行手术矫正，使倒睫离开眼球。

什么是婴幼儿惊厥

婴幼儿惊厥，俗称抽风，一般是因为孩子发热乃至高热引起。婴幼儿中因高热引发惊厥的占总数 2% ~ 3%。发生惊厥时，孩子神志不清，两眼发直，眼神发呆，眼球固定不动，四肢僵直，双手紧握拳。有的头向后仰，憋气，面色青紫，有的咬破舌头，甚至呼吸停止。发生惊厥过后，一般会恢复正常。但下次再发热，又可能发生惊厥。每次发作时间长短不同，数分钟到十多分钟不等。

婴幼儿发生惊厥是因为神经系统发育不完善，神经细胞结构简单，大脑受到刺激后容易扩散。此外，某些毒素或药物进入脑组织发生中毒，也会引起惊厥。

婴幼儿发热前会发抖，退热时常常会出汗。

发热大多是由于致热原引起。人体血液中有中性粒细胞和单核细胞，都含有致热原，经过适当条件刺激会放出致热原，再随血液到达体温调节中枢，然后通过体温调节，使皮肤血管收缩，血管口径变细，血液减少，皮肤温度下降。在皮肤温度下降时，刺激皮肤温度感觉神经，引起皮肤内竖毛肌收缩，皮肤上就会出现鸡皮疙瘩，全身发抖。这时，全身的肌肉收缩活力加剧，产热增加以补充体内热量的不足，造成高热前浑身发抖症状。

体内产热继续增加，待到体温上升到一定程度时，体温中枢又会调节体温，使体温逐渐下降到正常水平。此时，皮肤血管扩张，血液加快，可以带走一部分热量。如果体温继续上升，光靠皮肤扩张已经达不到散热的目的，人体就会自动采用发汗的方式来散热。因此，退热时，一般都会出汗。

孩子发热，未经医生诊治之前，一般不要给孩子乱用退热药。

乱用退热药可能使病情出现假象，未经医生诊断，用了退热药后，医生观察到的不是真实的病情，容易使医生判断错误，耽误治疗。

婴幼儿使用药量与成年人不同，乱用退热药，会使孩子出汗过多，发生虚脱现象。

退热药只是起降低体温的作用，不能消除发热的病因。单一服用退热药，体温下降，会令人误以为病情转好，耽误治疗机会，延长病程。

正确使用退热药的情况应当包括：一是孩子出现高热，物理降温不起作用时；二是发生高热，为预防发生惊厥时；三是按照医生嘱咐使用。

家庭护理孩子，发现出现惊厥症状后，要采取以下方法处理：

发现孩子惊厥，要保持镇定，立即把患者放置床上，快速解开衣领和裤带，尽可能使患者保持安静，头偏向一侧，以防呕吐物吸入气管。为防止失控咬伤舌头，用纱布包裹压舌板或用手帕做代用物拧紧，放进孩子上下臼齿之间。口腔内如果有分泌物或食物，要及时清除干净。

用强刺激手法，针刺或用手指掐压患者的人中、合谷等穴位。

如果惊厥时伴有高热，可灌喂退热镇静药。同时采取物理方法降温退热。用温毛巾敷放前额，头部加枕冷水袋，或用 33% 酒精擦浴耳后、颈窝、腋下、腹股沟等部位辅助降低体温，快速退热。

待患儿惊厥停止后，就近送往医院治疗。如果惊厥不能很快停止，应当急送医院处理。

喂养课堂——宝宝喂养新观念

本月宝宝的喂养特点

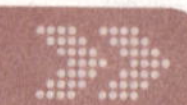

宝宝长到 10 个月以后，乳牙已经萌出 4 ~ 6 颗，有了一定的咀嚼能力，消化功能也有所增强，此时可以断掉母乳，用代乳食品和牛奶喂养。

断母乳，用主食代替母乳。除了一日三餐可以用代乳食品外，上、下午还应给孩子安排一次牛奶和点心，用以弥补代乳食品中蛋白质和矿物质的不足。

用牛奶喂养的宝宝，此时要减少牛奶的量，最好把喂牛奶的时间安排在上、下午，每天牛奶量不超过 500 毫升。

增加辅食：宝宝已有了一定的消化能力，可以吃一点软米饭之类的食物，辅食的量也应比上个月略有增加。如果以往辅食一直以粥为主，而且宝宝能吃完一小碗，本月可以加一顿米饭试试。开始时，可以在吃粥前喂 2 ~ 3 勺软米饭，让宝宝逐渐适应。如果宝宝爱吃，而且消化良好，可以逐渐增加。

这段时间的孩子，除了吃奶还要吃辅食，需要注意良好进食习惯的培养。

喂孩子吃饭首先要固定地方，不要轻易变动。

7 ~ 12 个月的婴儿还比较小，最好放在童车内喂饭，比坐在成年人用的椅子上安全，坐位高低也要适合婴儿的身材。妈妈坐在旁边小凳子上喂也很方便。喂孩子吃饭的时候，常常会把食物漏在嘴外或掉到身上，要及时用毛巾擦干净，培养婴儿爱清洁的好习惯。

10 个月以后的婴儿以辅食为主，最好把粥或烂面条作为正餐，接近成年人的午餐和晚餐的时候喂，到 1 岁左右饮食时间就可同家人统一起来。母乳或牛奶安排在点心的时间吃，或早晚各一次，每天三餐两点。喂婴儿吃饭的时候，一边喂饭一边与孩子说话，如“饭真好吃啊”、“宝宝嘴巴张得大”。

婴儿食品要多样化，清淡可口，不要太油腻或过甜。吃什么、吃多少，应当根据婴儿的月龄和食量决定。要知道，婴儿胃口有相当大的差别，不能以填鸭式的方法喂饭或勉强喂食，既影响婴儿的食欲及消化能力，还会引起呕吐，有害而无益。

训练婴儿用杯子喝水，可以从 10 个月开始。由于起初孩子仍然在吸吮，常常会漏到衣服上，要先戴上围嘴或垫上一块毛巾。开始时少喝一点，等咽下一口后再喝第二口，逐步使婴儿口唇、舌、咽的吞咽动作协调。动作熟练了再用杯子喝牛奶，这样在喝牛奶时不会漏。

＊ 10 个月的宝宝参考食谱

早上 7：00 牛奶 180 毫升，面包两块（10 厘米见方）。

上午 9：00 白开水 100 毫升，饼干两块。

中午 11：00 米饭半小碗，鸡蛋 1 个，蔬菜适量。

下午 15：00 牛奶 180 毫升，小点心 1 个，水果适量。

下午 18：00 稀粥一小碗，鱼、肉末、蔬菜各适量。

晚上 21：00 鲜牛奶 100 毫升。

中午吃的蔬菜可选择菠菜、大白菜、胡萝卜等，切碎与鸡蛋搅拌后制成蛋卷给宝宝吃。下午加餐点心吃的水果可以选择橘子、香蕉、番茄、草莓、葡萄等时鲜水果。

怎样购买婴幼儿营养品

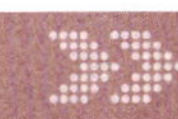

出于婴幼儿营养的需要，一般鼓励孩子摄取多方面的营养，尤其是自然食物。许多父母对宝宝的生长状况不满意，认为自家孩子不如别人，尤其正处在厌食期。父母希望能解决这个问题，于是婴幼儿营养补充品便应运而生。

选购琳琅满目的婴幼儿营养品前，应当考虑几条原则：

确定宝宝是否需要额外的营养补充品，要遵照儿科医生医嘱，了解孩子真正缺乏的是什么，有没有方法提供较多的自然食品，或者孩子根本就不缺营养。认定孩子营养不良，是医生的事，家长不要对此过于固执己见。

了解营养品的内涵与宝宝的体质。例如，有的宝宝可能有乳糖不耐受症，给孩子增服含高乳糖的营养品就会不适。对蛋白质过敏的宝宝，不能随意补充高蛋白质。市售的某些商品可能含有类固醇、兴奋剂等，虽然能增加食欲，但不良反应却相当大。

排除孩子有无疾病，如心、肺、肾等病症，首要的是治疗而不是进补。

不要被广告迷惑。仅仅看厂商广告文字的宣传不可信，有的强调高蛋白质，吃了反会影响肾脏，不利于体内的新陈代谢。有的添加高钙，如果宝宝已摄取足量钙质，则钙质过多，反会形成不良后遗症，如食欲不振、肾结石、精神差等。

营养品尽量要取于自然。农畜产品组合应当属天然食品，如果有添加剂要关注其含量。

浓缩补品的定量稀释。使用浓缩补品时，切记要定量并加以稀释，否则会对孩子肝、肾造成损害。

需要强调的是，正常而自然的饮食对宝宝最好，市场上的儿童营养补充品要谨慎使用，用前要听取儿科医生建议，服用前一定要深入了解孩子的体质与营养品的成份。

防止宝宝消化不良

婴幼儿处在生长发育阶段，新陈代谢率高，食物的消化吸收相对比成年人更多一些，但因为消化器官发育不完备、功能弱，容易出现消化不良。一般来说，孩子消化腺分泌功能不成熟，分泌量较少，消化酶缺乏或发挥作用不够，对食物的耐受力小，对食物的数量和质量变化都不能适应，而因为生长发育快速，对食物的需要量相对较多，消化器官长期处于紧张状态，稍有不良因素就容易引起消化功能紊乱。家长们总是盼望着孩子多吃快长，往往会造成营养过剩或喂养不当，超出孩子消化功能的负担能力，也是诱发消化不良的因素。

孩子发生消化不良，会发生食欲不振、呕吐、腹泻等症状，长期消化不良的孩子面黄疲弱，易疲倦，易感染其他疾病。

家庭防止婴幼儿消化不良，要做到规律进食，少食多餐。

不要让孩子暴饮暴食，注意食物营养成分的合理搭配。

要让孩子多多锻炼身体，增强体质和抵抗力。

发生消化不良时，可以吃一些煮胡萝卜汤、苹果泥、脱脂酸奶等，新鲜水果和蔬菜的搭配食用也有辅助消化的作用。

早教课堂
——聪明宝宝赢在起跑线

自我意识的萌芽

1 岁以前，婴儿还不能意识到自己的身体存在。孩子会咬自己的手指，而且会因为咬痛了自己而哭起来。但是，这一咬会让孩子感觉到咬自己的手指和咬别的东西不同，形成最初期的自我意识。

接近 1 岁前后，婴儿能开始把自己的动作和动作对象区分开，从而把主体和客观事物区分开。孩子开始知道，由于自己摇动了挂着的铃铛，铃铛会发出声音，从自己摇的动作中，认识到自己跟事物的关系。还能常常看到，孩子把床上的各种玩具一件一件都抓起来，扔到床下去，一边扔还会一边嘴里哦哦啊啊地“说话”。这是因为孩子发现，通过自己的小手可以影响到事物，可以让玩具“掉下去”、“响了”，由此开始认识到自己的能力，感受到自己的存在和自己的力量，这就是初期自我意识的表现。这种现象的出现，在孩子自我发展的过程中，具有重要意义。

发展孩子的自我意识能力，是早期开发智能的重要内容。

日常生活中，和孩子玩的时候，可以有意识地让孩子知道所在的空间位置，从孩子的位置和父母之间位置的关系，引导孩子认识自身与外部世界的关系。

还可以通过发挥孩子手的触动作用，让孩子扔一扔气球，抓一抓奶瓶、摸一摸洋娃娃，通过日常生活中的触觉和动作，使孩子发挥肢体动作能力，在通常的游戏里，在做出动作和产生的效果中，更加认识到自身能力和外部事物的关系。通过能力的认识游戏，产生欢乐情绪，并且尽量多鼓励孩子，促进自我意识的发展。

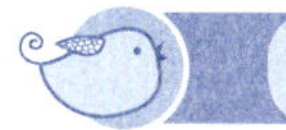

个性开始显现

从 10 个月龄开始，婴儿开始显示出个体特征的一些倾向性，有的孩子会表现得活泼，有的显得沉静，有的灵活，有的动作慢一些；有的孩子不能容忍抢走自己手上的玩具和食物，显得“自私”；有的则显得很大方，能把自己的东西送给别人，和别人一起分享；有的孩子很安静，任人摆布；有的则不允许别人碰自己，

见到生人显得很戒备。包括对于成年人的逗玩，不同的孩子表现出不同的反应，有的能报以友好的微笑，有的则紧绷着小脸儿，对于生人的逗玩不理睬，还有的则见到生人的逗玩不仅戒备，还有可能打人和躲藏。这些表现，证明孩子已经开始显示出个性倾向。

对于孩子的表现，要区别对待，这时的孩子已经能懂得父母的赞许表扬和不满意的表情、动作和简单语言。因此，对孩子表现出的好行为，要及时加以肯定和赞许，用点头、微笑、拍手叫好等方式鼓励孩子，表现不好的行为，则更要及时表示出不满意，用摇头、摆手、绷脸等表情辅以“这样做不好”、“不能这样”等简单词汇制止孩子的行为。无论孩子表现出什么样的个性特征来，在这个时候，给以及时的引导和培养，能形成和保持孩子良好的个性。

这个月龄的孩子，具有较强的模仿能力，而家庭成员的行为和表现，则是孩子形成个性的最主要模仿对象。父母和养育者的行为，对孩子的榜样作用极为重要，是孩子个性形成的基础样板。良好的榜样作用与和睦的家庭氛围，能使孩子形成好的个性。

每一个孩子都有各自不同的特点，而育儿最重要的，是充分利用和发挥孩子的这些特点，扬长避短，让孩子发挥自己的个性特点，健康地成长。

宝宝太“淘气”怎么办

宝宝会走路后，由于可以广泛地、多方面地去接触和认识周围环境和事物，孩子的心理更快地成熟起来，同时有了一定范围的独立活动的能力，孩子似乎变得不如以前听话，变得越来越淘气，喜欢爬上爬下，又爱动动这儿、动动那儿……

淘气是孩子的天性。作为父母要了解和掌握孩子的年龄特点，不要总以成年人的生活方式和心理来要求宝宝。只要宝宝能分清场合、时间，不伤害自己和他人，不损坏财物，淘气一点也无妨。

不要把目光仅仅停留在宝宝的表面行为上，去干预孩子的行为。要努力分清孩子淘气行为的本质和动机。是单纯的淘气，还是好奇心驱使下的、求索过程中的行为，从而决定是加以阻止，还是因势利导。

给宝宝较多的机会到户外去玩，引导宝宝多参加健康的游戏和体育活动，把精力用到有益的活动中。

经常找一些有益的事让宝宝做。通过参加一些力所能及的家务活动，帮助宝宝摆脱盲目的淘气行为。

家长可以用小伙伴的身份和宝宝一起同娱共乐，帮助宝宝出主意、想办法，引导宝宝将淘气行为变为有意义的探索活动。

宝宝由于受知识经验、活动能力和身体条件的限制，缺乏分辨是非的能力，自我控制能力差，淘气会产生一些不当行为。如果强行制止，反倒会引起宝宝的注意和兴趣，孩子可能会以此为乐，故意和家长对着干。有效的办法，是分散宝宝的注意力，用新玩具、新事物使宝宝的兴趣转移，或在保障安全的情况下，装作满不在乎的样子离开一会儿，使宝宝下意识改变行为。

总之，家长应当正确对待宝宝的淘气行为，保护孩子淘气的良好动机，满足内在的心理需要。把孩子旺盛的精力，转移到有益的活动中。

亲子依恋，心理发育的“营养”

亲子依恋，是婴儿寻求在躯体上和心理上与抚养者保持亲密联系的一种倾向，常常表现为微笑、啼哭、咿咿呀呀、依偎、追随等。亲子依恋现象是逐渐发展的，出生后 6 ~ 7 个月时开始明显，3 岁以后能逐渐耐受与依恋对象的分离，并习惯与同伴或陌生人交往。

亲子依恋一般分为 3 种不同的类型。

 安全型

这一类孩子跟妈妈在一起时，能在陌生的环境中进行积极的探索和玩耍，对陌生人的反应也比较积极。妈妈离开时，表现出明显的苦恼和不安；妈妈回来时，立即寻求与妈妈的亲密接触，继而能平静地离开。这类孩子只要妈妈在视野内，就能安心地游戏。

 回避型

这一类孩子对妈妈在场或不在场影响不大，妈妈离开时，没有忧虑表现；妈妈回来了往往不予理睬，有时也会欢迎，却很短暂。这类孩子实际上未形成对妈妈的依恋。

反抗型

这一类孩子当知道妈妈要离开时，会表现出惊恐不安，大哭大闹；见到妈妈回来就寻求与妈妈的亲密接触，但当妈妈去抱他时，又挣扎反抗着要离开，还有点生气的样子，孩子对妈妈的态度是矛盾的。即使在妈妈身旁，也不感到安全，不能放心大胆地去玩耍。

良好的亲子依恋，是一种积极的、充满深情的感情联系。婴儿所依恋的人出现，会使孩子有安全感，有这种安全感，宝宝就能在陌生的环境中克服焦虑或恐惧，从而去探索周围的新鲜事物，会尝试与陌生人接近，能使孩子视野扩大，认知能力得到快速发展。

母爱与感情依恋，是孩子心理发育的“营养剂”，各种教育环境刺激，是心智潜能的“开发剂”。

妈妈与宝宝交往的态度和行为，以及婴儿本身的气质特点，是影响宝宝形成不同依恋类型的主要因素。负责任的、充满爱心的妈妈的孩子常常为安全型依恋；反之，就可能是反抗型或回避型依恋。在孩子成长到 6 ~ 18 个月，正是形成亲子依恋关系的关键时期。妈妈是否能敏锐、适当地对宝宝的行为做出反应，积极地跟宝宝接触，正确认识宝宝的能力及软弱等，都会直接影响母子依恋的形成。

妈妈不仅能满足孩子生理上的“饥饿”，也是宝宝心理上的“安全岛”和快乐的源泉。妈妈不宜长期离开自己的孩子，更不要忽略婴儿抚触、婴儿体操等科学育儿手段，要尽可能多地给予孩子爱抚和鼓励，无论是充满感情的言语表达还是搂抱、亲吻等身体接触，都不要吝啬。要知道，宝宝是一个爱抚的“消费者”。

用表情引导宝宝

接近 1 周岁的孩子，观察能力和感知力丰富得多了。家庭教育中，父母应当注意利用自己的表情正确地引导宝宝，使宝宝不仅健康、聪明，还能根据父母表达出的感情和态度，修正自己的行为，不断提高辨别是非的能力。

做正确的事微笑鼓励

父母开始训练宝宝把尿时，如果宝宝服从把尿的动作，顺利地排泄小便，就应该高兴地对宝宝说：“宝宝真乖！”并亲一亲宝宝的小脸蛋，孩子看到父母愉快的表情，听到亲切的赞扬，享受到一个甜甜的亲吻，会知道父母喜欢自己这样做，以后反复的把尿动作，就会形成条件反射，养成把尿的习惯。

宝宝把掉在地上的东西捡起来，父母以愉快的表情说一声“谢谢！”看到父母的笑脸，宝宝会明白父母喜欢自己这样做。以后再次出现这样的行为，父母仍以赞赏的态度对待，则会使宝宝的正确行为得到强化。

严肃制止不该做的

有的父母总觉得宝宝太小，不管孩子做什么都不生气，采取放任的态度。这样会使宝宝分不清是非，判断不清楚什么是应当做的，怎么样做不对。时间长了，会变得任性，想干什么就干什么。因此，当宝宝无意识地做出某些不适当的事情或某些危险的举动时，父母要用严肃的表情和语言进行制止和教导。

例如，宝宝看到发亮的灯泡要去摸时，父母要严肃地制止孩子“不能拿，危险”！当然，宝宝并不懂得什么是“危险”，但会看到父母严肃认真甚至声色俱厉的表情，自然会明白这个东西是不能玩的。

家庭教育中，父母用表情引导孩子的行为，往往会比语言更有说服力。而小家伙呢，则是一位“察颜观色”的“高手”，从小培养孩子注意和顾及到别人的感觉与表现，事关情商教育的内容，也是一种能力训练。

懂得妈妈的话，语言发展准备期

婴儿一般会在 18 个月左右开始说出表达自己独立意图的第一个词语，而这第一个词语是宝宝经过十几个月的积累、酝酿而产生的结果，称为前言语阶段。

如果能在前言语阶段为宝宝提供一个良好的语言学习环境，并加以科学的引导，就能促进宝宝日后的语言发展。

家庭育儿环境中，妈妈总是有意无意地和婴儿进行语言交流，给孩子打下学习语言的基础。明白了其中道理和要素以后，有意识地把婴儿的前语言积累阶段利用好，也是科学育儿、开发宝宝智能的促进方法。

日常生活中，妈妈和宝宝说话时，常常会不自觉地放慢语速、提高声调，并会采用夸张的语气和比较简短的句子，这种特殊语言被称为“妈妈语”。

相对而言，孩子更喜欢这种“妈妈语”。因为缓慢的语速、夸张的语气和高扬的声调，可以帮助宝宝从一连串连续的语句中，识别某些重要的词语，使孩子能更好地理解和学习这些词语。使用“妈妈语”，可以吸引宝宝的注意力，一旦宝宝被吸引，就能逐渐安静下来，注视着妈妈，通过“咿咿呀呀”的声音、微笑的表情或肢体语言来回应。这种交流和互动，有助于加强母子之间的情感连接，促进亲子关系发展；也可以帮助宝宝日后成为一个乐于与人交往的人。

形成语言意识

一般来说，成年人在交谈时，说话者会自觉遵循“轮流发言”的潜规则。但学习说话的宝宝对此却一无所知。因此，妈妈在和宝宝说话时，可以用心帮助孩子逐渐形成这种意识。

开始，妈妈可以鼓励宝宝参加到这种会话与互动模式中。刚出生时，宝宝的哭闹大多是由于生理上的原因，如饿了、渴了、热了等等，妈妈如果用心地记住宝宝哪里不舒服时会有怎样的哭闹，及时予以满足，宝宝就会慢慢懂得用不同类型的哭声，来传达不同的需求，和妈妈形成一种初级的会话模式。宝宝会逐渐发现，发出不同的声音可以引起别人不同的反应，从而使孩子对语言功能有初步的认识。

设置语言环境

大约在6个月时，由于视觉能力和运动能力的发展，宝宝不再满足于和妈妈面对面的两人互动，而开始对外界事物表现出极大兴趣。可以改变策略，在洗澡、吃饭、游戏、看图片等日常活动中，和宝宝共同关注和探索外界事物，一方面鼓励孩子参与到人际间的互动活动中，另一方面也可帮助宝宝学习一些日常用语。爸爸妈妈还可以根据宝宝语言发展的实际水平，适时地设定一些具有一定挑战性的语言“难关”。在解决一个个的“困难”时，宝宝就能在日积月累当中学习大量的词语和交往技能。

开始冒话

到了一定月龄，孩子会喜欢自己唠叨，会学着成年人读书的样子，咿咿呀呀地说个不停，时而拉长音调，好像说话，又像唱歌，自个儿说得兴致勃勃，越说越起劲，有时候会自己哦哦啊啊地说好久。这是孩子自己在做语言练习，应当为孩子高兴。因为孩子正在认真地学习发音，值得好好鼓励。

理解词义

在父母的教育下，半岁以上的宝宝逐渐学会把一定的语音和某个具体物体联系起来，比如问孩子“灯在哪里？”，宝宝会用手指着灯，问到鼻子、眼睛、嘴巴、耳朵在哪儿，孩子都能指得很准确，听到“欢迎”会做鼓掌动作。这时候，如果问孩子刚刚吃的东西甜不甜，会咂咂小嘴表示很甜。然而，孩子要真正把词义和事物联系起来，还要经过很长的过程，有待于多次训练，反复地把词与事物联系起来，才能形成牢固的神经联系。

先懂后说

孩子说话的规律，是先听懂，然后才会说。半岁以后，耳濡目染地接受妈妈的语言熏陶，宝宝能听懂的词很多，会说的很少，想说说不出来。这时，正是需要掌握语言的阶段，尤其是需要有人多多地和孩子交谈，培养词汇理解力和逐步形成表达能力。

指尖上的智慧

人类的手指与大脑之间，存在着非常广泛的联系，如果把大脑皮质管辖躯体的范围以不同部位的肢体来划分，就可以发现，无论是在感觉方面还是在运动方面，手在画面上占的面积都很大。与伸展开来的“手”相比，大腿和胳膊就显得十分“纤细”。仅仅管辖大拇指运动的区域，就相当于大腿运动区的 10 倍！所以，人的十指才会那么灵巧，才会说双手创造了世界。如果孩子的手指更加灵活，触觉更加敏感，就一定会更聪明、更富于创造性。

2 个月时，孩子就会出现吮手动作，这时不要强行干预。3 个月时，就会抓玩具了。此时需要训练抓握能力，用多种质感和形状的物体让孩子体验。半岁以后，教孩子做简单的手指操，让孩子将手的动作与声音刺激联系起来。如让孩子“抓挠”；伸出食指表示“1”；双手鼓掌做“欢迎欢迎”等。

10 个月时，可以开始训练孩子捡拾物体。也可以学做“你拍一，我拍一，两个小孩坐飞机……”的拍手游戏。在孩子 1 岁左右，可以让孩子做旋瓶盖、解纽扣等动作，拿起小积木，将两块叠在一起。1 岁半时，让孩子拿勺吃饭并训练孩子自己端碗、端小杯子。孩子 2 岁之后，就要训练自己穿衣服、收拾玩具。

妈妈做事时，可以让孩子“帮忙”，妈妈整理床，宝宝拉床单；妈妈摆碗，宝宝放筷子；妈妈剥豆、择菜，孩子去倒豆荚；妈妈包饺子，给宝宝一小块面，让孩子自己包出面疙瘩。每一个孩子都会兴致勃勃地“参加劳动”的，在活动中，孩子会感受成功，得到乐趣。

一般的智力玩具，都具有训练手的精细动作、手眼协调能力和激发孩子想象力的作用。最传统的搭积木、捏橡皮泥和新开发的各种变形玩具、插拼玩具都有类似功能。可以先给孩子示范一下，然后就让孩子尽情去想象，不必完全按说明书的要求去玩。

游戏课堂——寓教于乐的亲子活动

攀登

让婴儿手脚并用，爬上垂直的梯子。“不会走路的婴儿爬垂直的梯子？”多数人会产生这样的疑问。正确的回答是，直立行走时，人体重心在脚的支撑点上方，属不稳定平衡。而攀登时，人体重心在手的握点下，属于稳定平衡。婴儿在早期有抓握反射，按照婴儿动作发展的规律，手的动作发展较早，有利于攀登。攀登时，婴儿上肢和肩部的屈肌得到很好的发展，身体呈垂直姿势，使腿部用力，与行走比较接近。所以，学习独自攀爬梯子，对婴儿独立行走有非常大的意义。

唱儿歌，听音乐

一般来说，智力发育比同龄的孩子健全、领悟力强、知识面宽的宝宝，多数是因为当还在襁褓期的时候，父母就尽可能多地跟宝宝讲话，多为宝宝讲故事或朗读幼儿读物。

孩子要学会或听懂某个单词或词组，就要反复地听，反复地模仿。所以，对这个月龄的孩子，父母需要有意识地和孩子多说话，并逐渐过度到讲故事或朗读，即使孩子暂时听不懂也没关系，要持之以恒。父母抑扬顿挫、悦耳动听的朗读声，会有助于孩子集中注意力，扩大词汇量，积累知识，丰富想象力，对孩子智力的开发、性格的塑造、爱好的养成、感情的丰富、情操的陶冶，都具有潜移默化的影响。

有人说，成年人中也有许多人听不懂音乐，宝宝那么小，又怎么可能知道音乐在传达什么呢？其实，让宝宝听音乐，不存在“听懂”或“理解”的问题，目的只是让宝宝感受，着眼于“熏陶”和“感染”，所谓耳濡目染，就是这个意思。

听音乐的时间，可以安排在孩子吃饱或睡醒以后，情绪稳定的时候。每次听音乐的时间不要过长，以十几分钟为宜。乐曲以选择一些旋律优美、节奏舒缓的轻音乐为宜。最好不要让宝宝听摇滚音乐，那样孩子会变成“摇滚宝宝”。此外，在每天晚上临睡前放音乐陪伴宝宝入眠也是一个很好的做法。

学洗手

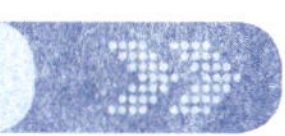

应当让这个月龄的孩子懂得，吃饭前要洗手，可以训练宝宝自己学会饭前洗手。

让孩子洗手，宝宝会很感兴趣，因为孩子一般天生爱玩水。当然，刚开始学自己洗手时，会弄湿衣服袖子。这不要紧，不要斥责孩子，要更加耐心地教宝宝怎么样正确洗手，怎么样把手洗干净。

教宝宝洗手的时候，可以配合语言训练，比如一边教孩子洗手，一边说“一二三、搓手心，三二一，搓手背”，让宝宝把洗手当做游戏，很高兴地就能学会自己洗手的动作。

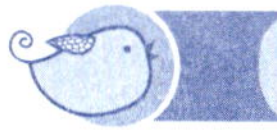

大手拉小手

妈妈与宝宝的方向一致，宝宝在妈妈前面，两人同时迈右腿再迈左腿；或者两人相对，妈妈牵着宝宝双手，宝宝向前，妈妈后退。宝宝喜欢面对妈妈，两人相对的走会让宝宝更加放心。最好一边走一边数数：1、2、3、4，如同跳舞那样练习，宝宝既练了走步，又听熟了数数。

让宝宝离开固定的扶持物，练习向前迈步。这种练习可让宝宝保持自身的平衡，学会稳步地行走。

课堂小结

宝宝的发育

这个时候宝宝可以用双手掌撑地、伸直四肢、躯干上升的方式站起来；独自站立几秒钟，站立时身体可以转90度。此时的宝宝，能准确理解简单词语的意思。在提醒下会喊爸爸、妈妈，会叫奶奶、姑姑、阿姨等。会一些表示词义的动作，如竖起手指表示自己一岁。知道常见物品的名称并会表示，懂得选择玩具，逐步建立了时间、空间、因果关系的概念，如看见妈妈倒水入盆就等待洗澡。这个月宝宝 的记忆力得到进一步的发展，能记住自己和家庭成员的名字，还能记住一些常用物品的名称。

宝宝的护理

给宝宝养成良好的生活习惯，例如睡眠、吃饭、大小便等，这样不但能使宝宝的机体更加健康，也有利于宝宝的大脑发育。给宝宝洗头的时候要注意使用对宝宝无刺激、易起泡沫的婴儿专用洗发液，选择柔软而有弹性的儿童专用梳子。家庭有患腹泻的宝宝，一定要护理好，及时寻找病因，如果严重，务必要到医院输液来补充体液，以免造成宝宝脱水。发现宝宝惊厥，要注意防护，立即把宝宝放置床上，快速解开衣领和裤袋，头偏向一侧；为防止咬伤舌头，必要时用填充物放进宝宝的上下臼齿之间。

宝宝的喂养

10个月的宝宝接受食物、消化食物的能力增强了，一般的食物几乎都能吃了，这时候的宝宝，有的时候还可以与爸爸妈妈吃同样的饭菜了。面对宝宝喂养问题，最主要的是要抓住一个目标，即喂养要保证婴儿正常的生长发育，体重、身高、头围、肌肉、骨骼、皮肤等要素，保持在正常指标范围内。宝宝的食品应经常变换花样，巧妙搭配、烹调，要求食物色香味俱全，易于消化，以便满足宝宝的营养需求，适应宝宝的消化能力，并引起食欲。点心的给予有其必要性，但不可过量，避免宝宝吃多了点心而不吃正餐，造成“本末倒置”，尤其注意不要给予宝宝垃圾食物。

早教和游戏的方法

在这个月中，爸爸妈妈可以通过让宝宝看图画书来增加认识事物的能力，同时还要继续发展宝宝的语言能力。在帮助宝宝发展语言能力时，妈妈或爸爸要善于用各种方式促使宝宝做出反应，无论是说话，还是以身体动作表示都可以。每一个宝宝都有各自不同的特点，而育儿最重要的是充分利用和发挥宝宝的这些特点，扬长避短，让宝宝发挥自己的个性特点，健康地成长。这个阶段婴儿可能显示出强烈的占有欲，最早的分享教育可以从这时开始。但对于婴儿分享意识的形成不要操之过急，一两岁的孩子需要很长时间才能学会分享。

第十二堂课

11个月到周岁的宝宝

成长课堂——宝宝的成长历程

周岁宝宝的特点

11 个月大的宝宝大人牵一只手就能走了，并能扶着推车向前或转弯走。能主动地由坐位改为俯卧位，或俯卧位改为坐位。

动作发育

满周岁的时候，宝宝已经能直立行走了。这一项巨大的变化，使孩子的眼界豁然开朗。满周岁的宝宝开始厌烦妈妈喂饭了，虽然自己拿着食物能吃得很好，但还用不好勺子。这时候的宝宝，对别人的帮助很不满意，有时还会大哭大闹以示反抗。宝宝会试着自己穿衣服，拿起袜子知道往脚上套，拿起手表往自己手上戴，给一只香蕉，要拿着自己剥皮。这些都充分说明了孩子的独立意识在增强。

语言发育

11 个月的宝宝，能准确理解简单词语的意思。但有的孩子还不能说话，到了满周岁的时候，宝宝不但会说妈妈、爸爸、奶奶、娃娃等，还会使用一些单音节动词，如拿、给、掉、打、抱等。发音还不太准确，常常说一些让人莫名其妙的语言，或打一些手势和姿态来表示自己的意愿。

睡眠

每天需要睡 14 ~ 15 小时，白天睡 1 ~ 2 次。

心理发育

11 个月的宝宝，已经能执行大人提出的简单要求。会用面部表情、简单的语言和动作与成人交往。这时期的孩子能试着给别人玩具。心情也开始受妈妈的情绪影响。到了周岁时，虽然刚刚能独自走几步，但是总想蹒跚地往外跑。喜欢户外活动，观察外边的世界，对人群、车辆、动物都会产生极大兴趣。喜欢模仿大人做一些家务事。如果父母让宝宝帮助拿一些东西，宝宝会很高兴地尽力拿过来，并想得到父母的夸奖。

疫苗接种

满周岁的孩子，应当接种流行性乙型脑炎（简称乙脑）疫苗，遵医嘱接种，1

周后接种第二次，并且要在 2 周岁和 6 周岁时进行加强免疫注射。1 岁以后，还要考虑预防接种风疹和水痘疫苗。

宝宝的能力

1 岁时，婴儿的身体活动日见频繁，一般孩子在这时，可以由成年人搀着双手或拉着一只手练习走，走得早的孩子，能撒开手摇摇晃晃地走。开始走时，有可能右脚呈“罗圈腿”，左腿拖着走，常常会两条腿不一样，这种情况不必担心。经过一段时间的练习，到一岁半时，双腿逐渐有劲，走路姿势就会变好。

1 岁的婴儿渐渐懂得人与人的关系，能分辨家里人和外人了，也能辨认外人中的熟人和陌生人。逐渐懂得语言是人与人联络的工具，叫到名字会循声转头，说再见时会举手、摇手或点头示意。能懂得很多话，有的孩子开始叫妈妈，有时会发出意义很含糊的声音，如“嘟嘟”“打打”……

手的动作越来越巧，会开瓶塞。孩子有好奇心，会这个摸一摸，那个动一动，这时应当提高警惕，对孩子的危险动作要制止。妈妈应该掌握对孩子说“不行！”“别动！”并且随时用柔和语气加以斥责。婴儿在这个时期，能记住受斥责的事情，而且不会认为受斥责是坏事。孩子初认识世界，什么事都不懂，进行这种斥责和制止教育，对孩子也是一种有益的训练。

这时的宝宝更喜欢看图画、学儿歌、听故事，并且能模仿大人的动作，搭 1 ~ 2 块积木，会盖上瓶子盖儿。有偏于使用某一只手的习惯，喜欢用摇头表达自己的意思。如果被问到喜欢某个玩具吗？会点头或摇头来回答。如果被问到几岁了，会用竖起食指表示 1 岁了。

对于这时的宝宝，虽然对学习很有兴趣，但教给孩子知识时，只能教一种。记住后，要巩固一段时间，再教第二种。在日常生活中，如果给苹果、香蕉、饼干，要从 1 开始，竖起 1 个手指表示 1，还可以反过来问“是几个？”学习用语言表示 1，并竖起食指表示 1。这种方法，可以发展数字概念思维。

接近周岁的宝宝在语言上、动作上进步很大，能表情丰富地和妈妈爸爸交谈。喜欢牵着拖拉玩具到处走，喜欢参与家庭生活小事。如果冬天到室外玩，知道把帽子放在自己的头顶上。穿衣、脱衣时，双臂能随大人指令上下运动。知道拿东西给爸爸、妈妈。喜欢自己洗脸、洗手、洗脚。要抓住这一阶段儿童的心理特点，不失时机地培养孩子的独立生活能力。

这个年龄段的宝宝，虽然会说几个常用的词汇，但是，语言能力还处在萌芽发展期，内心世界的需要和愿望还不会用关键的词来表达，还会经常用哭、闹、发脾气来表达内心的挫折。这时，家长该怎么办呢？千万不要用发脾气的方法对付孩子。应当尽量用经验和智慧来理解宝宝的愿望，猜测宝宝需要什么，尝试用不同方法来满足孩子，或者转移宝宝的注意力，让宝宝高兴起来，忘掉自己原来的要求。

让宝宝有轻松愉快的情绪，就要对宝宝不适的表示及时做出反应，让孩子感到随时处在关怀之中。这样，孩子才会对环境产生安全感，对他人产生信任感。家长不要担心这样下去会把孩子“宠坏了”。其实，宝宝在家长的亲切关心下，得到安抚和愉悦感，有利于学习和探索新的事物。

护理课堂——专家教你科学护理

晚上不睡的宝宝

让孩子拥有良好而充足的睡眠，是保证孩子健康的一项重要内容。然而哄孩子入睡却是件头痛事，几乎所有的家庭都曾为让小家伙按时睡觉伤脑筋。

1岁左右的孩子，已经具备了基本独立意识，小家伙会以怕黑、怕一个人待着、想跟父母多待一会儿等种种理由，到时间不睡觉。

孩子喜欢预先知道下一步要做什么，所以，定时做睡觉准备，就会使孩子想到上床睡觉的时间要到了。一般可以按以下原则去做：

让孩子从睡觉准备活动中获得安全感

例如，和孩子聊一聊白天发生的事情，聊一聊明天的打算，告诉孩子把第二天要穿的衣服取出来。也可以在睡觉前，给孩子讲故事或吃点小点心，如果每天睡觉都这样，孩子就会知道该睡觉了。

使用“信号”

对孩子讲清睡觉的具体时间，比如对孩子说：“电视剧结束了，就应该上床睡觉了。”也可以在彩纸上画一个钟，大表盘上分别标上游戏，睡觉和讲故事的时间。用指针告诉孩子下面做什么事情。或者，把纸钟放在闹钟旁边，指针指向睡觉时间，当两个钟的时间同样时，孩子就知道应该睡觉了。

睡觉前，不要做剧烈活动

打闹嬉戏和有剧烈活动的游戏，会影响孩子入睡。要提前半小时让孩子安静，这样才能放松。不要让孩子睡觉前用枕头打闹玩耍，可以给孩子读书、讲故事或者听音乐。也不要让孩子白天玩得很累，这样也不容易入睡。

宝宝的疾病预防

细菌和病毒，是非常微小的粒子。它们可以任意飘浮在空气中，伴随着空气被吸入人体内，产生各类疾病。因此，家庭护理孩子应当注意:

避免让孩子接触到刺激性气味和烟雾。比如，屋内尽量少用蚊香、燃香、油漆、樟脑丸、杀虫剂等有刺激性气味的物质，甚至有些孩子对香水味道也会有反应。厨房里宜使用抽油烟机，以减少油烟的弥漫。卫生间要经常清洗，防止异味产生。这些刺激性的物质，很容易刺激婴幼儿的眼睛、呼吸道及胃肠，增加生病的机会。

孩子房间内，可以使用空气滤净器，以减少空气中的杂质和灰尘。

照顾婴幼儿者或家庭中其他人感冒时，应当尽量避免与孩子“亲密接触”。如果孩子暂时无法托别人照管时，也要避免与孩子面对面地呼吸、咳嗽、打喷嚏。给孩子冲泡牛奶或打理食物时，应当先洗手消毒，避免对着食物说话、咳嗽和打喷嚏。

疾病感染流行期间，婴幼儿要尽量少出入公共场所或人潮拥挤的地方，像游乐场、剧院、商场、超市等，以避免呼吸道直接感染和接触传播疾病。

天气变化较多的季节，如春夏之交、秋冬之际、早晚温差变化很大时，应当注意婴幼儿的保暖，以减少对呼吸道黏膜的刺激。

宝宝口角炎

冬春时节，常会有婴幼儿口角上起一些小泡，并有渗血、糜烂、结痂，称为“口角炎”。表现为两侧口角黏膜及皮肤交界处除出现红色炎症外，口角黏膜和皮肤肿胀、变厚、有痛感。病期反复，能持续数星期。

婴儿因常用舌舔唇和口角而引起，幼儿则因有经常咬手指、咬铅笔等不良习惯，导致唾液分泌过多外溢，使口角部位经常潮湿而引起口角炎。

长期服用抗生素，导致体内菌群失调，继发感染，可导致白假丝酵母菌口角炎（即鹅口疮）。

此外，儿童体内缺乏核黄素（维生素 B_2）或患有缺铁性贫血也会引起口角炎。核黄素缺乏症引起的口角炎生于一侧，或两侧兼有但一侧较重，口角湿白、糜烂，张口时易出血，久之形成溃疡受感染。

口角疱疹，由单纯疱疹病毒引起，最初口角发红、发痒，随即发生圆形小泡，直径约 2 毫米，小泡迅速破裂后成小溃疡，有透明液体渗出，还伴有发热和颌下及颈淋巴结肿痛，一般 5 天左右症状减轻，10 天左右溃疡结痂、脱落，自然痊愈。

得了口角炎，由于炎症刺激，患者会不时用舌头舔患处，甚至常用手去揭结痂，家长要及时制止这种情况。因为手上所带的病菌会引起糜烂面感染，使病情加重。口角炎发生一般是两侧口角对称，开始先出现三角形红斑、水肿，然后发生糜烂、皲裂。皲裂处因有唾液，在大张口讲话时会出血、疼痛。

家庭护理口角炎患者，除了纠正不良习惯外，应遵医嘱对症治疗，注意饮食营养搭配，合理补充维生素。多吃新鲜蔬菜与水果，隔几天还应该吃一些蛋黄。

预防口角炎，冬春季节应注意保持孩子面部清洁，进食后要洗脸保证卫生。

口角炎糜烂时间较长或引起其他症状，如肺炎、药物过敏等，要及时请医生进行诊治。

宝宝身上出水痘

水痘是儿科常见的轻度急性传染病，由一种疱疹病毒引起。传播途径主要是飞沫和接触传染，但母体在妊娠期有患此症者，新生儿则会患上先天性水痘。婴幼儿一般在 6 个月内由母体获得抵抗力。因此，除新生儿先天水痘外，一般发病都在半岁以上的孩子中。患病以后获得终生免疫力。

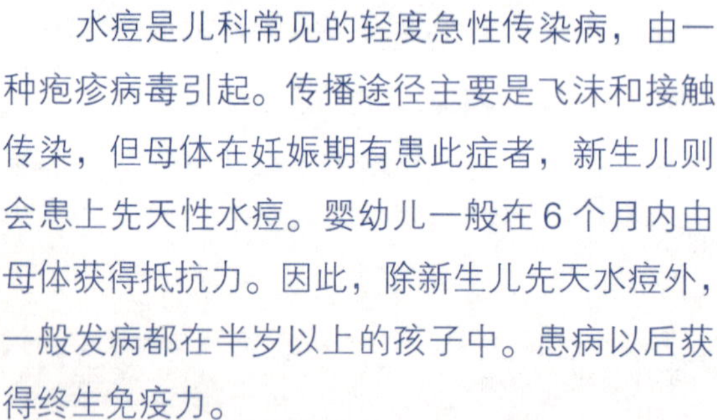

水痘发病后，多有 39℃以下发热，伴有流涕、喷嚏、咳嗽等症状。发病当天，头部的发际中、面部和身上有红色皮疹出现，过一天左右皮疹变成大小不等的圆形疱疹，内含透明液体，3 ~ 4 天后疱疹逐渐结痂。但新的皮疹又会出现，新旧皮疹和疱疹同时呈现，病程需要 10 ~ 14 天，大部分会结痂脱落，痊愈后不留瘢痕。但有合并发生皮肤感染、肺炎等的可能。

家庭护理水痘患者，要做好隔离以防止传染。多休息、多喝水，吃一些清淡的食物，鱼虾类和辛辣刺激性食物要禁食。要保持室内卫生，室内要经常通风换气。勤换内衣，但不能洗澡。还必须注意，剪短患者的指甲，因为在出疱疹期，局部会有极其严重的瘙痒感，如果患者用手抓挠，会弄破皮疹，造成感染，留下瘢痕。

宝宝身上长痱子

婴幼儿皮肤处在发育之中，功能不够完善，自我调节能力较差。到炎热的夏季，尤其是赶上气温高、湿度大的“桑拿天”，往往会在头面部、前额、脖子等部位长出针头大小的红色丘疹，密集排列，局部稍红，刺痒和灼热难耐。肥胖的孩子更容易发生这类状况，这是因为周围环境温度高、气压偏低致使孩子皮肤表层汗液排泄不畅，引起的汗管周围发生炎症，也就是痱子。

痱子，是一种急性皮肤炎症，由汗孔阻塞引起。人体除手心、脚底之外都可能发生痱子，但常发生在头皮、前额、颈、胸、臀部、肘窝等皱褶易出汗的摩擦部位。婴幼儿皮肤娇嫩，汗腺发育和通过汗液蒸发调解体温的功能较成年人差，更易生痱子。

从种类上说，痱子分为红痱、白痱、脓痱三种，不同的痱子有不同的表现。

 红痱（红色粟粒疹）

是因汗液在表皮内稍深处溢出而成。临床最常见，任何年龄均能发生。易发于手背、肘窝、颈、胸、背、腹部，婴幼儿常发于头面部、臀部，为圆而尖形的针头大小密集的丘疹或丘疱疹，对称分布，有轻度红晕，自觉轻微烧灼及刺痒感。皮疹消退后有轻度脱屑。

 白痱（晶形粟粒疹）

是汗液在角质层内或角质层下溢出而成。常于高温、暴晒后出现，多见于大量出汗、长期卧床、过度衰弱的患者。在颈、躯干部位发生针尖至针头大浅表性小水疱群，壁极薄，微亮，无红晕，轻擦后易破，多于 1 ~ 2 天内吸收，干后有极薄的细小鳞屑。

 脓痱（脓疱性粟粒疹）

是痱子顶端有针头大、浅表性的小脓疱。临床上较少见，常发生于皱褶部位，如四肢屈侧和阴部，婴幼儿常见于头颈部。表现为孤立、表浅、与毛囊无关的粟粒样脓疱。脓疱内常无菌，或为非致病性球菌，但溃破后可继发感染。

出现痱子后，因为刺痒和烧灼感，孩子难免要伸手抓挠痒痒，手指甲极易抓破痱子部位，引起感染，引发汗管及汗腺发炎、化脓，形成痱疖，俗称痱毒。痱毒一般小如豆粒，大如葡萄，表面呈红紫色，疼痛、发热，局部淋巴结肿大，严重者可能诱发败血病。

痱子发生以后，第二年夏季很可能还会在相同部位发作。因此，对于痱子“防”胜于“治”。

夏季家庭护理婴幼儿要预防痱子发生，关键在于保持皮肤清洁和干燥。要勤用温水给孩子洗澡降温，不要用冷水。温水洗后不会刺激汗腺，不会引起血管收缩，洗完后容易干爽。要注意在炎热季节，不要让孩子赤裸身体，皮肤没有衣物的保护，更容易生痱子并发感染。

夏季给孩子穿的衣物要宽大、吸汗、透气性良好。室内要通风，保持凉爽。要让孩子多多喝水，特别是喝一些绿豆汤、红豆汤、菊花茶等防暑降温饮品。如果已经发生痱毒，要在医生指导下使用抗生素，并外涂鱼石脂软膏或如意金黄散等外用药。

什么是接触性皮炎

接触性皮炎，是由于某些外界物质接触皮肤引起的皮肤急性炎症。

孩子某个部位突然皮肤瘙痒，局部出现红色的斑丘疹，或者患处明显肿胀，严重的会发生水疱。如果皮肤界限清楚，就很可能属接触性皮炎。

接触性皮炎发病原因有二；一是原发性刺激，即接触物本身对皮肤的刺激引起皮肤炎症；二是过敏性反应，也就是少数人对某些物质过敏所引起的皮肤炎症。有些过敏性皮炎不会马上发病，会有几天的潜伏期，再次接触后会在24小时内发病。引起接触性皮炎的物质很多，可分为植物性、动物性和化学性三类。植物类中最常见的过敏原是生漆。动物类中如一些家禽的羽毛或羽毛饰物往往易引发过敏。化学类中如化纤织物、肥皂、玩具等都可能引起过敏。

对于接触性皮炎的治疗，最主要的是要去除病因，如果已经明确致敏原，就应当避免再次接触。对皮炎的局部治疗，可以到医院找医生开一些对症治疗的外用药。如果病情严重的，医生还会给孩子开一些内服药。

应当注意的是，对已经发生的皮炎要避免搔抓、洗烫，不要用肥皂等有刺激性的液体涂抹局部，已经发生糜烂的皮炎，要注意防止感染。

喂养课堂——宝宝喂养新观念

本月喂养要点

孩子 1 岁了，已经出 6 ~ 8 颗牙，胃的容量达到 250 毫升左右。孩子大了一些，什么都能吃，很少有因添加食物而消化不良的。咀嚼能力增加了很多，对各种食物的消化能力比较强。消化系统更加成熟，可以给婴儿吃各种食物。不过，还是要把食物做得细一些，因为孩子的乳牙还未出齐。尤其是乳磨牙未出，还不能把大块的食物咀嚼碎。如果给孩子喂较大的食物孩子会呕吐，或拒绝吃这些食物，甚至会产生厌食。因此，给 1 岁孩子的膳食，应当是做得细、碎的普通膳食。

这个阶段孩子的饮食结构，要逐渐向成人过渡。由于宝宝的消化功能还未健全，要掌握循序渐进的原则，由菜泥—碎菜，肉泥—肉末，烂面—软饭等逐渐过渡。

宝宝的正餐，即午餐和晚餐要精心制作，为孩子提供多方面的营养。主食通常用饺子、包子、面条、软米饭。菜则用肉、蛋、各种青菜、豆制品等调换花样做。这些原料里，肉要切成末，青菜和豆制品尽量切成丝或小块。

除了正餐外为了保证宝宝的健康，每日还应增加 3 次点心：

早点：牛奶是钙质最好的来源，一定要保证喝。宝宝上午运动量大，光靠一瓶奶是不够的，而且牛奶不宜空腹喝，最好同时再吃一点儿点心，如饼干、蛋糕、面包之类。

午点：这个时间一般在宝宝午睡后，容易口渴，喝一瓶酸奶或豆浆，能为宝宝下午的活动提供些量。

晚点：一瓶奶加适量米粉，能使宝宝一夜睡得安稳。

加餐吃的水果，可以保证宝宝所需的维生素。

注意事项：

餐前一定要给宝宝洗脸、洗手，保证饮食卫生。

进餐时间控制在半小时以内，如果没吃完也不要拖延。

饭后 1 小时，要保证宝宝适当的活动。

两餐之间要喝水，可以是糖水、果汁水，也可以是白开水。

尽量保证定点进餐，每餐的食量都要差不多。不要养成宝宝爱吃的多吃、不爱吃的少吃的习惯。

孩子的营养情况

现代人们的生活水平普遍提高，婴幼儿营养缺乏症已经减少。但因为喂养不当或膳食调配不合理，仍然会造成婴幼儿的某些营养素不足。

在日常生活中，用简单的直观目测，能初步判断婴幼儿营养不良的症状，一般可遵循以下顺序：

头、面、皮肤头发无光泽、稀疏色淡、易脱落——蛋白质不足。

面部、鼻唇沟脂溢性皮炎——维生素 B_2 不足。

皮肤干燥、毛囊角化——维生素 A 不足。

因日晒、创伤导致对称性皮炎——烟酸不足。

牙龈海绵状出血、皮肤出血或瘀斑、骨触痛——维生素 C 不足。

阴囊、阴唇皮炎——维生素 B_2 不足。

全身性皮炎——锌和必需脂肪酸不足。

匙状指甲——铁不足。

皮下组织水肿——蛋白质不足。

皮下脂肪减少——食量、热量不足。

脂肪增加——热量过多。

眼、口、腺体结膜苍白——贫血、缺铁。

结膜干燥斑、角膜干燥及软化——维生素 A 不足。

睑角炎——维生素 B_2、维生素 B_6 不足。

口角炎、口角斑痕——维生素B_2、铁不足。

唇干裂——复合维生素B不足。

氟斑牙——氟过多。

龋病——氟不足。

甲状腺肿大——碘不足。

肌肉、骨骼肌肉量减少——热量及蛋白质不足。

骨骼和颅骨软化、方颅，前囟闭合晚，软骨、肋骨串球，“X”形腿、“O”形腿——维生素D不足。

当然，上述表现仅为营养不良症的可能，其他的疾病也会有相同体征，应当注意鉴别。如果能结合体格增长速度和膳食调查，会更加确切。

家庭最好实施分餐制

按照我国传统的吃饭方式，是全家人共吃一盘菜，一碗汤。这种方式很不卫生，传染病患者容易通过筷子、汤匙上的唾液，把病毒或细菌传染给孩子。有一些传染病具有一定的潜伏期，在尚未发作时没有任何症状。还有一些人虽说本身没有患病，却是某些传染病病菌的携带者，同吃一盘菜时，病菌就会传染给别人。特别在节假日，亲朋好友团聚或宴请宾客时，遇上这一类患者或带菌者，就会因为混食而导致疾病的传播。

分餐制，就是在全家用餐时，采用一人一份饭菜的方式，同坐一张餐桌，各人吃各人的。如果家庭要做到这一点有困难，可以先采取公用筷子、公用勺子的办法。每人一副餐具，大家共用公筷、公勺子，把菜和汤盛入自己的餐具中，同样可以达到卫生防病的目的。

实行分餐制，还要与食具消毒结合起来。要采用食具煮沸消毒，以消灭餐具上的病菌，才能把好“病从口入”的关，保证身体健康。

早教课堂——聪明宝宝赢在起跑线

婴儿期的心理卫生

婴幼儿时期的心理卫生，对于孩子长大后成为一个精神健康、品行良好的成年人十分重要。绝大多数家庭的父母对孩子在身体的发育上倾注极大的关注，而在心理的发育方面却普遍不知如何做。

婴儿在6个月就学会了有选择性地微笑。8个月时会害怕陌生人，与母亲的短暂分离会引起焦躁不安，表示孩子在这一时期已经具有一定的心理活动能力。

婴幼儿对父母在感情上的依赖，贯穿于早期的全部生活，父母的一言一行对孩子有潜在的影响。

1周岁的孩子与妈妈建立了紧密而牢固的联系。与父亲和关系亲近的人也有了能控制自己的行为能力，孩子的记忆力、想象力、思考能力逐步形成雏型，对事物好奇心增强，模仿能力迅速增长，已经初步具备喜怒哀乐的情感活动。然而，在此期间孩子的情绪很不稳定，对事物也没有正确与错误的辨别能力。这个时期，是孩子各种心理特征形成雏型的阶段，从小能得到正确的引导，会对其从小形成良好的心理素质有极大帮助。而引导不当，则有可能发展成一个有各种心理问题的人。因此，关注婴幼儿时期心理活动的发展，十分重要。

父母是孩子的第一任老师。良好的教育方法，和谐的家庭气氛，对孩子的心理成长十分重要。1～2周岁的孩子，没有辨别事物正确与错误的能力。因此，父母需要逐一告诉孩子什么是对的，什么是错的；什么事情能做，什么事情不该做。要鼓励孩子探索，做对的要鼓励，做错的要讲明道理。让孩子知道错在哪里，然后从头再来，直到把事情做好为止。

对于孩子合理的要求，要尽量满足，不合理的要求要讲明道理，坚决拒绝。一切顺从孩子的意愿、溺爱或粗暴苛求都会对孩子的心理发育产生不良影响。

对孩子耐心地讲道理，是一件十分有意义的事，孩子虽然可能对父母讲的道理不甚了了，但在长期家庭氛围中耳濡目染，孩子就会逐步明白道理。

遇事给孩子讲道理，对培养孩子养成一种平和的心态很有好处。在孩子长大以后，也会以讲道理的方式去处理问题。

父母要做好孩子的榜样，孩子通常会不自觉地效仿父母的言行。要求孩子不做的事，父母首先不能做。

此外，对孩子从小就要讲信用，答应了的事一定要兑现，不答应的事就一定不做。这样在孩子的心目中才能有威信，在培养孩子的过程中，才能进行有效的、有说服力的教育。

幼儿期的心理发展，会决定一个人一生的心理素质。具有良好心理素质的人，在社会中会有更好的发展。因此，关注孩子的心理发育，对一生都有重要意义。

建立是非意识

有人认为，1 周岁以内的宝宝只知道吃喝拉撒睡，能哄得孩子不哭不闹就不错，小家伙能有什么是非判断能力?

其实不然。在孩子懵懵懂懂、咿咿呀呀，特别是欢笑及发怒时，已开始了对外界人和事的观察和认识。

从第 2 个月开始，宝宝喜欢观看人的面容。即使宝宝在生理上困倦或饥饿时，看见熟悉的面容也会微笑、手足挥动。说明宝宝不仅有生理需要，也有社会性需要。如果忽视宝宝这种最初的反应，只是满足生理需求，对宝宝的无理取闹一味迁就忍让，宝宝就会形成不正确的是非观，养成许多不良习惯，甚至影响一生。因此，应注意几个方面：

统一是非标准

在宝宝的饮食、排便、睡眠、卫生、礼貌等方面建立良好的规律。严格执行并取得全家人的共识和行动的一致。如果宝宝睡醒之后会躺着自己玩，就做得好。如果没缘由地大哭大闹，就是表现不好。此时，无论谁都不要理会他，慢慢地宝宝就知道了自己做得不对。宝宝还不会说话，不能用语言表达自己的需要，只会用哭表达自己的感觉。所以，家人要学会判断宝宝哭的真正原因，以便及时对症处理。

客观评价行为

利用表情动作、简单的语言，对宝宝的行为加以肯定或否定。半岁以后的宝宝，逐渐对家长用表情和语言表示称赞和责备能有所反应。如果小便，知道坐便盆了，可以非常高兴地拥抱亲吻宝宝，充满喜悦地夸孩子：“宝宝真的长大了，真能干！”还可以很温柔地抚摸宝宝，奖励最喜爱吃的或玩的东西，以此不断强化宝宝正确简单的是非观。宝宝表现差时，可以置之不理，或佯装怒容以训斥生气的语言说："不是好宝宝，不喜欢了。"但家长一定要客观评价宝宝的行为，不能根据自己的心情判别宝宝的是与非。

丰富宝宝的生活

只有丰富多彩的活动，才能给宝宝更多的锻炼机会。几个月时，可以用音乐、玩具等逗引。稍大一些，可以带宝宝多外出活动，与外人及小伙伴交往，教宝宝正确的礼貌行为。如用动作表示"你好"、"再见"等。宝宝不抢玩具，到公园不攀折花木等。在宝宝养成良好的行为习惯的同时，也明白了一点是非。

养成看书的好习惯

"1 岁的孩子刚学说话，怎么会看书呢？"父母们一般会这样想。所以，只给孩子买玩具，忽略了书对孩子的重要性。

1 岁的孩子已经具备看书的能力，可以认识图画、颜色、指出图中所要找的动物、人物。当然，这需要妈妈的指导和协助。妈妈问孩子："小花猫在哪儿？"孩子就可以从画中指出。18 个月的孩子会随妈妈一起翻阅图书，找自己喜爱的画，21 个月的孩子能念念有词地说出图中几种动物的名称。可以说，1 岁的孩子不仅能看书，而且太需要学习，因为这个年龄段正是幼儿语言飞速发育的时期，孩子能从图画中知道许多的动物、植物、工具及日用品的名称，从而积累大量词汇，为以后顺利说话打下基础。另外，看书识图也能培养孩子较强的注意力、观察力和辨别力，促进智力发育。

教 1 岁的孩子看书，首先要做到会为孩子买书。12 个月左右的孩子，可以买一些画有动物、水果、日用品等方面的图画书，每页最好不要超过 4 幅画，带孩子认图。到孩子快一岁半时，可以买一本硬纸壳做的书，或找一本刊物，教孩子学习自己翻书页或找喜欢的画。以后，可以买几本色彩鲜艳、内容简单，带有一定故事性的图画书，每天带孩子看书讲故事。

通过循序渐进的诱导，孩子一定会喜欢看书，并受益终身。

自己管理玩具

训练孩子自己管理玩具，是从小养成规律有序生活、做事习惯的开始，也是对孩子一生都能有重要影响的早期教育重点内容。

孩子越小，注意力集中的时间越短。不论玩什么，往往玩一会儿就烦了，实际上，孩子是累了，需要休息更换一个兴奋点。

此时，家长一定要坚持一点，就是让孩子不论做什么，都一定要有始有终。在孩子玩得开始显出厌倦时，妈妈要请孩子来一起收拾玩具。家里要给孩子准备一个较大的筐来专门装孩子的玩具，收拾玩具时，就让孩子把玩具放进筐里。如果孩子不肯做，就耐心地告诉孩子："小猫要回家，小狗要回家，我们把它们送回家去吧。"孩子会乐意地抱起玩具小狗或小猫放进筐里。还可以哄着宝宝说："妈妈放一个，宝宝也放一个，比一比好不好？"这样，把收拾玩具的过程也变成游戏过程，孩子就会愉快地参加。开始，可能孩子只收拾一两样就不干了，也可能会放进这样，又拿出那样来。但只要孩子参与收拾，就要表扬和鼓励。做不好没关系，只要宝宝做。做完后，帮助孩子把玩具收拾得整整齐齐，放在一个固定的地方。

收拢玩具，可以培养孩子从小爱护物品和管理自己东西的能力，使孩子习惯于在整洁的环境中，有秩序地生活和工作，处理好自己的事情，对于一生都是十分有用的好习惯。

收拢玩具的过程，可以培养孩子手和全身的协调动作，增强体力和提高行动的效率。和妈妈一起收拢玩具，孩子会渐渐地动脑子想先拿哪个，后拿哪个，怎么能比妈妈收拾得更好。逐渐培养孩子独立思考和独立工作的能力，慢慢地学会由近及远，有条理地处理事情。

玩过玩具后，要让孩子及时洗手。

不要借别人的玩具玩。

玩具要每周清洗、消毒。可以先刷洗，然后再用消毒剂浸泡，或放在阳光下暴晒。

喜爱敲打和"涂鸦"

孩子成长到一定的阶段，必然会出现一些令成年人百思不得其解的"离奇"举动。其中，有成天喜欢敲敲打打的"小铁匠"，也有的热衷于胡乱"涂鸦"的"小画家"。这些表现有一定的规律性在其中，了解了原因，才能正确对待和诱导，从而保护孩子的天性，开发智能。

喜欢敲打有缘由

孩子长到快 1 岁时，多数孩子都喜欢把能抓到手的一切东西都拿来摔摔打打地当鼓敲。有的父母专门为孩子买回高档电动玩具，而这个月龄的孩子，却不顾父母的心意，管它三七二十一，拿到手、抓起来就往桌子上敲，只敲几下就会把价格不菲的玩具敲打坏掉。有的家庭中，爸爸妈妈有可能难以忍受孩子成天敲打的声音刺激，会埋怨说："嘭嘭嘭，一天到晚地敲，在打铁啊！"然而"小铁匠"自己，却丝毫不管不顾成年人的感受，依然我行我素地敲打不停，乐此不疲，自顾敲打得兴趣盎然。

做为父母，应当理解孩子出现的这种行为，这是孩子在成长过程中的一种探索行为，也是孩子成长的一个必然过程。

长到 1 岁左右的孩子，对于自身及周围环境的认知正在完善过程中，对于自己与世界的关系、自身的能力能够造成的结果等一系列因果，开始积累经验和理解。孩子想要了解各种各样的物体，了解物体与物体之间的相互关系，了解自己的动作所能产生的结果。他能选择的最直接方式，就是通过敲打不同的物体来认知事物。

孩子开始知道这样做，会产生不同的声响，而且自己用力强弱不同，产生的音响效果也不同。比如，用木块敲打桌子，会发出啪啪的声音；敲打铁锅则会发出当当声；两手各拿一块木块对着敲，声音似乎更奇异。孩子很快就学会选择各种敲打物，学会了控制敲打的力量大小，随即因此而发展了自身动作的协调性和准确性。

理解了孩子爱敲打东西的原因，就要积极地帮助孩子发展这一特殊性、探索性的活动。建议家长对这个年龄段的孩子，不必购买高档新玩具，只需要找一些带把的勺子、玩具小锤、玩具小铁锅、纸盒之类的东西就足够。让孩子在游戏的过程中，找到发展各种技能的方法，关心孩子，理解孩子，帮助经历每一个必经的认知事物的过程。

早"涂鸦"好处多

"涂鸦"一词，源自成语"信笔涂鸦"，是古人对于乱涂乱画的一种雅谑，通常也是古代文人对自己作品的一种谦称。

涂鸦的典故，出自于晚唐诗人卢仝写童趣的诗《示添丁》："不知四体正困惫，泥人啼哭声呀呀。忽来案上翻墨汁，涂抹诗书似老鸦"。寥寥数语，把小宝宝憨态可鞠的形象描画得栩栩如生。由此可见，自古以来，幼儿信手涂抹、乱画的天性是不足为怪的。

宝宝 1 岁左右，学会了准确无误地抓握能力，就会用能拿到的笔来乱涂乱画，“涂鸦”期也就开始了。孩子越早学会乱涂乱画，具备“涂鸦”的能力，对于智力开发越是有益，大致有以下好处：

练习手、腕部的诸多关节和小肌肉群的协调动作，使得孩子较顺利地完成执笔能力的训练；也有助于学习使用筷子、勺子或其他小工具、小玩具。

能使孩子对自己想要画的对象，加深观察和了解，自觉进入较强观察力训练的自觉阶段。如：画一条小鱼，要有眼睛，还要有尾巴……如果能抓住孩子乱涂乱画的兴趣点，有意识地指导宝宝看一次，再看一次，然后再画一次，对于智力发展会颇有收益。当然，不要对宝宝要求得过高，而是要尽可能地保持、巩固和培养孩子的兴趣。

可以锻炼宝宝的脑力活动。宝宝通过观察、记忆、比较、思考的过程，决定了要画的事物，然后到指导用自己的手去画，还要用观察来检验自己画的是否得当，这一系列的感知活动，全都自己试探着完成，而且是宝宝眼、脑、手和谐调动，协调完成的。在成年人眼里看似简单的“涂鸦”活动，对宝宝来说则是多种能力的综合表现。

人们头脑中的信息，有 85% 以上要通过眼睛观察得到。“看法”、“洞察”、“比较”等诸多能力的形成，全都离不开眼睛的获取。通过幼儿期的“涂鸦”活动，既能丰富孩子大脑中的信息，又能成为指导各种行为的依据。还可以奠定宝宝眼、脑、手配合活动的基础，养成形象思维的习惯，这也正是人们社会生活中的一种特别宝贵的能力。

爱扔东西，长见识

1 岁左右的孩子，不约而同地出现爱扔东西的现象，会惹得爸爸妈妈非常生气，往往给一件玩具只玩一会儿，孩子就往地上扔。开始，父母以为宝宝不小心掉下地，给拾起来，但宝宝很快又往地上扔，反复多次，把父母惹生气了，干脆

不去理睬他。

孩子喜欢扔东西，并不是存心调皮捣乱，也不是坏习惯，而是这一时期宝宝的特征之一。孩子在反复扔东西的过程中，不仅得到情绪上的极大满足和愉悦，还能积累认知能力和经验。

孩子在不断地、反复地扔东西的活动中，能慢慢意识到自己的动作（扔）和动作对象（物体）的区别，探索自己动作的后果——会出现什么效果和变化。

例如，宝宝每次扔球，都能使球滚动，起初这种现象偶然发生，并没有引起孩子的注意，宝宝也没有意识到自己的力量。以后，经过多次重复这一动作，相同的现象（球会滚动）再次发生。宝宝逐渐开始认识到自己扔的动作，能使球发生变化，出现滚动的效果。从而使孩子意识到自己的力量、自己的存在和客观物体之间的关系。

这种扔东西的动作，显示出的力量和事物发生的变化，开始促使宝宝再次进行尝试，用扔的动作去作用于物体，观察是否能发生变化。扔出响铃棒，响铃棒掉下去能发出声响，但不会滚动；扔下毛巾，毛巾既没有声响又不滚动。

由此，孩子逐渐认识到，扔不同的东西会产生不同的效果，逐渐发现了物体更多属性，对各种事物获得更多认识。

有时孩子扔东西，是想要家长和自己玩，以扔东西来引起父母的注意。在孩子扔下和父母拾起的过程中，建立“授受关系”，发展人与人之间的社会交际关系，在动作与语言的交往中，使孩子的认知能力不断地发展。

对待“爱扔”阶段的孩子，应当注意：

如果父母不能花许多时间，专门为孩子拾东西，可以让孩子坐在铺有席子或垫子的地板上，让孩子自己扔东西玩；教会孩子先扔出东西，再自己爬过去或走过去拾起来。

逐步教给孩子知道，什么东西可以扔，什么东西不能扔。可以做沙袋、豆袋，准备一些带响铃的橡塑玩具等，用来给宝宝扔。

要制止孩子乱扔食物、扔易碎的玩具和易损坏的东西。但不要采用训斥的方式，以免会强化孩子类似的不良动作。

孩子喜欢扔东西，父母不必紧张、烦心，这个过程只是一个很短暂的时期，孩子慢慢学会了正确地玩玩具和使用工具后，兴趣及注意力会逐渐转移到其他更有趣的活动上，“爱扔”的现象就会自然消失。

教宝宝学说话

一般来说，11 ~ 12 个月龄的婴儿进入了语言—动作的条件反射快速形成时期。孩子开始渐渐懂得一些词义，会按照妈妈的指示去做一些事情，开始模仿成年人说话的发音，用一定的声音来表达一定的意思，进入了开始学说话的萌芽期。

1 岁左右的孩子，学习语言的能力很强，能大量运用合乎语法习惯的简单句子。到 1 岁左右，就能逐渐辨别个别语言词义，为深度语言学习打基础。

孩子学说话，必须经历发音到理解，从理解再到表达三个过程。开始模仿成年人语言，是一个复杂的过程。孩子只能通过视觉看口型，听觉听发音和自身的言语震动感受器官，包括自己的声带、口唇、舌头等发音器官的协调活动来发音。

训练发音，从 9 个月开始，教孩子发出单个元音、单个辅音的发声练习，利用孩子爱模仿的特点，一边示范，一边鼓励孩子说。练习“a”、“m”、“p”、“h”等，发音的同时，要注意纠正口型。

从 11 ~ 12 个月龄以后，可以从训练孩子认识人的称呼开始教话，先从家庭成员做起，妈妈、爸爸、奶奶、爷爷、姥姥、姥爷等，还可以用照片引导孩子把认识和发音结合起来。

认识五官和自己的身体，一边指着器官或肢体，一边教孩子说鼻子、眼睛、嘴巴、耳朵、手、脚丫等。

结合具体场合，一边做手势，一边教孩子说“是”、“不”、“拿”、“要”等词汇，反复练习以达到熟悉程度。

婴儿真正能发好语音，要到 1 岁左右，因为孩子与成年人的语言交流频繁，外界环境刺激大脑，促进相关区域迅速发展，从而整体上提高对语言的理解力和表达能力。

在日常生活中，应当经常对孩子在生活环境中能接触到的事物进行语言描述。穿衣服时，可以说上衣、裤子、鞋，到户外活动，让孩子知道开过去的汽车，跑过去的小狗。平常在看图片时，也经常强化语言，对图片上的苹果说“这是苹果”，还可以接合实物，对孩子吃苹果前，说“苹果”。让具体的事物与声音经常联系在一起，时间长了，孩子大脑中就建立起条件反射，说到苹果，孩子的视线会投向苹果；说到汽车，就会转向汽车。这样，渐渐地孩子就能懂得一些语言和词汇。

训练说话，还可以经常把声音和动作结合起来，说到“我不吃”的同时，伴以摇头动作；说“我要吃”的同时，做点头动作。通过用语言和动作结合的练习，孩子的理解能力会有很大的进步，学会用摇头表示“不”，用点头表示“是”或者

“同意”，逐渐能懂得10个以上词语的意思。只要一提到爷爷、奶奶、姥姥、姥爷等人，孩子就会找到本人或者看向全家福照片。

为了让孩子能懂得更多的词汇，还应当经常把语言特指的事物和实际的事物展现给孩子看，有意识地让孩子的听觉、视觉、触觉等多种感官信息建立联系，经过这样反复的训练，孩子不仅理解了语言，同时还学习到更多的知识，促进语言能力和思维能力的发展。

游戏课堂——寓教于乐的亲子活动

爬过“隧洞”

找一只大纸箱，用胶布把纸箱两边开口的翻盖黏成“隧洞”状，最好在箱子中铺一点质地柔软的铺垫。把一个玩具放在“隧洞”的另一头，让孩子爬过去拿到。

对于孩子来说，爬着通过“隧洞”是一个令人激动的游戏，爬着过“隧洞”也是捉迷藏的一种方式。人忽然不见了，又忽然出现了，像变魔术一样。

爬越障碍

在地毯上设置简单的障碍物，如较大的枕头、沙发垫、大的绒布玩具、纸箱隧洞、可以从下面钻过去的椅子等。鼓励孩子沿着设置好的障碍，一个一个地翻越、爬过这个枕头，绕过那个玩具动物，从这把椅子下面钻过去，再通过那个隧洞。当孩子全部完成后，要给予鼓励。

妈妈在前面引路，通过障碍，让孩子跟随在后面，这个游戏会使孩子感到很高兴，能感觉到自己的本领。也可以用一个孩子喜爱的玩具引路，在每一个障碍物前晃动这个玩具，让孩子努力追上、抓到。

打开看看 

在纸盒中放进能发出声音的铃铛，摇一摇，然后让孩子猜“有声音响，是什么东西？”引导孩子把盒子中的东西拿出来，说“原来是铃铛！”再装进盒子里，让孩子自己摇一摇，再打开一次。这项游戏旨在使宝宝认识物品与行动之间的因果关系，通过观察和思考，开发孩子的智能。

学翻书 

在宝宝情绪愉快时，坐到妈妈的怀里，打开一本常常看的图书。先打开书中孩子认识的一种小动物图画，引起他的兴趣，再当着孩子的面合上，说“小猫藏起来了，我们把小猫找出来吧！”然后示范一页一页翻书，翻到后显出兴奋的样子“找到了！”然后再合上书，让宝宝模仿妈妈的动作，打开书，找小猫。开始时孩子只能打开、合上，渐渐地就能学会一次翻好几页。这项游戏要求孩子食指、拇指配合较熟练。可以培养孩子对图书的兴趣，训练孩子的精细动作能力。

找窍门 

准备一块台布，用绳子吊住一个玩具，让孩子能拿到绳子却拿不到玩具。示范怎么样通过拉绳子来拿到玩具。然后，把玩具放到台布上，让孩子能够拿到台布，却不能拿到玩具，看一看孩子会不会拉动台布，把玩具拿到手。

通过这项游戏，可以培养孩子的专注力、观察力和探索能力，手眼协调地运用工具。

课堂小结

宝宝的发育

宝宝可以在没有任何倚靠时站起，并能在短时间内保持平衡。扶着家具走得更加敏捷。不必扶，自己站稳能独走几步。拇指与其他四指的配合更协调了，能把容器上的盖子拿下来，喜欢将东西摆好后再推倒，或者将抽屉、垃圾箱倒空。此时宝宝对说话的注意力日益增加。见到爸爸和妈妈时，能主动称呼“爸爸”和

课堂小结

“妈妈”。能找到家长所说的东西。牙齿按照公式计算，应长出 5 ~ 7 颗牙齿。当然，也有些孩子刚刚开始出牙，但乳牙开始萌出最晚不应该超过 1 周岁。

宝宝的护理

给宝宝买新衣服后一定要先洗涤、消毒、晾晒。幼儿服装在制作工序上更为复杂，往往比婴儿服装更容易沾染病菌，新衣一定要洗净没有异味后再给宝宝穿。宝宝对于疾病的抵抗能力比较弱，家人一定要注意照顾好宝宝，避免让宝宝接触到刺激性气味和烟雾，天气变化注意保暖，流行病爆发之际少去公共场所。宝宝皮肤出现问题的时候，要注意及时治疗，应注意不要让宝宝接触过敏性传染源，勤洗手，注意卫生。晚上不睡觉的宝宝要记得营造一个温馨的家庭环境，临睡前不要过分的逗引宝宝，另外，不要让宝宝有过分剧烈的活动。

宝宝的喂养

这个时期的宝宝，消化吸收能力显著加强，能够比较安静地坐下进食，用手拿小勺的本事也有长进。给宝宝做饭时，讲究各种菜肴的搭配，注意色、香、味、形，刺激宝宝的食欲。食物的品种应经常变换，以引起宝宝的兴趣，有新鲜感，愿意尝试。宝宝在饮食上已经渐渐地参与到家庭生活里来了。爸爸或妈妈的饮食制作、饮食习惯都与能否让宝宝养成良好饮食习惯息息相关。宝宝体重过重时，妈妈应给宝宝选择含热量少，但营养均衡的食物；而对于体重相对不足的宝宝，增加热量及营养均衡两者并重才是最根本的解决办法。

早教和游戏的方法

这个时候的宝宝已经学会用一定的声音来表达一定的意思，妈妈要教宝宝学会认识家人的称呼和身体的部位，以及出外时结合不同的场景教宝宝说话。继续教宝宝学走路，给予宝宝自己玩的基本能力，同时利用不同的玩具来训练宝宝不同的感觉。建立起宝宝的是非意识，家庭成员要统一是非标准，要养成看书的好习惯，让宝宝自己学会管理玩具。寻找适宜这个年龄段宝宝的游戏，多锻炼宝宝的视听触觉等能力。

第三篇 1~2 岁宝宝的护理课程

在孩子满一周岁以后，生长速度开始减慢。

从现在开始，直到下一个生长高峰——少年期之前，孩子们的身高和体重会稳定增加，但不如刚出生后新生儿阶段的几个月那么快。在第 4 个月左右时，体重增加 1.8 千克的婴儿，到第二年的体重增加总量可能也只有 1.4 ~ 2.3 千克。每个月都坚持测量体重身高，并绘制孩子的生长图表，判断发育是否遵循正常的生理曲线，就会发现与婴儿早期相比，孩子正常发育的范围更大。

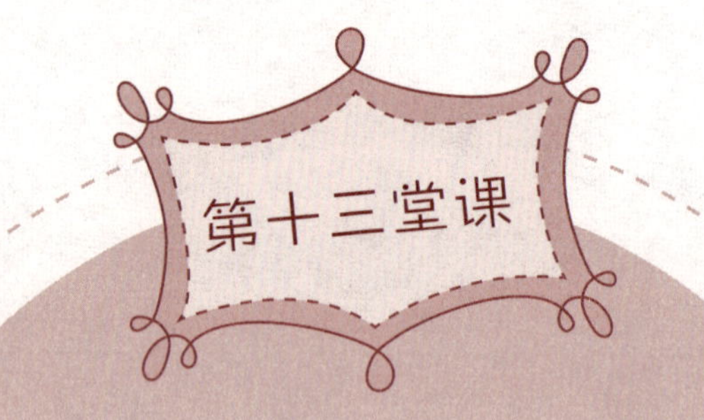

第十三堂课

13~18 个月的宝宝
变得活泼可爱

成长课堂——宝宝的成长历程

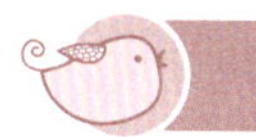

1岁以后的孩子

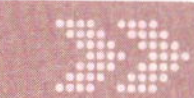

在孩子满1周岁以后，生长速度开始减慢。

从现在开始，直到下一个生长高峰——少年期之前，孩子们的身高和体重会稳定增加，但不如刚出生后新生儿阶段的几个月那么快。在第4个月左右时，体重增加1.8千克的婴儿，到第二年的体重增加总量可能也会只有1.4～2.3千克。每个月都坚持测量体重身高，并绘制孩子的生长图表，判断发育是否遵循正常的生长曲线，就会发现与婴儿早期相比，孩子正常发育的范围更大。

到15个月时，女孩的平均体重大约为10千克，身高大约77.5厘米；男孩子的平均体重大约为10.4千克，身高大约78厘米。以后每3个月，孩子的体重增加大约0.7千克，身高增加2.5厘米左右。到2岁时，女孩的身高大约为82.5厘米，体重为12.2千克；男孩的身高能达到83厘米，体重为12.6千克左右。

在第二年期间，孩子的头部生长也会特别慢。尽管在一年内，头围有可能只增加2.5厘米，但到两岁时，孩子的头围将会达到成年时的90%。

初学走路的孩子容貌的改变，要比身高和体重变化大得多。满周岁以后，虽然学会了走路或者会说几句话，但看起来仍像一个婴儿。头部和腹部仍然是整个身体上看起来最为硕大的部位，站直以后，孩子的腹部仍然显得很突出。相比较而言，孩子的臀部仍然很小——至少在不用尿布时仍然如此。孩子的腿和胳膊既短又软，好像没有肌肉，面部显得软而圆。

在孩子的活动量增加以后，上述情况都会发生变化，肌肉逐步发育，婴儿时期的脂肪逐渐减少。腿和胳膊逐渐加长，脚不再扭向一边，而是走路时朝前了。脸变得比以前更有棱角，下巴也显露了出来。

宝宝能力的发展

从现在起，孩子的身高、体重会进入稳定增长期，不会再像 1 岁以内生长发育得那样迅速。然而，在满 1 岁、2 岁前的这一年中，宝宝将学会走路，开始“冒话”和学说话，随着能站、会走以后活动量加大，肌肉组织快速生长，四肢逐渐长得修长、匀称，面部也会脱离“婴儿像”，圆圆的脸上也开始有了棱角。

走得好

走，是大脑控制下的全身运动，走路能使孩子的活动范围扩大，看到的东西和接受的刺激也就随之增多，同时也解放了双手。这样，双手可以参与各种活动，能刺激大脑的发育。行走时，要求孩子用足跟着地走。如果发现孩子是用脚尖走或走而不稳，或抬高腿走，或一岁半还不会走，就要找医生诊治。

手和指尖的灵巧活动

练习拇指和食指的对捏动作，对孩子以后的生活、劳动、学习和使用工具都很重要。因此，从 1 岁起，要练习握笔、画画、捡豆豆、插棍子、搭积木等手指的精细动作能力。

与人交往的能力

1 岁多孩子会走了，又处在模仿能力形成期。这时孩子可以跟在妈妈后边，一边模仿，一边活动，多做一做模仿动作，多练习说话。要注意多与小朋友交往，这样可以形成亲密的人际关系，也能促使语言交往能力发展得更好。

吃、睡、便规律化

具有这几方面的自理能力和生活规律化，是中枢神经系统发育成熟的表现，能促使幼儿体格发育健壮和大脑正常发育。在这个时期，要训练孩子学会用语言表达吃、睡、便的要求，学会用杯子喝水，会用勺子，会自己用手拿东西吃，会自己去小便，并能控制大便。

穿脱鞋袜

孩子对脱鞋袜最感兴趣，在睡觉前，可以把做这件事当做游戏来教孩子。开始时，先帮助孩子解开鞋带，把鞋子脱出后跟，让孩子自己动手把鞋子从脚上拉下来。这样容易取得成功，会让孩子很高兴，产生信心就会很愉快地配合做这件事了。

脱袜子时，也要先帮助孩子脱过脚跟。

学习穿脱衣服

脱衣服要从单衣开始学，先帮助孩子解开纽扣，再让孩子把手臂向后伸直，教给孩子怎么样拉袖子，脱出手臂，然后可以教孩子自己试脱。脱裤子比较难，可以把裤子拉过臀部，褪到小腿处，再坐下来把裤腿从脚上拉下来。

每次做的时候，都要在旁边协助孩子，轻声地指导，一边脱一边告诉孩子这些衣物的名字：鞋子、袜子、衬衫、短裤、背心、毛衣等。

孩子脱衣服做不成功时，不要急躁，更不要对孩子说类似“你怎么这么笨”的话。因为学习穿脱衣服，目的是要教会孩子学习克服困难，培养孩子的独立性格，而并不是简单地学做脱衣服这件具体的事。

护理课堂——专家教你科学护理

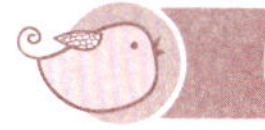

家庭防范免意外

1 岁以后的孩子活泼、好动，自我保护意识又差，最容易出现意外事故，家庭防范事故保安全就显得特别重要。

1 岁以后的居家安全，要特别注意家庭中易出事故的源头，对于常见的安全隐患，采取适当措施应对。

电源插座

各种电线、电源插座暴露在外，距离地面不高，宝宝容易触摸到，电源插座上的那些小孔、小洞偏偏会对宝宝有很大吸引力。电视机、DVD 机等比较沉的电器，要远离桌子，把电线隐蔽好。在电源插座上装上安全电插防护套，或用胶带封住插座孔。也可以换用安全电插座，这种产品没有电插头插入时，插眼会呈自动闭合状态。

房门

被大风刮动或无意推拉开时，容易夹伤宝宝的手指。此外，房间门把手一般多采用金属材质，带有尖锐的棱角。在家中所有门的上方装上安全门卡，也可以用厚毛巾系在门把手上，一端系在门外面的把手上，另一端系在门里面的把手上。当风吹过时，即使把门吹动也不会关上。还可以用棉布做成漂亮的门把手套套住，宝宝就不会受到门的伤害。

茶几

茶几边缘，家中楼梯、桌椅、橱柜、梁柱等有尖锐端的部位都是危险源。在宝宝学习“坐、爬、站、走”的过程中，危险指数上升。桌角、茶几边缘等的家具边缘、尖角要加装防护设施，安装上圆弧角的防护垫，或选择边角圆滑的家具。矮茶几上不要放热水、刀、剪等利器和玻璃瓶、打火机等危险物品，以防被宝宝拿到造成伤害。

地板

光亮整洁的石质地板比较坚硬，容易打滑，练习爬行、站立、行走的宝宝容易摔倒。坚硬的地板更容易磕伤宝宝的头部，伤到胳膊和腿。地板不要打蜡，蹒跚学步的宝宝会容易跌跟头；地面溅上水或油渍的时候，要及时清理，以免增加地板的光滑度；宝宝活动比较频繁的区域，地板上最好铺上泡沫塑料垫。即使摔倒，危险性也会降低。

抽屉

宝宝一般会对抽屉特别感到好奇，会自己动手去开抽屉。滑动自如的抽屉，会夹伤宝宝的手指。家庭通常会把危险品藏在抽屉中。例如，剪刀和刀叉之类尖锐器具，孩子拿到后果不堪设想。可以使用抽屉扣，防止宝宝任意开启抽屉；橱柜中的小抽屉可以使用安全锁，把橱柜抽屉的一侧与橱柜侧面相连的转角处装上安全锁。

楼梯

稍不注意宝宝就摸爬到楼梯上，容易造成滚落的危险。最好在楼梯处装上安全栏杆，防止孩子攀爬。

保护宝宝的小脚丫

1 岁多宝宝的脚，差不多已有成年人的一半大。宝宝胖乎乎的脚丫，扁平又圆润，由韧带和神经末梢联结下的 26 根骨头组成。

幼儿的小脚丫，一般都是平脚板。孩子刚会走路的时候，脚底没有像大人一样的足弓，很像是平足，为此不要担心，婴儿平足很常见。宝宝的骨头和关节很有弹性，当站立时就会显得像是平足；宝宝脚底堆积的脂肪也会使足弓变得不明显。孩子的这种“平足”会一直延续到 6 岁左右，直到脚变得较硬，足弓才会显现出来。

如果发现孩子有一点内八字，不必大惊小怪，这种习惯主要是来源于宝宝在妈妈子宫里的姿势。出于习惯，出生以后的宝宝仍然保持交叉腿的动作，多数在几个月以后能纠正过来。

宝宝在家里时，最好光脚，锻炼脚上的肌肉，增加脚趾抓攀的能力，有助于学步。带着宝宝出门时，就要穿上软底鞋。

为宝宝选鞋时要注意，量好宝宝的脚长和脚宽，在买鞋时就可以“心中有数”。鞋的前面必须有空间让宝宝的脚趾自由扭动。要确保宝宝的脚尖和鞋头有一指的距离。要买鞋底可以弯动的鞋子，用两个手指就可以弯动，但鞋跟周围的部分要不易弯曲。不要买塑料凉鞋，这种凉鞋容易变形、传热。可以买柔软的皮革制鞋、棉布制鞋。鞋后面最好要有带子，走起路来鞋子才能跟脚。

让宝宝爱上刷牙

洗头、洗澡和刷牙，是照顾孩子的三大难题。尤其是刷牙最难，因为把牙刷伸入小嘴里，又要刷得干净，的确让人伤透脑筋。

让孩子自然而然接受刷牙，大部分的孩子刚开始都会排斥把牙刷放入口内，尤其是刚满 1 岁的宝宝，敏感的孩子可能还会引起恶心感。

开始教孩子刷牙时，可以先选一支大小适中、软毛的儿童牙刷，市面上的牙刷颜色非常鲜艳，有些还有卡通图案，可以吸引孩子的注意力，也有分年龄（0 ~ 2 岁，3 ~ 5 岁，6 ~ 9 岁），因为刚长出乳牙的婴儿正处于口腔发育期。先让小孩把牙刷当作玩具放入口内，让孩子不会排斥牙刷在口腔中的感觉，不必马上要宝宝学会自己刷牙。父母每天刷牙时，让孩子也拿着小牙刷在旁边观摩，听任孩子自己伸入口中比划。

慢慢地，父母在孩子接受学习刷牙的动作之后，可以开始教孩子正确的刷牙方式，“左刷刷，右刷刷，上下刷”。孩子自己刷完之后，称赞之外，可以让孩子躺下，头向后仰再检查一下刷干净没有。

每次孩子刷完牙，可以让幼儿躺在自己的大腿上，用小刷头、软刷毛的牙刷轻刷孩子牙齿（无须使用牙膏），顺便检查牙齿是否刷干净。每次临睡前，帮孩子刷牙和使用牙线，也是一项很好的亲子活动。如果要使用牙膏，只需少量，而且要多漱几次，以免吞下太多的氟化物。

各阶段牙齿保健方法除了刷牙之外，还要帮孩子使用牙线，至少每天睡前一次清除牙缝间及牙龈下的牙菌斑和食物残渣。因为乳牙的缝隙比较大，食物容易塞在牙缝，如果没有清除出来，会造成相邻两颗牙齿间的蛀牙，这样一来肉屑、菜渣更容易塞入，恶性循环导致蛀牙速度就越来越快。

提高刷牙乐趣儿童用牙刷刷头通常比较短，孩子手腕不够灵活，所以可以选用刷柄较粗的牙刷，方便小手抓握。此外，色彩鲜艳的牙刷比较能提高孩子刷牙的兴趣。从小让孩子看着父母亲刷牙，2 ~ 3 岁起就可以让孩子在游戏中学习刷牙，熟悉刷牙的动作。必要时可选用电动牙刷作为辅助，以免孩子刷牙时因劲力不足而刷不干净。

幼儿的用药常识

家庭护理幼儿，能让妈妈差不多成了“半个医生”，因此必须了解一定的用药常识。

给孩子服药不同于成年人，宝宝吞咽能力差，又不懂事，喂药时很难与家人配合，给孩子喂药是躲避不过的大难题。因此，为孩子选药不但要对症，而且要选择合适的剂型。选择合适的剂型，有助于完成给孩子喂药这项“艰巨的任务”，于是了解几种适合幼儿服用的药物剂型很有用处。

糖浆剂

糖浆剂中的糖和芳香剂能掩盖一些药物的苦、咸等不适味道，又容易区分剂量，一般孩子乐于服用。比如幼儿止咳糖浆、幼儿健胃糖浆、幼儿硫酸亚铁糖浆等。要注意糖浆剂打开后不宜久存，以防变质。

干糖浆剂

与糖浆剂相似，是经干燥后的颗粒剂型，味甜、粒小、易溶化，而且方便保管，不易变质。如幼儿驱虫干糖浆、幼儿速效伤风干糖浆等。

果味型咀嚼片剂

这一类片剂中，因为加入了糖和果味香料而香甜可口，便于嚼服，适合于1周岁以上的幼儿服用，如幼儿施尔康、幼儿维生素咀嚼片、脾胃康咀嚼片、板蓝根咀嚼片等。这类药物要注意妥善保管，以免被孩子误当“糖豆”过量食用，引起药物中毒。

冲剂

药物与适宜的辅料制成的干燥颗粒状制剂。一般不含糖，常加入调味剂，独立包装，便于掌握用药剂量。如蒙脱石（思密达）、板蓝根冲剂、幼儿咳喘灵冲剂、幼儿退热冲剂等。

滴剂

这类药物一般服用量较小，适合周岁左右的婴幼儿，必须严格按说明书遵守用药量，能混合在食物或饮料中服用，如鱼肝油滴剂等。

口服液

由药物、糖浆或蜂蜜和适量防腐剂配制而成的水溶液，是目前最常用的幼儿制剂之一。特点是分装单位较小，稳定性较好，易于储存和使用。如抗病毒口服液、柴胡口服液、幼儿清热解毒口服液、幼儿感冒口服液等。

混悬液

由不溶性药物加上适当的辅型剂制成的上液、下固制剂。注意使用时一定要摇晃均匀后再倒出来服用，只喝上层的清液体起不到治疗作用。如多潘立酮（吗丁啉）混悬液、布洛芬混悬液、对乙酰氨基酚混悬液等。

药物选好后，还要采取不同的方式减轻孩子服药的为难情绪，耐心劝导让孩子理解服药与疾病的关系，争取让孩子自己主动服药。对较小或不太懂事的孩子切忌捏鼻子强灌，以免发生意外。

喂养课堂——宝宝喂养新观念

宝宝的喂养特点

1 岁左右的孩子，逐渐变为以一日三餐为主，早、晚牛奶为辅的饮食模式。

以三餐为主之后，家长一定要注意保证孩子饮食的质量。肉泥、蛋黄、肝泥、豆腐等含有丰富的蛋白质，是孩子身体发育必需的食物，米粥、面条等主食是孩子补充热量的来源，蔬菜可以补充维生素、矿物质和纤维素，促进新陈代谢，促进消化。

孩子的主食主要有：米粥、软饭、面片、龙须面、馄饨、豆沙包、小饺子、馒头、面包、糖三角等。1 周岁孩子每天的膳食量大致可以这样供给：粮食 100 克左右，牛奶 500 毫升加糖 25 克（分早晚两次喝），瘦肉类 30 克，猪肝泥 20 克，鸡蛋 1 个，植物油 5 克，蔬菜 150 ~ 200 克，水果 150 克。

要想孩子长得健壮，家长必须细心调理好孩子的三餐饮食，将肉、鱼、蛋、菜等与主食合理调配。这个月龄的孩子，牙齿还未长齐，咀嚼还不够细腻，所以要尽量把菜做得细软一些，肉类要做成泥或末，以便孩子消化吸收。

多元化的饮食结构

1 ~ 2 岁的宝宝陆续长出十几颗牙齿，主要食物也逐渐由以奶类为主转向以混合食物为主，而此时宝宝的消化系统尚未成熟。因此，还不能给孩子吃成年人的食物，要根据宝宝的生理特点和营养需求，专门制作可口的食物，保证获得均衡营养。应该注意的是：

宝宝胃容量有限，宜少吃多餐，1 岁半以前可以在宝宝三餐以外加两次点心，点心时间可在下午和晚上。1 岁半以后减为三餐一点，点心时间放在下午。加点心时要注意：一是点心要适量，不能过多；二是时间不能距正餐太近，以免影响正餐食欲。更不能随意给宝宝零食，否则，时间长了会造成营养失衡。

多吃蔬菜、水果

宝宝每天营养的主要来源之一是蔬菜，特别是橙色、绿色蔬菜。如：番茄、胡萝卜、油菜、柿子椒等。可以把这些蔬菜加工成细碎软烂的菜末，炒熟调味，给宝宝拌在饭里喂食。要注意水果也应该给宝宝吃，但是水果不能代替蔬菜，1 ~ 2 岁的宝宝每天应吃蔬菜、水果共 150 ~ 200 克。

适量摄入动植物蛋白质

在肉类、鱼类、豆类和蛋类中含有大量优质蛋白质，可以用这些食物炖汤，或用肉末、鱼丸、豆腐、鸡蛋羹等容易消化的食物喂宝宝。1 ~ 2 岁的宝宝每天应吃肉类 40 ~ 50 克，豆制品 25 ~ 50 克，鸡蛋 1 个。

牛奶营养丰富

牛奶富含钙质，利于宝宝吸收。这个时期牛奶仍是宝宝不可缺少的食物，每天应保证摄入 250 ~ 500 毫升。

粗粮、细粮都要吃

可以避免维生素 B_1 缺乏症。主食可以吃软米饭、粥、小馒头、小馄饨、小饺子、小包子等。吃得不多没关系，每天的摄入量在 150 克左右即可。

让孩子自己吃饭

常见到有的家庭中，妈妈到处追着孩子喂饭吃。这是许多家庭的头痛事：孩子一口饭含上十几分钟或是慢腾腾地不爱吃饭，怎么办？

其实，让孩子养成自己吃饭的习惯并不困难，只要能以爱心和耐心对待，再加上一些小技巧，一定能培养出爱吃饭的宝宝。

孩子自己动手吃饭，是求知欲和好奇心的表现。从幼儿生理、心理发育的过程来看，孩子在 1 岁以后自我意识开始萌动，会表现出较强的自我独立愿望，如爱说“我”，“我来”等字眼。宝宝渴望做一些事情，在学会走路的同时，开始想学着吃饭，而且要自己拿着汤匙吃，不愿受到家人的帮助，和走路、玩玩具一样，自己吃饭也是求知欲和好奇心的表现。正是这种求知欲和好奇心扩展孩子的认知范围，培养独立能力。更重要的是，孩子通过自己的行为感到自己具有影响环境的力量，初步品尝到成功的滋味。一般来说，发育正常的孩子都可以在2岁左右学会吃饭，这是应当具备的生存能力。

而有些孩子为什么没能在这个年龄学会自己吃饭呢？这就和父母的教养方式有关。一两岁的孩子由于动作协调性较差，刚开始学着吃饭时，常会弄得汤汁四溅，饭粒满身。父母过于急躁，缺乏耐心，或对孩子大声训斥，或一把抢过孩子手中的汤匙动手喂食。这样做就会束缚孩子的探索精神，令孩子产生受挫感，可能形成自卑心理。一些父母担心孩子自己吃不饱，便以“喂”的形式取而代之。长此以往，孩子会形成依赖性人格。

孩子学习吃饭的过程，也是心理健康发展的重要过程。

孩子经过自己的努力吃饱了，会由此产生成就感，会帮助产生自信。即使孩子暂时没有把饭吃下去，有了失败的体验也是好事。这样可以增强心理承受能力，将来更好地适应挫折。所以，在孩子吃饭的问题上，父母应更加耐心，常常鼓励，让孩子做好这件力所能及的事。

怎样能帮助孩子学会自己吃饭呢？

前置准备

从孩子5～6个月开始学习抓握，就是为培养自己吃饭的前置准备时期。一些父母以为这个时期的孩子还太小，应该什么都不会。实际上，孩子由这个时期到满9个月，是手部抓握能力的发展期，正是开始让孩子学习正确的餐具握法的最佳时机。且恰好孩子刚接触辅食，对乳汁以外的食物有着相当大的好奇心。在一边喂食辅食时，一边让孩子学习餐具的抓握，对奠定孩子日后自己吃饭的基础，有很好的效果。

实际诱导。孩子满1周岁后，是让孩子自己吃饭的实际诱导期，从满1岁到1岁3个月，为“黄金诱导期”。在这段时间里，孩子的手、眼协调能力迅速发展，若给予适当的诱导，会获得事半功倍的成效。一定要先作好心理准备，孩子在这段时期里，肯定难免会出现吃得全身“脏兮兮”、“黏乎乎”的情况，不要在乎。

了解诱导的最佳时机之后，接下来就是准备实际应战。大致上应该做的准备有：

食物准备

准备一份色、香、味俱全的食物，是促使孩子喜爱自己吃饭的法宝，除了香气、口感及营养的考虑外，“色”的应用是相当重要的。例如分别用胡萝卜、绿色蔬菜、番茄等搅成泥后拌饭，就能做成橙色饭、绿色饭及红色饭。

一次给予的食物量不要太多，因为容易吃完会增加孩子吃饭的成就感，并再加上言语的鼓励，如“哈！爸爸才吃两碗，可是你吃了三碗！好棒啊！”孩子容易产生成就感，就会喜欢吃饭了。

餐具准备

准备一套孩子喜欢的餐具，也可以增加孩子对吃饭的好感。假如能带孩子亲自去选购宝宝喜欢的餐具，会有更好的效果。在孩子餐具的选择上，目前市面上的种类非常多，基本上以“平底宽口”为佳。

让孩子学习吃饭的过程，绝对不可能保持“整洁美观”。事前准备吃饭用的围巾，在餐桌上加餐垫，以及在孩子座位周围的地板上铺上旧报纸，免得抛撒得到处都是。

假如孩子正兴冲冲地在玩游戏或是看卡通时，强制他中断了来吃饭，自然对于吃饭的印象就大打折扣。应该在开饭前 10 分钟提醒孩子，有时间准备。

有了饭前的准备之后，让孩子自己练习吃饭，就不会再乱了。

要让孩子养成良好的进餐习惯，必须注意：

要告诉孩子，吃饭就是吃饭，要规规矩矩地坐在饭桌前，定时定量，不要养成一边吃饭一边看电视或玩玩具的习惯。

正确对待孩子吃饭的问题，既不要批评打骂，也不必过于心急。

就餐气氛要轻松愉悦，吃饭时父母可以和孩子一起谈论哪些食物好吃，哪些有营养，唤起孩子对吃饭的兴趣。

不要强迫孩子吃饭。如果一时不想吃，过了吃饭时间后可以先把饭菜撤下去，等孩子饿了，有了迫切想吃的欲望时，再热热吃。几次过后，孩子就建立了一种新认识：不好好吃饭就意味着挨饿，自然就会按时吃饭。这个方法听似简单，做起来却不容易，因为首先要硬下心来，不能总担心孩子饿。如果再给零食吃，会适得其反。

饭桌教育只是一部分，平时也要有意识地多给孩子灌输“好好吃饭，长得更快，变得更聪明”一类的观念。

如果孩子成功地自己吃饭，饭后父母可以把陪着孩子一起玩儿作为奖赏，让孩子产生关于吃饭的快乐的记忆，以后就不会排斥吃饭。

宝宝不爱吃菜怎么办

到了1岁以后，一些宝宝对饮食摄入流露出明显的好恶倾向，不爱吃菜的孩子会多起来。不爱吃菜会使宝宝维生素摄入量不足，发生营养不良，影响身体健康。

怎么才能让宝宝多吃蔬菜呢?

孩子的口味是大人培养出来的，小时候没吃惯的东西，有的人长大后可能会一辈子不接受这种食物。因此，培养宝宝爱吃蔬菜的习惯，要从添加辅食时做起。添加蔬菜辅食时可先制作成菜泥喂宝宝，比如胡萝卜泥、土豆泥。现在市售也有为断奶期宝宝特制的罐装蔬菜泥产品，可根据情况选用。

宝宝慢慢适应后，再把蔬菜切成细末，熬成菜粥，或添加到烂面条中喂给宝宝。等宝宝出牙后，有一定的咀嚼能力时，就可以给宝宝吃炒熟的碎菜，可把炒好的碎菜拌在软米饭中喂宝宝。有的蔬菜纤维比较长，注意一定要尽量切碎。这样循序渐进，宝宝就会很容易接受，一般情况下，长大后吃蔬菜也就不会有什么问题了。

如果宝宝从小吃蔬菜少，偏爱吃肉，长大后很可能不太容易接受蔬菜。这就要多花些工夫了。

一要父母为宝宝做榜样，带头多吃蔬菜，并表现出津津有味的样子。千万不能在宝宝面前议论自己不爱吃什么菜，什么菜不好吃之类的话题，以免对孩子产生误导作用。

二应多向宝宝讲吃蔬菜的好处和不吃蔬菜的后果，有意识地通过讲故事的形式，让宝宝懂得吃蔬菜可以使身体长得更结实、更健康。

三是要注意改善蔬菜的烹调方法。给宝宝做的菜应该比为成人做的菜切得细一些，碎一些，便于宝宝咀嚼。同时注意色香味形的搭配，增进宝宝的食欲。也可以把蔬菜做成馅，包在包子、饺子或小馅饼里给宝宝吃，孩子会更容易接受。

四是不要采取强硬手段，特别是如果孩子只对某几样蔬菜不肯接受时，不必太勉强，可通过其他蔬菜来代替，过一段时间宝宝自己就会改变的。

最有效的方法，还是在1岁以前就让宝宝品尝到不同的蔬菜口味，为以后的饮食习惯打好基础。

早教课堂——聪明宝宝赢在起跑线

初级的自我意识

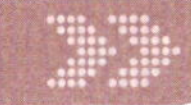

1岁以后的孩子开始对自身有所认识，这是自我意识萌芽，并进入初级阶段的表现。

婴儿早期还没有这种意识，不认识自己身体的存在，所以会吃手，抱着脚啃，把自己的脚当玩具玩。以后随着认识能力的发展，孩子逐渐知道手和脚是自己身体的一部分。到1岁以后有了自我意识，表现出知道自己的名字，能用自己的名字来称呼自己，表明孩子开始能把自己作为一个整体与别人区别开来。开始认识自己的身体和身体的有关部位，如“宝宝的脚”，“宝宝的耳朵”等，还能意识到自己身体的感觉如“宝宝痛”，“宝宝饿”等。

1岁左右的孩子学会走路以后，能逐渐认识到自己能发生的动作，感受到自己的力量，如用手能把玩具捏响，用自己的脚能把球踢走，这些都是幼儿最初级的自我意识表现。

到了2岁左右，幼儿学会说出代词“我”、“你”以后，自我意识的发展会出现一个新的高度。这时候，孩子不再把自己当作一个客体来认识，而真正把自己当作一个主体。到3岁以后，孩子开始出现自我评价的能力，能对自己的行为评价说好与坏。

自我意识，是人类个性的一个组成部分，它的发展有着许多社会因素的作用。在孩子自我意识的形成和发展中，要教会孩子自己教育自己、完善自己的个性。

对于每一个父母和家庭来说，赋予孩子完整的人格和个性，比健康的体魄更重要。这个阶段，培养孩子形成各种优秀的个性特征，具有努力创造、不屈不挠、积极主动等良好素质，都有待于父母去打造和雕琢。

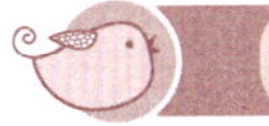

教孩子懂得规则

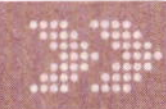

1岁以后的宝宝最令人头痛，自从学会走路，能简单对话以后，随着能力的增加，孩子会变得“无法无天”。不是打碎东西，就是跟小朋友动了手，还会把饭勺

扔到垃圾桶里，甚至无法预测会做出什么令人头痛的事。这时候，应该教孩子学一点规则了。

有一天，孩子拿着彩色笔在客厅墙上画了个不亦乐乎，听到妈妈制止自己喊“停！”时，不能理解，回复妈妈一个灿烂的笑容后，又继续涂画。妈妈的苦恼在于，不知道怎样让孩子明白选错了画画的地方，再解释孩子也不会懂。

当然，父母努力尝试让这个年龄的宝宝说“请”、“谢谢”，懂得“不和小朋友打架”，鼓励“和别人一起分享”、“懂得谦让”，然而让宝宝懂得这些规矩实在太困难。在一次次的失败之后不得不选择放弃，用“孩子长大了自然会明白”来安慰自己。

要知道，“懂得规则”对孩子来说，是一门非常重要的基础课。满1岁后，该给这门课程打基础了。下面的建议，可以解决教孩子懂规则的问题。

孩子不懂规则，因为受到太多自身的局限孩子的理解能力和语言能力相对薄弱。对1岁的宝宝来说，与飞速发展的认知能力相比，孩子对事物的理解能力却一直停滞。所以，想让孩子用有限的理解能力，去领会一条条规矩，哪怕是非常简单明白的规则也会很困难。孩子还不具备预测别人想法的能力，涂画脏了家里的墙壁，并不能怪孩子，因为宝宝还不知道不应当在家里墙壁上涂抹。

不会说话，不会表达，只能听懂部分语言，是宝宝学习规则的障碍。宝宝在1岁半以前，虽然会说一些最基本的语言，能听懂一些简单的对话。但凭这点语言能力还不能与成年人正常交流。

孩子还没有时间感和空间感。想让这个年龄的宝宝理解时间的概念，是一件难事。告诉孩子“停下来”还能理解。如果说“等一会儿”，就为难了。孩子不知道“一会儿”是个什么概念。宝宝所能理解的时间概念，只是有没有及时满足自己的愿望。孩子想要一个玩具，能及时满足，可能就会按照妈妈要求的规则好好地玩；如果没能达到孩子的要求，便会哭闹。

顽童心理。宝宝有时喜欢破坏规矩，只是想开个玩笑，看看父母吃惊的反应。比如，宝宝刚刚学会开动电视开关的时候，会对此很感兴趣而反复的开、关电视机。如果这时要求孩子停下来，可能会适得其反。宝宝有可能就是会以对抗父母命令的方式反复开关电视，而且觉得惹妈妈爸爸生气的样子很有趣。

学习规则需要一个过程。尽管有种种不利因素，宝宝仍然可以学会一些最基础的规矩。1 岁以后的宝宝，能通过观察爸爸、妈妈对待人、事、物的态度，学会知道什么是对，什么是错，什么是好，什么是不好。到了 1 岁末的时候，宝宝就能认识到他人的感觉变化。这时可以告诉孩子，咬人不对，被咬的人会很痛，很难受，还可以让孩子自己亲身体验一下。

教孩子学规则之前首先要确定，孩子是不是能理解规则内容。就像教唱歌一样，要先给孩子讲解歌词的意思，才能记得住。理解规则的这个过程很漫长，需要付出加倍的耐心和努力，等待孩子发出“我明白了”的信号。

教这么小的孩子懂规则有意义吗？回答是肯定的。就像在婴儿期教孩子说话一样，可能孩子不能马上就学会，但会把这些知识一点点积累下来。所以，应该从 1 岁开始，教给宝宝懂规则，学会避免危险；学会与小朋友们相处，这些是宝宝社交能力的缩影，家长做好打持久战的心理准备。

学习规则要方法适当

教给这么大的孩子懂得规则，是一件很不容易的事，需要掌握很多具体的方法：

不要只是说，要演示给宝宝看。简单的一句话，不能使孩子理解含义，最好加上表情和语调，让学习规则过程变得更容易接受。比如对孩子说“不要动电源插座”，语调不要太严厉，稍带严肃的面部表情，宝宝就能从妈妈的声音和表情上看出：这样做不对。相反，如果妈妈表现的过于紧张，声音太高，孩子可能会回复同样的反应，坚决对着干。学习规则的过程，就会变成母子对抗。

坚持到底

不要以为只告诉孩子一次“这是不对的”，孩子就会铭记在心。如果仅仅指出孩子一次错误，对以后的几次视而不见，孩子必定会感到疑惑：这么做究竟是对还是不对？为解决这个疑惑，会不停地尝试再做。要给孩子多次“重复规则”，才能温故知新。

做好榜样

宝宝经常会从父母的行为中，学习哪些该做，哪些不该做。父母的行为一定要做好。比如，多使用“请”，不要动不动就发怒，要学会等待。也可以主动向宝宝提示“你看，妈妈把报纸分给爸爸看，我们一起分享很开心”。

面对现实

不能期望 1 岁宝宝能懂得所有规则，教育时一定要把握好尺度。比如，孩子会本能地把拿到的东西放到嘴里，是认识事物的一种独特的方式。应该避免发卡、硬币等容易导致孩子窒息的东西，出现在孩子能够得到的地方。

选好时机

让1岁的宝宝整天保持旺盛的精力不太可能。一旦孩子感到疲劳、饥饿或心情不好，就容易发脾气。这个时候就不要再坚持学规则，要给一点休息时间。对宝宝来说，太多的规则会引起反感。挑出一些比较重要的教给宝宝，如不可以咬人、电源不能动、抢人东西不对等基本规则。

不要忽略了孩子的创造性。孩子的行为不成熟、不合理，有时候则是创造性的表现。只要孩子的行为不伤害到自己和他人，则要尽量保护孩子的创造性。比如，当孩子用妈妈的饰物来扮演什么时，不如和孩子一起来玩一玩，启发孩子做得好一些。

教孩子认识危险

家庭生活中，父母稍有疏忽，有一些情况就有可能发生：

宝宝走向饮水机，伸手压下“红色”水龙头。

球掉到了楼梯下面，宝宝正拉着栏杆挪动脚步，想下楼梯。

把宝宝放在床上，刚转身去厨房弄吃的，孩子就爬到了床边。

宝宝无意中拉开了抽屉，一拉一推抽玩得还挺高兴……

家庭安全护理婴幼儿，除了尽可能改善生活环境中的安全性，还能做的，就是要教宝宝认识危险。

宝宝在自我意识领域方面的发展，包括了解安全、健康的生活方式和练习各种各样的自我保护技能。首先要教给孩子认识危险存在，通过积极的亲身体验形式帮助孩子认识。帮助孩子掌握一定的应对危险发生的处理技巧，包括身体适应性和心理适应性。

安全教育主要包括两方面——人身安全和心理安全。结合宝宝的实际生活环境，具体包括：用电安全、易碎物品处理、危险物品处理（刀、剪、化学物品、温度高的物件等）、认知危险事物和危险环境、避免危险性尝试行为、交通安全、健康的交往方式、应对独处和紧急危险等。

积极的安全教育有利于宝宝形成积极的自我概念、尊重自己的身体、更好地和别人交往。

在针对宝宝做安全教育的同时，也要注意，有些危险孩子是不能应对的。所以，首先要尽可能地减少宝宝生活环境中的不安全因素，同时要掌握一些发生紧急危险或事故的应对技巧，然后才是针对宝宝的安全教育。

通过游戏认识危险

1 岁左右的孩子对于事物的正确认识，通过游戏是最好的方式，要进行安全教育，游戏也算是最佳途径。

＊认识“高”

把孩子放在高 10 ~ 15 厘米的平台上，看孩子的反应。大部分会爬的孩子会马上翻下来，没有特别害怕的表情；然后再把孩子放到 90 厘米高的桌子上，在一旁注意保护孩子，看孩子趴在桌子上的时候是什么表情，孩子是否会爬到桌子的边缘就停止动作。游戏结束以后，告诉孩子这很“高”，很危险，宝宝不能爬到上面来玩，如果下不来就要喊妈妈。

＊认识“烫”

用两个一模一样的杯子，在杯子里倒入冷、热两种水，让孩子对比不同触觉感受，并告诉孩子“烫”。然后把水壶打开，拉孩子的手放在水壶口上方，让孩子感受热水气，并再次强调“烫”。还可以用两块毛巾分别浸过冷、热两种水，当把毛巾给孩子的时候，告诉孩子“烫”。

用类似的方式，还可以教宝宝认识“扎手”、“夹手”、“咬人”、“摔跤”等危险信号。

在这样的游戏活动中，需要注意观察宝宝是否能判断环境和事物的变化，有没有危险意识，同时做出身体的适应性反应。这样的游戏可以帮助宝宝理解危险信号概念，建立相应的安全模式，促进宝宝的自我意识发展。

锻炼自助能力

生活环境中的很多危险因素可以避免，比如，可以把水壶放到宝宝碰不到的地方，那样就可以避免宝宝受到伤害。但同时，也限制了宝宝独立性的发展，让宝宝不知道如何帮助自己、保护自己。父母希望宝宝有相当的独立性，但不能让宝宝面对危险。解决这个矛盾最好的办法，就是教宝宝练习各种自我保护技能。

⋆ 学倒水

给宝宝准备一把小茶壶，提前在里面装上宝宝要喝的水，把它放在宝宝方便拿的地方。宝宝玩累了、渴了，需要做的就是提醒宝宝自己去倒水喝。当然，刚开始的时候，可以适当地帮助宝宝完成，以后就放手让宝宝自己来吧，别怕孩子把水洒得到处都是。这种游戏能提高宝宝的自理能力，训练宝宝的手眼协调性。

⋆ 学用剪刀

很多危险行为的产生，与宝宝探索新事物是分不开的。与其限制孩子的探索，不如放手让孩子尝试，虽然有一定的危险性，但有了练习，以后就安全多了。给宝宝用儿童安全剪刀，教宝宝用剪刀剪开纸。可以用同样的方式，让宝宝学会用玩具螺丝刀、夹子等。当然，要注意生活中的这些东西，还是尽可能不给宝宝接触到。学会使用工具，能提高宝宝手指技巧，防止宝宝在使用工具时的伤害行为，促进宝宝在自我意识领域的发展。

安全意识的形成，需要一个很长的过程。因此，从孩子会走、开始意识到自我的 1 岁左右，就要特别注意。

随时随地给宝宝灌输安全意识：比如坐车的时候要系上安全带，过马路的时候要等候红灯，什么情况下找警察叔叔、怎样拨打 110 电话等。尽管孩子自己可能还不会做，但需要及早帮助宝宝建立安全意识。

结合场景或正在发生的情况，告诉孩子什么是安全的，什么是不安全的，应该怎么做是正确方法。

父母要养成定期检查家庭环境安全的习惯。

帮助宝宝认识安全的时候，要用积极的方式。比如，宝宝非常喜欢玩剪刀，与其把剪刀藏得远远的，不如拿出来指导孩子怎么用。否则，万一不小心让孩子拿到剪刀，不会用就剪伤自己。

当宝宝从某种危险环境中脱离以后，在以后的教养过程中遇到同样的危险场景，不要用消极的口气吓唬孩子："还记得××××吗？""不准碰！"这样会让孩子变得特别胆小。要正面提示孩子，给孩子正确的信息，让孩子懂得远离危险。

模仿是成长的里程碑

模仿，是幼儿语言、社交等能力发展的重要基础。孩子的模仿行为，是成长中的一个重要的里程碑。通过对生活中人和事物的模仿，孩子将会学到很多很多技能。

模仿，是在1岁以后这个重要阶段，孩子从语言到社会能力等各方面技能发展的重要条件。

当然，不是所有的孩子都会积极热情地去模仿父母的每一个动作和身边的新奇事物。有的孩子在亲身尝试之前，会花较多时间去观察、去吸收和理解得到的信息，在确认自己可以做到的时候才开始尝试。

孩子的模仿能力从一出生就具有，但有目的性的模仿多从1岁开始。新生儿会反射模仿成年人面部的动作，如吐舌头。而1岁时候的模仿，则标志着真正的模仿行为开始，是具有自我意识和目的的模仿。因为1岁的孩子已经懂得，模仿是一件有意义的事。

通常，男孩比较爱模仿父亲的言行，女孩更倾向于复制妈妈的一切。当然，也常会看到男孩喜欢玩妈妈的口红，女孩则拿着爸爸的电动剃须刀假装刮胡子的情况。然而，孩子的这一类模仿仅仅是出自好奇。在1岁这个年龄，孩子就是学着做自己看见的行为，因为性别而形成的模仿差别，要到3岁时才会在孩子身上体现出来。

到15个月左右，大多数孩子已经具有足够的能动性和认知力，需要发掘一些可以模仿的东西。此时的孩子好动活泼，具有一定的手眼协调能力，只要被孩子发现、捕捉到的东西，就会产生兴趣去模仿。

1岁孩子的模仿行为，一般有4个步骤：先是看和听，然后消化吸收信息，再尝试模仿，最后再做练习。以语言的学习为例，当孩子能说出“爸爸”“妈妈”时，只是单纯地模仿听到的音节。时间久了，在无数次的反复“练习”中，逐渐明白了这个词的意义，并且应用在对话中，于是，模仿就获得了成功。

模仿能力，是孩子认知和发展独立性的基础。孩子在模仿父母或者成年人的动作、语言时意识到：“我也能这样做！再试一试！”孩子发觉自己可以开始控制一些事情，通过模仿的行为、模仿的意识，学到的不仅仅是被模仿的事物，而是行为的自觉意识。

能吸引孩子模仿的东西，大多数跟父母有关。这个年龄的孩子，还很依赖父母，绝大多数时间和父母在一起。即使有户外和小朋友的活动，孩子对小朋友的兴趣总不如对父母的大。所以，与父母有关的东西会更多吸引孩子模仿。哪些事情引起父母的关注，也会激发孩子模仿。如果爸爸喊叫一声，把妈妈吓了一跳，孩子就可能故意模仿喊叫，然后观察妈妈的反应。

受到父母的鼓励，会增加孩子模仿的积极性。如果孩子戴了妈妈的帽子，全家人看见都鼓掌，夸孩子漂亮和聪明，那么孩子又会找出妈妈的头巾盖在头上。实际上，孩子最喜欢父母的笑容和赞扬，来自父母的肯定能给孩子很大的动力。

孩子还没有危险意识和判断危险的能力，做模仿有时会做过头，引发危险，如抽烟。

有一个爱模仿的小家伙，有时候也挺烦人。比如孩子把钱包从衣服口袋里拿出来，学着父母的样子玩那些信用卡和钱币。不仅不卫生，还有误吞硬币的危险。这时最好用别的东西转移孩子的注意力，让其不再模仿。

语言能力的训练

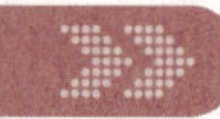

幼儿语言能力的发展，和其他能力的发展一样，既依赖于生理上的成熟，又需要有适宜的外部条件。其中，与成年人交往是最关键的因素。

从降生的那一刻起，孩子就直接接触外界的刺激。尽管在最初的日子里，孩子常处于睡眠状态，但在清醒的时候，如果父母经常和孩子交流，跟宝宝说话，对宝宝微笑，逗宝宝玩，孩子就会逐渐熟悉父母的话语，并对父母的语言表现出浓厚的兴趣。这时候，就该跟孩子反复讲眼前的事情，起床啦，穿衣服啦，洗脸

洗手啦、吃饭喝水啦……总之，做什么，见什么，就跟孩子说什么。

这样做的效果可能一时还看不出来，但是等孩子长到 1 岁多、该学说话的时候就会发现，宝宝自己能理解很多话，并且会按照父母的指点做动作。比如在穿衣服时，妈妈说“把手伸直”，孩子就会伸直胳膊。而在学习语言的“冒话”期，令人惊喜的是孩子会不断地说出一些家长并没有刻意教的词，比如“掉”、“拿”、“没”等。这是得益于长期以来，孩子对父母语言的记忆和理解的积累。

一般来说，对婴幼儿说话要慢，发音要清晰，尽量说简单一些的句子，核心的字词要加重语气，多重复几次。比如在给孩子穿鞋的时候，妈妈可以先把鞋给孩子看看，然后再穿鞋，一边做一边说：“看，这是宝宝的鞋，鞋子，穿鞋子。”

跟孩子说话还有一个小技巧，是语调要夸张并富于变化，这样容易引起孩子的注意。另外，在对孩子说话时，如果父母的语气和表情亲切、愉快，孩子的反应会更好。因为宝宝会觉得，与父母说话是一件很高兴的事情。

有些孩子比较腼腆内向，尽管父母花了很大努力，仍然不太爱说话。父母应当细心观察，发现孩子感兴趣的事情，想办法使孩子兴奋起来。大多数情况下，处于兴奋状态的孩子说话和动作都比较多。教不爱开口的孩子学说话，更需要父母想办法激发孩子的兴趣。只要巧用心思，耐心引导，孩子的语言能力一定会不断进步。

当然，也有少数孩子极少开口学说话，即使这样也不必太担心。孩子言语能力的发展差异很大，有些孩子即使快 2 岁了，仍不爱开口，却能听懂成年人的话，并且偶尔的发音，会带出成句的语调。这表明孩子的言语能力确实在发展中，只不过这方面的发展没有表现出来。一旦开口说，可能就是成句的话，只是由于缺少发音，字音还咬不准。这种现象在开口以后会较快得到纠正。一般来说，到了 3 岁左右，孩子就会具备基本的言语能力，语言差异会变得不再明显。

如何应对孩子发脾气

过了 1 岁以后，孩子会偶尔发一发脾气，这很正常，因为，宝宝已经有了自我意识，有了个性要求，需要得到尊重。如果不顺心，或者孩子的要求得不到满

足，或者身体某个地方不舒服时，都有可能通过发一发脾气，来调节自己压抑和不满的情绪。这种负面情绪发泄出来，对孩子并不是坏事。

对孩子发脾气的行为，应当首先考虑原因，疲倦了，就安排休息；生病不舒服，则要及时治疗。如果孩子以发脾气作为一种手段，以此达到不合理的要求，则不宜理睬，等到哭闹一阵子，很快就会忘记刚刚的不愉快。不要因为孩子一发脾气，就立刻迁就，尤其是当着有外人的时候，父母有可能为了安静和礼貌等原因，轻易满足孩子的要求。但这样做，天长日久下来，孩子会意识到，只要一发脾气，什么样的要求都能被满足，会以此为手段，稍有不合意的事，便会大发脾气。

因为孩子倔强、哭闹、脾气太大，惹得家长着急上火，发怒斥责，甚至动手打孩子……这样做，不但不起作用，只能适得其反。

即使孩子一时会被父母的怒气吓唬住或者镇住，强忍住情绪停止哭闹。但是，这种压抑的做法，对于孩子的心理健康却极其有害。孩子有了情绪发泄的需求，最好的做法，是不要理睬，让孩子宣泄出不良情绪。

这个年龄段的孩子，还不能意识到正确和错误的区别，尚未建立起明确的是非观，对于不能做的事情，应当严厉地制止，不能姑息迁就。但同时，打屁股或类似的体罚不仅起不到教育作用，反而会对孩子认识、探索事物的尝试行为产生消极影响。

孩子出现不良情绪，偶尔发一发小“脾气”时，最好的做法，是能转移孩子的注意力，或者把孩子换到另一个环境中，引导孩子化解不良情绪。当然，做父母的，自己不宜性子太急，应当能及时调节自身急躁的情绪，才能引导孩子化解不良情绪。

游戏课堂——寓教于乐的亲子活动

整理物品

应该让宝宝自己把玩具放回原来的位置。完成这个任务，需要爸爸妈妈正确

的语言提示。比如，“记住动物园里小动物的家在门边衣橱最下边的一层”。宝宝只有听到准确的、细致的描述时，才能理解这些词汇的意义。

可以和宝宝玩一个游戏，叫做“我是一个侦察兵”，这个游戏可以让宝宝熟悉周围物品的位置和名称。

修“公路”

找一块空地，和宝宝一起在几个点之间修建一条“公路”。比如为一个小木偶修房子，在房子和超级市场之间修公路，可以用木块或塑料作为铺路的材料。

修好公路后，让宝宝描述小木偶从房子里到超市需要走过的路线。

然后，可以再增加一些停止地点，比如红绿灯或斑马线，增加宝宝的词汇量，使任务更复杂些。使用短句如“走斑马线穿过马路”和“在红绿灯处向左拐”等，使任务多样化。可以要求宝宝描述使用不同的“交通工具”走上“公路”时的不同路线。

描述房间布置

通过画地图，宝宝可以学会大量的方位知识。在一张大纸上，让宝宝画出房间的墙，并标出窗和门的位置。让宝宝剪出不同颜色、不同形状的粘贴纸片，代表房间的不同区域。比如，书柜和玩具抽屉，并把这些小纸片贴到大纸上。

鼓励孩子做一张比较精确的室内地图。这将会是宝宝理解绘制一个区域的良好开端。然后宝宝就能用相似的方法，来介绍自己小卧室的内部陈设。

认识家庭成员

1 岁的孩子自我意识萌发，能认识到个体和家庭成员的概念。可以教会孩子认识家庭，了解以下概念：

知道自己叫什么名字，是男孩儿还是女孩儿，几岁了。

爸爸妈妈及家庭主要成员的姓名，并能正确称呼。

懂得爸爸妈妈每天都要上班，知道爸爸妈妈劳动很辛苦。

懂得要爱妈妈爸爸和长辈，要听他们的话。

爬楼梯

这个年龄的幼儿已开始独立行走，独立性和主动性有所提高，对孩子进行爬楼梯锻炼，可以增强孩子腿部力量，为以后的跑步和跳跃能力打下基础。

在幼儿能独立行走后，可以拉着孩子的手练习爬楼梯。刚开始时，孩子跨步会很费力，身体也不平衡，家长可以双手扶着孩子的腋下，用较大的助力，帮助孩子两脚交替迈上楼梯。然后可以逐渐减少助力，锻炼孩子用自己的力量爬上楼梯。

家长还可以把孩子喜欢的玩具放到楼梯的台阶上，引发孩子去拿玩具的念头。或者站一位家长在楼梯上，向孩子拍手，喊孩子的名字，另一位家长扶着孩子慢慢爬上楼梯。下楼梯也照这样做，这个年龄的孩子还掌握不好身体的平衡，需要家长先扶助着孩子，让他体悟和培养对于高和低的感觉。

训练一段时间后，可以鼓励孩子自己扶着栏杆，慢慢地迈上楼梯。但刚开始时要注意保护，先从 2 ~ 3 阶楼梯开始练习。可以在楼梯台阶上面逗引，并给孩子鼓励，使宝宝逐渐地增强力量，自己能扶着栏杆迈上台阶。待孩子能稳定地扶栏杆上楼梯后，可以教孩子学习下楼梯，开始可扶着孩子练习，使孩子掌握深浅高低的概念，然后教孩子练习自己扶着栏杆迈下阶梯。下楼梯一般比较危险，幼儿不好掌握，家人要特别慎重，防止失手跌落。

课堂小结

宝宝的发育

在宝宝将要1周岁时，生长速度开始减慢。从现在开始直到下一个生长高峰（少年期），他的身高和体重应稳定增加，但不如最初几个月那么快。孩子经过前一阶段的努力，小步独自走得稳当了，不但在平地走得很稳了，而且很喜欢台阶，下台阶时知道用一只手扶着下。在日常生活中，喜欢模仿成人的动作、语气，喜欢玩球，会做把球举过头抛起来的游戏。喜欢和大人一起做指认眼、耳、鼻、口、手等认识人体器官的游戏。宝宝的生活开始变得规律，会自己尝试着穿脱衣服，穿脱鞋袜，学会与人亲密交往，好像突然间一下子长大了。

课堂小结

宝宝的护理

因为牙齿已经长出，可以适当的教宝宝学会刷牙，虽然宝宝还不会灵巧地刷的很好，但是家人不要气馁，提高宝宝刷牙的乐趣为以后宝宝爱上刷牙做准备。1岁以后的宝宝活泼好动，自我保护意识较差，最容易出现意外事故，所以家庭防范事故就显得特别的重要。保护好宝宝的小脚丫，给宝宝买软底的鞋子，要注意鞋子的大小，鞋子后面最好有带子，棉布和皮革的相对比较好。宝宝喂药是大人很头疼的一件事，怎样合理的选择适合宝宝用的药物，怎样教宝宝学会服用药物，这些都值得家长学习。

宝宝的喂养

合理的营养和良好的饮食习惯，是宝宝健康成长的基本要素。对于1岁以后的宝宝来说，吃，既要丰富多彩，又要合理搭配。肉类食品含有丰富的蛋白质、脂肪、矿物质、微量元素等多种营养成分，但缺乏维生素和纤维素，尤其是维生素C。为了使宝宝获取丰富的营养素，必须让宝宝多吃蔬菜。孩子的膳食安排应尽量做到花色品种多样化，荤素搭配，粗细粮交替，保证每日能食入足量的蛋白质、脂肪、碳水化合物以及维生素、矿物质等。

要培养孩子学会自己吃饭，建立良好的就餐环境，做好就餐准备和餐具准备，不强迫孩子进食，不打骂和批评孩子。

早教和游戏的方法

家庭安全护理婴幼儿，除了尽可能的提高生活环境中的安全性，还需要注意的是要教会宝宝学会认识危险。宝宝的模仿意识在增强，家人要注意自己的举止言谈得体，避免使自己的恶习让爱模仿的孩子学会。培养宝宝良好的说话能力，并教会孩子懂得规则，哪些是对的，哪些是错的，这些好的习惯应该从小灌输。教宝宝学会认识家庭成员，描述一下家庭的布置环境，整理和收纳物品和玩具，做一个人见人爱的宝宝。

19~24个月的宝宝
喜欢与人交往

成长课堂——宝宝的成长历程

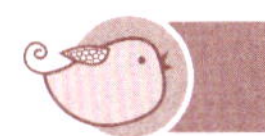

宝宝的动作发育

大动作

这个月龄的宝宝可以自如地行走、下蹲，能有目的地投掷、用脚踢皮球，会扶着栏杆上下楼梯，会自己上滑梯并滑下来。妈妈可以利用玩具来训练宝宝走、弯腰、蹲下来等一连串大动作，比如可以让宝宝去捡地上的玩具，并放到原来的位置，也可以和宝宝玩踢皮球的游戏。

精细动作

这个月龄的宝宝手部动作更加灵活了，会自己握笔并自如地画画，甚至能画出直线，能用拇指和食指捏东西，会穿珠子，能搭 4 ~ 8 块积木，会自己拿勺子吃饭，会自己穿脱衣服。

宝宝的语言能力

这个月龄的宝宝，语言能力有了实质性的进展，掌握的词汇也丰富了，从名词、动词扩展到形容词、副词，并开始说词组和一些简单的句子。妈妈可以利用生活中的点滴对宝宝的语言表达能力进行训练，如看到一个东西，可以问宝宝“这是什么”、“干什么用的”等等。

妈妈给宝宝讲故事的时候，尽量用短句，再加上丰富的表情和语调，吸引宝宝的注意，而且一个故事可以重复讲几次。

宝宝的认知能力

注意力

这个阶段的宝宝能集中注意力看电视、看图片、念儿歌、听故事等，但注意力一般只能保持在 10 分钟左右。

观察力

妈妈要注意训练宝宝对形状、颜色、大小、多少等的分辨能力，比如拿两个苹果，让宝宝来判断哪一个大哪一个小。

记忆力

这个阶段宝宝的记忆处于无意识记忆，有意识记忆非常短暂。妈妈可以通过玩捉迷藏的游戏来训练宝宝的记忆力，比如拿一个玩具，先给宝宝看，然后藏起来让宝宝寻找。

社交能力

家里来客人时，妈妈要教宝宝学礼貌用语，如“你好”、“谢谢”、“再见”等等。

妈妈还要鼓励宝宝与小伙伴玩耍，把自己的玩具主动给其他的小朋友玩，让宝宝学会分享。

宝宝的心理发育

2 岁宝宝开始尝试着做自己喜欢的事情，如玩床上物品、玩沙子、小鼓、小电子琴等，并开始感受父母对他的情感，有时会主动地跟爸爸妈妈交流。宝宝独立性不断增强，开始有了自律能力，并特别在意自己的感受。但由于宝宝缺乏安全意识，当妈妈为了避免危险而制止宝宝做某件事时，宝宝感受到的可能是妈妈“不爱他了或者不喜欢他了”。因此，当妈妈要严肃而坚决地制止宝宝做某件事时，首先要告知宝宝“妈妈是爱你的”，这样就会让宝宝的情感发展保持在良性的轨道上。

这个阶段的宝宝还是害怕亲人离开，最怕的是妈妈的离开。当宝宝对父母出现依恋、亲近的时候，如果常遭父母忽视，甚至不耐烦，宝宝情感发育就会受限制，长大成人后，可能会成为冷若冰霜的人，很难与人相处，不会施爱，也不会被爱。父母不要在宝宝情感发育的道路上给他留下任何阴影。

护理课堂
——专家教你科学护理

做好家庭体检

在家做体格检查，是发现孩子发育有否异常以及是否生病等的最佳途径。医院人多病杂，总是去医院，幼儿容易被感染。父母最好能懂得一些相关知识，自己在家为孩子做体检，以便及时发现异常。

每月应检查的项目

称体重：体重是孩子全身所有器官与组织的重量总和，最能反映其体格发育状况。一般的规律是：出生时平均 3 千克，前半年每个月增长 0.6 千克，后半年每个月增长 0.5 千克，以后每年增长 2 千克，具体可用岁数 ×2+8（千克）的公式来推算。孩子的体重在此计算值的上下 10% 之内均属正常；超过 20% 为肥胖，低于 15% 为营养不良。

量身高：婴儿出生时平均身长 50 厘米，前半年每个月增长 2.5 厘米，后半年每个月增长 1.2 厘米，第二年增长 10 厘米，以后每年增长 5 厘米。还要关注上半身与下半身的比例是否正常。上下半身的分界点是耻骨联合上缘，出生时上下比多为 1.7，5 岁时为 1.3，10 岁时为 1。

测头围：头围大小可以反映出孩子脑发育是否良好。测头围的操作方法是：用一根软尺，前面经眉弓，后面经后脑勺，绕头一周。出生时头围一般为 34 厘米，6 个月时为 42 厘米，1 岁时为 45 厘米，2 岁时为 47 厘米，10 岁时为 50 厘米，头围过小过大都应去看医生。

看牙齿：半岁左右萌出下门牙 2 颗，8 个月左右萌出上门牙 2 颗。萌出的牙齿颗数应当为月龄 – 6。出牙过晚的孩子应咨询医生。

量臂围：臂围是指胳膊的粗细。学龄前幼儿的各种活动对其上臂和前臂的肌肉、脂肪等的发育影响较小，胳膊的粗细可以反映出幼儿身体发育的自然趋势，进而判断孩子的营养是否达标。生后 1 个月平均 10.2 ~ 10.5 厘米，1 岁平均 13.5 ~ 14.7 厘米，2 ~ 7 岁增加 1 ~ 2 厘米。评估标准为：1 ~ 7 岁幼儿超过 13.5 厘米为营养良好，保持在 12.5 ~ 13.5 厘米为营养中等，低于 12.5 厘米则为营养不良。评判为营养不良的孩子应请医生仔细寻找原因，及时调整食谱，补充营养，力争把孩子的臂围提升到正常水平。

其他检查项目

前囟门：位于头顶接近额头的地方，是额骨与顶骨边缘形成的菱形间隙。出生时约为 1.5 ~ 2 厘米（两对边中点连线）。出生后 2 ~ 3 个月，随着头围增大而有扩大，以后逐渐缩小，常于 1 岁 ~ 1 岁半时闭合。若闭合过迟，可能患有佝偻病、呆小病等，应请医生诊治。

舌系带：指舌头下面的一根筋，与舌头运动有关。如果孩子说话不清晰，很可能是舌系带过短，最好在学习说话之前予以手术，以免影响语言发育。

听力：大约 30% 的耳聋是在胚胎时期病毒感染所致，及早检查可给予及时治疗，故家长应在日常生活中注意观察孩子的听力情况：

3 个月内：对于突然发出的声响刺激，可出现眨眼反射及手足伸屈运动，有的还会哭叫。

3 ~ 4 个月：对于稍响的声音或妈妈的呼叫声，会用眼睛寻找声源。

7 ~ 8 个月：对孩子爱听的声音会有喜悦的表情，有的还会发出声音模仿。

9 ~ 10 个月：能伴随音乐节拍摆动身体，甚至手舞足蹈。若发现异常，要及时看医生，延误不得。

性器官：男孩要检查有无隐睾、鞘膜积液、疝气、尿道畸形等，其睾丸增大不应早于 10 岁，也不应晚于 15 岁。女孩子要注意有无疝气、阴唇粘连，乳房发育不应早于 8 岁，也不宜迟于 13 岁。

婴幼儿处在特殊生理阶段，生病时常常症状不明显，不典型，又不会说话，有病不容易被及时发现。婴儿生病后的表现与成人不同，并且病情变化和进展迅速，短期内即可恶化。如果不及时发现，不但耽误诊治时间，还会因为保健不到位，使得病情发展变重，引起不良后果。所以，应当了解一些基本常识，提高警惕，以便有病及早发现，及早治疗。

一般情况下，婴幼儿疾病初发之时，可从食欲、睡眠、呼吸、情绪和大小便排泄情况来判断异常，及早发现疾病症候。

食欲改变

健康状况正常的孩子能按时饮食，食量正常。食欲过旺或食欲不振都应当引起注意。

睡眠不安

几个月的婴儿，生病前多表现为睡眠不安，烦躁或不时哭闹，哭声尖厉或无力，阵发性哭闹伴有面部痉挛等。另有类似夜惊但症状更为严重的突然单侧面部及四肢肌肉的抽搐。

呼吸异常

健康孩子呼吸平静、均匀而有节律性。若出现呼吸时快、时慢，呼吸深浅不均匀、不规则，应引起注意。

情绪改变

健康的情绪表现为愉快、安静、爱笑、不哭闹、两眼灵活有神等。有病时会一反常态，不仅出现一系列身体不适，孩子的情绪也会改变，烦躁、爱哭闹或反常的乖甚至没精打采都属异常。

大小便异常

小便：少尿、尿频、尿急、尿痛、多尿、尿失禁等。婴儿每日平均尿量为400～500毫升，1～3岁的幼儿每日平均可达500～800毫升。婴幼儿每日尿量少于200毫升为少尿，每日尿量少于30～50毫升则称为无尿。

大便：正常婴幼儿每日大便1～4次，不排大便或大便次数增加，且有黏液混杂，或带脓血，或有异常气味，如酸臭伴气泡，是消化不良。特殊恶臭味常见于严重腹泻。果酱便见于肠套叠；脓血便见于菌痢；鲜血便见于肛裂、息肉等。

体重改变

如果孩子体重增长速度减慢，不增加或反而下降，除饮食不到位外必定有某些疾病隐患存在，如腹泻、营养不良、发热、贫血等疾病。

幼儿常见的睡眠问题

睡眠是孩子健康成长的保障，也是父母亲最关注的内容。常见的幼儿睡眠问题有：

入睡后翻滚

孩子入睡后爱翻滚，不一定是疾病的表现，但起码说明孩子睡得不深，应当找一找原因。常见的原因有：一是睡床有不舒服的地方，如被子垫得不平整、太厚或穿的衣服过硬、过紧等，会使孩子感到不适而翻来滚去。二是白天过度兴奋，幼儿的神经系统较脆弱，如果白天玩得高兴过度或受到意外惊吓，晚上睡觉后大脑就不会完全平静，表现出睡眠程度不深，还会伴有啼哭。三是临睡前吃得过饱，有的家长总是担心幼儿吃不饱，晚上临睡前还让孩子吃很多东西，入睡后孩子肚子胀满难受，睡着以后也会翻来覆去。四是肠道寄生虫作怪，如肠道蛔虫、蛲虫经常在晚上捣乱，使孩子睡眠难以安宁。五是缺钙，幼儿缺钙会睡不安稳甚至惊悸。六是发热、患病，有的孩子平时睡觉很好，突然出现睡眠不安宁，家长就应当仔细观察孩子是否发热或有其他异常，及时把握就医的时机。

入睡后多汗

有的孩子入睡后会出汗，甚至大汗淋漓弄湿内衣，家长非常担心，认为是孩子缺钙。其实，幼儿入睡后出汗，大多属于正常生理现象。幼儿新陈代谢旺盛，产热量大，体内含水多，皮肤薄，皮肤内血管丰富，出汗有助于热量的散发，以维持体温的恒定。同时，出汗可以排出体内尿素、脂肪酸等代谢废物，汗液还可滋润皮肤，保持皮肤湿润。幼儿的神经系统发育不完善，入睡后，交感神经会出现一时的兴奋，导致浑身出汗。所以，幼儿仅仅出汗较多，而一般健康情况较好，那么缺钙的可能性就不大。如果除出汗过多外，伴有睡眠不安、惊跳、枕部脱发等症状，则有缺钙的可能，应当及时就医。

睡眠障碍

作为生长发育高峰期的孩子，对睡眠的需求很高。因为睡眠与生长激素的分泌有关，人的生长发育，依赖于垂体分泌的生长激素，而生长激素只有在睡眠时分泌的量最多；人体各种营养素的合成也只有在睡眠和休息时，才能更好地完成。所以，睡眠充足，孩子生长发育得就好、就快。宝宝年龄越小，睡眠应当越多，家长对孩子的睡眠应当加倍重视，以防出现睡眠障碍。

睡眠障碍，在婴幼儿中极其常见。据统计，30% 的儿童在 4 岁前均出现过类似问题，其中 8 个月至 2 岁则属高发年龄段。

幼儿睡眠障碍的表现有：夜间频繁醒来，睡眠不安宁、恐惧黑暗、磨牙、遗尿、呓语、梦游、摇动身体、抓挠皮肤、入睡困难等。

幼儿睡眠障碍发生的原因，归纳起来有几种情况：首先是精神刺激，如受到惊吓或有苦恼的遭遇又不愿意让家长知道；或家庭成员关系紧张，致使孩子总是处在压抑中等。其次是疾病，最常见于特异性皮肤病，其中多数患病幼儿年龄在 5 岁以下，夜间出现瘙痒不止，孩子抓挠皮肤而影响睡眠。对待有病幼儿要积极治疗，尤其是要到专科医院做正规治疗。

磨牙

晚上孩子发出磨牙声，对于换牙期的孩子，是建立正常咬合所需的一种活动。由于此间孩子的上下牙刚刚萌出，咬合尚不完全合适，通过磨牙，能使上下牙形成良好的咬合接触。遇上这一类夜间磨牙的情况，父母不必担心，通常会自行消退，无须治疗。如果孩子出现长期的夜间磨牙，通常是因为精神因素或错合引起。这一类夜间磨牙是出于神经反射作用，口内既无食物，唾液的分泌也少，牙齿得不到必要的润滑而形成“干磨”，牙齿组织的磨损相当厉害，造成后果较严重。人们睡眠过程中的无意识磨牙习惯称为磨牙症，夜间磨牙的人，第二天早晨常会感到咀嚼肌疲乏，口张不开，牙齿有不舒服的感觉。有的病人年纪不大，牙齿咬合面却已经磨成平板状。由于牙齿表面的牙釉质过分磨耗，会使釉质下的牙本质暴露出来，轻者会出现对冷、热、酸、甜等化学或物理刺激过敏，严重的会造成牙髓炎、咬合创伤，牙周组织的损坏或颞颌关节功能紊乱。若发生咀嚼肌的疲劳和疼痛，会引起人面部痛、头痛并向耳部和颈部扩散，这一类疼痛表现为压迫性钝痛，早晨起床时尤其显著。

治疗夜磨牙，一般多采用除去病因和对症治疗相结合的方法。调节不适的咬合，消除精神因素特别是焦虑、压抑等情绪，保持心理健康。有肠道寄生虫病者可以做驱虫治疗；有牙齿酸痛者可以做脱敏治疗。必要时，还可以找牙医装一个夜磨牙矫正器，晚间睡眠时戴在上部的牙弓上，可以控制下颌的运动，制止夜间磨牙的发生。

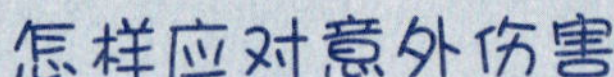

怎样应对意外伤害

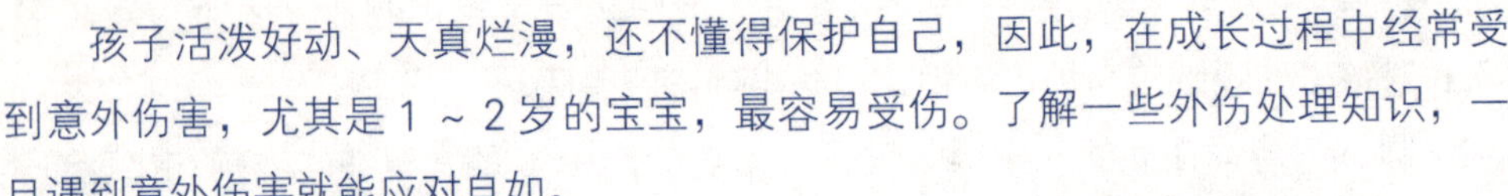

孩子活泼好动、天真烂漫，还不懂得保护自己，因此，在成长过程中经常受到意外伤害，尤其是 1 ~ 2 岁的宝宝，最容易受伤。了解一些外伤处理知识，一旦遇到意外伤害就能应对自如。

眼部外伤

婴幼儿好动，家庭护理中发生眼部外伤的情况屡见不鲜。出现眼睛受伤要判断清楚受伤部位、受损伤程度，区别不同情况对症处理。

* 眼睑外伤

仅仅属眼皮受伤，可以按一般皮肤外伤处理，清洗伤口作消炎处理，不要沾水。眼睛如果受到碰撞或打击，眼皮出现外伤，要仔细察看眼眶有无骨折、眼球有无损伤，孩子有无头晕、呕吐、昏迷等。

* 强光灼伤眼睛

无意中被电焊弧光晃眼灼伤，或是被医用紫外线灯晃眼后，都会造成眼睛角膜和结膜上皮组织损伤。而且遇上耀眼的类似强光，婴幼儿往往会出自好奇多看上几眼。这类光线灼伤眼睛后，当时不会有什么感觉，一般在 4 ~ 8 小时后，受伤的角膜和结膜上皮细胞会坏死脱落，并发眼睑红肿，结膜充血水肿，眼部出现强烈的异物感和疼痛、畏光、流泪、难睁眼并有视物不清等症状。严重者痛苦难忍，坐卧不安，不能入睡。对症处理使用 0.5% 丁卡因（地卡因）眼药水止痛，滴入药水 5 分钟后，痛感就会消失。一般 24 小时后，眼组织上皮细胞就能重新修复如初。

* 角膜损伤

黑眼球外层是角膜，如果受伤会出现剧痛、畏光、流泪等现象，家庭中出现这种情况，不要让孩子用手动眼部，加滴护眼药水，对眼部用干净湿毛巾敷住，立即送往医院。

＊眼球撞击

眼球受撞击后可能发生挫伤或振荡伤，造成眼内出血，引起视物模糊、疼痛，甚至失明。发生眼球撞击后，要让孩子躺下，不要受震动，找救护车急送医院抢救。

＊结膜异物

屑粒、灰尘、砂粒等异物溅入眼内，孩子自感有异物、疼痛、流泪等刺激症状发生，翻转上眼睑可见异物。出现此症千万不可揉眼，以防异物滚动损伤眼球。可以把眼皮向前轻拉，让眼睛泪腺分泌泪水冲出异物，或用冷开水冲洗出。若无效时，让孩子闭上眼睛，眼珠向下，然后用食盐水冲洗，或用消毒棉签蘸盐水轻轻擦拭出异物，然后滴上抗生素眼药水。如果仍无效，送医院治疗。

＊锐器伤眼

如被锐器刺入眼内，扎破眼球，一定要在最短时间内送医院，不能冲洗伤口，不能拔出扎进眼睛的异物，也不要把脱出的眼组织推回眼眶内。用干净毛巾压住伤眼，保护不受压迫，急送医院抢救。要注意让患儿仰卧，搬送过程中要平稳防震荡。

摔伤

俗话说，孩子是摔大的，不摔跤的孩子几乎是没有的，幼儿在玩耍时难免摔摔打打。既然摔跤难免常常会有一些外伤。家庭护理中应掌握一些外伤判断和急救处理知识，孩子跌倒受伤后，先检查孩子的伤处，首先排除骨折症状，确认肯定不是骨折，再进行伤口清理

＊骨折

如果孩子跌伤较重，会出现明显骨折征象。表现为剧烈疼痛，患肢运动受限，患区压痛极明显，局部出现肿胀，皮肤变色，在关节脱位和严重骨折时，还会发生肢体变形。

如果肢体活动不能自如或明显受限，跌伤部位出现明显肿胀、畸形等，应

马上去医院。在去医院的过程中，应避免挪动骨折部位。如四肢骨折，应找一块木板把骨折两端固定在木板上；如腰部或胸背、肋骨骨折，应找一副担架，担架上放一块木板，或直接用木板把孩子抬到医院，尽快诊治。切忌背着或抱着受伤孩子移动，否则可能会因骨折部位活动错位而损伤神经、血管，加重病情甚至危及生命。

对骨折处出血，送医院前可采用压迫止血或橡皮筋管、橡皮带环扎肢体止血。但要注意每隔 30 分钟左右放松一次，以免长时间阻断血液循环导致肢体缺血坏死。

* 擦伤

孩子擦伤以肘部、手掌及膝关节处为多见，一般表现为出血和皮肤破损。如果擦伤浅，创面比较干净，范围较小，为使创面结痂，只需在伤口周围皮肤涂一些碘酒，用干净消毒纱布包扎一下即可。如果伤口有泥土或污物，则要用生理盐水或冷开水冲洗干净，涂碘酒后再涂上一些抗菌软膏，外敷纱布包扎。若 2 ~ 3 天内局部无红、肿、痛等炎症现象，就会结痂。如果擦伤面积太大，伤口上沾有无法自行清洗掉的沙粒、脏物，或受伤位置重要如脸部，则要及时带孩子去外科做局部清创处理，并听从医生建议注射破伤风疫苗。

* 扭伤

最容易扭伤的部位是脚踝，孩子学步时、户外活动时，一定要注意保护脚。孩子扭伤后，表现为受损的关节肿胀，活动受到限制，疼痛与触痛会随着患部的活动增强，肌肉会不自主痉挛，几天后伤处还会出现青肿。

孩子刚刚扭伤时，要把扭伤处垫高，避免患处活动。切忌立即揉搓按摩。为减轻肿胀，应在第一时间内，用冷水或冰块冷敷约 15 分钟。然后，用手帕或绷带扎紧扭伤部位，既保护和固定受伤关节，还可帮助减轻肿胀。也可以采用活血、散瘀、消肿的中药外敷包扎。

要注意伤后 48 小时内，不可对患部做热敷。1 ~ 2 天后可在患处进行按摩，促使血液循环加速，使肿胀消退。

特别要注意，由于扭伤常常伴有骨折和关节脱位，尤其幼儿容易发生桡骨头半脱位。如果疼痛日渐加重，应去医院就诊。

喂养课堂——宝宝喂养新观念

这段时期宝宝营养特点

1 岁半到 2 岁的孩子，饮食正处在以乳类为主食转换为以粮食、蔬菜、肉蛋类为主食的过程中。

随着宝宝消化功能的不断完善，孩子的食物种类和烹调方法也逐渐过渡到与成年人相同。现在，多数宝宝已经断奶，每天以正餐饭食为主食，辅以一两次加餐点心。如果晚餐吃得早一些，临睡前最好能再给孩子加一点吃的，如喝一点奶加上全麦饼干、面包片。

给孩子做饭，要做得软一些。蔬菜还是要切碎、煮烂，煎炸类食物不容易消化，要少吃。吃鱼和带骨肉要净骨去刺。

1 岁半到 2 岁的孩子，每天应喝 250 毫升牛奶。因为牛奶营养丰富、好消化吸收，是孩子生长发育不可缺少的最佳食物。有的孩子不太愿意喝牛奶，可以用蛋羹、豆浆和牛奶交替补充营养。

1 岁半到 2 岁的孩子，每天应当摄入 40 克蛋白质，其中至少一半是动物性蛋白质。每天，最好给孩子吃 1 ~ 2 个鸡蛋，250 毫升牛奶，30 克左右豆制品，适当给孩子吃一些肝、鱼和肉类，以满足宝宝基本生长发育需求。

一日食物总量：牛奶 225 ~ 450 毫升，鸡蛋 1 个，碎瘦肉 25 ~ 50 克，蔬菜 100 ~ 200 克，谷物类粮食 150 ~ 250 克，水果 1 个或 150 克，饼干、面包或点心适量，定量烹调油。

一日总量原则下，可以灵活掌握，分为 5 ~ 6 餐哺喂。

* 一日食谱安排

早点：蛋花粥一碗（大米或小米 50 克，鸡蛋 1 个）。

加餐点心：9：30 时，牛奶或配方奶 250 克。

午餐：12：00 时，肉末碎菜汤面条（瘦肉 25 克，蔬菜 50 克，面条 50 克）。

加餐：15：00 时，胡萝卜泥，饼干或面包。

晚餐：18：00 时，菜粥或米饭一碗，炒菜一份（米 100 克，蔬菜 150 克，肉、鱼类 25 克）。

睡前：牛奶或配方奶 250 克，新鲜水果适量。

膳食营养平衡

幼儿正处在生长发育阶段，营养状况将会直接影响到孩子的成长。幼儿饮食需要最大限度地讲究营养平衡。

广义的营养平衡，是指食物量的平衡和营养物质平衡两个方面。食物量平衡即每天要按不同比重安排好几大类食物；营养平衡即每天的膳食中6种营养素的含量比例搭配要恰当，才能满足幼儿生长发育的需要。要满足幼儿食物数量和营养物质数量的平衡，应着重处理好以下几个问题。

制定营养平衡的食谱

根据幼儿每天各种营养素的需要量，进行食前的营养预算和食后的营养核算，结合季节特点选择食物，安排好由于幼儿的偏食习惯容易导致缺乏的3种营养素（维生素A、钙和维生素B_2）供应；干稀、荤素、粗细、甜咸搭配要合理，少吃甜食和油炸食品；以谷物类为主，动物性食品为辅；粗粮细粮要合理搭配，这样不仅营养互补，粗粮所含纤维素较多，还能刺激肠胃蠕动，减少慢性便秘，促进幼儿成长发育。

合理烹调保持营养

合理烹调是保证膳食质量和保持食物营养成分的重要环节，通过科学的烹调方法做成的饭菜，既色、香、味、形兼备，又合乎营养卫生的要求。要科学地清洗蔬菜，注意先洗后切，不要切后再洗，以减少水溶性营养素的流失。有色叶类蔬菜最好在水中浸泡一段时间，有效去除寄生在蔬菜表皮的虫卵和残留农药。

减少蔬菜营养素流失的烹调原则，是旺火急炒，使叶菜类的维生素C平均保存率达60%～70%，胡萝卜素的保存度则可达76%～96%。烹调时应注意，加盐不宜过早，过早会使水溶性营养素流失。营养素的保存与烹调过程和技巧有关，不科学的烹调会使营养素流失严重。

要味美更要营养

既要饱口福、讲味美，又要讲究营养，对于生长发育旺盛的幼儿极为重要。事实上，蔬菜被人称为维生素的宝库，100克蔬菜中含胡萝卜素高达4100国际单位，含维生素C 100毫克、维生素B族含量也非常丰富，这类维生素都有辅助谷氨酸和泛酸的作用，是改善大脑功能不可缺少的物质。

日常膳食中，可适当增加蔬菜和胡萝卜的用量，孩子不欢迎时，可以把蔬菜掺到包子、饺子里，让孩子不知不觉吃下蔬菜；还可以把胡萝卜粒和火腿肉粒、黄瓜、鸡蛋做成炒饭，同样能受到幼儿欢迎。又如粗细粮搭配，每周安排1次或2次玉米脊骨汤，午点可吃玉米，孩子们也能吃得津津有味。

幼儿膳食合理搭配，看起来并不复杂和深奥，做起来却并不容易。只有以科学的态度注意喂养技巧，掌握好进食的质和量，才能为孩子提供充足的营养，保障孩子健康成长。

水果不能替代蔬菜

现代家庭生活条件越来越好，有许多孩子不爱吃蔬菜，家长往往会用水果来替代，可是水果毕竟不是蔬菜，两者有很大差别。

虽说水果和蔬菜都含有维生素C和矿物质，但是，苹果、梨、香蕉等水果中维生素和矿物质的含量都比蔬菜要少，特别是与绿叶蔬菜相比要少得多。因此，只有多吃蔬菜，才能获得身体所需要的维生素。大多数水果所含的糖类，多是葡萄糖、果糖和蔗糖一类的单糖和双糖，所以吃到嘴里都有不同程度的甜味，孩子一般都比较爱吃。而大多数蔬菜所含的糖类都是淀粉一类的多糖，所以吃到嘴里时，感觉不到什么甜味，孩子就不大爱吃。

从人体消化吸收和其他一些生理作用来看，葡萄糖、果糖和蔗糖在进入小肠后，只需稍加消化或完全不加消化就可以直接将其吸收入血液。而淀粉就不行，它需要体内的各种消化酶在消化道内不停地工作，直到消化、水解成为单糖后，才能缓慢吸收入血液。因此，水果中的葡萄糖、果糖和蔗糖，很容易在肝脏转变成脂肪，如果孩子本身不爱运动，就容易发胖。

水果和蔬菜有许多相似的地方。比如，所含的维生素都比较丰富，都含有矿物质和大量水分，但是水果和蔬菜毕竟是有差别的。

水果中所含的单糖或双糖，如果吃得过多，便易使血糖浓度急骤上升，从而使人感到不舒适。可是吃蔬菜，吃得多些，也不会出现这些问题。

水果中的葡萄糖、蔗糖和果糖进入肝脏后，易转变成脂肪使人发胖。尤其是果糖，会使人体血液中甘油三酯和胆固醇升高，所以，用水果代替蔬菜，大量给孩子吃并不好。

水果和蔬菜虽然都含有维生素C和矿物质，但含量是有差别的。除去含维生素C较多的鲜枣、山楂、柑橘等，一般水果，像苹果、梨、香蕉等所含的维生素和矿物质都比不上绿叶菜。因此，要想获得足够的维生素，还是应当多吃蔬菜。

当然，水果也有水果的作用。比如，多数水果都含有各种有机酸、柠檬酸等。它们能刺激消化液的分泌。另外，有些水果还有一些药用成分，如鞣酸，能起收敛止泻的作用，这又是一般蔬菜所没有的。

因此，水果和蔬菜各有特点和作用，谁也不能替代谁。

早教课堂——聪明宝宝赢在起跑线

儿化语言和规范语言

孩子在1～2岁时，通常喜欢用单词或简单句子表达自己的想法，如“糖糖”、“蛋蛋……要”。

细心的父母会发现，宝宝在这一段时期所用的语言，一般只有名词和动词。有时一个词可以表示多种意思，名词也会作为动词来用。这种现象只会在宝宝1～2岁时出现，所以又称为儿化语言。

千百年来，几乎所有的母亲们都自觉地用儿化语言与婴儿交流，逐渐教给孩子掌握母语，用这种方法相当有效。其实，当父母与孩子以儿化语言交流时，会有意放慢说话的速度，复杂的长句也会被拆分成简单的短句和单词，同时还使出夸张的肢体语言。这样，孩子更容易理解词句的意义，从而使学习语言的速度明显加快。

事实证明，孩子更喜欢这样的说话方式，它有助于打破母子间的语言隔阂。不过，这并不表示孩子不能从规范化语言中学习，只是用儿化语言可以使孩子学得更快一点。父母在使用儿化语言时，应当尽量避免过多地模仿婴儿无意识的发音或一味地简单重复，减弱家长在语言学习中的引导作用。

什么时候开始对孩子使用规范语言，则要了解宝宝的语言发展过程。

儿化语言期。1 ~ 1.5 岁，宝宝多使用单词句，且多为名词，如“饼饼”、“凳凳”等。

1.5 ~ 2 岁，宝宝多使用简单句，表现为“名词 + 动词”的形式，如“狗狗跑”、“妈妈抱”等。这一段时间，正是幼儿语言发展最迅速的时期。正因为儿化语言的简单，不必考虑复杂的语法结构，这个时期的宝宝，学习的词汇量会猛增。因此，2 岁的幼儿期被称为“口语爆炸期”，有人做过统计，这一时期，宝宝每 90 分钟就能学会一个新词。

规范语言萌芽期。孩子一般从 2 岁开始，学习语法结构、了解用词组织成句子的规律。

从这个意义上来说，宝宝是在 2 岁以后，才开始学习并掌握最基本的语言应用。这段时间，宝宝的进步显而易见：使用的句子结构从简单到复杂；句子结构从不完整到完整；句子长度从短到长。

从宝宝的语言发展过程来看，在 1 ~ 2 岁的时期里，和宝宝的语言发展相呼应，父母也尽可以使用儿化语言，不必着急使用规范语言。

但是，由于宝宝从 2 岁开始学习用比较复杂的句子表达想法，与此相对应，父母最好使用比较规范的语言，给宝宝予更好的语言学习环境。

在宝宝 1 ~ 2 岁期间，父母使用儿化语言，可以和宝宝处在平等的基础上，给宝宝一种受尊重的感觉，有利于培养宝宝的自信；更容易和宝宝交流；重点突出名词和动词，有利宝宝把物体或动作和词汇联系起来，对周围环境进行分析；有利于增加宝宝的词汇量。

在宝宝长到 2 岁以后，就应当逐渐使用规范语言和孩子说话，这样做才有利于宝宝语言能力的发展。使用规范语言的环境，更容易帮助宝宝完成语法结构的学习；有利于宝宝的认知发展，“因为……所以……”“虽然……但是……”这样的句子中含有一定的逻辑意义；规范的语言环境，对宝宝的认知水平有潜移默化的影响；有利于宝宝人际交往能力的发展。

语言是一种沟通工具，口齿清晰、表达清楚的宝宝，才能很好地与人进行交往。成年人的日常会话，常常是宝宝的模仿对象，只有自然的、规范的对话才能给宝宝良好的示范。

综上所述，既然儿化语言和规范语言各有各的用处，父母就不用急于使用规范语言，只需让宝宝顺其自然地发展。

观察力培养

孩子们都喜欢透过各种方式，去探索、了解自己四周的人、事、时、地、物。这是幼儿的共同特征，通过好奇、探索和尝试，可以让孩子更了解已知和未知的世界。

孩子一出生，就对周遭的事物充满好奇，观察力也开始与日俱增。婴儿会眼睛四下里转，观察周围环境。再大一点时，宝宝会用小手触摸好奇又陌生的事物。等到宝宝渐渐成长，会开始尝试许多新鲜的活动。会走了的宝宝，在追逐、游戏中不小心摔倒以后，会号啕大哭，但也懂得了什么是疼痛。

宝宝所有的感官能接收的信息，都是一种观察力，包括视觉、听觉、嗅觉、触觉、味觉以及痛觉等6大感官。

观察力对于孩子的帮助在于产生好奇心，于是会主动地去看、去听、去触摸，在这些观察人和事物的过程当中，形成一种循环的认识过程。由观察产生兴趣，从兴趣中又开始思索，再从思索中学习，在学习中成长知识，从知识中了解事物。由此周而复始，一次次地循环，一次次地了解、学习。

“观察力”虽然只是生活中的琐小细微，但却掌控着孩子成长、学习的成败。因此，有效培养孩子的观察力，是父母责无旁贷的使命。

观察能力是由人体的五官出发，透过视觉、听觉、触觉、痛觉、味觉、嗅觉来达到学习。可以利用家庭里平常的人和事物来训练孩子。鼓励孩子亲身体验，陪伴孩子克服困难，给孩子提供适度的环境。

昆虫学习法

蚂蚁的踪迹无论在南方和北方都随处可见。这种小小的昆虫，是训练孩子观察力的好教材。因为，蚂蚁是一种相当有组织的生物，种群的分工相当精细，每只蚂蚁各司其职。可以在蚂蚁出入的地方，放一些饼干屑，然后和孩子一起观察蚂蚁把饼干屑搬入窝的有趣情形，是引导孩子观察的一种最自然且最方便的教材。

游戏学习法

可以运用图片、卡通、玩具积木等道具来训练孩子的观察力，例如把一大堆不一样形状的积木倒在地板上，让孩子找出同样形状的积木，并且分类放好。或是拿两张相似的图片，让孩子找出细微不同的地方，这样不但训练孩子的观察力，也培养孩子归纳和分析的能力，培养孩子成为细心且有组织能力的人。

家务学习法

做家务事，也能训练孩子的观察力。2 岁左右的小朋友，已经可以开始分担一些简单家务事。可以把洗净、晒干的衣物收进家里，然后请孩子一起做分类工作，哪一些是爸爸的，哪一些是妈妈的，哪一些又是孩子自己的。别小看这些简单的分类工作，如果孩子从小做这样的分类游戏，不但可以培养观察力、秩序感，还能经过耳濡目染，在无形之中培养出孩子爱整洁、做事有条理并且具有责任感的良好素质。

体商培养

近年些来，除了人们所熟知的智商、情商和财商等早期教育概念之外，越来越多的西方家庭开始注重从小培养孩子的“体商”，即提高孩子对体育锻炼的热心程度以及参与运动的水平。

西方人普遍认为，孩子参与锻炼越早，体商的提高往往也越快因此，孩子一出生便应开始“锻炼”。在春、夏、秋季，出生仅 2 周的婴儿会被抱到户外，在树荫或柔和的阳光下享受日光或空气浴，每次约 15 分钟，每日 1 ~ 2 次，随着孩子的成长逐渐增加次数、延长时间，妈妈还会轻柔地摇动宝宝的小手、手臂、肩膀和腿。这一类户外活动，让孩子有机会接触到大自然，有机会享受到新鲜空气、阳光等自然因素的刺激，从而促进孩子身心的健康发育。

西方国家的家长，给予孩子自主选择参与哪种游戏或运动项目的权利，不包办、不强迫，尤其不勉强孩子参与家长喜爱或选择的项目。西方国家的父母还会特别鼓励孩子结交更多爱运动、体能好的小伙伴，以便在后者的带动下，提高参与锻炼的主动性和积极性。

在家长不爱运动的家庭中长大的孩子，往往也会四体不勤。因而现代有一句健康方面的口号：为了孩子能爱好锻炼，父母自己也必须爱好运动。

有些孩子并非天生不爱运动，只是因肥胖、手脚笨拙、反应迟钝或身材过于矮小等原因而导致强烈的自卑。父母应及时开导孩子，努力让孩子明白“重在参与”的道理，不必过分看重运动表现或成绩。如有必要，还应聘请心理专家协助。

对孩子的每一点进步、每一点成绩，都要及时予以表扬。家长允许孩子经常变换锻炼项目以增强运动兴趣，不应动辄就批评孩子“缺乏恒心”。重要的是帮助孩子发现锻炼乐趣，养成爱运动的习惯，并由此而受惠终生。

空间、方位概念

近2岁的孩子，应当逐渐发展空间知觉能力。一般说来，孩子都先是学会分辨上下，然后分辨前后，最后才能懂得左右。

为了发展孩子的空间知觉能力，要有意识地训练孩子。平时，就有意识地给孩子发出指令："把桌子底下的画片捡起来。""把床上的毛巾递给我。"这样让孩子理解上和下的概念。

和孩子一起玩游戏时，可以对宝宝说："后面有人追来了，我们快往前面跑吧！""宝宝在前面跑，爸爸在后面追。"帮助孩子理解前与后的概念。

戴手套的时候，一边给孩子戴，一边说："先戴上左手，现在，戴好了左手，宝宝把右手伸出来，咱们再来戴右手吧！"以此类推，给孩子穿袜子、穿鞋时，也可以一边穿一边问："先穿左脚呢，还是先穿右脚？"在日常生活中反复训练，加上孩子自身肢体方位的参与，有利于孩子很快地记住左和右的概念。

让孩子掌握空间概念，既抽象，又困难，如果仅仅是空洞地给孩子讲上下、前后、左右的概念，孩子会很难理解。但只要结合平日生活中的实际，反复训练，孩子就能逐渐形成意识、掌握概念。

宝宝任性的矫正

一般来说，幼儿由于心理发展还不成熟，对很多事情缺乏认识和判断能力，多少都会有一点任性。

从心理学角度来看，成年人如果任性，是个性偏执、意志薄弱和缺乏自我约束能力的表现。而环境，则是导致儿童产生任性心理的主要原因。孩子的任性心理不是天生的，而是家长不加约束放纵教育的结果。孩子的任性如果发展到一定程度，就有必要加以纠正。

如果儿童任性心理得不到纠正，会妨碍孩子的心理健康和心理的正常发展。因为任性会导致无法正确认识和判断事物，个性固执，不明事理，妨碍生活能力的发展，不善于与人交往，难以适应环境，不被别人接受而陷入孤独之中，经不起生活的考验和挫折，对孩子健康成长不利。严重的还会由于性格容易冲动而走极端。

孩子任性的表现千差万别，因此，解决任性的方法也应当因人因时因事而异加以实施，才能给孩子提供适当的约束，增加孩子的心理自控能力，可以参照以下几种方法进行：

转移注意力

孩子注意力集中的时间比较短，父母可以利用这一特点想办法转移孩子的注意力，改变孩子的任性行为。例如，一名跟着母亲购物的儿童，在商场里玩得很上瘾。母亲急着赶回家，可孩子就是不愿意走。如果母亲说“我们回家吧。”孩子可能会坚持要在商场玩。如果母亲说：“走，妈妈带你去坐汽车。”孩子可能就会愉快地答应，然后由妈妈领着坐公共汽车回家。

情绪上表示理解，行为上要坚持对孩子的约束。如在吃饭的时候，孩子忽然想起爱吃的菜今天没有，生气地拒绝吃饭。即使冰箱里有材料，母亲也不应该迁就孩子，马上就给孩子做。应当明确地表示，饭菜准备好了，就不能随便更换。如果孩子继续闹，可以饿上一顿，等到孩子感到饥饿时，自然会找食物吃。

暂时回避

有些孩子会因为自己的不合理要求没得到满足而纠缠不休，这时，家长可以暂时不去理会孩子，要让孩子感觉到，使用哭闹的方式是无效的，孩子就会停止这种方式。事后可以与孩子坦诚地交流，跟孩子讲明白道理。

当然，解决孩子任性的方法很多，但解决任性问题的关键，在于培养孩子认识和判断事物的能力。

和小朋友相处

单家独户养育孩子时，还不太明显，往往一旦进入幼儿园后，有的孩子总会显得害羞、胆怯、孤僻、沉静、性情懦弱，俗称“不合群”。这样的孩子多数是因为在 1 岁左右，忽略了交往能力的培养。

一般来说，开始学会走路的宝宝，都会对小朋友发生兴趣，最愿意和人亲近，却还不能很融洽地在一起游戏，到一起也是各玩各的。但对于孩子的交往能力，应当从此刻开始培养，可以从几个方面入手。

宝宝能走路时，要为宝宝创造与小朋友接触的机会。可以每星期带孩子去几次商店，有可能的话，每天都到有孩子玩的地方去。宝宝虽不能同别的孩子一起玩，却会很愿意在旁边看着小朋友们玩，孩子可能会站在很近的地方盯着看，或很严肃地把手里的东西递给别人，然后又拿回来。有了初步的这种“旁观游戏”练习，到大一些时，宝宝就能和别的孩子一起玩得很开心。

帮助孩子结交玩伴，鼓励与小伙伴交往，给予孩子自由选择玩伴的权力。可以经常请一些小朋友到家里玩，让孩子们一起做游戏、听故事、唱歌、跳舞、画画、逐步培养宝宝与同伴交往的习惯。玩的过程中，孩子们闹了纠纷也不必紧张，最好的办法是从中调停，让孩子们自己解决矛盾，友好相处。

孩子最初与小伙伴的交往，会出现一些不友好的态度，或双手推小朋友出去，或者抢夺别人手中的玩具，或一大堆玩具自己霸占，不愿分给别人。这些不良反应，是曾经受到成年人影响的结果。如家庭成员之间不礼貌的训斥、吵架会影响到孩子。引发孩子与人交往能力的形成，应当从正面教育孩子，让孩子学会谦让、容忍、礼貌等行为，养成良好的交往习惯。

如果不给孩子提供社会交往的机会，总是把孩子关在家里独自玩。孩子会变得越来越内向，逐渐失去天真活泼的性格，痛失情绪教育、培养情商的良机。

游戏课堂——寓教于乐的亲子活动

追光逐影

和孩子一起玩“追光逐影”游戏，可以提高运动协调性和灵活性。

选择有太阳的天气，在室外平坦的地面上进行。家人和孩子一起在太阳下玩儿，太阳照在地面上会在地上出现一个影子。叫孩子用脚踩影子，家长可以变换方向慢慢跑动，孩子就追着影子跑。过一会儿，可以跑到房子旁或树荫下休息一会儿，影子就被遮挡住，告诉孩子影子不见了，让孩子也休息一下。几分钟后，可以再次跑到阳光下，并告诉孩子影子又出来了，让孩子继续追赶影子。这个游戏可以练习孩子的奔跑，但同时需要家长在身边保护。

除了在白天阳光下外，还可以在晚上灯光下做这个游戏，但游戏的房间一定要比较宽敞，家具应尽量靠边放，以便有足够的地方让孩子跑动。如果房间不够大，可以让孩子一人跑，把房间的灯灭掉，用手电筒或激光教鞭照出光影，让孩子去捕捉、踩踏。注意手电筒的光不要摇晃得太快，也不要对着孩子眼睛照射，只能照在房间里的空地上。

捉迷藏

1 岁以前的孩子缺乏自我控制能力，1 岁以后有了一定的自我控制力，如果经常和孩子玩“捉迷藏”游戏，有助于提高孩子的自我控制能力，培养孩子的耐心。

和这个年龄孩子玩“捉迷藏”游戏的方法是：家长先作示范，预先找一个比较隐蔽的地方躲藏起来，如躲到门背后，不让孩子看见，然后学猫学狗叫，叫孩子去寻找，找到后互换角色，家长闭上眼睛，让孩子自己选择角落藏起来，孩子第一次也会选择妈妈藏过的地方去躲藏。可以故意装作找不着，让孩子控制自己不出来，直到家长找到自己为止。只要不断变换躲藏的地方，孩子就会想办法找到家长不知道的地方去躲藏。

要注意，孩子不懂得危险，有时会藏在一些危险地方如衣柜内等，游戏前要和孩子讲明哪些地方危险不能躲藏。

课堂小结

宝宝的发育

这个时期的宝宝已经掌握了基本的语法结构，句子中有主语、谓语。熟悉宝宝的爸爸妈妈基本上可以听懂他在说什么。2 岁左右的宝宝喜欢看图片，喜欢听故事，喜欢看电视动画片，喜欢运动游戏，也很喜欢模仿大人的动作。在 2 岁时能用双腿一起跳着玩，并能单足独立 1 ~ 2 秒钟。手的动作更灵巧、准确，能叠 6 ~ 7 块方积木，用匙子吃饭，学用筷子，握杯喝水，能一页一页翻书。这一年龄阶段的宝宝事事喜欢重复，并且有一定的顺序和规律性。家长可以在日常生活中，如玩具的摆放，家庭简单物品的放置和生活规律上，有意识地进行培养。

课堂小结

宝宝的护理

父母最好了解一下宝宝的发育状况，自己在家为宝宝做做体检，以便及时发现异常，有利于孩子的生长发育。2岁的孩子，可以教他自己穿衣服、戴帽子、洗手、洗脸等。当孩子做的时候，家长可以在一旁给予指导和必要的帮助，但不要包办代替。宝宝的睡眠出现问题的话，父母最好要及时发现并根据所发现的状况解决问题，这样才能使孩子健康的成长。孩子避免不了的会发生意外，意外发生时，父母要学会一些必要的处理意外的方法，及时的处理意外对宝宝的伤害。

宝宝的喂养

2岁的孩子不要用奶瓶喝水了，从1岁之后，孩子就开始学用碗、用匙、用杯子了，虽然有时会弄洒，但也必须学着去用。宝宝的食物烹调要求有色、香、味，另外宝宝食物还要注意要有形状，食品要做到精致、易咀嚼、多样化，还要讲究食品的色调搭配、营养搭配。注意避免一些不适宜幼儿的食物，如刺激性的食物，带刺、壳、骨的食物，整粒的硬果等，这些食物容易造成对宝宝的伤害。水果和蔬菜虽然都含维生素C和矿物质，但是两者还是有很大区别的，宝宝不但要吃一部分水果，还应当食用一些蔬菜。

早教和游戏的方法

平时要多注意观察宝宝的各种行为，哪些行为是错误的要及早的发现和纠正，这样可以减轻照顾宝宝的负担。给孩子养成良好的卫生习惯，早晚洗脸，晚上睡前洗脚、洗屁股；经常洗澡、洗头。饭前、便后洗手，常剪指甲，勤换衣服等。快2岁的孩子，已经很喜欢说话了，但是词汇量还不够表述他的意思。这时，家长要想方设法帮助他丰富词汇，提高语言表达能力。游戏的内容要变得更加的丰富，可以继续玩捉迷藏，教宝宝学认数字，和父母做互动的游戏。

第四篇 2~3岁宝宝的护理课程

2岁以后的孩子，身体进入恒速生长阶段，神经系统发育较快，大脑的功能正在逐渐成熟。孩子的身长、体重均处在恒速生长阶段，但身高增长的速度相对高于体重增加的速度，即使原来胖乎乎的孩子，现在也开始“苗条”起来了。

第十五堂课

25~30个月的宝宝 开始认知世界

成长课堂——宝宝的成长历程

自我意识萌生

2岁半的孩子，身体进入恒速生长阶段，神经系统的发育较快，大脑的功能正在逐渐成熟。孩子的身长、体重均处在恒速生长阶段，但身长增长的速度相对高于体重增长的速度，即使原来胖乎乎的孩子，现在也开始“苗条”起来。

孩子的运动技巧有了新的发展，不但学会了自由地行走、跑、跳、攀登台阶等，动作的运动技巧和难度也有了进一步的发展；手的精细动作也有了很大的进展，能比较灵活地运用物体，如握笔、搭积木、自己拿勺子吃饭，甚至学会使用筷子等。

在语言发展方面，孩子进入了口语发展的最佳阶段。孩子说话的积极性很高，爱提问，学话快，语言能力迅速发展，掌握了最基本的语法和词汇，可以用语言与成年人交往。

孩子自我意识有了很大的发展，孩子知道“我”就是自己，产生了强烈的要摆脱成年人的独立性倾向，什么事都要抢着自己去干，喜欢自己脱衣服、叠被子，尽管干不好也不要人帮忙。有时会表现得不听家人的话，对家人的要求或指令会产生对抗或违拗，孩子已进入心理学上所称的“第一反抗期”。

这个阶段的孩子，产生了较为复杂的情感及行为，希望与人交往，希望有小伙伴。但是，如果真让孩子们一起玩，却又很难玩到一块儿，主要是由于孩子的社会适应能力还有限，多让宝宝和小朋友一块儿玩有好处。

这个年龄段的孩子，有了较好的注意力和记忆力，能较长时间专注地听故事、看电视、看电影等，能很快地背会一首儿歌、古诗，跟随成年人到某个亲友家后，再次路过时，能说出这是谁家。

这个年龄的孩子，有的已开始不愿意睡午觉，但精神很好，精力充沛，如果晚上睡得较早，睡得也较沉，就不必强求孩子睡午觉了。

2～3岁是幼儿心理发展的一个转折期，心理学家称这一时期为人生“第一反抗期”。不少父母也感到2岁左右的孩子不听话、不服管、脾气大。

这个时期孩子心理的主要特点：

认识能力的发展

2岁左右的孩子开始出现“头脑”中的心理活动，也就是表象、想象和思维。这些都属于高级的认识活动。也就是说，这个年龄的孩子有了高级认识活动的萌芽，使认识能力发生了本质的变化，导致孩子整个心理发展的转折。

表象出现的时期

表象，是指人头脑中所保持的客观事物的形象。如1岁左右的孩子虽离开妈妈时会哭，但容易哄，因过一会儿就会忘记了妈妈。2岁左右的孩子就不同，会在头脑中回忆起妈妈，看到与妈妈相关联的东西也会想起妈妈，因此2岁的孩子爱哭，是因为孩子的表象和回忆发展，不能笼统地指责孩子不听话、任性。

延迟模仿出现

延迟模仿，比直接模仿层次要高，即使榜样不在眼前时，孩子也能模仿见到过的榜样。因而，有时2岁左右的孩子会做出一些莫名其妙的动作。随着思维的真正发生，孩子会出现探索和求知的萌芽，常常会说出一些成年人不认可的“歪理”。其实，这正是随生活经验和思维的发展，孩子在头脑中形成了自己的标准。家长们切不要认为这是孩子对自己的反抗。

这个年龄阶段孩子的体重、身长、头围及胸围的正常参考值如下：

男孩：2岁：体重平均为12.60千克，身长平均为87.6厘米，头围平均为48.2厘米，胸围平均为49.4厘米。

2.5岁：体重平均为13.70千克，身长平均为92.3厘米，头围平均为48.8厘米，胸围平均为50.2厘米。

女孩：2岁：体重平均为11.90千克，身长平均为86.5厘米，头围平均为

47.2 厘米，胸围平均为 48.2 厘米。

2.5 岁：体重平均为 12.90 千克，身长平均为 91.3 厘米，头围平均为 47.7 厘米，胸围平均为 49.1 厘米。

衡量 1 ～ 3 岁幼儿期孩子体格发育情况的几个指标：

体格发育

幼儿期体重的增加较婴儿期逐渐减慢。1 ～ 2 岁全年约增加 3 千克。2 岁以后每年约增加 2 千克。

2 岁以后到 12 岁儿童的体重，可以用公式估测：体重 =(年龄 ×2)+8(千克)。

幼儿期身高则 1 ～ 2 岁全年约增加 10 厘米，2 岁以后身高估算公式：身高 =（ 年龄 ×5 ）+80（ 厘米 ）。

头围、胸围的指标

头围：出生第 2 年与第 3 年头围共增加约 3 厘米，3 岁时头围约 49 厘米。

胸围：1 岁半～ 2 岁时胸围约与头围相等，以后逐渐超过头围。超过的差数约等于儿童的实足年龄数。

牙齿：一般 2 ～ 2.5 岁乳牙全部长出，共 20 枚。

“第一反抗期”来临

带过孩子的家长都会有同感，孩子在 2 ～ 3 岁以前比较听话，2 ～ 3 岁之后，就开始不太听话了，有时家长让干什么，孩子偏不干，甚至会要求家长按照自己的“意见”去干。这种情况一般从 2 岁以后开始，到 4 岁时达到高峰。这个时期因此被称为儿童的“第一反抗期”。

从孩子生理和心理发展的角度看，这种“反抗期”是一种正常的现象。随着幼儿活动能力的增强，知识的不断丰富，孩子心理变化急剧，特别是孩子的需求发生了很大的变化，而成年人往往还是用老眼光去看待孩子，要求孩子，因而会引起孩子的种种反抗行为。从另一个方面看，如果孩子的个性得不到发展，反倒会影响到以后的成长。所以，经历“反抗期”是孩子正常发育的必然阶段。

疏导和培养自我意识——2 岁以前的孩子，生活中的一切均需要依附于别人。

2岁以后，孩子能独立行走，并能用语言表达自己的一些要求，能手眼协调地进行一些较为复杂的动作，这时正是幼儿独立性和自尊心发展的大好时机。孩子开始有自我意识，能把自己从周围环境中分辨出来，作为一个主体来认识，开始对于自己不满意的事说“不”。

人们做过调查，在这一阶段孩子越是具有反抗精神，长大以后就越有可能成为有个性和意志坚强的人。家长应正确理解孩子的心理活动，正确处理孩子在“第一反抗期”的行为，否则将会对幼儿的成长产生不利影响。

对待进入“第一反抗期”的孩子，要注意:

尊重孩子的个性

“反抗”行为，正是促进孩子个性和能力发展的心理动力。这个时期的孩子往往善于模仿，比如常常要求自己拿东西，吃饭时要用筷子，自己穿衣服。尽管各种动作还不熟练，要花费较长的时间，甚至还会损坏东西，但也应让孩子自己去做，同时给予适当的帮助和鼓励。不要训斥孩子，要有耐心，否则因为对孩子的干涉过多，保护过分，会使孩子变得胆怯，不能独立自主，甚至会伤害孩子的自尊心。

善于诱导和转移孩子的注意力，对不适于孩子做的事情，应该善于诱导或让孩子去做别的事，转移孩子的注意力，不要强迫命令。要注意因势利导，从旁协助，正确合理的教育。比如，孩子喜欢独立行走，就不要硬去搀扶，可以在旁注意保护；孩子要自己吃饭、穿衣，就可以让孩子自己动手，家长在旁加以指导，以此促进孩子心理健康发展，帮助孩子顺利渡过“反抗期”。如果孩子在商店里看到喜欢的玩具要买，不买就赖着不走，最好的办法就是带孩子离开商店，到了别的地方后，孩子会把商店的玩具忘得一干二净。

态度明确，是非分明

对孩子的一些不合理的要求或不正确的行为，家长应该态度明确，向孩子说明哪些行，哪些不行。即使孩子再三要求也不能满足。这样逐渐地孩子会产生出哪些事情该做，哪些事情不该做的潜意识，对孩子心理健康发展有益。

护理课堂——专家教你科学护理

培养宝宝的生活自理能力

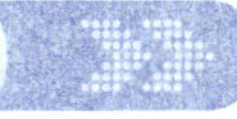

孩子的生活自理能力，和其他方面的能力一样，是从小培养和训练出来的。一些孩子的生活自理能力差，原因主要在家长身上，是由于父母的包办而剥夺了孩子锻炼的机会。

在家长的眼里，孩子总是“小孩子”，总认为孩子什么也做不了。因此，什么都代替孩子做。也有一些家长怕麻烦，嫌孩子做事慢、做得不好就替孩子干所有的事。其实，这些做法都是不对的，应该放手让孩子做自己的事，自己吃饭、自己穿脱衣服和鞋袜、自己洗手洗脸，自己整理玩具等力所能及的事。一般来说，孩子们都会非常乐意做这些事，家长应当因势利导、放手让孩子做。刚开始，孩子肯定做得不太好，可能会把饭洒一地，洗手洗脸把衣服弄湿等，出现类似情况，千万不可训斥孩子。因这样做会扼杀孩子独立动手的意识和从小就应当树立的自信心。

正确的方法，是给予孩子引导、鼓励和支持，并用一些恰当的方法，耐心地教给孩子生活自理的技能。例如，把每件事的顺序、要领、方法解释给孩子听，边讲解边示范，然后再让孩子自己练习，家长在一旁加以纠正。还可以通过让孩子练习搭积木、穿珠子等，来训练孩子手的动作，使孩子在实践中提高生活自理能力。

只要家长放开手，训练得当，2 岁以上的孩子就能自己吃饭、穿脱简单的衣物，如开襟上衣、松紧口短裤等。

学会穿背心和套头衫

培养幼儿自己穿衣服的能力。找一件前面有图案的背心或套头衫，先教孩子识别前后，同时看清前开口比后开口大一些，把两手伸进袖洞或背心的袖口内，双手举起，把衣服的领口套在头上，再用手帮助使衣服套过头穿上。

这种学习适宜从夏季开始。夏季衣服较简单，天气暖和，孩子的动作再慢也不用担心受凉。夏天让孩子学会穿衣服和松紧带裤子，到秋季逐渐加衣服时，也正好进入渐渐熟练的过程。

学会揩屁股

培养孩子大便时，自己解开裤子，蹲在便池或坐在抽水马桶上大便，便后，学习自己揩屁股。开始练习时，家人可以在旁边监督，但不要代替孩子做。让孩子自己拿手纸揩擦，若不能揩干净，再给孩子纸再擦，直到干净。如果做得好，要及时表扬孩子能干，自己的事情自己会做。

学习做家务和学说文明用语

在家庭中，应当培养幼儿帮助家人做事情的习惯。如家长扫地，让孩子拿簸箕，家长擦拭家具，孩子擦玩具。吃饭前，可以让孩子按照人数摆放餐具，吃完饭后，帮助收拾餐桌，送往厨房洗碗池等等。成年人在与人交往中说“您好！”要让孩子学习说，对家中的长辈要称呼“您”，接受帮助时要说“谢谢！”，早出晚归要分别道“早上好！”或“晚安！”，分别时候要说“再见！”，孩子接受别人赠送礼物时，要听从家长的命令，并要学会道谢。

学习刷牙漱口

教孩子刷牙时，家长和孩子各拿一把牙刷，家长一边做示范动作，一边讲解。应当采取竖刷法，顺着牙齿的方向才能把牙齿缝隙中的食物残渣清除掉。刷牙时要照顾到牙齿的各个面，还要把牙刷的毛束放在牙龈与牙冠处，轻轻压着牙齿向牙冠尖端刷。刷上牙时由上往下，刷下牙由下往上，反复6～10下。要把牙齿的里外、上下都刷到。刷牙的时间不要少于3分钟。开始时不要用牙膏，等到孩子掌握方法以后，再加上牙膏。每天早晚各刷牙一次，晚上刷牙后不宜吃食物。每次吃完饭后，要用温开水漱口，以保证口腔清洁，预防龋病。

学习给娃娃更衣

无论男女孩都喜欢娃娃，而且更喜

欢与自己性别相同的娃娃。家长可以替孩子购置塑料的四肢可活动的大娃娃，自制衣服以备更换。孩子学习为娃娃更衣，可以学习自己穿脱衣服。娃娃的衣服最好稍宽大一点，用松紧带固定，宽大的套头衫、松紧带裤子等。或用粘贴尼龙代替扣子，更便于穿脱。平时鼓励孩子自己脱掉衣服时，也可以学习穿无扣的套头衫和背心，鼓励孩子自己穿无跟袜子和鞋子。

分床独睡

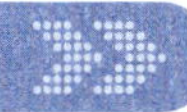

分床独睡，是每一个孩子都要面临的问题。有的孩子八九岁了，还赖在家长床上不肯走，过晚地分床睡，会带来一系列心理问题。为保证幼儿心理健康发育，父母与孩子分床的时间，最晚不要超过3岁。

一方面，2～3岁，正是孩子独立意识萌芽和迅速发展的时期，安排孩子独自睡，对于培养孩子心理上的独立感很有好处。这种独立意识和自理能力的培养，对孩子日后社会适应能力的发展有直接关系。

另一方面，孩子4～5岁时，到了男孩恋母、女孩恋父的时期，这个时期的恋父恋母情结，比之前单纯的喜欢和父母在一起有所不同，不但会表现得对父母更加依恋，而且具有排他性。因此,3岁之前分床是水到渠成，否则到4～5岁时，再分就很难。越大越难，如果强行分床，就容易出现心理问题。

对待2～3岁之间幼儿的分床问题，要注意：

讲明道理并做准备

先要让孩子明白，独自睡是一个人长大了的标志，并不是父母从此不再爱孩子了。此外，还要逐渐培养孩子晚上睡觉不乱踢被子、或醒来小便时知道叫人的习惯。

布置小床和睡房

可以给孩子布置一个快乐的儿童天地，在墙上挂上各种五颜六色的图案，再把孩子平时喜欢的玩具挂在床边。入睡时，可以暂时开一盏弱光灯。还可以根据孩子的需要，不断变换室内和小床周围的摆设，让孩子总是充满新鲜感。

循序渐进

先分床，再分房，让孩子慢慢适应。必要时给孩子一只绒毛熊作为替代安慰物。诱导孩子晚上睡眠时，可以讲一个小故事，也可以轻轻拍一拍背，让孩子有一种安全感，安静入睡。有的家长在分床后，一见孩子哭闹，就难以坚持，又让孩子回来同睡，这样做只会适得其反。孩子和父母分床而睡并巩固成习惯，不是一夜间能顺利完成的，反复几次也难免。但家长只要决心下定，就要持之以恒，好习惯才可能日趋巩固。

选择护肤品和洗涤用品

婴儿润肤霜、婴儿护臀霜、婴儿润肤油、婴儿润肤乳液……如今，市面上销售的儿童护肤用品可谓琳琅满目、五花八门。由于宝宝专用的护肤产品用料严格、工艺讲究，受到众多家庭的欢迎。

婴幼儿皮肤娇嫩柔软，随着生长发育，孩子的皮肤也不断地经历着变化。根据婴幼儿的皮肤特点，应当选择适当的护肤品，不宜给孩子使用成年人的护肤品。

要了解给孩子选择护肤品的知识，首先应当了解婴幼儿皮肤的特性：

皮脂

覆盖在人类皮肤的表面，起着保护、乳化、缓冲、排泄、抗菌和生物调理剂的作用，分为皮脂分泌和表皮产生两类。出生后不久的婴儿，总皮脂含量与成年人的相当接近，大约出生后 1 个月，总的皮脂量开始逐渐减少；幼儿时期，由于激素受控，皮脂分泌量少，所以婴幼儿皮肤较干燥。到青春期性激素活跃，分泌皮脂的能力提高，皮肤干燥情况会得到改善。此外，男孩通常比女孩皮脂更多一些。

含水量

皮肤没有保留水分的作用。人体皮肤最外层的角质层，能保护皮肤不受外界物理和化学因素的影响。从皮肤护理的需要出发，角质层含水量变化很重要。新生儿皮肤含水量为 74.5%，婴幼儿为 69.4%，成年人水分最低为 64%。

酸碱度 pH 值

皮肤 pH 值一般在 4.2 ~ 5.5 之间。新生儿出生 2 周内接近中性，胎盘的 pH 约为 7.4。因此，新生儿的皮肤不能有效地抑制细菌繁殖，抗感染能力较低。

出汗

婴幼儿与成年人的汗腺数量一样，但在每个单位面积上的汗腺数量不同。成年人平均为 120 个 / 平方厘米，婴儿 500 个 / 平方厘米。汗腺虽然在幼儿皮肤上生长，但分泌汗液的能力很低。汗腺受到刺激，如外界温度变化、情绪冲动和味觉刺激后，能加速分泌排出汗液。

综上所述，婴幼儿的皮肤与成年人的皮肤性质不同在于：婴幼儿的皮肤含水量高，pH 值高；单位面积上出汗多；总皮脂量低，皮肤较干燥。

因此，婴幼儿用的化妆品，除了对皮肤、眼睛没有刺激性外，应当特别讲究护理和安全性，婴幼儿选用化妆品要具有高保护性、高安全性，低刺激性等特点。

幼儿化妆品的一般特点要有稀、泡沫少和润滑感强的特点，不能用成年人的标准来要求。

稀

幼儿的护肤用品要比成年人的化妆品稀一些。如儿童乳液含水量很高，如果涂上之后感觉很厚，就不合适。涂上以后要有稀稀的、嫩嫩的、有透明的感觉。幼儿专用的浴液、香波都比成年人的要稀，过浓对孩子不好。

泡沫少

幼儿专用洗涤用品虽然稀，但有一定的黏度，泡沫不能很高。泡沫越多越不好，因为发泡剂全部都有刺激性，对孩子的皮肤不利。

洗后滑

洗了之后，皮肤的感觉还是滑滑的，好像没洗，实际上已经起作用了。幼儿皮肤排水量大，没有太大的污垢。

婴幼儿常用的护肤和洗涤用品一般分为几大类：

护肤类

如婴儿油、儿童霜、儿童蜜等。婴幼儿由于肌肤还没有充分发育，因此抵抗表皮失水的保护作用不大。再加上孩子皮肤的机械强度低、角质层薄、pH 值高和皮脂少，皮肤不仅干燥，而且易受外界环境影响。儿童霜中大多添加适量的杀菌剂、维生素及珍珠粉、蛋白质等营养保健添加剂，产品多为中性或微酸性，与婴幼儿的 pH 值一致。经常使用可以保护皮肤，防止水分过度损耗或浸渍，避免皮肤干燥破裂或淹湿，以及粪、尿、酸、碱或微生物生长引起的刺激。

洗涤类

如儿童洗发香波、儿童沐浴液、儿童浴液、婴儿香皂等。婴幼儿皮肤和头发普遍属于干性，不宜使用脱脂力强的洗涤品，需要富脂型、润肤型、杀菌型的无刺激的专用洗涤品。婴儿用沐浴品性能要温和，对皮肤和眼睛无刺激性，以不洗去皮肤上固有皮脂为宜。品性优良的儿童香波，多选用较温和的活性剂配制，香波黏度较高，洗发时不易流入眼睛。婴儿香皂一般为“中性”或“富脂”皂，含有护肤作用的羊毛脂，选用的活性剂水溶性相当低，刺激性也很低，适合婴儿使用。

儿童爽身粉、花露水

爽身粉的基本作用是保持皮肤干燥、清洁，防止和减少内衣或尿布对皮肤的摩擦。洗浴或局部皮肤清洗后，擦用一些婴儿爽身粉，对保护皮肤健康有益。夏季用的花露水，最好用不添加乙醇的，同时能消毒、杀菌、避免蚊虫的润肤水类。

选择婴幼儿用护肤和洗涤用品要注意：

要买大品牌、买正规产品

买专业生产儿童产品厂家的化妆品。只要不是专业生产儿童化妆品的厂家产品绝不宜用。

要买成熟产品、老产品

幼儿抵抗力弱，要慎用慎选，即使是专门生产孩子化妆品的厂家，生产的新产品也尽量不要买，等到产品成熟后，再买、再用。

选择儿童的护肤用品时要慎之又慎，一定要买好的，不要贪图便宜。

选用应当注意，选择婴幼儿不容易开或弄破包装的化妆品；由于婴幼儿护理品每次用量较少，一件产品往往要用相当长的时间才能用完，因此产品稳定性要好，购买时除注意保质期外，还应尽量购买小包装产品；还要避免购买和使用含有着色剂、珠光剂的产品。同时婴幼儿用品应尽量少加或不加香精，因为配制香精用的原料，往往会对皮肤有刺激作用。如果在使用过程中发现孩子眼睛充血、流泪，一定要停止使用。

婴幼儿的皮肤天生就很好，尽量不要使用化妆品。给孩子使用化妆品的原则应当是，宁可不用，也不要滥用。

儿童的角质层很薄，成年人的护肤品绝对不能给孩子用，否则会伤害皮肤。成年人的化妆品有营养类、有提取物类、有激素类，孩子用了之后会酿成祸害。例如，激素类使用到孩子身上，会引起性发育异常，会让幼儿年纪小小乳房提早发育，酿成伤害。成年人用的美容品更不应随便使用，孩子处于发育阶段，如果不适合会刺激皮肤，产生不利因素。如果给女孩子涂用成年人化妆品的睫毛膏，会弄得睫毛掉落，抱憾终身，因为睫毛属于不可再生的人体组织。

有些化妆品广告自称纯天然，且不可相信。要知道化妆品就是化学品，任何一种化妆品都没有纯天然的。如果说没有防腐剂，则更是绝对不可能，而防腐剂超标给孩子使用就更会惹麻烦。

喂养课堂——宝宝喂养新观念

宝宝的喂养指导

孩子的身体正处在快速成长时期，每一个器官发育时，都需要大量的营养物质。如果营养结构不合理，部分器官就有可能发育不完全，使孩子的身体出现疲倦、无力、抵抗力下降等症状，从而增加发病率。

究竟应怎样组合食物的质和量呢？建议保证孩子每天营养物质摄入量：

谷物、谷物制品、土豆等，富含糖类、纤维素、B 族维生素、蛋白质和矿物质。相关食品有：面包、面条、大米、土豆，每天都要保证适量食用。

蔬菜和干鲜果品等富含维生素、矿物质、蛋白质、纤维素和糖类，每天可以较大量食用。

水果里含有维生素、矿物质、纤维素和糖类，可以每天较大量食用。

饮料应尽可能以饮用水为主，或选择不含糖的果茶、果汁、汽水。每天不少于 0.7 ~ 1.5 升。

牛奶及奶制品富含蛋白质、钙、B 族维生素。特别是酸奶、凝乳、脱脂乳、低脂奶酪等，可以每天不断，较大量食用。

鱼、肉、蛋等含有蛋白质、碘、维生素 D 和铁。适量食用。肉类最好选瘦肉。

油脂和食用油可以提供热量，但进食量要少一些。

满 2 岁以后的孩子，不要再用奶瓶喝水，要让孩子开始学用碗、用勺子、用杯子，虽然有时候会弄洒，但也必须学着用。如果为了省事让孩子继续用奶瓶，对孩子的心理发育不利。

孩子对甜味特别敏感，喝惯了糖水的孩子会不愿意喝白开水。但甜食吃多了，既会损坏牙齿，又影响到食欲。因此，不要让孩子养成只喝糖水的习惯。已经形成习惯的，可以逐渐减低糖水的浓度。吃糖果也应当限定时间和次数，一般每天不要超过两块糖，慢慢地纠正这种习惯。过一段时间就会发现，糖吃得少了，糖水喝得少了，孩子的食欲却增加了。

每个孩子的情况不同，2 岁以上的孩子每天的食量，一般来说应当保证主食 100 ~ 150 克，蔬菜 150 ~ 250 克，牛奶 250 毫升，豆类及豆制品 10 ~ 20 克，肉类 35 克左右，鸡蛋 1 个，水果 40 克左右，糖 20 克左右，油脂 10 克左右。

另外，要注意给孩子吃一点粗粮，粗粮含有大量的蛋白质、脂肪、铁、磷、钙、维生素、纤维素等，都是幼儿生长发育所必需的营养物质。如可以吃一些玉米面粥、窝头片等。

培养良好饮食习惯

培养幼儿良好的饮食习惯，包括内容很多，要注意防止孩子挑食和偏食，尽早教会孩子独立进餐，养成定时进餐习惯，控制零食和冷饮、甜食，养成良好的生活习惯。

防止挑食和偏食

孩子应当从各种食物中获得全面而必需的营养，挑食和偏食会造成幼儿营养不良，还会使孩子成长以后难以适应不同的、特别是艰苦的环境，养成对周围事物挑剔的不良习惯。挑食与偏食，是娇生惯养的结果。挑食和偏食也是一种毛病，造成这种毛病的关键在于家长。因此，纠正这种毛病也应当由家长来完成。

对于孩子不爱吃的食物，要变换口味做了给孩子吃，并且要反复告诉孩子这种食物吃了以后对身体的好处，帮助孩子从多角度品评这种食物。不爱吃某种食物是心理问题造成的，一般家长不爱吃什么，孩子也不吃什么。因此，家长不要让孩子知道自己不爱吃什么食物，千万不要当着孩子的面，评说哪一种食物好不好吃。

孩子如果特别喜欢吃某种食物，要加以节制，不要由着孩子的性子，一次吃得很多，以免吃伤了，以后见到这种食物就反感。

尽早让孩子独立进餐

孩子自己进餐，能促进幼儿进食的积极性，避免依赖性。在孩子 6 个月时，就可以自己抱着奶瓶喝水；1 岁时可以用杯子喝水；1 岁半以后可以用勺子自己吃饭；3 岁时可以使用筷子。学习进餐的过程，是一个很长的过程，对孩子来说并不简单。例如，使用筷子要活动 30 多个关节，运动 50 多块肌肉。因此，孩子开始学习时，手的动作不协调，常常会吃得脸上、手上、身上、桌上到处都是饭菜，比家长喂还麻烦。尽管如此，家长宁可在一旁打扫收拾，也要坚持让孩子自己吃。

定时进餐，适当控制零食。肚子饿了才想吃饭，有些孩子成天零食不断，嘴上、胃里没有空闲的时候，没有体验过饥饿感，致使消化系统不能“劳逸结合”，造成消化功能紊乱。应当培养孩子按餐吃饭、定时进食的习惯，到了该吃饭的时间，食物消化完了，就产生了饥饿感。同时，消化系统的活动也有了规律，这时肠胃会开始蠕动，分泌消化液，为进食做好了准备，吃饭才会很香。

节制冷饮和甜食

孩子们大都喜欢吃甜食和冷饮，这类食物的主要成分是糖，有的还含有较多的脂肪。冷饮吃得多了伤脾胃，含脂肪多的食物在胃内停留的时间比较长。冷饮吃多了，会影响消化液的分泌，影响消化功能。还会造成胃肠功能紊乱、胃肠炎症等。

甜食冷饮可以安排在两餐之间，或者饭后吃。不要在饭前 1 小时以内吃，不宜睡觉前吃。

讲究烹调，使食物味道鲜美食物的烹调要适合幼儿的生理、心理特点，可以促进孩子的食欲。孩子的消化能力、咀嚼能力差，饭菜要做得细一些、软一些、烂一些。食物要色美、味香、花样多。外形美观的食物，能引起孩子吃饭的兴趣。孩子好奇心强，变换花样，就会因为新奇而多吃。如把煮鸡蛋做成小白兔，把包子、豆包做成小动物形状等。

生活要规律

要注意让孩子有充足的睡眠、适量的运动，还要定时排便。充足的睡眠能保证神经系统的正常发育，孩子的食欲、精神状态和体质强弱，很大程度取决于睡眠是否充足。睡眠不足，就会食欲不振。适量的活动能促进新陈代谢和能量的消耗，使食物消化吸收加快。定时排便能预防便秘。睡眠、活动和排便等良好习惯的形成，都有利于养成良好的饮食习惯。

让宝宝学习用筷子

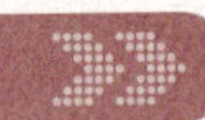

人在使用筷子时，需要牵动手指、掌、腕、肘部的 30 多个关节和 50 多条肌肉来做综合活动，还要有众多的神经和血管组织来参与和完成使用筷子的动作。人的手指灵活运动，能刺激大脑的运动中枢，由此提高思维活动能力。因此，让孩子早一点学习使用筷子，是提高智能的好方法。

孩子长到 1 岁半以后，多数能学会用勺子吃饭。虽然孩子的手指、手腕的控制技能还不太纯熟，但是发育的成熟程度已经基本能胜任学习使用筷子了。当然，让这个月龄的孩子学用筷子会很困难，但是只要孩子能建立起充分的兴趣，总是想学着爸爸妈妈那样吃饭，就能熟能生巧。

当然，让孩子学习使用筷子吃饭，是一个循序渐进的过程，开始时，只要孩子能把饭菜送到嘴里，就是一种初步的成功，父母要及时给予肯定和赞扬。然后，因势利导地教给孩子使用筷子的技巧，逐渐学会挑、扒、串等基本手法。

挑

让孩子学着父母拿筷子的手法，把两根筷子并拢，直插进菜盘子底，挑起一筷子饭或菜，小心翼翼地送进嘴里。这种手法，是由勺子到筷子过渡的基本用法。

扒

孩子的小碗里剩下不多的一点饭，往往是吃饭时的难题，宝宝现在还没有能力用小勺子或筷子把它吃光。应当及时教育孩子珍惜粮食，告诉孩子吃饭时要养成好习惯，不要剩饭。同时，手把着手教孩子用筷子把碗里剩下的饭菜扒进嘴里。从手把手教起，过渡一段时间，孩子就能学会用筷子扒饭，逐渐掌握使用筷子扒的技巧。

串

在吃比较软一些的菜时，可以在餐桌上教孩子用筷子把菜戳透以后，串在筷子上。串透以后，自己举起来送进嘴里吃。这类菜肴如丸子、鹌鹑蛋、土豆或萝卜块、藕片等。但是，必须注意的事情是，让孩子学习用筷子串透菜吃时，一定要有父母在孩子身边，注意保护孩子的安全，防止筷子误伸进喉咙过深，造成伤害。

学习筷子使用手法，能变化出这么多花样来，特别能激发孩子的兴趣，使曾经让不少家庭烦恼的宝宝吃饭问题和学习使用筷子的过程，变成一种妙趣横生的游戏。

每一次使用筷子成功，父母都要肯定和表扬，就更加能使孩子有兴趣天天学、顿顿练，使用筷子的技巧也相应会得到提高，在日常生活琐事中，学习了生活技巧，锻炼了手部精细动作能力。

学习使用筷子，虽说是孩子自己动手的一个探索和实践过程，但是，父母可以起的作用也很重要:

有意识展示，吸引孩子模仿可以在孩子面前演示使用筷子的技巧和手法，让孩子觉得好玩、有趣，调动孩子的兴趣，只要有充分的兴趣，孩子就能发挥模仿性强的特点，主动学习。

食物因素

孩子学习使用筷子时，应当尽量在烹调上下一点功夫，以色、香、味来吸引孩子的注意。孩子看到自己爱吃的食物，又能自己动手吃到嘴里，手的技巧会进步得更快一些。

选择筷子

初学时，最好使用有棱角的筷子，因为呈四方形的筷子夹住食物以后不容易滑掉。还要尽量选用本色、无毒害的安全筷子，不要使用刷过鲜艳彩漆的筷子。

随时学用

使用筷子的技能，不一定仅限于在餐桌上，平时，和孩子一起玩用筷子夹起小球的游戏，也同样能达到锻炼的目的。

如果孩子从一开始就有明显的“左撇子”倾向，或有对用左手的偏爱，在学习使用筷子的时期，不要急于纠正，无论用左手还是右手拿筷子都行。如果采取过于强求和强制纠正的做法，会影响和阻碍到孩子语言能力方面的发展。

早教课堂——聪明宝宝赢在起跑线

教育孩子懂礼貌

一个没有礼貌、举止粗俗、不尊重别人的人，在工作中会很难获得尊重与同事的友好协作，生活中也不易获得友谊和自信，因此往往会缺乏幸福感。要想使孩子成长为有所作为的人，应当教育孩子从小懂礼貌，讲友谊。

让孩子懂礼貌，最早便是让孩子学会与人“打招呼”。看上去一句问候语虽然很简单，但要让孩子养成习惯并主动问候别人，却很不容易。如果孩子主动称呼别人或使用文明用语，父母要及时给予表扬，让孩子知道，懂礼貌的宝宝会人人喜爱。

在日常生活中，要教育孩子懂得尊重长辈尤其是老年人。父母要以身作则，如果父母自己对长辈不尊重，不孝敬，孩子就不能学会尊敬老人。

带孩子到别人家做客时，要教育孩子不能大声喧哗，要和小朋友友好相处。在做客时，不要去拉人家的抽屉或翻柜子，不要到主人家的卧室特别是床上打闹。

在公共场合，要遵守秩序，说话文明，乘公共汽车时，如果有人起来让座，一定要让孩子向让座者说谢谢。如果下车时，让座者仍然站着，要打招呼请人家回来坐。如果父母抱着孩子上车后，见到有人让座，不谢一声就坐下，给孩子留下的印象是，上车后应有人站起来让座，如果没有人让，孩子就会又哭又闹。

在公共场所要教育孩子不要大声喧哗，养成平静回答和表述自己意见的习惯。

礼貌的举止，表现在遵守各种社会公德上。父母是孩子的第一任老师，父母对别人的态度和所做所为，会影响到孩子以后对别人的态度和行为举止。父母对孩子的态度，也会影响孩子日后的行为，如果父母举止粗鲁，孩子就不会文静，父母不尊重孩子，孩子也不会尊重别人。

为了孩子今后的幸福，教育孩子成为有教养、有礼貌的人十分重要。而礼貌教养和文明举止，要在3岁之前就注意开始养成。

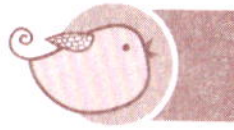

尊重孩子的独立人格

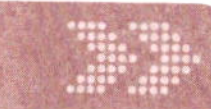

孩子生长发育到了一定的阶段，往往会产生一种与父母相抵触的情绪：有了话不愿向父母说，对爸爸妈妈的批评和劝导也不像以前那样听话，甚至会产生抵触、不顺从的情绪。其实，这种逆反心理，就是说东却偏偏向西的要求；不许孩子这样做，倒反而会增强其想做的欲望。

实际上，这个年龄孩子只是追求独立人格，并不存在多强烈的逆反心理。只要家长指导得法，完全可以顺利地渡过这个危险的年龄段。

对待孩子出现的逆反心理现象，应当注意以下事项：

不要抱有成见

不要一看到孩子们有独立意识的迹象，就极力压制，父母往往担心稍有让步，会导致孩了走上歧途。而家长的反应越激烈、越强硬，孩子则越会坚持己见。

一般来说，对于孩子的主张，家长们分为三种类型：放纵型、专制型和权威型。

孩子要参加周末小朋友聚会，放纵型的家长会说：“好吧，但不要待得太晚。”放纵型家长要么会对孩子漠不关心，要么给予充分的自由来取悦孩子。

专制型家长的反应则会是：“不行。你还太小，不能参加这种活动。”这一类家长把孩子看得死死的，事无巨细，全由自己说了算。

权威型的家长考虑孩子的意见后决定：“你知道我们周末的作息安排。我们是10点熄灯，你如果10点以前回家，就可以去。”

孩子们会喜欢权威型的家长。这一类家长给孩子们以负责任的自由，同时又不超出纪律约束的范围，对孩子的影响比前两类家长都大，因为不对孩子的所有行动都指指点点。

把握重要问题

不要对孩子的每个细枝末节都指手画脚，这样做只能使孩子反感。无论男孩子要留长发或是女孩子打扮自己，最好心平气和地对待，只要孩子的作为无伤大局，不妨当作一种无害的习惯来接受。

不要盲目责怪孩子

有时候，看起来孩子“逆反行动”针对家长，实际上根本不是那么回事，心平气和地问明原因，孩子的逆反行为背后，一定有自己的理由。只要说清楚，消除误会，比起盲目责怪孩子“不听话”要有用得多。

建立统一战线

孩子有时会更喜欢两位家长中的一位。对待孩子的不同态度，往往会导致父母之间的冲突。因此，在处理孩子的某个问题时，应当多同家人沟通、多多商量，决定在哪些方面互相让步。然后，一起向孩子说明父母的抉择。

呵护孩子的独立性

孩子渐渐地长大了，开始意识到自己是一个独立的个体，有了自己的独立意识，想要尝试自己去做事，想要学会自立。帮助宝宝的自立希望变成现实，也是能力培养的过程。

真正培养孩子的独立性，鼓励宝宝照顾自己，就要允许孩子不断地去探索周围的世界，挑战不同氛围的极限。所以，家庭环境的安全性对于宝宝的自立尝试非常关键。

能走路好动的孩子，总是爱“惹祸”。但是，与其看到孩子去摸危险的物品，大呼小叫地急忙制止，不如把家庭中所有能带来危险的物品都收藏起来，给孩子提供安全有趣的玩具，既能给孩子更大的自主权，父母也会更加安心省事。

由孩子做主

有时候，给孩子设置一些限制很必要，但有时候让孩子成为家庭事务的决策者，也不失为一种新鲜的尝试——即使孩子的决定听起来很幼稚、很可笑。如果在大热天，孩子却决定穿滑雪服，尽管随孩子去做吧，穿上以后知道很热，就会自己脱下来。然而，在给自主权、让孩子做决定的过程中，宝宝却有了学习和认知的机会。

及时引导有助自立

成功地做好一件事情，会让孩子很有成就感。在这一过程中，需要细心仔细地引导孩子：把一件事情分成几个层次，协助孩子先做什么，再做什么，逐一完成。

例如，引导孩子帮助妈妈清理餐桌，先给孩子讲明白要领：首先要把盘子拿到水池里，然后再拿杯子，最后再把筷子拿过去。说完以后在一旁观察，看孩子自己做完整件事，不要忘记好好地夸奖孩子，成功的喜悦会让孩子下一次再做的时候，兴趣盎然。

邀请参与家务

有时候，孩子会对一些家务事非常感兴趣，如做饭、打扫、洗衣服等，孩子很想参与和帮忙，这时候可不要拒绝，可以邀请孩子一起来做。要想好让孩子做一些什么，既不要帮倒忙，同时又满足孩子的好奇心。比如，在厨房里帮助搅散鸡蛋、帮妈妈拿一件器具、帮着把餐垫放在桌子上。

给予自由不插手

如果安排了一件事给孩子，就放手让宝宝自己做，即使花费相当长的时间，也不要失去耐心、急于插手代劳。

早上要上班，时间很急很紧张，而孩子却没有时间概念，不妨给宝宝一个时间限制：5 分钟把睡衣叠好。这样做会比总是妈妈代劳，能让宝宝更有成就感。

表达爱意

不断地让孩子感觉到父母浓浓的爱，宝宝会在爸爸妈妈的鼓励中，逐渐树立起自信心。要不断鼓励孩子独自尝试新鲜事物，不过如果孩子寻求帮助的时候，千万不要推辞，因为父母永远是孩子最坚定可靠的后盾。

适当“劣性刺激”有益

家庭过分娇惯，父母过度宠爱，孩子从小就养尊处优，会造成孩子身心脆弱，表现出怯懦、任性、自私、孤僻、懒惰等心理状态。究其原因，是家庭“给予”的太多，“约束”的太少。因此，在幼儿教育中，除了给予孩子生理和心理上必须的“良性刺激”外，还应当给予孩子适当的“劣性刺激”。

所谓“良性刺激”，是指能满足人的生理、心理需要，使人愉快的外界刺激。与此相反。“劣性刺激”是指令人不满意、不舒服、不愉快的外界刺激。适当的“劣性刺激”对于通常被娇惯宠爱的孩子来说，是必须和有益的，会对孩子成长后适应复杂的社会，经受各种挫折和困难的磨砺，培养一定的心理承受能力起到良好的作用。

2 ~ 3 岁的孩子虽小，但可以根据孩子身心发展特点，给予适当“劣性刺激”。

饥饿刺激

让孩子感受一下饥饿的滋味。有些孩子吃的营养品、补品多，零食不离口，经常挑食拒食，饭到嘴边没胃口。不妨有意识地给一点“饥饿”刺激，孩子饿了就能食欲旺盛。同样，孩子在心理上也需要“饥饿”刺激。每个孩子都有欲望和要求，如果无限制地满足孩子的一切欲望，孩子的兴奋感会处在饱和状态，就会失去追求事物的热情。因此，就应当给孩子适当制造欲望的“空腹”状态，让孩子有“饥饿感”。例如，给孩子买很多玩具，孩子反而会东挑西拣，兴趣不专。相反，孩子玩具少了却会专心地玩，还会玩得津津有味。

困难刺激

在家庭温暖中长大的孩子，生活一帆风顺，长大后稍遇挫折就会束手无策，表现得胆小怯懦、依赖成性、意志薄弱。因此，有必要从幼儿时期就有意识地给孩子设置一些障碍，增加孩子的心理承受能力和克服困难的意志。例如，孩子学走路时会摔跤，在克服困难、多次摔跤后，才能独自行走。要让孩子独自一人关灯入睡，就需要克服胆小、惧怕的心理。喜欢睡懒觉的孩子，早上不肯起床，不妨安排好日程，早起早睡，跑步锻炼。从日常生活琐事中，让孩子认识到人生的道路并非畅通无阻，碰到困难和障碍是常有的事。

劳累刺激

家长总会认为孩子小，做不了什么事，处处包办代替，而孩子从小不劳动，不知道苦累，会变得懒散、依赖、怕苦，活动越来越少，越来越缺乏锻炼。长此以往不仅对身体发育不利，还会影响智力发育，促使不良性格的形成。因此，尽管孩子小，也要做一些力所能及的事，如学习自己穿脱鞋袜、洗手洗脸、整理玩具，还可以帮助家人拿报纸、浇花等。

批评刺激

谁都喜欢听好话，听到批评就不高兴，要让孩子从小学会能分清是与非，知道对与错，明白做了不对或不好的事情后，要听从劝告，否则要受到批评。使孩子从小就能感受到“约束”，不敢随心所欲。比如，孩子乱翻爸爸的抽屉，把里面的东西扔一地，妈妈看见以后挨了批评就大哭，妈妈耐心地给孩子讲道理，要求孩子把东西拾起来，并且对爸爸说“对不起”，此后，孩子就会再也不乱翻爸爸的抽屉。

“劣性刺激”是一种比较科学的教育方法，能锻炼孩子的心理承受能力。孩子就像小树一样，经受了风霜的刺激和考验，才能长得更茁壮。

创造力的培养

创造力，即指创造性思维的能力。创造思维能力在婴幼儿身上虽然有所表现，却很微弱和不稳定。因此，对幼儿创造性思维的培养起着重要作用。为有效地培养孩子的创造力，可以采取以下方法：

鼓励好奇心

幼儿的心理特点是活泼好动，好奇好问。孩子不断地用身体和感官探索周围的一切事物，积累知识经验，发展思维能力。对此，父母不能像对成年人一样看待孩子，对孩子作出种种限制和随意斥责。根据心理学的研究，凡是因好奇心受到奖励的儿童，会愿意继续进行试验和探索，反之则会妨碍智能的发展。

培养创造性

为了培养幼儿的创造性，特别需要父母在生活中多关心和了解孩子，使孩子能自由地表达自己的思想感情和意愿，对于孩子表现出来即使很微小的创造性表现给予鼓励，增强孩子的自信心。

避免焦虑感

有的孩子因好奇心而做了错事：例如想看一看自动玩具里面究竟有什么东西，结果拆坏了新买的玩具。对此，单纯的惩罚只能阻碍孩子创造性的发展。遇到类似情况，既应当对孩子讲明道理，指出错误，又要肯定和鼓励孩子试验探索的精神，以避免对所犯错误的焦虑感。

诱发想象力

创造性思维不同于一般思维之处，在于有创造性想象成分的参与。孩子以天真发问，或用自己的想象来解释客观事物时，要积极地给予诱导。同时，要积极引导孩子参加各种活动，促使孩子广泛而仔细地观察、比较和体验，在头脑中形成丰富准确和鲜明的印象，更好地发展想象力。

平衡能力训练

人的平衡能力，不是与生俱来的，而是需要从幼儿阶段开始实行训练。为了能使孩子平衡能力发展得较好一些，可以对于幼儿阶段的孩子进行平衡训练。

在日常生活中训练

孩子学会走路以后，尽可能让孩子自己走，不要总是手搀着孩子或抱着。开始孩子可能走不稳，也可能会摔跤，但是，孩子自己能学会逐渐调节，知道如何能走得稳当，从而建立起平衡力。孩子逐渐学会了爬楼梯，也应当进一步让孩子自己走，爬楼梯也是一种训练孩子平衡能力的好方法。还可以让孩子在躺在床上的父母身上训练登高能力，即使从身上掉下来多少次，孩子也不会厌烦。

孩子能走稳以后，可以练习左右转、急转、骤停等，当孩子能够蹦蹦跳跳时，开始训练孩子用单侧脚跳着走，也可以站在最后一级台阶上，从上往下跳，类似动作反复做，能很快地提高孩子的平衡能力。

有意识地练平衡

现代城市居住的小区、公园里，矮矮窄窄的水泥平面各式各样比比皆是，随处可见花坛边、平衡木、独木桥、滑梯、荡顶、秋千、转轮等，也包括马路边上的轮椅专用走道等。让孩子在这些随处可见的地方练习走，是锻炼平衡的好方法，而且，孩子也会喜欢这种游戏式的训练方式，会很喜欢练走平衡。对于稍有高度的地方，开始可以拉着孩子的手练习，走一段时间后就放手让孩子自己走。这样做，不但锻炼了孩子的平衡能力，还能对纠正“内八字”、“外八字”步的不正确走路姿势起到良好的辅助作用。

通过游戏训练

在日常生活中，除了上述方法，还可以和孩子一起做游戏，如“登高训练”、“朝下跳”、“不倒翁”、“过小桥”等游戏。寓教于乐、寓练于乐之中，在玩乐中提高平衡能力，促进动作发展和智能发展。

训练宝宝的思维

在日常生活中，经常向孩子提问，能激发孩子探究问题的兴趣，引导孩子观察事物，提高思维能力。作为家长，要注意做到两个方面：一是善于向孩子发问，

知道问什么和怎么问；二是珍视和保护孩子的好奇心和求知欲，对孩子提出的每一个问题都要尽可能给予满意的解答，不能流露出丝毫的不耐烦。

向孩子发问要注意：正确地选择问题，不是什么问题都能问孩子，家长的提问，要符合孩子的年龄和思维发育水平。问题太简单了孩子会不爱回答；问题太难了，孩子会回答不上来，会挫伤孩子探究事物的积极性。

要善于抓住机会提问，一般应当在孩子兴致勃勃的时候发问，最好在一定的场景中，问场景中的问题，景物就在眼前，有利于孩子思考和判断。

问题要提得宽泛，因为提问是为了增加孩子的知识面。所以，应当走到哪儿就问到哪儿，说到哪儿就问到哪儿，不要翻来覆去总是那么几个问题，只有家长多动脑筋，孩子思维能力才会提高得快。

父母自身的知识面要丰富，向孩子提的问题，自己首先要清楚，不要自己问了自己也答不上来，甚至于误导孩子的认识水平。

回答孩子的提问要注意：对孩子的提问，能解答多少就解答多少。如果孩子提出的问题，家长根本不懂，要实事求是地告诉孩子自己也不懂，不可以不懂装懂，胡乱解释，把错误的东西教给孩子。

如果孩子提出的问题，是这个年龄还不宜理解的问题，就直截了当地告诉孩子：“等到你长大了，读了书就明白了！”孩子一般不会纠缠不放。

孩子的提问家长如果当时答不上来，尽可能争取事后把它弄清楚，然后给孩子讲解明白。

家长也要随着孩子的年龄增长，读一些《幼儿十万个为什么》、《儿童十万个为什么》之类的百科知识，这类书籍中包括了绝大部分孩子们常问的问题。家长事先读一点书，可以做到有备无患。

多背古诗词益智

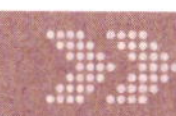

就智力发育的内容看，幼儿的记忆力也是其中之一，通过背诵古诗词来训练孩子的记忆力，是幼儿益智的一个重要方面。

从生理的角度出发看，儿童的记忆能力很强，不仅对理解的东西，即使是不太理解甚至完全不理解的东西也能很快记住，尤其是那些没有内在联系的记忆内容，更能反映出儿童的记忆优势。“熟读唐诗三百首，不会作诗也能吟”，就是对背诵唐诗后智力全面提高的印证。

智力内容中，包括语言表达能力，是综合智力的表现之一。只有经过记忆、想象、思考等全面智力活动后，才能形成为语言表达。

汉语属具有声调和韵律的语言，而古诗词的声调和韵律都比较严谨，堪称母语规范。只要正确引导孩子背诵古诗词，幼儿的语言能力、节奏感和对音韵的感受能力都会大幅度提高。

从生理上来看，古诗词韵律严谨，朗朗上口，具有音乐性，读起来节奏鲜明，对孩子的听觉器官是一种良性刺激，并且能通过大脑产生良性生理效应。

朗读古诗句，是一种口腔运动，而口腔运动具有健脑作用。此外，反复吟诗，能使大脑皮质的兴奋、抑制过程达到相对平衡，血液循环加速，体内的生化代谢更加旺盛。吟诗还能增加一些有益的激素及活性物质的分泌，这些物质能使血流量、神经细胞的兴奋趋于最佳状态，十分有益于体力和智力的发育。

千百年来，传统文学宝库中，积淀了无数优秀的诗歌，是珍贵的文化遗产。尤其是唐诗宋词中的名篇名句，平仄跌宕，音律和谐，朗朗上口，生动押韵，节奏变幻，写景述事准确形象，对于孩子进行早期语言基础和文学意境熏陶，都能达到开卷有益的效果。亲子一起诵读优秀诗词，更是一件其乐融融的家庭赏心乐事。

游戏课堂——寓教于乐的亲子活动

打电话

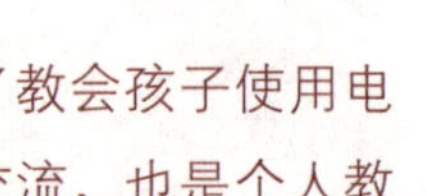

打电话，是日常生活中与人交流获取信息的方式之一。除了教会孩子使用电话外，电话文明用语的传授是十分重要的。学会通过电话与人交流，也是个人教养的重要内容。

方法：先向孩子介绍电话机的用途；教会孩子怎样拨号、听声、问话、答话以及对拨号音、忙音等提示音的识别；与孩子一起模拟打电话。在这个过程中向孩子传授电话用语，如：您好，请问 ×× 在吗？您好，请问找哪位？他不在，需要我为您转告吗？对不起，您打错了等。父母可以带上手机去另一个房间，让孩子试着打电话和接电话。学熟练以后，可以给爷爷、奶奶或外公、外婆打电话，让孩子体验一下打电话的实际操作过程。

可以根据孩子的年龄、能力分几个阶段进行。开始仅在父母的对打电话中，让孩子参与，讲几句话。然后模拟着玩一玩，再正式打，巩固提高孩子的技能技巧。如果接受力强的话，可以教孩子给爷爷奶奶、亲戚或者小朋友打电话。继而教会孩子在紧急情况下如何打父母的手机、如何向 110 报警等。

洗衣服

日常生活中洗衣服，是常做的家务事，可以当做游戏来和孩子一起玩。在洗衣服过程中，孩子可以学会归类，掌握生活小常识、使用洗衣机的方法，了解衣服的原料、干湿的区别，同时也了解父母做家务的辛苦，增进父母与孩子的沟通。做这个家庭游戏前，要准备好脏衣服、洗衣机、洗衣粉、晾晒衣物的工具等。

方法：和孩子一起在家庭中寻找脏衣服；分开深色和浅色的衣服，以免染花；数一数衣服有几件，说一说衣物的名称；倒上洗衣粉，接通电源，开启水龙头，启动洗衣机；仔细听洗衣和脱水的不同声音，计算时间，想想在等待洗衣结束的过程中可以再干些什么；取出洗干净的衣服，找寻合适的衣架来晾晒；晾晒干后，分清各家庭成员的衣服，再把衣、裤等分类，折叠。

在游戏时遇上孩子没有弄懂的环节时，可以停下来重复，尽量让孩子自己动手，家长只需讲解，稍作示范。

逛超市

让孩子熟悉买卖东西的过程，观察周围人的言行举止，懂得在公共场所不能大声喧哗，买东西要排队等社会文明常识，培养节约、科学的消费观念。去超市购物时带上孩子，但要记住重点是和孩子做游戏。

先让孩子观察超市货架上的各种食物以及其他物品。随着孩子注意力变化，不断地告诉孩子它们叫什么，引导孩子多看一看不同种类的食品，如蔬菜水果类、糕点面包类、肉类、饮料类、糖果类、炒货类、调味类等。问一问孩子："那是什么？"看孩子能知道多少种不同食物的名称，能否从食物标签图形中辨认出食物来。

然后，告诉孩子今天的购买额度是多少，让孩子自行选择有用的物品，不用太多限制；根据金额多少，让孩子最终定下要买的东西，让孩子自己带着钱去收银台交钱，可以跟在身后帮助，但不要包办。

回家后，让孩子分门别类把买回来的东西放好；如果孩子有兴趣，可以在家中模拟超市里的买卖行为，帮助孩子形成消费的概念。

骑马游戏

家长让宝宝看有关骑马的图片或电视，以便在宝宝的头脑里留下骑马动作的表象。

这个小游戏的目的在于发展宝宝动作的协调性，同时还可以在游戏中训练宝宝的想象力。

游戏时，家长问宝宝："大人是怎样骑马的呀？"然后启发宝宝的想象力，并模仿大人骑马时的样子。家长可为宝宝准备竹竿或者别的东西来代表马。

家长再针对宝宝的反应和动作表现，进行适当的引导和帮助，使宝宝逐渐学会骑马奔跑的动作。即两只脚始终是一只脚在前、另一只脚在后轮流做向前奔跑的动作；同时，一只手拿着竹竿，另一只手臂屈肘置于身体的一侧，手微握拳，像是手握住马的缰绳一样，配合着两脚协同一致的上下颠簸动作。

家长可以带着宝宝一起做骑马的动作。由于有了家长的参与，这样会很好地调动宝宝参与活动的积极性。

课堂小结

宝宝的发育

2岁的宝宝，走路稳，跑步快，会用双脚跳，也会向前跳，吃饭时会学着成人用筷子夹菜，用笔画画，喜欢玩玩具等。开始有数的顺序和空间感知能力。孩子学会并记住家中各个人物的称呼，如爷爷、奶奶、姥爷、姥姥、小姨等。开始学会用代词你、我，并能说出完整的句子。能用声音表现出自己的喜怒情绪，高兴时会笑得很开心，生气时会发脾气、吼叫。有很强的自主意识，要自己穿袜子、穿鞋。穿鞋时分不清左右。这个时期的宝宝出现了"第一反抗期"，父母要及时的诱导宝宝这一成长期必然出现的状况，培养宝宝良好的个性。

课堂小结

宝宝的护理

培养孩子的生活自理能力，父母不要包办而剥夺了孩子锻炼的机会，这中习惯应该从小那就培养和训练出来。进行户外活动能开阔小儿的视野，学到更多的知识。大千世界的万事万物吸引了童心，小儿在活动中便会懂得身体各部分的调节和平衡。这个时期是宝宝独立意识萌芽和迅速发展的时期，所以应该培养宝宝独睡的习惯，这样对于宝宝心理上的独立是有很大好处的。婴幼儿的皮肤娇嫩柔软，在给宝宝选择护肤品和洗涤用品的时候，一定要根据宝宝皮肤的特点去选择合适的，尽量不要用成年人的。

宝宝的喂养

对 3 岁前的幼儿要注意培养良好的饮食习惯，从小给予多种食品，接触各种味道。以免挑食、偏食，不能获得全面均衡的营养。宝宝的消化系统发育还不完善，咀嚼功能又差，食谱又相对比较单调，因此比较容易出现某些营养素的缺乏，针对性地选择一些强化食品可弥补这种不足。小儿 2 ～ 3 岁时，20 个乳牙已出齐，但咀嚼能力还差些，必须注意选用较柔软、易消化的食品。选择食品时注意营养要丰富，粮食以米面为主，吃面条及软饭较好。这个时候可以适当的培养孩子使用筷子，虽然使用起来困难，但这是一个循序渐进的过程，久了就会熟能生巧。

早教和游戏的方法

真正培养宝宝的独立性，适当地鼓励宝宝去探索周围的世界，让宝宝学会照顾自己，学会自立。要想使孩子成长为有所作为的人，就应当教育孩子从小懂礼貌，学会尊重他人，不讲脏话，不在公共场所大声喧哗等。当宝宝的个人思维和独立性格逐渐增强时，怎样与宝宝沟通就需要一定的技巧，所以只有学会与宝宝沟通，家庭生活中教育孩子的行为才会变得其乐无穷。陪宝宝进行游戏，例如打电话让宝宝学会与人交流信息；带宝宝逛超市来熟悉买东西的过程等等。

第十六堂课

31~36个月的宝宝
“淘”出自我个性

成长课堂——宝宝的成长历程

这段时期孩子的特点

2.5 ~ 3 岁年龄阶段的孩子，体格生长处于较慢的恒速生长期，但心理成长发育的速度加快。

这段时间仍然是幼儿口语发育的关键期，孩子说话和听话的积极性都很高，语言水平也进步很快，掌握的基本语法结构，词汇量和句型也在迅速扩展，爱听故事、儿歌、诗歌等。

孩子的注意力和记忆能力也较以前有所提高，能较长时间地注意看电视、看电影、做游戏或听故事等，并能记住一些简单的情节片断，感知思维能力也逐步活跃。

这个时期的孩子个性逐渐显露，在自我意识发展的基础上，孩子的自我评价及道德品质开始有了初步的发展，能判断“好”与“不好”、“对”与“不对”，并能用语言来控制和调节自己的行为。由于语言和动作发展日趋成熟，认识范围不断扩大，好奇心和求知欲不断增强，因此，孩子很希望与人交往，愿意与小朋友一起玩。

在这个阶段，孩子的独立愿望很强，并具有一定的自我服务能力和从事一些简单劳动的能力，如可以自己吃饭、穿衣、洗脸、洗手、扫地、擦桌子及帮助家人取送东西、拔草、浇花等。

孩子的运动技巧有了新的发展，动作日渐成熟，会跑、攀登、钻爬，两手也更加灵活，能玩一些带有技巧性的玩具。

这个年龄的孩子由于智力的发展，兴趣爱好广泛，往往兴趣已经不在吃上，有的孩子会出现厌食或边吃边玩的现象。

2.5 ~ 3 岁年龄阶段的孩子，身高、体重均仍处于较慢的恒速生长阶段。该阶段孩子的体重、身长、头围及胸围的正常参考值如下：

男孩：2岁半时体重平均13.70千克，身长平均92.3厘米，头围平均为48.8厘米，胸围平均50.2厘米。

3岁时体重平均为14.70千克，身长平均为96.5厘米，头围平均为49.1厘米，胸围平均为50.9厘米。

女孩：2岁半时体重平均为12.90千克，身长平均为91.3厘米，头围平均为47.7厘米，胸围平均为49.1厘米。

3岁时体重平均13.90千克，身长平均95.6厘米，头围平均为48.1厘米，胸围平均为49.8厘米。

宝宝的能力

2岁半以后的孩子，最明显的能力是运动功能的发达，所以孩子只要眼睛一睁开，就开始吵吵闹闹。这时已经能用单脚保持平稳2～3秒，双脚同时起跳，着地能不摔倒。从现在起一直到3岁，孩子一般都采用双脚同时起跳的方式，能双脚交替一步踏上一阶楼梯，有时也需要手扶栏杆或由人牵引。

孩子胳膊和手上的劲也越来越大，能扔出一些略重的玩具、书本、沙包等。能提、拿一些重物，如妈妈的包、一本厚书等。对物体的操作也日趋精细、准确，大多数的孩子已能在1分钟内正常用线穿上5～6个珠子，能在25分钟内把5～7个小球装进瓶子里，说明孩子的动作有了一定的速度。

2岁半的孩子大多数能进行颜色命名，但正确率不高。孩子逐渐表现出较明显的颜色偏好。一般来说，易受孩子喜欢的颜色是红、黄、绿、橙、蓝。多数孩子能用语言说明物体的大小，还能正确选择物体的大小。

对时间的知觉，有较大含糊性和局限性，孩子从成年人那儿学到了一些有关时间的词语，却不能用在正确的地方，说明孩子对时间概念的认识还不够清晰。

孩子的注意力从1岁起就开始不断地发展，一般来说，1岁半时能集中注意力5～8分钟，2岁10～20分钟，2岁半10～20分钟，到了3岁时间更长一点，孩子开始能长时间地注意一个事物，自己也能独立地玩较长的时间。

孩子对于语言和知识的吸收非常有兴趣，常常会问：“这是什么？那是什么？”借此逐渐吸收知识和新的语言。这时家长若能因势利导，孩子就更能顺利成长。在知识方面，家人要尽可能地回答孩子的问题。

孩子近3岁时，到了学习语言的关键时期和器官协调、肌肉发育和对物品发生兴趣的敏感期，是改进动作、时间、空间概念加强的时期，是感觉精确化的敏感期，是学习第二语言的敏感期。

3 岁左右的孩子表现出乖巧、渴望交友、求知欲强。这时是孩子性格培养的关键时期，也是吸收性思维和各种感知觉发展的敏感期。这时孩子的成长速度会令父母惊讶，孩子会突然变得乖巧懂事，与父母之间有了沟通和协调。孩子不再像以前那样到处乱窜、乱扔东西，而是变得安静，亲近家人，显示出令人欣喜的成长。此时，帮助孩子与小朋友平等友爱地玩、更多亲子间交流，是培养孩子社会性的良机。要设法带孩子到公园或广场等孩子较多聚集的场所，使孩子学会融入群体中。

这个时期的孩子若缺少玩伴，可能会在心理上制造“想象中的朋友”，面对着房间墙壁或图书好像与人说话似地游戏，这并非不正常现象，而是渴求玩伴的心理表现。

由于语言能力的增强，思维的发育，孩子们更渴望得到说话的乐趣。此时让孩子学习第二语言或进行亲子间的交流十分必要，与孩子玩接龙、猜谜等游戏，会对孩子有很大的帮助。可以多让孩子看画册，看图说故事，孩子进入了求知与渴望扩大对外界了解的阶段，要尽可能给予关爱和指导。

护理课堂——专家教你科学护理

幼儿的衣物

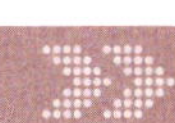

家庭育儿过程中，孩子的衣物保洁和保健是一个天天都要涉及到的命题。除了让孩子穿得漂亮、合体、舒爽之外，幼儿衣物的洗涤、收纳和内衣的选择也有许多细节需要注意。

幼儿衣物的收纳

衣物在收起来前，一定要清洗干净，如果有脏东西黏在上面，衣物会成为细菌的繁殖场所，过不了多久就会有异味，脏物也会深入纤维，不易洗掉。孩子的衣物一定要及时洗净、晾得干透后，叠整齐收纳起来。

衣物需要呼吸

衣物要放在干燥、通风的地方，最好是木制的衣柜，经常打开通一通风，保持衣物干燥。

穿前晾一晾

放了几个月的衣服，穿之前要放在通风、有阳光的地方晾一晾，可以去除潮气和细菌。也可以用电熨斗熨一下，杀灭细菌。

不放樟脑丸

樟脑对人体有害，衣柜内不宜放置。其他驱虫剂最好也不要采用。

不用密封袋

尽量减少使用密封胶袋来保存幼儿衣物，因为衣物长期封闭容易发霉。

为孩子选择内衣

针织内衣，一般是儿童贴身穿着的服装。外来轻微的刺激，对宝宝稚嫩的皮肤都有可能造成影响。因此，宝宝内衣质量的好坏直接关系到孩子的健康。

在为宝宝选择内衣时，首先应当考虑安全性，尽量选择颜色浅的内衣，一般来说，这样的衣物染色牢度较好。在选择白色纯棉内衣时要注意，真正天然的、不加荧光剂的白色，是柔和的白色，或略微有点发黄。

儿童针织内衣多为纯棉品，选购时要考虑缩水问题。注意选择缩水率低，款式较宽松的内衣，但尺码也不能太大，否则会影响孩子的肢体活动。

给孩子选择内衣要注意款式，晚上睡觉最好穿连裆内衣，可以保护肚脐不会受凉；由于孩子的头较大，适宜选择肩开口，V领或开衫容易穿脱。此外，还要注意内衣的颈部、腋下、裆部缝制是否平整。

选购有装饰物的内衣时，必须检查饰物的牢固程度，不宜给孩子穿饰物过多的内衣。

注意内外包装上的固定物，如各种丝线、针头、装饰扣、别针等，穿着之前应当全部取下，缝制在内衣内侧的标签最好在穿着之前去除，以免伤到孩子细嫩的皮肤。

应选择使用说明齐全、标注明确的商品，这样的产品质量相对有保证。

新购买的儿童内衣应当充分洗涤一次后再穿，可以洗掉衣服上的“浮色”和织物中残留的大多数游离甲醛，同时也可除掉衣物在生产、销售过程中可能附着的脏东西等，更好地保护孩子的皮肤。

洗涤孩子的内衣时，应当与成年人衣物分开洗，最好使用婴儿专用洗涤液或肥皂，成年人使用的消毒液不能用来给孩子洗衣物。

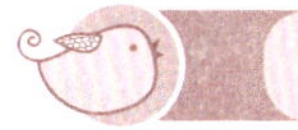

孩子的身高

现代人营养状态普遍优裕，孩子的平均身高一代高于一代。然而，从总体上来说，做父母的没有不希望孩子个头儿长得高、长得匀称、长得健美。至少，身高不要低于同龄人的平均身高值。

影响幼儿身高的因素很多，主要包括先天遗传和后天发育两大因素。后天发育过程中，生长期的营养、运动、睡眠等外部环境，对孩子的身高增长有重要作用。

“生长月”孩子长得快

草长柳曳、燕呢莺飞的春天，是万物生长的季节，孩子们也会在这个生机盎然的季节里快速成长。在各种生长指标中，身高，最能体现孩子的发育状况，是衡量孩子生长发育的一个非常重要的指标。

据世界卫生组织的一项调查报告表明，儿童的生长速度在一年四季并不相同。生长最快的是 5 月份，平均达 7.3 毫米，10 月份长得最慢，平均只有 3.3 毫米。因此，每年 4 ～ 5 月份是孩子长高的最佳时间，被称为“生长月”。

身高增长有一定规律

刚出生的新生儿身长平均约为 50 厘米，生后第一年身高增长最快，约为 25 厘米；第二年身高增长速度减慢，一年约增加 10 厘米；2 岁以后身高增长速度趋于平稳，平均每年增长 5 ～ 7 厘米。

想知道孩子未来的身高，有一个 2 ～ 12 岁儿童平均身高估算公式：

身高（厘米）= 年龄 ×7+70

通过这个公式，能了解到孩子未来的身高情况。当然数值只是总体而言，每个孩子的身高会受到胎龄、性别、母亲营养状况、宫内发育情况、遗传等因素的影响而有所差异。

骨骼发育优劣决定孩子高矮

身高是反映儿童骨骼发育的重要指标，孩子的高矮是由骨骼发育优劣决定的，与身高相关的骨骼有头颅骨、脊柱骨和下肢长骨三部分。各部分的增长速度不一致，出生后第一年头部生长最快，脊柱次之；到青春期时孩子的下肢增长最快。

孩子的颅骨随着大脑的发育而增长。颅骨发育优劣可以用头围的大小、颅缝和囟门闭合的迟早等标准来衡量。囟门在出生时过小或过早闭合，预示着孩子的大脑发育有问题；囟门过大、闭合延迟也可能是病理因素，都应当请教儿科医生，做进一步检查。

在孩子出生后的第一年，脊柱的增长快于四肢。孩子的动作发育应与脊柱的发育相适应，即孩子 2 ~ 3 个月大时会抬头，6 ~ 7 个月大时能独坐，8 ~ 9 个月大时会爬，10 ~ 11 个月大时能站立，12 ~ 16 个月大时能走路。如果没到相应的月龄，孩子不宜过早地学坐、学站，以免引起脊柱的过度屈曲，而影响身高。

肢体长骨结构分骨干、骨骺和干骺端三个部分。在孩子的整个生长发育过程中，骨的生长在长骨两端、骨骺的骨化中心和软骨板内不断进行，骨的长度逐渐增长，身高也随之增长。

影响孩子身高的因素

孩子的身高受遗传影响较大，父母的身高一定程度上可以预测孩子未来所能达到的身高，公式如下：

男孩未来身高（厘米）=（父亲身高 + 母亲身高）×1.078÷2

女孩未来身高（厘米）=（父亲身高 ×0.923+ 母亲身高）÷2

遗传因素对孩子身高的影响不是绝对的，因为最终身高还要受到后天因素的影响。

足月新生儿的平均身长，男孩比女孩略高，差距 2 厘米左右。这种性别差距在整个儿童时期都可能存在，直至青春早期。

营养：营养充足的孩子长得较快。孩子营养不能满足骨骼生长需要时，身高增长的速度就会减慢。

睡眠：睡眠充足的孩子长得快。孩子的生长受到脑垂体分泌的生长激素的调节，而人体生长激素的分泌在睡眠时量最高。

运动：运动能促进孩子的血液循环，改善骨骼的营养，使骨骼生长加速，骨质致密，促进身高的增长。

急性病影响体重，慢性病影响身高。

一般而言，我国北方的孩子普遍比南方的孩子要高些；经济条件好、文化水平高的地区，孩子也长得较高。

身高测量方法

身高是衡量孩子体格发育的重要指标，是指从头顶到足底的全身长度。3 岁以下的孩子由于不会站立，或站不安稳，测量身高（又称身长）采取仰卧位测量。让孩子仰卧在桌面上，两下肢并拢并伸直，用书本固定头部并与桌面垂直，用笔作直线标记，然后用书抵住孩子脚板并与桌面垂直用笔画线标记，用皮尺测量两线之间的长度为孩子的身高。

孩子体质弱怎么办

孩子体质瘦弱的原因很多，有先天的因素，也有后天养育不当所致。对身体较弱的幼儿来说，注意掌握好饮食、睡眠与运动三项要素，是增强体质的良策。

饮食

饮食是孩子生长发育的物质基础。要想增强幼儿的体质，就必须做到保证全面均衡营养，让孩子吃多种多样的食物，不挑食、不偏食。但也不要营养过剩，因为肥胖也是儿童健康的大敌。

瘦弱幼儿大多数有挑食、偏食和厌食的习惯，下面这些办法可以行之有效地纠正：

饭前给孩子讲个故事，对饭菜做一些有趣的介绍；

饭量要因人而异，遵循“从少到多，少盛多添”的原则。

换花样，除色香味之外，对孩子来说，还要讲一个“形”字，可把食物做成三角形、齿轮形，面点做成小动物的样子，会引起幼儿吃的兴趣。

改变进餐气氛，让孩子在固定的位置进餐，进餐时播放节奏舒缓、音量不大的轻音乐；

善于鼓励，让孩子吃饭时开心，树立吃好吃饱的信心。

睡眠

充足的睡眠，对幼儿健康尤其重要。如果孩子睡眠不足，不仅身体消耗得不到补充，而且由于激素合成不足，会造成体内环境失调，从而削弱孩子的免疫功能和体质。

为保证体弱幼儿的睡眠时间和质量，应当着手几方面：

合理安排孩子的作息时间，早睡早起。

家长晚间做事时，不要让灯光、声音影响到孩子的睡眠。

睡觉时，被子不宜盖得太厚，防止孩子踢被子，头不要捂在被子里面。

室内空气要保持清新，坚持开窗换气。

必要时，每天可以安排 1 ~ 2 小时的午睡时间。

运动

运动能促进人体新陈代谢，加速血液循环，改善呼吸、消化功能，调节内分泌激素的分泌。特别是一定强度的跑、跳等运动，能对骨骼产生良性的机械刺激，促使微结构的重建，加速骨骼的生长，有利于长高。

一般来说，体弱的幼儿多数爱静不好动，因此每天要保证孩子 2 ~ 3 小时的户外活动时间。天冷时活动前先摩擦孩子的面部和双手，使皮肤有个缓冲的适应过程。活动时，要做到动静交替，活动量由小增大，循序渐进。为增加体弱儿童的运动兴趣，可以让孩子和同龄小伙伴一起玩，增加活动的积极性。可以常带孩子到户外，作空气浴、日光浴，或者循序渐进地施行冷水浴。

什么是幼儿生长性疼痛

幼儿生长性疼痛又称“幼儿生长痛”，医学上叫非特异性肢痛，与生长发育有关。

1 ~ 3 岁的孩子体重增加的速度超过身高增长的速度，所以一般都显得胖而可爱，医学上把这个阶段称为“第一增重期”。

孩子 3 岁以后，身高增长的速度会加快，由于此期间孩子骨骼生长的速度极快，远远地超过骨骼周围神经、肌腱的生长速度，结果会使肌肉、神经发生不协调性疼痛，疼痛部位一般在双膝及附近肌肉，偶尔有位于大腿或双踝部，有的也可能出现上肢疼痛。一般疼痛部位比较固定，多在晚间或孩子入睡以后发生，疼痛程度差异性很大，孩子可能因为疼痛突然惊醒，持续数分钟甚至数小时，经过按摩可以减轻疼痛症状。一般局部无红、肿、发热改变，疼痛可以自行缓解。

孩子恢复正常后，便不再感到疼痛，既能跑又能跳，活泼如初。病理检验和X线检查均不会有特殊发现，随着孩子年龄的增长，身体增高速度减慢，疼痛逐渐减轻、消失，不会留下后遗症。

幼儿生长性疼痛，应当与病理性疼痛相区别。病理性疼痛的特点是：疼痛在活动时加重，休息时减轻，腿的病变部位有红、肿、热、痛等异常变化，且腿部活动受限制。诊断幼儿生长性疼痛要做化验和X线检查，以排除风湿性关节炎、化脓性关节炎，如果这类疾病需及时治疗。

生长性疼痛由于与生长发育有关，是一种暂时性的生理现象，一般不需要治疗，疼痛发作时可以局部按摩或热敷，也可以引导孩子玩玩具、做游戏来转移注意力。同时还应向孩子说明道理，让孩子知道这种疼痛是生长发育过程中的正常现象，不必害怕。

如果孩子疼痛发作频繁、且疼痛较重，可以口服水杨酸类止痛剂，若用药后仍有疼痛，则需到医院作详细检查，排除病理性疼痛或其他病症。

玩具安全与孩子健康

玩具，是孩子成长过程中的亲密伙伴，但人们往往容易忽视玩具给孩子的身心健康带来的危害。玩具给孩子们带来的不仅是快乐，随着大量新奇玩具的出现，由此带来的健康隐患日益成为人们倍加关注的问题。

隐藏在玩具中的祸患

铅：铅是目前公认的影响中枢神经系统发育的环境毒素之一。儿童胃肠道对铅的吸收率比成年人约高5倍，由于儿童的中枢神经系统发育未完全。所以，对铅中毒比成年人敏感。铅中毒影响孩子的思维判断能力、反应速度、阅读能力和注意力等，使孩子学习成绩不好，辍学率增加。老师经常抱怨的学习成绩不好的学生，有可能就是脑中的铅在作怪。而含铅喷漆或油彩制成的儿童玩具、图片是铅暴露的主要途径之一，容易导致婴幼儿铅中毒。

现在的玩具基本上都用喷漆，如金属玩具、涂有油漆等彩色颜料的积木、注塑玩具、带图案的气球、图书画册等，即便毛绒玩具娃娃或小动物的眼睛、嘴唇也是含铅油漆喷的。孩子抱着玩具睡觉、亲吻玩具和玩过玩具不洗手就拿东西吃，都容易造成铅中毒。

噪声：随着新奇玩具的大量出现，尤其是噪声大的玩具，对婴幼儿的听力危害越来越大。儿童对声音的感应要比成年人灵敏。许多新的玩具都会发出各种声音，有的噪声高达 120 分贝以上，玩具电话竟达到 123 分贝的噪声，长此以往对于儿童的听力有极大伤害。

一些看似安全的玩具使用不当也会对婴幼儿产生危害，比如经过挤压能吱吱叫的空气压缩玩具，在 10 厘米之内发出的声音可达 108 分贝，相当于一台手扶拖拉机在耳边轰响。

正常人的谈话声为 30 ~ 40 分贝，高声说话为 80 分贝，大声喧哗或高音喇叭为 90 分贝。一般情况下，40 分贝以下的声音对儿童没有不良影响，80 分贝的声音会使儿童感到吵闹难受。如果噪声经常达到 80 分贝，儿童会产生头痛、头昏、耳鸣、情绪紧张、记忆力减退等症状。婴幼儿的健康成长，需要安静舒适的环境，如果长期受到噪声刺激，会出现激动、缺乏耐受性、睡眠不足、注意力不集中等表现。

重金属：有些玩具在表面涂用金属材料，对儿童的危害相当大。金属材料中含有砷、镉等活性金属，幼儿喜欢舔、咬玩具，如果这些元素含量超标，长时间会对儿童造成伤害。砷进入机体后易与氧化酶结合，造成孩子营养不良，易冲动，也会引起胃溃疡、指甲断裂，脱发；镉进入人体后极不容易排出，慢性镉中毒会造成贫血、心血管疾病和骨质软化；汞对人体脑组织有一定的危害，严重的会危及造血和肝肾功能。

病菌：调查发现，现在孩子们手中的毛绒玩具 90% 以上有中度或重度病菌污染。相对于塑料类玩具来说，毛绒类玩具消毒较困难，极容易再度沾染病菌，而消毒后的塑料类玩具再度沾染病菌的可能性就会小很多。有鉴于此，对于毛绒类玩具应当经常消毒清洗，以免成为新的感染源，并应尽量少玩毛绒类玩具。

此外，由玩具造成的意外伤害也不容忽视。要避免意外伤害的发生，必须靠家长的监护。要特别注意，不能拿体积过小的东西如螺丝钉、纽扣，带危险性的东西如剪刀、打火机给孩子玩。时下有些商家为了吸引眼球，销售一些“恐怖玩具”或“情色玩具”，也会给儿童的身心发育带来一些负面影响。

安全玩具挑选

玩具产品必须标明适合儿童使用的年龄范围。选购玩具产品时，要注意标识，最好是正规厂家生产的玩具，对于“三无”（商标、厂家、许可证）产品要拒绝购买使用。

儿童玩具并不是越多越好、越复杂越好、越贵越好。

选择玩具要注意的内容:

有锐利尖点和边缘的玩具，应避免让8岁以下儿童使用。

3岁以下的儿童，应避免选择有小零部件的玩具。避免使用体积过小的玩具，以免被吞食后，塞卡住孩子的喉咙，玩具规格应当长在6厘米、宽在3厘米以上。

飞镖、弹弓、仿真手枪、激光枪等玩具一定要加强管理，防止儿童在使用过程中伤人。

儿童玩具使用的材料，不能含有毒和危险的化学品。

定期检查孩子的玩具，特别要小心有尖锐的边缘和尖点的玩具、有破裂的木头表面的玩具，要及时把破裂或分离的玩具修补好。玩具的电池要定期更换，以免电池内化学物质泄露影响孩子的健康。

不要购买一些有损儿童身心健康的玩具、含有色情内容的玩具。

选购玩具要注意是否易于消毒和洗涤，皮毛制作的动物形象玩具，不能洗涤消毒，容易带菌，不卫生，不宜选用。

喂养课堂——宝宝喂养新观念

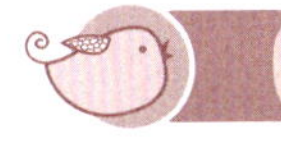

喂养指导

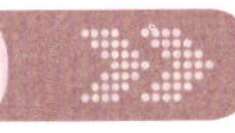

2岁半的孩子，走路已经十分自如，活动范围也不断扩大，智力发展正处于关键时期，要补充足够的热量和营养来满足宝宝的需要。

每天的食物中，要有充分的优质蛋白质

幼儿旺盛的物质代谢及迅速生长发育都需要充足的、必需氨基酸较齐全的优质蛋白质。幼儿膳食中蛋白质的来源，应当有一半以上来自动物蛋白质和豆类蛋白质。

热量适当，比例合适

热量是幼儿活动的动力，但供给过多热量，会使孩子发胖，长期供给不足，则会影响到生长发育。幼儿膳食中的热量，来源于三类产热营养素，即蛋白质、脂肪和碳水化合物。三者比例有一定的要求，幼儿的要求是：蛋白质供热占总热量的12% ~ 15%，脂肪供热量占25% ~ 30%，碳水化合物供热量占50% 左右。

各类营养素要齐全

在一天的膳食中，要以谷类食品为主，有提供优质蛋白质的肉类、蛋类食品，还要有供给足量维生素和矿物质的各种蔬菜。

针对幼儿的身心特点制定科学的膳食，促进孩子健康快乐地成长，是值得关注的问题。为幼儿烹制菜肴，有着较成年人不同的要求，主要表现在以下几方面：

选料科学，针对性强

由于幼儿的消化和咀嚼系统处于生长发育初期，比较娇嫩脆弱，那些“粗、杂、生、硬”或过于油腻的原料不宜选用。2岁以下幼儿不宜食用芹菜、韭菜等含粗纤维的蔬菜，也不宜食用牛油、羊油等较浓的脂肪类食物和油炸食品，而难以消化、滋补性强的人参等，更属禁用行列。幼儿菜肴的选料必须以易咀嚼、易消化、性能平和为标准。

配料巧妙，营养平衡

要根据幼儿消化能力差、吸收能力强、对营养素要求高及各种食品的具体特点，来决定配料的原则：主副食之间、荤素之间的科学组合，如一种主料多种辅料或不分主辅料平行搭配的方法，主要为满足幼儿对营养素的需要。原料之间的种属关系越远越好，种类越多越好，以便于交叉互补，合理搭配。还要注意颜色搭配，如五彩虾仁、彩色豆腐等菜肴可通过绚丽多彩的颜色激起幼儿的食欲。

切配合理，刀法实用

由于幼儿咀嚼和消化能力有限，幼儿菜肴大多数以剁、切、拍等刀法为主，刀功的变化和美观成了次要的，连加工成型的原料也是整齐划一的泥末、细丝、小丁、薄片等，突出实用的内涵，减少审美的成分。

味型平和，烹调多样

我国菜肴有八大菜系之分，口味类型较多，有“一菜一品，百菜百味”之称。但幼儿菜肴却不宜用刺激性强的调味品，在口味上要平和、清淡。烹调方法多选用蒸、煮、炖、烩、煨等以水和蒸汽为传热媒介的技法。这样做出来的菜肴大多熟烂、软嫩、易嚼、好消化、不油腻且开胃，体现出烹制技法与就餐对象的和谐统一。

器皿安全，稳中求变

幼儿的餐具须实用、美观，起到衬托增色的作用。餐具器皿以选用卫生、安全的不锈钢或塑料制品为主，要注意美观漂亮，富有童趣。在器皿上经常变换花样能给幼儿以新鲜感，激起孩子进餐的兴趣。

一菜多做，时新时变

根据幼儿好奇心强、想象力丰富的特点，菜肴要做到花样翻新。例如鸡蛋可制成蛋羹、蛋皮、蛋汤；土豆可以制成土豆泥、土豆饼、土豆片、炸薯条；在原料选择有限的情况下，可加强制作翻新，使幼儿吃饱吃好。

清洁卫生，远离污染

幼儿免疫力差、抵抗力弱，烹调菜肴时，应当把安全卫生放在第一位。肉类熟食必须先蒸后吃，时令蔬菜忌生吃，还要及时消毒清洁操作间和烹饪器具。

培养孩子的进餐兴趣

每一个做父母的都希望孩子多吃饭，长的健康，于是想尽一切办法哄孩子进食，但很多时候收效甚微。那么如何培养孩子的进餐兴趣呢？

首先，孩子的感觉器官已逐渐发育，已具备对颜色、形状、味道等的反应能力。因此，在制作孩子食品时不能只讲营养，还应注意色、香、味。先从感观上吸引孩子对食物的注意力，引发进食兴趣。比如在颜色调配上，应强调鲜艳，如鸡蛋炒西红柿、青椒炒肝、三色丸等，往往能使孩子觉得好看，有吃的欲望。在花色品种上切忌单调，最好在两天内每顿的菜不重样，使孩子在每次吃饭时都感到新鲜。如面食可以做成各种形状，使孩子从感观上先接受各种食品，进而吃着可口。

其次，大人可让孩子适当参与食品的制作和饭前准备工作。如在制作食物过程中，可以给孩子讲各种蔬菜的名称，让孩子把择好的菜放进盆里，2 ~ 3 岁的孩子还可以帮助父母剥毛豆、摆饺子、发筷子等。

此外，大人在孩子面前不要讨论什么好吃什么不好吃，自己喜欢吃什么不喜欢吃什么等。和孩子一起进餐时，大人要表现出吃得津津有味的样子，说一些鼓励孩子多吃、不挑食的话，如“吃了这个你就会变得更聪明”、“吃了这个你就能长得更高”等。

防止孩子出现异食癖

孩子出现异食癖现象往往是因为缺乏某种营养或肠道寄生虫导致营养分配不平衡，一般开始于两岁半前后。有些孩子常常在大人不注意的时候，偷偷地吃墙皮、家具漆皮、煤渣、泥土、纸屑等物。这些物品可能被虫卵污染，小孩误食则会导致寄生虫病，还有可能因吃了含铅量较高的东西导致铅中毒，对智力产生很大的影响。当孩子出现这类情况时，应一方面仔细检查孩子的血液和头发所含的营养素是否缺乏，以便对症治疗；另一方面，要查看孩子的大便标本是否有虫卵，以便服药驱虫。

早教课堂——聪明宝宝赢在起跑线

鼓励好奇心

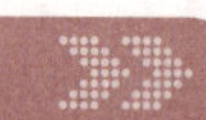

2 岁以后的孩子，经常会拿着一个感兴趣的玩具一玩就是很长时间，这时孩子完全沉浸在探索的好奇和兴奋当中。这种情况在 2 岁以后的孩子生活中随时可以见到。孩子对于各种新事物、新情况和新的变化会产生强烈的好奇心。而且，这个年龄段的孩子喜欢探索，活动能力又强，常常会弄得家里乱七八糟。

孩子在家里乱翻一气，并非刻意“捣乱”，而是出自于好奇心和求知欲。好奇心，是学习与探索世界的动力，是强烈求知欲的引擎。因此，对待这个年龄段的孩子要注意：

不要过分限制孩子

众多的父母对于孩子的好动倾向十分厌烦，对于孩子在家庭中制造出的混乱和狼藉场景更是头痛而且无奈。于是，往往对于孩子的行动加以限制，不许孩子动这动那。结果，孩子难以充分活动和探索，在一定程度上，会扼制孩子的探索欲和好奇心，对于天性发展不利。因此，给予孩子一定的活动自由，在家庭中少一些限制是很必要的。

耐心回答孩子的问题

随着生长发育、能力的增强，孩子对于诸多的事物都有极大的兴趣，对见到的一切都想知道个究竟，爱刨根问底，凡事都要问个是什么、为什么。对于孩子永无休止的问题，父母往往会厌烦、不愿意回答，遇到心情不好时，甚至会训斥孩子。从而会抹杀孩子天真好奇、勤学好问的天性，不利于孩子性格的发展。

家庭教育中不但要耐心地回答孩子的问题，还要尽可能地举一反三、启发和诱导孩子多多提问、问个究竟，发扬“打破沙锅问到底”的精神，由此而引导孩子学会观察以及学习和探究精神。

培养集中注意力

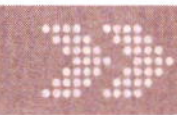

孩子的注意力，是家庭教育所关心的重点之一，因为这种能力与孩子的学习能力挂钩，一个人如果注意力不够，在学习上则可能遇到障碍。

不少孩子在这个年龄段，总是坐不住，注意力不集中，活泼好动，家长误认为孩子有多动症的倾向。其实，在学会走路以后到学龄前的孩子多动，是正常现象。因为此时的孩子大脑发育尚且不够完善，神经系统兴奋性高，抑制能力较差，所以，自制能力不强，极容易被周围环境当中的其他事物吸引，转移注意力。

一般说来，2 岁以上的孩子注意力能集中 3 ~ 5 分钟，如果经过训练或者在感兴趣的游戏活动当中，孩子的注意力集中的时间有可能长达 30 分钟左右。因此，针对这个年龄段孩子的特点，进行游戏和活动，是训练孩子注意力集中能力的好方法。

培养孩子集中注意力的注意要点：

为孩子安排安静、简单的环境。室内的墙壁不要有太多装饰物，避免分散孩子的注意力。育儿环境中，不要人来人往，走动太多。不要在孩子旁边高声说话，电视、音响等不要开得声音太大。

利用孩子的兴趣和爱好，锻炼注意力。如参加体育活动和做游戏，可以使孩子注意力增强，并且从活动中积累知识和经验，锻炼体能。

防止让孩子做过于单调的活动要让孩子手脑并用，大脑和感官、四肢都活动和运用起来，这样做才能使孩子充分调动注意力，集中精力。

培养自我控制能力加强对孩子的意志锻炼，做一件事一定要求做完，然后再去做别的或者去玩，从小就要开始培养这种好习惯。

在这个年龄段，孩子普遍都存在做事有始无终的现象，要解决这个问题，应当从几个方面考虑：

父母做表率

父母既是孩子的第一任教师，还是终身连任的教师，孩子每天都在观察着父母的一言一行、一举一动，模仿着、学习着父母，往往在还没有觉察的时候，父母的言行举止已经给孩子留下了深刻的印象。如果想让孩子从小养成良好的做事习惯，必须以身作则，无论处理什么事情，都要认真、圆满地完成，做好孩子的表率。

从严要求

出现不良的习惯，不严格要求不能矫正；好的行为，非严格要求难以形成、巩固。如果家长兴之所至，要求孩子完成某件事情，起初能坚持督促孩子去做，日后，当孩子不肯再做时却轻率迁就，这种做法最不可取。

鼓励为主

如果孩子做事中途退缩，不想继续，切忌唠叨或者张口谩骂、动手打，更不要讽刺、挖苦，这样做很容易使孩子产生逆反心理，伤害孩子的自尊心。应当细心观察，孩子有困难及时予以帮助，对于点滴进步要及时鼓励、表扬，使孩子在做事的过程中有愉悦感和自信心，树立坚持做完事情的决心。

重视自制能力

培养自制力是指能控制自己、支配自己行动的能力。表现为既善于促使自己去完成各种事情，又善于控制自己的行为。孩子由于年龄小，注意力不集中、自控能力较差，做事往往会有头无尾。要根据这些特点，从孩子生活习惯方面入手，先提出小要求，让孩子通过不大的努力就能完成任务，久而久之，孩子就会逐步地学会控制、约束自己的行为，完整地做好每一件事情。

负一点责任

孩子做事往往凭一时兴趣，不爱干的事情常常半途而废。针对这些情况，应当有意把一些事情郑重地作为一个任务交给孩子，同时密切注意孩子完成的经过，及时帮助和指导孩子克服困难，完成后要充分给予鼓励和肯定，通过成功后的愉悦和自信，逐渐养成孩子做事情有始有终的良好习惯。

给孩子自信

对于幼儿来说，来自父母和家庭早期的教育，是孩子形成自信心的源头。因此，在早期家庭教育中，只要方法得当，就能够养成孩子自尊、自信的良好性格。

及时称赞

当孩子做得好的时候，要及时称赞和肯定，父母称赞和肯定取得的成就，能使孩子获得自信。这样做不但可以巩固孩子学习的新知识新技能，还可以帮助孩子面对成长过程中的困难。孩子在行为和习惯方面有良好表现时，父母更要充分肯定。如孩子每天晚上上床睡觉前，能记得把鞋子放整齐，把玩过的玩具放回原处等，事情虽小，却都是应当称赞的。

设置能解决的障碍

为孩子设置一些能确保孩子成功解决的情境。根据孩子的年龄特征，设置一些孩子能自己解决的困难，能使孩子拥有成功的体验，培养起自信。

听孩子说话

每天至少要用 5 ~ 15 分钟时间专门听孩子说话。听孩子说话的时候，父母要眼睛注视着孩子，专心地听。听孩子说话可以从询问开始："告诉我，……是怎么回事？"

坦承错误

让孩子知道父母也会有错，如果父母做错了事，要让孩子知道父母错了，孩子是正确的。很多父母害怕对孩子坦承错误，以为这样会暴露出自己的弱点，失去父母的威严。其实，让孩子知道自己是对的，父母也有错误的时候，更能使孩子建立起自信。从而加强了"我们都会有错误"的观念，让孩子懂得，犯了错误不足为奇，关键是要改正错误。

体谅心情

孩子也会有不高兴的时候，父母要体谅孩子的心情。孩子因为疲劳而性情暴躁时，不要以为孩子是针对父母来的，如果也针锋相对地压制孩子的脾气，会使孩子以后失去表达自己情绪的勇气，不敢把自己的忧虑、沮丧和失意等不良情绪在父母面前表达出来。

适度示爱

对孩子要经常不断地以行动表示父母的爱心，如拥抱、亲吻、轻拍肩膀、抚摸头顶和背部等，还可以让孩子坐在腿上，让孩子体味到父母的安慰和支持、爱抚和心疼，有利于孩子增强自信。

学会自我肯定

父母以完美主义的态度，过高的标准来要求孩子，往往会使孩子变得越来越自卑。孩子如果时时处处被包裹在家长的批评和埋怨中，长此以往发展下去，自信心会丧失殆尽。

父母对孩子的要求过高，孩子往往会每做一件事，在潜意识中对自己做出否定，产生"我不行"、"我的脑筋不好使"、"别人就是不喜欢我"等负面意识和情绪。

所有的孩子都需要从心理上不断的自我肯定，来获取进步所必不可少的原动力。对于已经形成自卑感的孩子来说，要摆脱自卑阴影，树立自尊和自信，自我肯定无疑特别重要。

在家庭早期教育当中，家长要特别注意，帮助孩子学会自我肯定，找到自信，有几种简单易行、行之有效的方法：

适当降低要求

对待已经有自卑心理的孩子，应当适当降低对孩子的要求。假如孩子画了一匹马，最好不要挑剔这里不好、那里不像，而应当对孩子的每一点成功之处及时发现，做出由衷的赞赏："看，那马尾巴画得真好呀，好像是在风中飘舞一样！"或者"你为马涂的颜色真漂亮！我敢说它是世界上跑得最快的马！"

需要强调的是，应该让孩子觉得：父母的赞赏完全出自诚恳，不是应付、客套，更不是虚伪、做作。为了实现这样的目标，必须在方法上做出调整，讲究语言表达艺术。

让自卑的孩子学会自我肯定的首要目标，应当是帮助孩子从自己的行为中，获得满足和动力。让孩子懂得，做该做的事，把它做好就是成功，就是对自己最好的肯定。

变更表扬的主语

让孩子多作自我肯定，有一个最简单方法，是变更对孩子做出的所有表扬的主语：只要把"我"改成"你"，把"我们"（父母）对你（孩子）的表扬，改成你（孩子）对自己的表扬。这种简单的变化，能更充分、有力地让孩子认识到自己的行为正确，起到一种增加对孩子赞赏的效果。例如，"你今天用积木盖起了这么高的大楼，我真为你自豪！"可以改为："你今天用积木盖起了这么高的大楼，你一定为自己感到自豪！"

鼓励孩子确立主见

父母应当对自卑的孩子多做表扬，但别人，包括小伙伴们却不一定能做到这一点，孩子们或许会"实话实说"。此外，孩子不可能永远依赖别人的评语来寻求动力，或迟或早都要依靠自己内心的动力来进步。假如孩子完全依赖成年人的赞许，不知道怎样认可自己，如果长大了去做个球员，就可能在比赛时每打出一个球就回头去看看教练的脸色，当然就很难成为一个成熟的好球员。因此，对孩子来说，指出做的好的地方以后，还要提醒孩子不必过分看重别人的评论。

如果孩子由于做了一件错事而遭到批评，会一下子感到丧失信心。此时应该告诉孩子，对待批评的最好办法，是承认错误并改正。孩子主动承认了错误后可以告诉他："你这样做很不容易，因为这需要很大的勇气，你可以对自己说，你做了一件了不起的事。"

努力强化自我

对自卑情绪严重的孩子来说，心目中的自我肯定往往很脆弱和飘摇不定，极需要得到外界经常性的强化，强化孩子自我肯定的方法很多。例如，可让孩子为自己记一本"功劳簿"，让孩子每周花几分钟时间，写出或画出自己的"功劳"。告诉孩子，所谓"功劳"，不一定非得是了不起的成就，任何小小进步，以及为这种进步做出的任何小小努力，都有资格记录下来。还可以为孩子准备一些小小的奖品，如画片、玩具、图书等，每当孩子做出一点成绩、一件自己感到自豪的事，就有可能获奖。还可以教孩子学会以"自言自语"的方法，不断对自己做出赞扬和鼓励，当孩子遇到困难、正踌躇畏缩时，不妨鼓励孩子自己给自己鼓劲："来吧，你是一个不怕失败的好孩子，再作一次努力吧！"

自我肯定不宜过度

鼓励特别自卑的孩子，多作一些自我肯定，并不意味着应该让孩子"滥用"自我肯定。不要鼓励孩子在任何时候、任何情况下都采用自我肯定。自我肯定也应当有度，要分时间、分场合，更要有一定的原则、标准和尺度。再好的良药也不能用过量，孩子的自我肯定如果用过了头，有可能变成一个自负高傲、唯我独尊的偏执者。

动手促智慧

手的灵巧程度，是人的大脑发育状况的标志之一。人的大脑中支配手部动作的神经细胞有 20 万个，而负责躯干的神经细胞却只有 5 万个，可见大脑发育对手的灵巧有多重要。而"手巧"，又会反过来促进大脑各个区域的发育。

重视锻炼孩子的巧手，可以指导孩子做手工：2 岁多的孩子从简单的 1 步骤折纸学起，到 3 岁时可学 2 ~ 3 步骤的折纸，3 岁开始学拿剪刀，先学剪纸条，后学剪图形，可以用纸条贴成链条或方纸贴成花篮等。4 ~ 5 岁可以剪更复杂的剪贴和图案。

动手练习的内容，一定要适合孩子的年龄特征，如经常让孩子做一做手工，包括画图、剪贴、泥工、折纸等，能促进幼儿手部动作发展。

发现孩子有不正确的动手习惯时，应及时矫正。例如，要注意孩子端碗、拿匙子、筷子、握笔、握球拍、用剪刀以及拿其他工具的方法是否正确，发现问题应当及时给以指导和纠正。当然，最好从一开始就教会孩子采取正确的操作方法，尽量杜绝不正确的动手方法。

锻炼自己动手的能力

培养孩子的自理能力，需从日常生活做起，要刻意培养孩子自己倒水喝，用筷子吃饭，学习擦桌子、扫地，自己整理玩具，洗手绢等，既培养了用手的技巧，也锻炼了孩子的自理能力。

在游戏中培养动手能力

顺应孩子喜欢动手的规律，找一些废纸让孩子撕，给一些木头和棍子让孩子敲，买来蜡笔教孩子学画画，找一些不用的小瓶、小盒让孩子配盖子，为孩子准备一些积木和自制拼图、橡皮泥、七巧板等玩具，让孩子既动手又动脑。在孩子日常生活中，及时提供合适的动手操作的机会。只要是孩子表示愿意自己动手做的事，家长都应当耐心地在一旁指导，而不要自己动手代替孩子去做。如孩子希望自己学吃饭的时候，就不要喂；孩子自己要学穿衣服时，就不要再替孩子穿衣服；孩子可以自己握笔时，就应当给孩子纸和笔画着玩。孩子刚开始学习这些动作时，难免做得不完善，需要反复地练习。

通过反复动手、反复运用，孩子就能掌握比较复杂的手部动作，学会使用技巧和专注解决问题的能力。

特别注意孩子动手操作时的安全卫生

同一操作活动不宜持续过久，以免孩子手部过度疲劳而失去控制力，造成事故，影响手部正常发育。孩子使用金属工具如剪刀、刀子、铲子和榔头等之前，应当先做示范，教给孩子正确的操作方法，一定要嘱咐孩子注意安全。孩子使用的工具，也应当有安全措施。如剪刀最好是圆头的，刀子、铲于不要过于锋利。

完成动手操作活动后，要提醒孩子及时洗手，以保持手部的清洁。

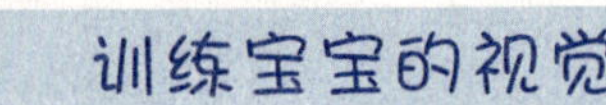

训练宝宝的视觉

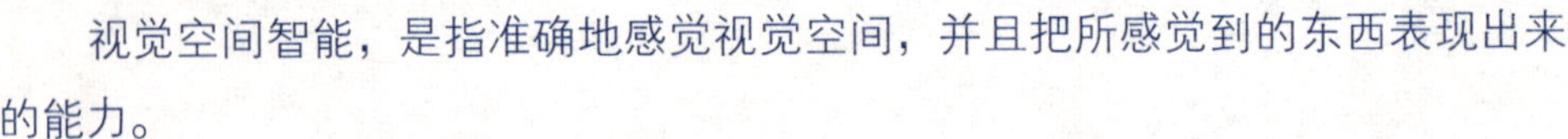

视觉空间智能，是指准确地感觉视觉空间，并且把所感觉到的东西表现出来的能力。

空间智能包括对色彩、线条、形状、形式、空间和它们之间关系的敏感性，也包括把视觉和空间的想法具体地在脑中重现出来，包括在一个空间的矩阵中很快找出方向的能力。具有出色的视觉空间智能的人，视觉会非常敏锐，哪怕是在色彩、形状上的一些细微变化，这类人的眼里都能迅速洞察入微，无处可遁。

反之，一个人如果没有色彩感，即便是自己精心做出的“绝配”，仍会被别人认为搭配得难看和刺眼；如果没有方向感，走在陌生的地方，常常会迷路……。

作为多元智能中的一部分，发展空间智能的重要性包括：

发展观察能力，促进孩子视觉的敏感性和准确性。

发展思维的形象性，培养孩子富于想象，善于想象的能力。

促进对空间关系的把握，发展方向感，发展二维及三维空间的转换能力。

培养艺术素质，发展和发现美的能力。

生活中的空间智能，是必不可少的能力，对于进一步提高孩子的综合素质和修养，空间智能的发展也大有裨益。

幼儿空间智能发展，有一个从静态空间感知、到获得动态概念空间的发展过程，培养孩子的空间智能，要根据每个阶段孩子发展的特点，因势利导。

2～6岁，是幼儿空间智能发展最快的时期，尤其在3岁以后。经过一段时间的发展，孩子能对物体的大小、形状、上下、前后、左右、远近产生准确的空间概念，并且能通过自身的运动来确定物体的空间位置关系。

这个时期，孩子空间智能的发展主要分为两个方面，即理解空间和表述空间。可以让孩子画画，通过画画能帮助孩子建立大小、形状的概念；也可以让孩子搭积木、捏橡皮泥等，促进孩子形成对前后、上下、远近等有关空间智能的概念；还可以在日常生活中有意识地指点孩子，比如“这两棵树哪棵高哪棵矮”、“你喜欢走在妈妈的左边还是右边”等。这些概念的教育，适宜在孩子3岁以前开始。

游戏课堂——寓教于乐的亲子活动

涂涂画画

美的图画作品，有一半要取决于漂亮的颜色。当然，市面上可供孩子使用的蜡笔、水彩笔的颜色也很多。但孩子往往在画出物体的轮廓线后，不愿意再接着涂上颜色。即使涂，也会用一种颜色把画儿全涂上，毫无美感；或乱用颜色，该用红色的却涂绿……

2～3岁的孩子对画图画还没有概念，只是把绘画活动作为一种游戏。在纸上涂一涂或者画得有点模样，孩子就会十分满意，产生成功的快乐感。

教孩子涂色的方法：可以多带孩子到大自然中去，观赏色彩鲜艳的花卉，蔚蓝的海洋和壮观的日出。到公园以后可以指着五颜六色的花启发孩子“这是红色的花，那是黄色的，树叶是绿的，多美呀！”让孩子在大自然中感受色彩的美丽，分辨各种各样的颜色，为绘画积累和增加感性知识。以后孩子就不会再把树涂成红色，把太阳涂成绿色。

多欣赏彩色绘画作品，引导孩子观察，别人的画为什么好看，用一些不涂颜色的画让孩子对照彩色绘画进行比较，哪一种画好看？为什么好看？激发孩子对色彩的感受。

画画时，给予一定的语言指导。比如，孩子画了一个人，爸爸妈妈可以说：“画的娃娃很好，怎么没穿衣服和鞋子呢？现在拿颜色给娃娃画上漂亮的衣服和鞋子”。“想想看，衣服用什么颜色，裤子用什么颜色，鞋子用什么颜色？”让孩子自己选用颜色蜡笔涂，效果会更好。

涂色技能要训练。开始时，可以让孩子用蜡笔或油画棒不画轮廓线，直接采用涂染方法表现。画小树，可以先用笔左右摆染，然后再逐渐过渡到在轮廓线内涂色。要求孩子顺着一个方向涂，或从上到下，或从左到右，反复涂沫，尽量涂得密一些。注意慢慢地、细致地涂，不要涂到轮廓线外面。

在指导涂色时要注意，孩子年龄小，手指、手腕肌肉还很稚嫩，脑、眼、手能力还不够协调，而且注意力容易分散。因此，让孩子涂染的面积不能过大。

森林聚会

找来各种动物卡片，模拟一个森林聚会的场景。一边给孩子讲故事，一边请孩子给动物进行分类。一开始，孩子可能会毫无章法地把动物分类，家长可以在一旁耐心地看，然后问："你是按照什么标准给动物们分类的呢？"孩子可能答不上来，这时不要急，给孩子一定的思考时间，然后可以按照飞禽、走兽、两栖等类动物的标准给动物卡片分类。再往后，尽量让孩子观察并说出它们之间的异同。说不上来也没关系，可以用一连串的问题，引导孩子来观察和总结不同种类动物之间的差别，比如："它们都有几条腿呀？""它们有翅膀吗？"

水少了吗

找两个杯子，一个"瘦高"，一个"矮胖"，先在其中任意一杯中倒入半杯水，让孩子看清楚，然后再把水倒进另一个杯子。因为两个杯子底面积有差异，水的高度会有明显不同，引导孩子仔细观察操作过程，特别注意观察先后两个杯子的水面高度有何不同，诱导孩子思考：第二个杯子里的水比第一个里的少了吗？——这便是著名的儿童守恒概念实验。开始，也许孩子会对此感到很迷惑，但绝对不失为一种在观察事物过程中，促进思考事物内在联系和本质特征的好方法。

我爱蔬菜

去菜市场或超市时，别忘了带上孩子。可以预先和孩子商量要买哪些蔬菜，然后引导孩子依据自己平时的观察和记忆，说出这些蔬菜的特征，特别是一些细微的差别，如果孩子有说错的地方，先不要断然否定，只是表示怀疑，进一步引起孩子的注意。这样，就能使孩子随后的观察活动更具有目的性。选购蔬菜的时候，别忘记提示孩子对刚才说错的地方进行特别关注。回家后，再引导孩子对蔬菜进行分类，可以按照颜色，也可以按照形状，只要孩子有自己的分类标准，这样做同时能锻炼孩子的思维能力和创新能力。

课堂小结

宝宝的发育

步态很稳，能跑会跳，能单足跳1～2次，但落地仍不平稳，两腿僵直，以后逐步学会弯曲膝关节来缓和冲击力。3岁的幼儿随着年龄的增长与外界接触的机会增多，语言发育非常迅速，所掌握基本语音仍以简单句为主，但语言结构较之前复杂，说话也更生动。此阶段儿童，喜欢自己做事，自己行动，常说“我自己来”“我自己吃”“我偏不”，成人应尊重儿童独立性的愿望和信心，同时要给予帮助。3岁宝宝的认知能力进一步增强，知道妈妈和爸爸及家庭中的一些人，是从事什么工作的，比如知道妈妈是医生，爸爸是经理，小姨是老师等。

宝宝的护理

家庭育儿环境，包括精神环境和物化环境两个方面，对于幼儿的健康成长都是举足轻重的，所以，父母一定要给予宝宝良好的家庭环境。为宝宝选择合适的衣物，并注意在洗涤、收纳和内衣的选择上注意一些细节，尽量在宝宝穿的漂亮、合体的情况下，注意卫生清洁。如果孩子的体质较弱的话，父母要注意掌握好孩子饮食、睡眠与运动三项要素，这是增强体弱幼儿体质的良策。在为宝宝选择玩具的时候，一定要注意玩具的安全性，以免一些有潜在危险的玩具给宝宝带来身心的伤害。

宝宝的喂养

2岁半后，幼儿乳齿刚刚出齐，咀嚼能力不强，消化功能较弱，而需要的营养量相对高，所以要为他们选择营养丰富而易消化的食物。这个时期宝宝在饮食上仍要求做到细、软、烂、碎、新鲜、清洁、不油腻、不粗糙，并富有蛋白质、矿物质和维生素，避免吃油炸食品或刺激性食品。孩子最好的解渴饮料莫过于白开水。为了增加口味吸引孩子，可在白开水里兑一些纯正果汁。在饮食上一定要让宝宝养成良好的饮食习惯，不要狼吞虎咽，而要让他把食物充分咀嚼，细嚼慢咽为佳。

课堂小结

早教和游戏的方法

训练宝宝的动手能力和跑动能力，让宝宝体会到运动的乐趣，这样才有利于宝宝身心的发展。训练宝宝的视觉能力，并根据不同的游戏来训练宝宝的观察力，当宝宝做到后要给予一定的鼓励。鼓励宝宝的好奇心，培养宝宝的自信心，并教会宝宝学会注意力集中，这样才能让宝宝的心理得到良好的刺激和发展。教宝宝学会独自游戏，并适当地给予宝宝肯定；另外这个时候宝宝对于涂鸦也比较感兴趣，父母要教宝宝去涂涂画画。

第五篇 3~4 岁宝宝的护理课程

3 岁的幼儿能自由活动、可以广泛参加社会活动，同时又为掌握语言、为意识发展创造了条件。自我意识发展，使孩子作为独立活动的主体参加实践活动。自己提出活动目的，并且积极克服一些障碍、去得到吸引自己的东西，或做自己想做的事，这种积极行动和取得成功，能激起孩子愉快的情感和自己行动的自信心，从而又促进了孩子独立性的发展。

37~42个月的宝宝 自我意识发展

成长课堂——宝宝的成长历程

这个时期孩子生长特点

3岁，是幼儿期中最重要的时期。3岁的孩子会整天蹦蹦跳跳，活泼、灵巧、说话流利。智力和感情的成长速度非常惊人。3岁幼儿身上同时具有着独立欲望和缠着妈妈撒娇的强烈依赖性。

3岁的幼儿能自由活动、可以广泛参加社会生活，同时又为掌握语言、为意识发展创造了条件。自我意识发展，使孩子作为独立活动的主体参加实践活动。自己提出活动目的，并且积极克服一些障碍、去得到吸引自己的东西，或做自己想做的事，这种积极行动和取得成功，能激起孩子愉快的情感和自己行动的自信心，从而又促进了孩子独立性的发展。

"我自己来！"是孩子最常说的一句话。3岁左右的儿童，喜欢自己做事，自己行动，也常常会说."我自己吃""我不！"，家长应当尊重儿童独立性的愿望和信心，同时也要及时给予孩子帮助。

这个时期，也是孩子形成各种独立生活习惯的时期。还应带孩子去医院做一次健康检查，以便早日发现孩子身体和心理上的疾病，及早治疗。同时可以向医生提问、请教育儿专家今后怎么正确地养育孩子。

身长和体重

近1年里，孩子的体重约增长2千克，身长却会增长7厘米左右，手脚会变得细长，整个身材也似乎更苗条。虽然有的孩子个子高，有的个子矮，有的很胖，有的挺瘦，但只要孩子的发育情况良好，身体健康，就无需为相对的胖瘦而担心。

肌肉结实

3岁幼儿活动较多，肌肉结实，摸上去很有弹性。不像新生儿和1岁婴儿的手臂肌肉摸上去总感到软绵绵。现在，那些喜欢剧烈运动的孩子，肌肉会更结实。

脊椎骨弯曲

婴儿时，孩子的脊椎骨是笔直的。等孩子能站会走后，就会开始稍稍弯曲起来，到了3岁左右，弯曲得会相当明显。这种弯曲由四部分组成，颈椎是向前弯曲，胸椎部分向后突，下面腰椎部分又微微向前突起弯曲，最下面的部分弯曲是向后的。脊椎骨形成的这种前曲、后弯，是为适应剧烈的运动和保护内脏而起到一种缓冲作用。如果孩子从高处往下跳，脚下所受到的冲击力，就会被弹簧似的脊椎骨吸收，而不至于波及大脑受震动。

脚掌心明显内凹

在此之前，孩子的脚掌心内陷不明显，是“平脚掌”，也称为生理性平足底，是由于皮下脂肪太多。3岁以后，脚部连接小骨的韧带和肌肉等发达起来，脚掌心就明显地内凹，足弓形成。长时间走路时，孩子的脚也不会感到累和痛了。

宝宝的能力

3岁幼儿的语言和游戏能力发展极为迅速，变得特别爱说话，即使一个人玩的时候也会自言自语地边说边玩，跟小朋友或成年人在一起时，话会更多。对这个时期的幼儿来说，所接触到的任何对象都是有生命的，天上的太阳、月亮，地上的树木、小河或公园里的动物、秋千等，都可以成为孩子交谈的对象。例如，孩子会对飘走的云彩招手说：“请再来玩。”会对被雨淋湿的童车同情地说：“我来帮你打伞好吗？”这是幼儿期心理最突出的特点。

游戏，是3～4岁幼儿的主要活动。由于幼儿想象活动非常活跃，因而孩子们的游戏也非常有趣，可以给任何一样东西加上自己所想象的象征性意义。例如，一片树叶在过家家时可以当作盘子，在买东西时可以当钱用；一块木片，一会儿当火车，一会儿当手枪，一会儿又当做机器人。幼儿在一起游戏时，一块积木“宝宝”掉到地毯里，马上就会有一辆纸盒“急救车”开去救援。每一种游戏都有孩子自命的意义，任何一个游戏里都藏着开启孩子心智大门的钥匙。这个时期幼儿游戏的另一个特点是共同游戏，不再像1～2岁幼儿那样各玩各的。

3～4岁幼儿的心理和行为的另一个重要特征，是开始学习性别的区分。初期，孩子由于男女间身体上的差异和行为特点，对性别的区分发生兴趣，随后孩子便会知道自己是男孩还是女孩，开始学习到和自己的性别相适应的态度和反应。在幼儿学习区分性别的过程中，父母及周围人给予的赞成和否定，起着直接而巨大的强化作用。幼儿往往会以同性的家长为榜样，求得同样的行为和感受。女孩子会模仿母亲玩当妈妈的游戏，尽量学着母亲的温柔、耐力和女性的性别行为；男孩子则会模仿父亲的男子汉态度和行为，希望自己像父亲那样严厉、果断。

3 ~ 4 岁的幼儿喜欢结识伙伴。孩子在小伙伴中，能体验到完全不同于父母及成年人之间的人际关系。在和小朋友一起游戏的过程中，幼儿的知识、想象力和各种社会能力都能得到比较充分的发展。在伙伴帮助下的自主活动，能使幼儿认识到自我的存在。因此，在这段时间里，为孩子创造与众多小伙伴相互接触的机会，对孩子的心理发展十分重要。而幼儿园，则是孩子们结识伙伴的最佳场所。

3 岁儿童的智力发育很快，读书给孩子听时，只要多读几遍。孩子就能记住，如果中间说错了一点能指出来。唱歌也能学得好、记得牢，教过几遍以后就能唱。3 岁的孩子不但能记住具体的、自己体验过的事物，而且还能记住听来的、自己说过的抽象事物。这是孩子在记忆方面的一大特征。

3 岁孩子会对周围的一切事物都很关心，兴趣很浓，对所有事物要刨根究底地问个没完。这是由于孩子对这些事物有极大的兴趣，会努力观察、学习、询问和尽力想要理解。可以说，智力的发达与否，全在于兴趣如何。3 岁时期正是孩子对什么都有极浓厚兴趣的时期，因此，家长应尽一切力量培养孩子的这种兴趣，这对孩子的智力发育非常重要。

1 ~ 2 岁的孩子会害怕很响的声音，3 岁以后的孩子，则害怕那些看得见的东西，如动物、假面具、黑暗等。主要原因是，虽然孩子开阔了眼界，看得多、听得多，却没有能真正理解这一切。比如说，1 岁的孩子看见狗也不会害怕，是由于不知道狗是什么东西，对自己有什么害处。到了 2 ~ 3 岁时，看见狗咬人，人们都怕狗，逐渐懂得狗是可怕的动物，于是就开始怕狗。等到再大一些，知道了只要喜欢狗，狗就不咬人以后，会又不怕狗了。

3 岁的孩子已能用语言表达自己的感受，很少还会像 2 岁时那样，一不高兴就躺在地上打滚。加上自制能力也逐渐增强，攻击型的态度也会少起来。

3 岁以后的孩子的愉悦，已经不是一般物质性的，会因为自己做得令爸爸妈妈高兴而高兴了。因此，人们又把 3 岁这个年龄叫做“捧人的年龄”。做什么事只要妈妈高兴，就会神气十足，兴致勃勃地去干。另外，孩子也能懂得一些幽默了。

3 岁儿童独立行走之后，能自由行动，会主动接近别人，能和小朋友一起玩儿，接触到更多的事物，对幼儿期儿童的独立性、社会性和认识能力的发展均有积极作用。孩子双手的动作发展得复杂多样化，能自己穿脱衣服，自己洗手、洗脸等。双手协调，不论在动作的速度上和稳定性上都有明显增强。此时的孩子已经能熟练掌握 300 ~ 700 个单词，和人交往时，已经能适用合乎日常语法的简单句子，并能发问。

由于动作和语言的发展，智力活动更加精确，更有自觉性质，在感知、想象、思维方面都得到发展。幼儿通过游戏活动，开始出现高级情感萌芽，懂得一些简单的行为准则，知道了“洗了手才可以吃东西”、“不可以打人，打人妈妈不喜欢”有了这些行为准则，孩子可以和小朋友们和睦相处，也是为品德发展做准备。

情感特点

3 ~ 3 岁半，这个年龄阶段的孩子，感情以多变为主要特征，包括好冲动、易变化、明显外露、不断丰富和日益成熟等具体特点。

好冲动

孩子常常会因为环境的变化，或者一点点小事冲动起来。幼儿冲动时，完全不能控制自己，甚至听不进好言相劝，短时间内不能平静下来。个别孩子一旦被激惹后几小时也静不下来。这是因为孩子的大脑皮质兴奋容易扩散，皮质对中枢控制能力很差。在幼儿冲动时，可以用注意转移法来调节孩子的情绪。如请孩子帮助妈妈做一件事，或者给孩子一件有趣的玩具，以此来引起积极情绪，替换消极情绪。如果这些办法都不生效，就暂且不要理会，让孩子感到孤单，没有人理睬，也自然会觉得没趣，进而停止哭闹。然后再对孩子讲道理，指出这样做不好。

对待孩子的无原则冲动，不能迁就，应当在平静以后，提出要求，培养孩子控制自己好冲动的能力，学会接受成年人的指示，调节自己的情绪。孩子越长越大，这种冲动性也会越来越减少，自我控制能力不断增强。

易变化

孩子常常会出现破涕为笑，说变就变。有时因为成年人的一点小举动，就会引得孩子哈哈大笑，笑声刚止，就会因为妈妈的一句话又哭起来。

有时候孩子玩得正高兴，却因为一件玩具引起争端，免不了大哭大闹。

孩子的情绪和情感常常受到外界情境支配，随着情境产生而产生，随着情境的消失而消失。这种易变性与受感染性有关，当周围人的情绪变化时，很快就能影响到孩子。幼儿情绪最容易受到家长的感染，家长喜欢的，孩子也喜欢，家长厌恶的孩子也容易厌恶。所以，家长在孩子面前，不宜轻易显露自己的不良情绪和情感，要时刻给孩子以良好积极的情感感染。

孩子情感的稳定，有助于良好品格的形成，诸如爱劳动、团结友爱、富于同情心、对所学的知识富有兴趣等，都有助于良好品德和个性才能的快速发展。

明显外露

孩子不能意识到自己的情绪，毫无控制和掩饰，想哭就哭，想笑就笑。直到学前期，孩子逐渐可以在不愉快时控制自己不哭出声来。受表扬时，心里高兴，脸上却不笑。遇事哈哈大笑、又蹦又跳的表现少了，面带微笑来表示内心喜悦的稳定情绪多了。但是，孩子的总体特点仍然是情感明显容易外露，不易控制自己。

不断丰富

幼儿时期，孩子的社会性情感发展很快，求知欲更加旺盛，社会性需要的范围越来越广泛。很多方面的精神需要得到满足，从而产生了更加丰富的情感。成年人如果给孩子讲故事，领着孩子玩就会受到欢迎。在这些愉快的活动中，孩子沉浸在幸福、愉快、亲近、安详的情感之中，孩子对能给自己产生精神需要的成年人产生尊重、敬佩、喜爱，而对不正确的事产生愤怒、厌恶。对自己做成功了的事感到骄傲，做错了的事惭愧，对同伴的某种能力很羡慕，对达不到的某些目的会失望。

在幼儿集体里，能力强的孩子受到大家的崇敬，小伙伴们都愿意与这样的孩子结伴游戏。能力较差的孩子容易受到排斥，很少有人与这样的孩子结伴做事。家长应当仔细观察，孩子和谁好？孩子在小朋友们中受不受欢迎？针对具体情况，提示强者学会团结弱者，弱者有勇气同大家一起做事。在这样的基础上，发展孩子的高级社会性情感。

日益成熟

年幼的孩子喜欢妈妈抱，也喜欢抱布娃娃。然而长大一些到这个年龄以后，小家伙就想装成“小大人”了，妈妈再抱会感到害羞，玩布娃娃怕别人笑话。由于社会性精神生活的需要不断增加，引起情绪和情感的事物和性质都发生巨大变化，随着言语和认识能力的提高，各种社会性情感很快得到发展。孩子的情感不再只是指向自己，已经能把自己与别人联系起来，出现了同情感，有了较高级的社会性情感。小时候喜欢吃零食，常常控制不住自己，妈妈给的糖果走到哪都想吃，吃完就把包装纸扔到地上。大一些的孩子，就能掌握公共卫生的社会公德标准，懂得不能随地扔垃圾。随着认识能力的提高，情感的深刻性也发展起来。孩子对各种事物的情感体验逐渐深刻而趋于稳定。

什么都想试试的年龄

3岁以后，幼儿大脑的运动神经中枢和肌肉都逐渐发达起来，敏捷的行动和保持身体平衡的运动能力也进一步协调，手和脚虽然还不能完全地随心所动，但已经能比较自由地进行活动。孩子的大脑活动刺激具有控制能力，已经作好了针对某一刺激产生相应行动的准备。

每当看到较高的地方，孩子就会产生去攀登一下的冲动情绪，爬上去、又爬下来，当孩子第一次做好的时候，会感到非常的高兴，会三番五次地去爬上爬下。孩子虽然不能同想象的那样会爬，但通过反复的爬上爬下，身体的活动方法、手脚的使用方法都会得到训练。这时孩子会感到满足，随之就会对难度更高的事情产生尝试的欲望，这种满足感和进一步向困难挑战的欲望，能使孩子得到不断成长。

孩子的世界开始急速地扩大。看到的、听到的和感触到的东西，全都会变成刺激，诱发孩子的行动。在这段时期，如果以成年人的主观臆断去限制孩子的行动，则无法培养孩子克制自己突然产生冲动的能力。孩子会变得胆怯、变得消极，成为对自己失去自信心的孩子。家人们应当以耐心、积极的态度对待孩子，只要不妨碍别人、没有危险的事，想干的就让孩子去干，让孩子去独立处理自己的事情。

孩子还不能判断出什么样的事不妨碍别人，还不能懂得注意周围的危险。喜欢从高处跳下来的孩子，不会去注意地上有什么东西，学会翻跟头的孩子，自己前面有什么东西会根本不在意。

这个时期的孩子，有时会碰到桌子之类东西而撞疼，会成为自身的经验，下一次会动脑筋去做，以便“看清跌倒的前方是否安全”。如果过分运动，以致受到伤害当然是不行，因此，一方面看护好孩子的行动，一方面可以借此机会逐渐教会孩子“注意安全”。这种教育单单地嘴上说“注意是否安全，然后再玩”，是没有什么大的效果的。应该告诉孩子“要跳下来之前，仔细看清下面有没有东西。摔在这上面，脚会痛的！弄不好还会受伤，收拾好以后再玩吧！”家长和孩子一起清除危险的物品，在行动上和孩子一起确认安全知识，孩子能学得更快。

3 岁的孩子能根据妈妈的态度，来判断自己干的事是否得到允许。妈妈只需要对可以做的事显出笑脸，对不能做的事，显示出不赞成态度就行。对 3 岁的孩子，应当重视“教育孩子不应用语言而用眼睛”这一句名言。要知道，在反复尝试的过程中，孩子自然会渐渐地对周围的事物加以注意。

护理课堂——专家教你科学护理

孩子外伤的处理

3 岁左右的孩子活泼好动，可谓正是“胆大包天”的年龄阶段，小家伙几乎没有什么不敢去碰一碰的。因此，引发的意外伤害也会比较多。

一旦宝宝不慎受伤，在身边没有专业医生的情况下，身为家长应当或多或少地了解一定的外伤意外急救知识，知道如何正确处理伤口，如果手边没有急救工具，至少要清楚自己应该怎样做。

当然，没有哪个家庭会预备全套的急救设备，就算真的弄一套放在家里，也不一定真的知道如何处理孩子遭受的意外伤害。大多数家用急救箱，并不包括处理儿童外伤的全部工具，而且大部分人在使用急救箱前，从来没有仔细阅读过说明书。

如果孩子意外受伤，应当尽量缩短等待接受治疗的时间，防止伤口的情况恶化。因此，了解如何迅速采取急救措施，比什么都重要。手边缺少必要的急救工具时，也可以利用日常生活用品处理孩子的伤口。下面就针对一般家庭育儿可能出现的意外情况，提出建议供参考：

严重割伤

标准急救用品为经过消毒处理的吸水性棉条或纱布，两端最好不带胶布，以防伤口血液凝结后，去掉纱布时引发伤口周围皮肤疼痛。家庭急救箱如果没有备用品，可以选用的替代材料，是任何一块吸水性强的干净棉布，例如清洁茶具的抹布或枕巾，但不要使用手感蓬松或粗糙的面料，以防布料的纤维粘连伤口。

幼儿意外割伤较严重的伤口，用消毒棉或纱布按住伤口止血，直到血液不再流出，然后换一块干净的消毒棉或纱布把伤口包牢。如果伤口较深、流血较多、伤在身体的关键部位，对伤口进行基本处理后，要立刻送孩子到医院接受专业处理和治疗。

手臂受伤或骨折

标准急救用品为三角形绷带。在接受医生治疗之前，可以起到支撑受伤手臂的作用，以免伤势加重。家庭应急时，可以选用较干净枕巾制作临时绷带。处理手臂或骨折的伤口，在肘关节可以弯曲的情况下，把受伤的手臂用绷带或枕巾悬在胸前。把伤臂置于绷带中央，放平在胸前，然后用绷带的两端拉到颈后打结。固定好手臂后，应当立刻去医院骨伤科就诊。

扭伤或拉伤

标准急救用品有冰袋、弹性绷带和弹性筒型压力绷带。家庭可以用冰粒包在一块干净的毛巾或棉布内代替冰袋。伤口处理：若无出血性外伤，可以用冰袋做局部冷敷以止痛化淤，对于青肿部位用弹性绷带或局部包扎，固定好受伤部位后应当去医院就诊。

轻微割伤或擦伤

标准急救用品为种类齐全的创可贴。家庭可用清水、湿纸巾或婴儿纸巾作替代材料。如果手边没有创可贴，处理轻微割伤的最佳方法是让伤口自行痊愈。用湿纸巾或者流动的清水轻轻地把伤口周围擦洗干净即可。不推荐使用消毒纸巾，因为有些纸巾含有的消毒成分药性强烈，容易造成宝宝皮肤过敏。没有湿纸巾的情况下，用婴儿纸巾也可以。

眼部受伤或眼内有异物

标准急救用品为眼罩，家用替代材料为干净的棉质手帕。处理伤口时，用清水把受伤眼睛冲洗干净，然后用眼罩或折好的棉手绢遮住眼部，并轻轻固定在头部。如果条件允许，最好把双眼全都遮住。否则孩子未受伤的眼睛不断转动，会导致受伤的眼睛被迫跟着转动，导致伤势扩大。

眼部外伤无小事，无论伤情如何，都应该立刻送医院。

蚊虫叮咬或扎刺

标准急救用品为镊子和抗组胺剂药膏。家庭可以选用的替代材料为一张信用卡和一块冷敷布，或干净的湿棉布。处理伤口：把受伤的肢体抬高，用镊子、信用卡或指甲钳把扎在皮肉上的刺或毒物清除干净，切记不可挤压患处，以免毒液因挤压而渗入伤口，然后用冷敷布敷在患处。抗组胺剂药膏可根据具体情况选择用与不用，一般认为这种药剂能够达到缓解症状的效果。如果伤口位于嘴或喉咙处，应当尽快就医，以免症状加重，延误病情。

烧伤或烫伤

标准急救用品为治疗烫伤的药膏，药店均有售。家用替代材料为保鲜膜、干净的塑料袋和干净床单。保鲜膜是保护烧、烫伤皮肤的最佳材料之一，可以有效保护伤口不受感染，同时在不粘连伤口的情况下防止体液流失。使用前，先把最上面一层膜撕掉，然后将剩下的部分整体消毒。伤口处理：烧伤通常因干热物质造成，如明火、高温电器设备；烫伤则一般由湿热物质造成，如蒸汽和沸水。因烧伤和烫伤形成的伤口极容易感染，处理伤口时，应当先用冷水冷敷患处至少 10 分钟，然后再用保鲜膜包裹患处，或用烫伤药膏均匀地涂于患处。

如果幼儿烫伤或烧伤的面积大于一枚邮票大小，则应及时就医。

手指戳伤

幼儿手指戳伤，是因为孩子好动，手指头碰到硬物时发生的手指关节扭挫伤。

挫伤后，可以用冰块裹布冷敷在伤处，每次敷 10 ~ 15 分钟，即能消肿。冷敷以后，可以贴上消肿止痛贴剂如伤湿止痛膏或七厘散等。如果受伤时间已经超过三四小时，就不要再冷敷。为了使幼儿伤指减少活动，避免再受到伤害，可以用厚纸裹住伤指，以免伤指再活动，严重的要请医生诊治。

手指夹伤或砸伤，如果无出血，也可以照此处理。

保护孩子眼睛的细节

眼睛是心灵的“窗户”。让孩子有一双明亮而美丽的眼睛，是每一位父母的心愿。

孩子刚出生时，对光线会有反应，但眼睛发育不完全，视觉结构、视神经尚未成熟，视力只有成人的 1 / 30。1 个月的孩子，视力只有光感或者只感觉到眼前有物体移动，并不能看清物体。一般出生 3 个月后，才会注意人，能追随眼前的物体看，但视野只有 45 度左右，而且只能追视水平方向和眼前 18 ~ 38 厘米远的人或物。

在眼睛的视网膜上，有一种圆锥细胞，是颜色的感受器。红绿蓝，是自然界 3 种基本颜色，圆锥细胞中，含有对这 3 种颜色相适应的组织，是感色成分。每种感色成分主要对一种基本颜色引起兴奋，对其他有色光线虽然也起反应，但程度有限。因此，孩子多喜欢红、绿、蓝 3 种颜色。

预防眼外伤

这需要全家人格外小心。对 1 岁以内的孩子，不要拿任何带有锐角的玩具玩。孩子长到 1 岁以后渐渐地会走、会跑了，更要小心预防眼外伤。千万不要给孩子拿刀、剪、针、锥、弓箭、铅笔、筷子等尖锐物体，以免孩子走路不稳摔倒后被锐器刺伤眼球。

另外，不能让孩子独自燃放鞭炮，因为孩子不能掌握燃放技术，爆竹爆炸时的巨大外力，会对眼球产生猛烈冲击导致眼损伤，如眼睑皮肤和结膜破裂、烧伤，角膜、结膜多发性异物、角膜裂伤、前房和眼内出血、眼底损害和青光眼，严重者还会完全失明。

洗涤剂、清洁剂误入眼睛。洗涤剂、清洁剂种类繁多，都含有不同程度碱性化学成分，如果不小心进入孩子的眼睛，对结膜、角膜上皮有损害，会使结膜充血、角膜上皮点状或片状破损，影响角膜透明度，看东西模糊。由于刺激角膜上皮丰富的感觉神经末梢，孩子会出现怕光流泪、不敢睁眼和疼痛等情况。所以，在使用洗涤剂时，千万不要溅进孩子眼里，一旦发生，要立即用清水冲洗。

异物入眼睛

异物进入眼里，会出现怕光流泪、不敢睁眼等现象。此时，千万注意不能让孩子用手揉眼睛，因为用手揉眼睛，不仅异物出不来，反而会使角膜上皮擦破，使异物深深嵌入角膜，加重疼痛，还容易引起细菌感染，发生角膜炎。

正确的做法，是帮助孩子轻轻提起眼皮，如此反复进行，使异物随着眼泪的冲洗，自行排出。如果这一招失败，可以把孩子上下眼皮翻转过来，检查眼睑、结膜、睑穹窿部有无异物，如有，再用消毒棉签或干净的手帕把异物拭除。如果异物在角膜（俗称黑眼珠）上难拭除，必须带孩子上医院请医生清除。

眼睛发育异常早发现

正常情况下，孩子的眼睛晶莹明亮，眼球大小适中，活动自如。要观察孩子的眼睛发育有没有异常，可以从孩子双眼的大小、外形、位置、运动、色泽等几个方面观察，能尽早发现一些问题。

黑眼珠变白，是黑眼珠生了“白翳”。

瞳孔区内有白色物，可能患了“白内障”。

如果总是孩子眯着眼睛看东西，要注意是否有近视眼。

眼球变大，可能患了“先天性青光眼”。

如果眼球向左右（或上下）来回摆动，有可能患“眼球震颤”。

如果眼球偏向一侧，则有可能是“斜视”。

如果把玩具放在孩子面前，孩子无动于衷，不去拿取，孩子可能视力很差，很可能患有“视神经萎缩”等眼底疾患。

如果夜间在暗处发现孩子瞳孔内有白色的反光物，形同猫眼，则应当考虑患有“视网膜细胞瘤”。

如果眼球突出，尤其是单眼眼球突出，要警惕“球后肿瘤”。

这些病症都要及早发现，找眼科医生诊治。

眼分泌物过多的治疗

眼分泌物多，是因为孩子的免疫功能不够健全，结膜上皮和淋巴组织没有发育完全，加上缺乏泪液分泌。一旦被细菌感染，极易发生结膜炎，使分泌物——眼屎增多。也有的孩子患结膜炎，是由于母亲患有子宫颈炎、阴道炎等疾病，在分娩期间因眼部感染而发生结膜炎。

治疗时，须根据具体情况选择用药。对细菌引起的结膜炎，要去有条件的医院进行眼分泌物涂片化验，确定细菌的种类，针对性地选用抗生素眼药水或眼膏局部治疗。最终确诊和治疗要取决于细菌的培养和药物敏感试验结果。

呵护眼睛需精心

许多家长喜欢和孩子一起阅读书籍或看图画。看书是好事，但不能让孩子用眼过度。幼儿期孩子的眼睛还处在不完善、不稳定阶段，长时间、近距离用眼，会导致孩子的视力下降和近视眼发生。一般来说，幼儿每次阅读的时间不应超过20 分钟，要经常带孩子向远处眺望，引导孩子努力辨认远处的一个目标，有利于眼部肌肉的放松，预防近视。

噪声，能使人眼对光亮度的敏感性降低，还能使视力清晰度的稳定性下降。如果噪声达 70 分贝时，视力清晰度恢复到稳定状态需要 20 分钟，而噪声达到 85 分贝时，至少需要 1 个多小时。此外，噪声还会使色觉、色视野发生异常，使眼睛对运动物体的对称性平衡反应失灵。因此，在孩子居室里要注意环境的安静，不要摆放高噪声的家用电器，看电视或听音乐时，不要把声音放得太大。

孩子盥洗用品，包括毛巾、脸盆和洗涤剂等，应单独配制，不能与家人混用。

此外，应当注意对孩子的视力进行监测，特别要分别检查两眼的视力，最好每 3 ~ 6 个月给孩子做一次视力检查，有条件的还可以在这一阶段进行一次散瞳验光。

营养因素对眼睛很重要，孩子的眼睛正处于发育阶段，像身体发育一样需要丰富的营养。各种维生素对孩子的视力发育影响不同。当维生素 A 缺乏时，会引起夜盲症，还可能导致视神经损害，严重缺乏时会引起泪腺萎缩，泪液分泌减少，发生眼睛干燥，角膜水肿、混浊，乃至角膜穿孔失明。维生素 B_1 在糖类代谢中起着重要作用，一切神经组织都要消耗糖，视神经组织也是一样，当体内维生素 B_1 缺乏或不足时，糖类代谢中间产物丙酮酸等物质的氧化不能正常进行，会引起一系列功能障碍，从而发生视神经炎。维生素 B_2 缺乏时，会引起组织呼吸减弱及代谢强度减退，从而发生结膜炎、角膜炎，甚至还可引起白内障。维生素 C 缺乏也能引起白内障。

日常饮食摄取所需营养。胡萝卜素能在体内转变成维生素 A，含胡萝卜素丰富的食物有胡萝卜、西红柿和各种绿色蔬菜，以及动物肝脏、奶油、全脂牛奶、蛋黄等。维生素 B_1 可由日常所食用的糙米、面粉及各种豆类中摄取。维生素 B_2、

维生素 B_6 的天然食物来源是动物的肝脏、牛奶、蛋黄、花生、菠菜等。至于维生素 C，则要从各种新鲜的蔬菜、水果中获得。

近视眼的预防，需要从婴幼儿抓起。近视眼的发生，与身体里缺少铬与钙两种微量元素有关。如果孩子吃大量的糖和高糖类的食物，会使身体里微量元素铬的储存量减少，吃了过多的烧煮太过的蛋白质类食物，会使身体里钙的代谢发生异常，造成缺钙。

所以，要预防近视，除了注意用眼卫生外，还要培养孩子合理的饮食习惯，讲究营养卫生，少吃糖果和含糖分高的食物，少吃精米、白面，多吃糙米粗面，限制高蛋白质动物脂肪和精制糖类食品的摄入，减少身体铬的排出。同时，消除孩子偏食的不良饮食习惯，多吃动物肝、蛋类、牛奶、虾皮、豆类、瘦肉、蘑菇等。

孩子感冒的家庭护理

80% ~ 90% 的感冒，是由病毒引起的，能引起感冒的病毒有 200 多种，10% ~ 20% 的感冒由细菌所引起。孩子由于免疫系统尚未发育成熟，更容易患感冒。

孩子们一般一年要得 5 ~ 6 次感冒，属于比较普遍现象。

感冒的典型症状，有流鼻涕、鼻子堵塞、咳嗽、嗓子痛、疲倦、没有食欲、发热。婴幼儿感冒，常常会出现发热、咳嗽、眼睛发红、嗓子痛、流鼻涕。

感冒的孩子常出现食欲下降，半岁以内的宝宝，由于不会在鼻子完全堵塞的情况下呼吸，常常会出现吃奶和呼吸困难。

感冒的持续时间

一般感冒会持续 7 ~ 10 天，小宝宝有时可以持续 2 周左右。咳嗽往往是最晚消失的症状，它往往会持续几周。

感冒后需要去医院的情况。3 岁以后较大的孩子，一旦出现以下情况之一，要立即去医院：感冒持续 5 天以上；体温超过 39℃；宝宝出现耳朵疼痛；呼吸困难；持续的咳嗽；老流黄绿色、黏稠的鼻涕。

感冒的治疗

带着孩子去医院，医生常对宝宝进行一些检查，才能诊断感冒的原因。如果属病毒性感冒，并没有特效药，主要就是要照顾好宝宝，减轻症状，一般过7～10天会自动痊愈。如果因细菌引起，医生会给孩子开一些抗生素药物，一定要按时按剂量吃药。有的妈妈为了让孩子病早点好，自行增加药物剂量可万万不行，会事与愿违。如果宝宝发热，应当按照医生的嘱咐服用退热药，体温低于38.5℃，不用服用退热药。不要乱吃感冒药，1岁以内的婴儿，乱吃感冒药往往弊大于利。

照料感冒的孩子

要保证孩子充分休息，对于感冒，良好的休息是至关重要的，尽量让孩子多睡一会，适当减少户外活动，别将孩子累着。要照顾好饮食，让患儿多喝一点水，充足的水分能使鼻腔的分泌物稀薄一点，容易清洁。让孩子多吃一些含维生素C丰富的水果和果汁。尽量少吃奶制品以减少黏液的分泌，对食欲下降的宝宝，当准备一些易消化的、色香味俱佳的食品。

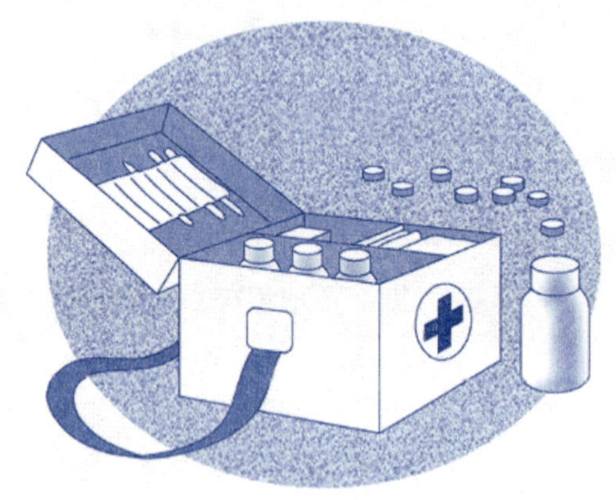

要让宝宝睡得更舒服，如果宝宝鼻子堵住，可以在孩子的褥子下垫上一两条毛巾，把头部稍稍抬高，能缓解鼻塞。千万不要让2岁以下的宝宝直接趴在枕头上，或将枕头垫在床垫下，这样很容易引起窒息或损伤颈椎。

帮助擤鼻涕

孩子还太小，不会自己擤鼻涕，让孩子顺畅呼吸的最好办法就是帮擤鼻涕。可以在宝宝的外鼻孔中抹上一点凡士林，往往能减轻鼻子的堵塞；如果鼻涕黏稠，可以试着用吸鼻器或将医用棉球，捻成小棒状，沾出鼻子里的鼻涕；如果鼻子堵塞已经造成了吃奶困难，可以在吃奶前15分钟用盐水滴鼻液滴鼻，过一会儿，用吸鼻器将鼻腔中的盐水和黏液吸出，孩子的鼻子就能通畅。

保持空气湿润

可以用加湿器增加幼儿居室的湿度，尤其是夜晚能帮助孩子更顺畅地呼吸。别忘了每天用白醋和水清洁加湿器，避免灰尘和病菌的聚集。

做个蒸汽浴

带上孩子一起去浴室，打开热水或淋浴，关上门，让患儿在充满蒸汽的房子里待上 15 分钟，鼻塞会好转。浴后立即换上干爽的衣服。让孩子在稍热的水中玩一会，也能减轻鼻塞的症状和降低体温。

如果除了鼻塞之外，没有其他任何症状，需要带孩子去耳鼻喉科进行鼻腔检查，以防止孩子是否把什么小东西塞进了鼻腔。

喂养课堂——宝宝喂养新观念

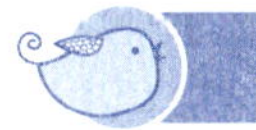

这段时期孩子的喂养指导

3 岁以后，大多数孩子要上幼儿园，在家里吃饭的时间相对减少，家庭用在孩子饮食上的精力也会少一些，但并不意味着就可以放手不管。有的孩子在双休日或节假日过后，回到幼儿园时，老师发现孩子出现食欲下降、肠胃不适等现象。是因为在节假日中，家长忽视了孩子的饮食节制和规律，造成幼儿肠胃功能出现问题。家庭应当配合幼儿园教育，在节假日中也要坚持培养孩子良好的饮食习惯。

3 岁孩子的乳牙已经出齐，咀嚼能力大大提高，食物种类及烹调方法逐渐接近成年人。但孩子的消化能力仍不够完善，而且由于生长较快，热量和营养素需要量较高，在为孩子安排每天饮食时，要注意食物品种的多样化，粗细粮搭配、主副食搭配、荤素搭配、干稀搭配、甜咸搭配。

选择食物时，要注意营养价值，一般说来，绿叶蔬菜和豆制品比根茎类蔬菜营养价值高，肝、肾等内脏比肉类营养价值高，杂粮比精加工粮食营养价值高。

食物要做成孩子容易接受的形式。孩子不爱吃适合成年人口味的熘肝尖，可以做成酱肝，切成片后让孩子拿在手里吃；孩子不爱吃蔬菜，可以把菜和肉混合做成馅，包在面食中给宝宝吃。

居家养育的孩子，一定要注意饮食的定时定量，不宜成天不停地随意吃零食，到正餐时却不能好好吃饭，长期下去会对宝宝的营养状况和生长发育造成不良影响。

吃得科学，长的健康

合理膳食的核心是“杂”食。一个人每天摄入的食物各类越多，越能达到营养平衡。每人每天摄入的食物种类不应当少于 8 种，国外营养学界甚至提倡每人每天吃 50 种食物，因为自然界中，没有任何一种食物含有人体所需要的全部营养素。

食物多样，合理搭配，可以使人体获得蛋白质、糖、脂肪、维生素、矿物质、微量元素以及膳食纤维等品种齐全的营养素，才能符合人的生理要求。同时还可以发挥各营养素之间的互补作用，提高营养价值，满足幼儿生长发育和健康的需要，减少与膳食有关的疾病。

根据幼儿的年龄特点、季节变化及生长发育规律，应当合理地选择和搭配食物，做到多样、平衡、适量。

具体地说要做到：五谷为主，蔬菜为助，水果为充，肉类为益。人体所需的热量的 70% ~ 80% 和蛋白质的 50% 以及 B 族维生素和一些矿物质是由谷类供应的，因此，合理的膳食要做到：米面搭配、粗细搭配、干稀搭配，多种组合，以提高谷类食物营养的互补作用，提高营养的吸收率；甜咸搭配，均匀食用糖和盐，幼儿每日盐的摄入量应控制在 5 克以下，糖分适量；动物性蛋白质和植物性蛋白质搭配，动物性蛋白质占 50% 以上，植物性蛋白质占 50% 以下；提高生理营养价值，摄取优质蛋白质、脂溶性维生素、矿物质、深色蔬菜和浅色蔬菜搭配，摄取各种矿物质和粗纤维；每天的食物要有奶类和豆制品，摄取优质蛋白质、必需脂肪酸、磷脂等；每天有水果，补足维生素 C 和胡萝卜素等。

幼儿食谱还要季节化，因时而宜。春天幼儿生长发育快，可多吃些虾皮、海带、鱼类、牛奶等含钙量高的食物；夏天宜清淡，适当多吃些清凉去暑的食物，如绿豆百合汤、西瓜、冬瓜等；秋天是幼儿体重增长的最佳期，同时也是上呼吸道易感染时期，所以应润肺利湿去燥，多吃萝卜排骨汤、梨、枸杞子、菊花等；冬天为储存热量的时期，可适当地多吃些甜食及红烧类食物。

为保证幼儿所需的各种营养素达到标准，还要注意把幼儿所需的各类食物和用量比较，均衡地分配到每天的三餐和二点中，让幼儿吃的花色品种多样化，获得各种营养素。

营养均衡的食谱制定好以后，还必须运用科学的烹调方法，把好洗、切、配、烹、调几道关，以保证膳食质量和食物营养成分的保存。此外，幼儿的饭菜要具有幼儿的特点，色、香、味儿童化。

早教课堂——聪明宝宝赢在起跑线

记忆能力培养

记忆能力，是人的智力结构中最主要的基础能力之一，是其他能力发展和成熟的前提条件。人的记忆能力伴随着人的一生，与人的生活、学习、创造力息息相关。而研究表明，3 ~ 7 岁，是人类智力发展最快的时期，成年人 60% 左右的智力在 7 岁以前获得。而在人类的潜能中最大、最尚待开发的潜能是记忆能力。

开发人的智力，最重要的是在幼儿期，针对幼儿身心发育的规律，进行科学、系统、适时的教育训练。而据西方科学研究结果表明，人类 80% 的潜能有待于开发，这种开发的最重要时期则在于幼儿期。因为从理论上推测，人类的记忆能力能达到 5 亿本书的记忆量，但在当今世界上，记忆能力最好的人也没有达到这个指标的万分之一。由此可见，记忆能力开发的空间之大。

记忆能力、逻辑思维能力和语言能力，是人类智力结构最主要的基础能力，对于人类其他能力都起着决定性作用。因此，如果孩子能够在关键时期内受到科学训练，使 3 种基础能力得到理想的发展，对于学龄以后的其他能力发展能奠定坚实基础。

人类记忆能力的发展、成熟的重要时期在 3 ~ 7 岁的整个幼年期，这个时期人类的记忆能力发展最快，最容易得到发展或者受到阻碍。

通过记忆能力训练，幼儿的抽象逻辑思维能力、想象能力和创造能力会有明显提高。想象力和创造力，都是建立在记忆力和思维记忆大量相关知识的基础上。

而人的非智力因素，例如人的气质、性格、自信、自尊、兴趣、爱好、交友、独立性、竞争性和创造性等素质，对于人的智力发展有很大的影响。学习成绩的优劣主要靠的是记忆力。学习越好，学习兴趣会越浓，从而形成良性循环。如果孩子在学龄前记忆力得到充分的开发，入学以后在学业和个性心理方面能得到良性发展，会成为品学兼优的学生。

评价个人的记忆能力如何，有两项标准，一是记忆的速度；二是记忆保持时间。提高幼儿的记忆能力，最主要的方法就是对这两方面进行科学而系统的训练。

3 岁以前，幼儿的智力活动形式和内容，主要是模仿周围的事物，掌握一些简单的生活经验和能力。这个阶段获得最有效的发展，是语言能力的基本形成。

3 ~ 4 岁的幼儿，能够回忆出仅仅看到过一次的 10 ~ 15 个物体当中的 4 个。这个时期，幼儿容易记忆诗歌、故事、童话这一类内容，主要以多次重复的方式记忆。

孩子人格的培养

幼儿期是人格形成的初始期，家庭、社会留给孩子的每一个烙印，都会对成年以后人格的确定起到重要作用。没有健康的人格，就没有优秀的人才。进行幼儿期的人格培养练习，可以注意以下几个方面的细节。

尊重孩子的人格

家长平时要和孩子平等相处，多用“商量式”，少用“命令式”，多鼓励，少指责，避免当众批评甚至打骂孩子，坚持正面教育，培养孩子从小树立自尊、自爱、自强、自立的品格。

培养责任心和进取意识要有意识地让孩子做一些力所能及的事情，养成做事认真的习惯。孩子遇到困难，要积极指导，提高孩子克服困难的本领，增进孩子勇往直前的意识。

强化公德意识

教育孩子在公共场所不攀折花木，不乱涂乱画，不随地吐痰；尊敬老人，严守纪律。对孩子违反公德的行为要及时指正，让孩子逐渐认识到，良好的社会行为，是人格优秀的外在表现。

鼓励积极与人交往

鼓励孩子积极参加幼儿园或学校的各项集体活动，让孩子和邻居的孩子友好相处，使孩子学会以诚恳、公平、谦虚、宽厚的态度对待同伴，能做到关心他人，懂得尊重别人的权益，谅解别人的失误。

常和孩子交谈

使孩子逐渐学会正确对待自己、理解对方，合理地认识事物；培养孩子具备有了成绩不骄傲，有了缺点不自卑，有了困难不退缩的心理品质。

父母应和睦相处

以自身良好的形象影响孩子的人格形成。父母平时喜欢读书学习，孩子很容易形成勤学向上的品行；如果孩子从小生活在一个充满污言秽语的家庭，长大后就很难做到不出口伤人。

和孩子一起欣赏

尽量多和孩子在一起欣赏故事、电视和文学作品，逐渐形成美育观念，教育孩子分辨真与假，善与恶，美与丑。

对孩子切忌娇生惯养，百般袒护。为有利于孩子未来的生存和发展，要有意识地从多方面对孩子加强锻炼，增强孩子独立生活能力和对困难环境的适应能力。可以经常和孩子一起参加体育锻炼，甚至不妨送孩子到农村、亲戚家生活一段时间，感受不同的生活环境和条件。

情感交际练习

情感交际这个词，说起来显得很书面化，实际上，就是要教会孩子举止行为显得彬彬有礼、仪态大方、懂礼貌、守秩序、做事有条理，而这些个人基本素质的养成，3 岁以后是最关键的时期。

做客的礼貌

到了周末，全家人准备一起到爷爷奶奶家去做客，对于孩子应当事先布置，做好引导，让孩子表现出礼貌和教养来。进了家门口，应当先问爷爷奶奶好。爸爸妈妈送给爷爷奶奶的礼物，孩子不可以抢先上前打开。爷爷奶奶疼爱孙辈，递过来好吃的东西时，要先拿最小的，并且要立即向爷爷奶奶说：“谢谢！”不要在做客的时候，大声喊叫，乱翻抽屉柜子和擅自拿取东西。需要什么东西，要用礼貌语言“请”爷爷奶奶拿，离开爷爷奶奶家时，要先向老人说“再见！”孩子随着父母外出做客时，表现出色后回家要及时表扬。

安静能力

让3岁左右的孩子安静片刻，也是一种自我情绪控制锻炼的方法。具体做法是家长和孩子都做好准备，关上门窗，关闭室内一切发出声响的设备。然后，一起安安静静地坐好，闭上眼睛。一切杂乱紧张和躁动的心情都会渐渐消失，仔细听一听，能听到许多以前没有注意到的细微声响，风吹树叶的响声，鸟儿的啼鸣声，远方传来的车辆驶过的声音等。经过这种训练，孩子会懂得：保持安静，能更好地集中注意力，才能听到以前听不到的细微声音，学会保持安静的方法。

对幼儿来说，开始每次安静训练两三分钟就结束，渐渐延续到5分钟结束。进行安静训练时，可以采用耳语悄悄说话或者用手势表示结束。然后，起来离开屋子，进行户外的活动。

安静训练可以每周进行1～2次，受过训练的孩子，会自觉安静，减少活动和声音，学会约束自己，同时，也能培养专注能力，对于以后学习有益。

具有保持安静的能力，也是教育孩子懂得文明礼貌的行为，以后再带孩子去图书馆、阅览室、医院等场所，孩子就知道了屏气凝神地安静下来。通过安静训练，达到收发自如，该活泼的时候尽情活跃，该安静的时候能够控制自己。

做家务劳动

教给孩子做一些简单的孩子力所能及的家务劳动。可以帮助父母拿报纸，取牛奶，倒垃圾，在厨房帮助择菜，饭前摆放碗筷，饭后收拾桌子等，培养孩子勤快、爱清洁和主动协作的习惯。

做事有条理

孩子睡觉前，把脱下的衣服、裤子叠好，按穿着的反顺序，摆放在床前的椅子或衣架上。起床后，按照自己做的摆放顺序直接穿着衣物。平时，要教给孩子学会怎样按顺序收拾好自己的东西，养成条理分明的生活习惯，不乱扔乱放，从生活小事上开始培养做事有条理的个性。

语言表达能力练习

培养这个年龄的孩子的口语表达能力，要尽可能地要求孩子会听、会说，并且养成良好的说话习惯。

具体地说来，会听，是要培养孩子安静、有礼貌地注意听别人说话，不打断别人的讲话，不在别人说话时乱闹。能听得准确，对于简单的话和简单的意思能复述。

会说，一是能对话，培养孩子能按要求回答问题，不论回答得对不对，但要切题，不能说东答西。二是要有讲述能力，能把自身要求和事情经过表达清楚。

培养良好的说话习惯也很重要。要培养孩子喜欢说话，能在众人面前开口说话。说话时，表情合适，语句中没有过多的停顿和重复，不说脏话。

家庭训练幼儿的语言能力，看图说话、描述表达和学会传递耳语都是较好的训练方式。

看图说话

与幼儿一起看生活用品图片，一边看画片，一边讲述各种物品的特点和用途，让孩子模仿家长的语言，边指着画片边练习说。

描述表达

和孩子一起看图画，讲出画面上的内容，让孩子回答图画内容，如“这是什么动物？”能用语言描述和表达出动物的特点。

学会传耳语

妈妈在孩子耳边说一句话，让孩子跑到爸爸身边，告诉爸爸妈妈刚才说的是什么，由爸爸把话再讲出来，看孩子是否把话听懂了并且正确地传出去。耳语是一种特有的方式，它声音低，不让别人听见，同时，听者只能运用听觉去理解，不能同时看眼神和动作。孩子们一般都很喜欢耳语，因为它有一种神秘感。宝宝正处在语言学习阶段，光靠听觉，没有其他辅助方式，要听懂耳语会有一定难度，开始时，可以先说一种物名，或两三个字的短句子，让孩子第一次传递耳语成功，增强孩子的信心，以后逐渐加长句子并适当增加难度。

孩子到 3 岁时，可以掌握的词汇量在 1000 个左右，以名词和动词为主。形容词主要有“小、大、冷、热、红、白、蓝”等常用词，但具体运用还不能十分准确。3 岁的孩子主要应当掌握的词汇范围：

名词和动词，掌握生活中常见的物品名，如家具、电器、餐具、食物；环境中的植物、交通工具、建筑等。动词有常见的如吃饭、上街、穿衣、看书等。

形容词，要教孩子容易理解、能直接感知的词，如大小、方圆、颜色、味道，反映感觉的饿、疼、渴、热等，表示味道的酸、甜、苦、辣等。

数词，10 以内的数字应当能够正数和倒数，并且会运用。

副词，能够应用说明时间的先、后、早、晚，能使用“最、很、都、全部、一点儿”等。

巩固数的概念

数的概念，是在事物概念的基础上产生的。3 岁以后的孩子已经初步有了数的概念，例如，懂得桌子上有 3 个苹果，桌子上苹果数可以用数字“3”来指代；草地上有 9 只羊，羊的数字可以用数字“9”来指代，还会类推。尽管孩子口头数数字可以数到 20，但对于所有数的实际含义还并不能完全理解，仅仅能对“5”以内数的“多”和“少”及数的排列顺序等能理解。

3 岁的孩子，正处在由直觉行动性思维向具体形象思维转化的阶段。孩子从 1 周岁开始发生思维，3 岁以前的思维是人类的初级思维，即直觉行动性思维。满 3 岁以后，孩子的具体形象思维开始萌芽，可以通过图片或者实物，来理解事物之间的关系。能通过不同高度的凳子来理解“高”和“低”的概念，通过不同厚度的书来理解“厚”和“薄”等。孩子虽然产生了具体形象性思维，但仍然以直接行动性思维占主导。随着年龄和知识面不断地增长，直接行动性思维也逐渐会向具体形象性思维转化。

孩子的想象内容逐渐丰富，而想象的特点，仍然以无意识想象占主要地位，有意识想象开始逐步发展。无意识想象，是一种简单的初级形式的想象，没有预定的目标，而是在某一种刺激物的影响下不由自主地想象出来某种事物的形成过程。而有意识想象，则带有一定的目的性和自觉性，是按照一定的目的、一定任务而进行的想象活动。

幼儿的想象，还常常和现实分不清，还不能把想象的事物与现实的事物清楚地区分开来。孩子在听故事的时候，往往会以想象过程为满足。

掌握数的概念，要晚于掌握实物的概念。数是一种比较抽象的概念，理解起来比较困难。在训练孩子数的概念时，把实数概念和数的概念等同起来看，就容易理解得多。训练时，先拿出一定数量的实物来，让孩子数数。可以放上 6 块积木让孩子数出具体数目。反过来，说出具体的数字，让孩子拿出相应数目的实物来。这样经常反复地练习，数的概念就会在孩子大脑中产生相应的具体实物概念，对于数字的理解就会产生飞跃，为以后的数学运算打基础。

具体做法：背熟数字 1 ～ 10，然后再倒着背诵 10、9、8、7……。认识 1、2、3 的真正含义，与具体的实物做对应练习，如拿 2 和 2 个小球对应，3 和 3 块积木对应。

训练比较事物数量的基础上，进一步比较抽象数字的大小，理解“3 大还是 2 大”、“1 大还是 3 大”等。然后进一步开始数的分解，“3 可以分解成 1 和 2”；“3 可以分解成 1、1 和 1”等。

然后，再做练习 2+1=？ 2 个苹果，再加上 1 个苹果，总共有几个苹果?

做 3–2=？有 3 个苹果，吃掉 2 个，还有几个?

和小朋友相处也是能力

这个年龄的孩子，已经明显具备了交际意识，孩子接近 3 岁时，能与小朋友之间相互帮助，为共同达到某个目标而协作。

但是，现代城市的居住环境限制，使幼儿一般不太容易有同龄的小伙伴，孩子平时所面对的普遍只有家长和成年人的面孔，对于孩子的成长很不利，容易导致孩子形成胆小、怯懦、自私、不合群等不良性格。

其实，孩子们的天性喜爱玩，特别喜欢和同龄的小朋友们一起玩。同龄的小伙伴们在一起，体力和知识水平相近，兴趣也基本上一致，孩子可以从伙伴们身上学习到新鲜的话语，玩更多的有趣游戏。不仅能增长见识，锻炼身体，发展智力，还能培养活泼、友爱、勇敢、守纪律的良好品质。因此，让孩子多多接触同龄的小伙伴，是孩子自然的心理要求和兴趣所在，尽可能地为孩子找到同龄的玩伴和小朋友。

3 岁的孩子个性凸显，在一起玩的时候，彼此之间磕磕碰碰总是难免的，对于孩子之间发生的小纠纷，父母们应当正确和恰当的处理，处理得当，能让孩子从中吸取有益的经验，完善良好的人格品质。

孩子们之间发生纠纷，首先要调查清楚孩子发生纠纷的原因，然后再实事求是地处理。如果孩子平时表现较为顽皮，也不能有偏见，总是认为肇事者是某一个孩子，主观武断地错误判断。如果说孩子受到冤枉，会在内心深处产生疏远情绪。更不宜一味偏袒自己的孩子，否则会助长孩子任性、暴躁的不良性格。

对孩子要多进行正面教育，耐心诱导，讲清道理。要让孩子明白错误在什么地方，怎么样做才是对的。对于孩子来说，讽刺挖苦、说反话起不到教育作用，责骂和殴打更不合适，不能使孩子认识到错误而进一步改正错误，而且会引起孩子的反感，造成性格怯懦或者加重逆反心理。

父母的行为，总是孩子的榜样，因此，要以身作则，待人和蔼可亲，事事讲道理，给孩子起好榜样作用。

平时，要多对孩子进行友爱教育，养成与小朋友们分享的良好习性，从小培养孩子友爱、谦让的良好品质。孩子懂得谦让，纠纷自然就会减少，学会了如何与小朋友们和睦相处，能受益终身。

游戏课堂——寓教于乐的亲子活动

学习点数

结合实物练习点数，让孩子能手口一致地点数出 1 ~ 3，训练孩子按照点数的数字拿取实物，“拿一个苹果”、“取两块糖”、“给我三块积木”，反复练习。等到孩子能做到准确无误以后，再进一步练习 4 ~ 5 的点数。

玩包、剪、锤游戏

这款游戏，备受古今中外儿童喜爱。先要教给孩子理解规则：布包锤、锤砸剪、剪破布的循环制胜的道理，然后懂得伸出全手掌代表布，食指和中指代表剪，捏成拳头伸出代表锤。一边玩，一边讨论谁输谁赢，教给孩子判断输赢。熟悉了以后，几个孩子在一起玩玩具的时候，就可能通过包、剪、锤游戏，来自己解决问题。

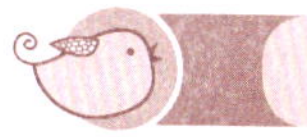

找地图

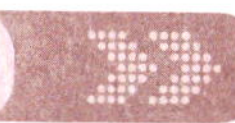

结合日常生活中常常在电视节目中收听天气预报的情况，教给孩子在中国地图、本市地图上，找到天气预报节目当中经常听到的地名。重点在不同的地图上，找到自己住的城市、地区的名称。进一步通过本市地图，找出自己居住的区域和街道名称。3 岁左右的孩子经过这种游戏训练，是可以记住地图上的位置的。还可以结合找地域位置，教给孩子记住家庭电话号码、父母的移动电话号码等常用电话号码。

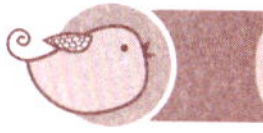

记住父母单位和家庭住址

孩子在这个年龄，已经学会做自我介绍，渐渐认识的事物量增加，介绍的也会更加详细。通过家庭相册，能知道爸爸妈妈在什么单位、做什么工作。

平时，对于孩子进行这种教育是完全必要的，因为万一遇到走失、被拐骗、火警、水灾等意外情况时，孩子能清楚地说出父母姓名、工作单位和家庭住址，可以帮助找到家庭或失散的亲人。

只要孩子学会了背诵儿歌和唐宋诗词，就有能力背诵出父母姓名、单位和家庭住址。能复述 3 ~ 4 位数的孩子，应当经常接受这种教育，即让孩子能比较详细地介绍自己、自己的家庭地址和父母工作单位。由于地址和父母的职业孩子并不懂得，且不容易背诵，因此，要经常练习孩子才能记住。

课堂小结

宝宝的发育

3 岁儿运动多，肌肉结实，摸上去很有弹性。相比新生儿和 1 岁儿摸上去软绵绵、肉乎乎的感觉，这时就大不相同了，尤其是那些运动剧烈的孩子肌肉更为结实。到了 3 岁以后，孩子已能使用主语、动词、形容词、连接词等来表

课堂小结

达比较连贯的意思了，词汇比较丰富，能将几个词联结成有次序的语言。3岁儿的智力发育很快，就记忆力而言，读书给孩子听时，多读几遍孩子就能记住，如果一旦中间说错了，孩子还能指出来。3～3岁半的孩子感情以多变为主，包括好冲动、易变化、明显外露、不断丰富和日益成熟等具体特点，所以父母要根据这些特点来适时得教育好孩子。

宝宝的护理

孩子如意外受伤，父母要尽量缩短等待接受治疗的时间，防止伤口的情况恶化。因此，了解如何迅速采取急救措施，比什么都重要。宝宝的眼睛要做到良好的保护，预防眼睛受到外伤，眼部出现疾病要及时治疗，预防宝宝用眼的坏习惯。对3岁以后孩子按正确刷牙方法教会孩子刷牙，早晚各1次。晚上睡前刷牙比早晨刷牙更为重要。宝宝的感冒一般都是由病毒引起的，所以当感冒现象发生的时候，父母一定要照顾好宝宝。

宝宝的喂养

一年四季，气候各有不同，有春暖、夏热、秋燥、冬寒之特点，宝宝的饮食也要根据季节的轮换而进行适当调整。3～4岁幼儿继续处于较旺盛的生长发育时期，咀嚼能力和消化功能逐渐增强，所吃的食物可由软食逐渐过渡到硬一些的食物，由半流质的食物逐步改为固体主食和炒菜等。部分家长为了弥补主餐进食量的不足，在非进餐时间以各种零食补充，这样易形成不规律进餐和乱吃零食的坏习惯。为宝宝制订营养均衡的营养食谱，注意运用科学的烹调方法，把好洗、切、配、烹、调几道关，以保证膳食质量和食物营养成分的保存。

早教和游戏的方法

这个时期的宝宝顽皮好动，应不失时机得利用孩子这一特点，进行一些必要的体育锻炼，促进宝宝生长发育，增强体质。培养宝宝的语言表达能力，尽可能的要求孩子会听、会说，并且养成良好的说话习惯，不说脏话，不学口吃。对于宝宝要进行适当的情感练习，学会和小朋友友好的相处，学会安静和做家务劳动。教宝宝学会认识家庭地址和家庭成员的名字，玩一些可以练习数字的游戏，给予宝宝地图让其寻找位置。

第十八堂课

43~48个月的宝宝 能力变得出众

成长课堂——宝宝的成长历程

宝宝的特点

体格发育

3 岁末近 4 岁，幼儿大脑的重量为 1000 克，在整个幼儿期，脑容量总共只增长 100 克。但脑内的神经纤维迅速发展，在脑的各部分之间形成了复杂联系。神经纤维的髓鞘化继续进行，尤其运动神经锥体束纤维的髓鞘化过程进行得更显著。为幼儿动作发展和心理发展提供了生理前提。

神经系统的抑制过程明显发展，但兴奋过程仍占优势，因此，幼儿期的孩子容易兴奋。

幼儿期大脑皮质活动特别重要的特征，就是人类特有的第二信号系统开始发育，为儿童高级神经活动带来了新的特点。儿童借助于词的刺激，从而形成复杂的条件联系，这是儿童心理复杂的重要基础。

感觉运动的发育

近 4 岁的孩子，自主性很强，能随意控制身体的平衡和跳跃动作。可掌握有目的地用笔、用剪刀、用筷子、杯、折纸、捏面塑等手的精细技巧。学会单脚蹦、会拍球、踢球、越障碍、走 S 线等。

语言、适应性行为发展

能主动接近别人，并能进行一般的语言交往。学会复述经历，学会较复杂用语表达。好奇心强，喜欢提问。生活自理能力增强，会自己穿衣服及鞋袜。到这个阶段，个性表现已很突出，喜爱音乐的爱听录音机的歌曲；对画画感兴趣的，喜欢各种颜色；对文学感兴趣的，喜欢听故事，朗读也带表情，语言流畅，能表达自己的意思，会讲故事，背诗词等。会编简单谜语。

睡眠

夜间睡 10 ~ 11 小时，午睡 1 ~ 1.5 小时。

护理课堂——专家教你科学护理

为孩子选择衣物

给孩子穿的衣服，从购买到洗涤，从晾晒到存放，一环扣一环，每一步都大意不得。衣服穿在孩子身上，到底舒服不舒服，孩子往往不会表达，也说不清楚，全靠母亲精心的选择和细腻观察。

做一位贴心细致的好妈妈，要从保证孩子衣服每天都穿得安全舒适做起。这里介绍一些给孩子检查衣物的要点:

看先看颜色，为孩子选购衣物，要尽量选择颜色浅、色泽柔和、不含荧光成分的衣物。浅色衣服一般颜料牢固程度较好，可防止婴幼儿在吮吸、咀嚼衣物过程中把衣物颜料吃进肚里，对身体造成伤害；同时，浅颜色衣物不会对孩子视网膜造成刺激。再看做工，做工讲究的幼儿内衣一般会把标签缝在衣服外面，避免刺激幼儿的皮肤，针角也会特别小，没有线头和接茬裸露在外。后看饰物，选购有装饰物的孩子衣物时，检查装饰物的牢固程度，以免一些装饰物被孩子误吞咽，造成伤害。还要检查衣物的拉链、接缝等处，缝制得是不是很平整，避免磨伤孩子的皮肤。

摸，用手摸一摸衣服的柔软度，手感柔软的衣服才可以购买，如果感到有粗糙扎手或有颗粒的感觉，那么面料本身就有问题。如果摸上去特别硬，可能是甲醛含量超标。摸完以后再抻一抻衣服，看看弹性如何，好衣物抻后能复原。

闻，买衣服为什么还要闻呢？这是辨别衣物材料中添加剂的有效方法，如果衣物甲醛超标，会有一种刺鼻的气味。有一些衣物有类似机油的味道，证明衣物受到污染。衣物即使有香味也不是好事，因为那是化学剂或有害成分残留在衣物上，会危害孩子的健康。

首选品牌

品牌的衣服品质有保证，各部位剪裁讲究，更适合婴幼儿，不用再费心去挑选。注意不要买假名牌，大商场或专卖店的商品会比较保险。

查看说明

查看衣物的标识、说明是否完整详细。说明书必须注明制造者的名称和地址、产品名称、产品型号和规格、采用原料的成分和含量、洗涤方法、产品标准号、产品质量等级、产品质量检验合格证明等相关内容。给孩子买衣服，更要看清楚使用说明的内容，按照使用说明使用，以确保安全。

去除包装物

回到家后，先取下包装盒上的别针、大头针、标签牌等，尤其衣物内侧有的标签，最好在穿以前去掉，以免磨伤孩子皮肤。

材质选择

孩子内衣最适合纯棉的面料，因为孩子新陈代谢快、活动量大、出汗多，纯棉面料吸水性、透气性、保暖性好，贴身穿也非常舒适。外衣也要多选择条绒、牛仔布、针织类面料，化纤面料容易起静电，会令皮肤不适，而且见一点火星就燃，对孩子不利。

洗后再穿

衣物在制作、加工、运输过程中，可能受到多种途径的污染。新买的衣物看上去干净，却潜藏着许多污染因素，一定要充分洗干净后再穿。通过水洗，能洗去绝大部分衣服上的“浮色”、脏物和织物中残留的游离甲醛等有害物质。

观察穿后情况

孩子穿上新的衣物后，如果与皮肤接触的部位出现发红、瘙痒、起疹子或咳嗽等情况，就不要继续穿，可能衣物中的某些成分引起孩子过敏，临床上出现过孩子对真丝、羽毛过敏的情况。

幼儿衣物清洗要讲究

幼儿的皮肤特点决定，清洗孩子衣物与洗成年人衣物不一样，幼儿皮肤只有成年人皮肤厚度的1/10。孩子的皮肤薄、抵抗力差，稍不注意就会引发问题。因此，清洗孩子的衣物时要特别注意。

除菌剂、漂白剂不可用

有一些洗涤剂包装上写着能除菌、漂白字样，因而会激发人们的想法，是不是洗衣时加入这些东西更好呢？回答是：不。因为洗涤和漂清的过程再长、再仔细，也难免会有残留物质，对孩子的皮肤不利。

晾晒

婴幼儿衣物可以在阳光下晾晒，虽然阳光暴晒可能缩短衣服寿命，却能起到消毒作用，况且幼儿长得太快，衣服使用时间短一些没关系。

漂洗很重要

无论用什么洗涤剂清洗，漂洗都是不能马虎的程序，一定要用清水反复漂洗两三遍，直到水清为止。

污渍尽快洗

孩子的衣服上，总是会沾上果汁、巧克力渍、奶渍、西红柿渍等。这些污渍不易清除，只要刚刚沾上，应当马上就洗，通常容易洗掉。如果过一两天才洗，污渍就可能深入纤维洗不掉。

内衣外衣分开洗

内衣与外衣一定要分开洗涤，通常情况下，外衣要比内衣脏一些。深色与浅色也要分开洗，免得造成染色。

不与成年人衣物混洗

孩子的衣物，不能和成人的衣物一起洗，因为成年人衣物上沾有更多细菌，混同洗涤时细菌会附着到孩子的衣服上。要单独洗孩子的衣物，要有专用的盆。

选择专用洗涤剂清洗

市场上有许多婴幼儿衣物的专用洗剂，虽然价格贵一些，却对孩子的身体有好处。不会伤害皮肤，造成过敏。如果没有专用洗涤剂，用肥皂也可以。注意要按照商品标示的洗涤说明洗涤，如稀释的比例、浸泡的时间等。

手洗为优

洗衣机是洗全家人衣物的，机筒内会藏有许多细菌。婴幼儿衣物经洗衣机会沾上细菌，有一些细菌对成年人没有危害，对婴幼儿却有麻烦。因为孩子的皮肤抵抗力差，容易引起过敏或其他皮肤问题。

弱视最好6岁前治疗

弱视，是儿童常见的眼疾，仅发生在视觉尚未发育成熟的幼儿期，发生率为2%～5%。弱视的危害在于，多数患者在儿童时期没有能及早发现和治疗，失去了形成良好视力和立体视觉的机会，使成年以后的学习、生活和职业生涯等受到影响。

弱视，是指眼部没有明显器质性病变，但矫正视力低于0.9者。依矫正视力不同，又可分为轻度（0.8～0.6）、中度（0.5～0.2）和重度（0.1以下）。

弱视有先天性原因所致，也可能因视觉发育关键期进入眼内的光刺激不够充分，从而剥夺了黄斑（即人眼视网膜上形成视觉最清晰的部位）形成清晰物像的机会。也有的因为两眼视觉输入不等，引起一只眼看到清晰物像，另一只眼则为模糊物像，两眼之间竞争造成一眼或双眼的视力减退。

引起弱视有三种疾病，即斜视、屈光不正和眼发育病变。

内斜视患者，即黑眼球向鼻子方向移位者，弱视发生率高于外斜视，即黑眼球向外侧方向移位者。

屈光度参差也是儿童弱视的常见原因。屈光参差，是指一只眼或双眼有屈光不正现象，包括远视、近视或散光，而且两只眼度数相差较大，通常近视、远视度数相差200度，散光度数相差100度。屈光参差的幼儿双眼视网膜成像大小不等，进入大脑后不能融合，大脑主动抑制度数深、视力相对差的那一只眼，天长日久形成弱视。高度远视患者比高度近视患者更容易形成弱视。

第三类医学上称为形觉剥夺性弱视。比如婴幼儿时期的角膜混浊、先天或外伤性白内障、完全性上睑下垂等。这些疾病影响光线进入眼内，妨碍了外界物体对视觉的刺激，抑制视觉发育，引起严重弱视。

儿童弱视治疗的关键和其他疾病一样在于“早”，即早发现和早治疗。

6岁以前，是儿童视觉发育的敏感期。既是容易形成弱视的时期，也是弱视治疗效果最佳时期。孩子年龄越小，疗效越好。错过这一时期，治疗效果会大打折扣，弱视甚至会伴随孩子终身。

幼儿视力从出生后就要开始检查，3 个月内婴儿可以观察注视周围人的面孔；3 ~ 6 个月的婴儿可以伸手主动抓取自己感兴趣的东西，也具有了保护性的眨眼反射；6 ~ 12 个月的婴儿可用能否辨识不同直径的小球来粗测视力。2 岁以上儿童，可以使用儿童专用的图形视力表测视力；3 岁以上的儿童，就可以使用视力表来检查。家长要观察孩子看东西时，眼睛的方向感、光感等是否正常，这样的检查最少每半年一次。如果发现或怀疑孩子患有明显眼病，如不能分辨事物、角膜混浊、白内障、上睑下垂等，应当立即到眼科就诊，进行相应治疗和后续的屈光矫正。

针对不同类型弱视的治疗方法，有遮盖法、后像疗法、红色滤光镜疗法等。弱视治疗的成败主要取决于孩子是否配合。因此，家长应帮助幼儿配合医生进行矫正屈光不正、弱视训练等活动，以提高孩子的视力。

遮盖法：把视力好的一只眼睛遮盖住，强迫用弱视的那只眼睛看事物。经过一段时间的强迫刺激，弱视眼的视力可以有所提高。也可以采用交替遮盖法，即健康眼和弱视眼交替遮盖法。这种方法简便易行，如每周遮盖健康眼 5 ~ 6 日，遮盖弱视眼 1 ~ 2 日，效果较好。

后像疗法：在强光刺激下视物 10 秒钟后，闭上眼睛仍感觉到该物体还呈现在眼前，这种影像医学上称为后像。医学上利用这种后像的原理，用后像镜的强光刺激，一般照射 20 ~ 60 秒钟，使视网膜上产生后像，从而提高黄斑中心凹的视功能，起到治疗弱视的作用。

红色滤光镜治疗法：用 600 ~ 640 微米波长光线的红镜戴在弱视眼前，同时完全遮住健康眼，练习写字、画图等作业，每天一两次，每次 10 ~ 15 分钟，逐渐延长时间到数小时，能达到治疗弱视的目的。

治疗弱视的方法很多，到底哪一种最好，最适合自己的孩子，要根据每个孩子的具体情况，包括弱视的性质、程度、年龄和视力屈光程度来选择。但是，一定要注意，6 岁以前，是抓紧治疗弱视的最佳时机。

幼儿护肤

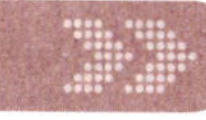

皮肤，覆盖着人的整个身体，是人的门面，也是人体抵御细菌入侵的第一道防线。人一生从小到大，经历千千万万，都是由皮肤保护着身体，不论什么部位受损伤，受到损害的首先是皮肤。人的一生中，皮肤从娇嫩走向衰老，如果不爱护和保护好，就等于自毁防线。

从小做起，保护好孩子的皮肤，应当注意：

首要的是保持皮肤的干净、整洁。每天洗脸，经常洗手，尤其是饭前便后要认真洗手。试验表明，用清水冲手也可以冲掉手上的细菌，效果与用消毒水泡手相差不明显。因此，洗手时应当多冲一会儿。

洗澡既能保持皮肤的清洁，又能促进皮肤的血液循环增加皮肤的抵抗力。因此，孩子应养成每周洗澡一两次的习惯。洗澡时不要使用含碱量大的肥皂，要使用含碱量小的香皂、婴儿皂或浴液。因为孩子的皮肤娇嫩，要避免刺激性和降低皮肤的酸性，而皮肤酸性降低会有利于细菌繁殖。要注意，用过浴液后一定要用清水冲洗干净。

合理营养，是皮肤保持健康的重要保证。孩子应该做到不挑食，多吃瘦肉、牛奶、鸡蛋、青菜、胡萝卜、西红柿等富含营养和维生素的新鲜食品，以保证皮肤得到充足的营养。

足够的阳光，有增加皮肤健康、杀死细菌功效。阳光中的紫外线有助于人体骨骼的正常发育，紫外线还能刺激血液再生，使血红蛋白升高，使皮肤红润。此外，红外线还能增强机体的免疫力，减少疾病的发生。应当多让孩子到户外活动锻炼身体，合理的阳光照射可以令人体魄强壮，皮肤健康。

不宜化妆。爱美之心有皆有之，有的孩子很羡慕成年人的浓妆艳抹，误认为画了眉毛、抹红了脸蛋儿，涂红了嘴唇很“漂亮”，小小年纪也热衷于化妆。其实，孩子们是不应该化妆的。化妆品一般都是成年人在一些社交场合使用的，通过化妆给人以美感，毕竟只能是暂时的，绝不可能保持长久的美容功效。而成年人化妆，往往是夸大和遮掩作用兼而有之。

孩子则不一样，幼儿天生丽质，皮肤细嫩，本来就有一种人见人爱的清纯、天真之美，并不需要用化妆品来增加“姿色”，画得浓妆艳抹反倒会显得多余和矫情，不利于孩子可爱天性的流露。何况，化妆品中都不可避免地含有一些对皮肤有害的物质，对于幼儿皮肤的营养大有妨碍，时间长了，还会损害孩子的皮肤。总之，孩子没有使用化妆品的必要，只是可以根据气候条件的不同和变化，为孩子选用一些适宜幼儿皮肤的护肤品。

喂养课堂
——宝宝喂养新观念

饮食习惯营造健康宝宝

人体是由元素“营造”的，我们的身体成分除碳、氢、氧、氮等有机元素，其余大都属于矿物质。在人体必需的矿物质中，每日膳食需要量在 100 毫克以上的，称为常量元素，如钙、磷、镁、钾、钠、氯等；每日膳食需要量在 100 毫克以下的，称为微量元素，如碘、锌、硒、铜、铁等。

要营造更结实、更聪明的宝宝，需要做父母的更多地了解一些关于饮食、营养结构方面的知识，对食物中的重要角色——矿物质相关知识有所认识和了解。

少盐、多菜，心脏健康

盐，古代曾被誉为“百味之王”。但自从现代医学研究发现高钠饮食能损害心血管健康后，盐的“王位”动摇，现代的健康饮食理念提倡“口轻”，特别是宝宝。从上桌吃饭开始，就要养成“口轻”的习惯，即淡口味。因为一个人的口味咸淡与否，是在儿时形成的，一旦习惯了“口重”，以后再吃少盐的食物就会觉着没味儿而难以下咽。而“口重”者一般钠摄入量过多，会促使人体排出更多钾。高钠、低钾轻则使人倦怠，打不起精神来，重则影响心血管的健康。

在给宝宝配膳的时候，除了弃咸求淡，还要让孩子多吃蔬菜，不能光吃肉。动物性食品中，钾与钠的比例大约是 5 ∶ 1；而在植物性食品中，钾与钠的比例，大约是 100 ∶ 1，由此可见，蔬菜是人体获取钾的主要来源。

每 100 克食物中钾、钠的含量（毫克）

食物	瘦猪肉	鸡	南瓜	扁豆	蚕豆	土豆
钾	305	251	763	439	391	342
钠	57.5	63.3	2.2	2.3	4.0	2.7

零食不设防，摄入钠过量尽管人们在一日三餐中，注意到“弃咸求淡”，但如果对孩子吃的零食不加选择，也可能让宝宝从零食中吃进不少盐，举两个例子：

果脯比新鲜水果咸得多。每100克食物中含钠的毫克量如下：苹果1.6，苹果脯12.8；桃5.7，桃脯243；西瓜2.4，西瓜脯529。由此看来，还是让宝宝多吃新鲜水果，少吃果脯为好。

嗑瓜子会嗑进不少盐。有些炒货，如炒瓜子、炒花生仁中，含有不少盐。每100克炒葵花子中钠的含量为1322毫克；炒花生仁455毫克。吃零食是为了给孩子补充正餐营养不足，而不是为解馋、解闷。因此给孩子吃零食要有所选择。

胃口好，食物“杂”，不用担心锌缺乏

人的舌头能品尝出味道，靠的是味觉感受器——味蕾。味蕾中有味细胞，味细胞末端的纤毛从味蕾中央的味孔伸出，分辨滋味。

味蕾的生长，不能缺少“味觉素”，这是一种含锌的蛋白质。膳食中如果缺锌，也就缺少了“味觉素”，味蕾会萎缩，味孔会封闭，即使美味佳肴，吃上去也味同嚼蜡。宝宝胃口好，吃什么都香，就证明不缺“味觉素”，也就不缺锌。

给孩子吃的食物“杂”，孩子不挑食，不偏食，也就不容易缺锌。下面这些食物含锌丰富，每100克食物含锌的毫克量：海蛎肉（47.05）、小麦胚粉（23.40）、山核桃（12.59）、沙鸡（10.60）、口蘑（9.04）、香菇（8.57）、蚌肉（8.50）、乌梅（7.65）、芝麻（6.13）、猪肝（5.78）、牛肉（4.05）、鲤鱼（2.08）。

此外，标准粉含锌1.64（毫克/100克），富强粉含锌0.97（毫克/100克）。看来，只要宝宝吃的主食别太偏；副食经常吃些菌藻类、牛肉、鱼、猪肝、豆类；再适当给孩子吃一些芝麻酱，偶尔再吃些新鲜贝类，宝宝所需要的锌就足够。

医院检查孩子是否缺乏锌元素，一般是通过检查孩子的血液（血锌）或头发（发锌）测得数据，发锌虽然检测方便，但误差较大。如果实在担心宝宝缺锌，最好查一查血锌。

靓汤虽鲜，炖汤材料更营养

如果孩子吃饭磨蹭，或因为天气的原因胃口不好，有的家长就喜欢用汤泡饭

给孩子吃。一来觉得用各种有营养的材料煲出的靓汤，精华全在其中；二来用汤送饭，孩子吃着爽口。

且不说这样做对孩子的消化不利，仅从营养的角度来说，靓汤虽然鲜美，却只含有少量的蛋白质分解出的氨基酸、脂肪和极少的维生素和矿物质。

对比一下每 100 克鸡汤和炖汤的鸡肉的营养含量，就能区分出哪个更有营养。

蛋白质(克)	核黄素（毫克）	钙（毫克）	铁（毫克）	锌（毫克）
鸡汤	0.07	2	0.3	1.3
鸡肉	20.9	0.21	91	3.8

这样看来，既吃肉又喝汤才不浪费营养。此外，有些父母喜欢在汤中加一些中草药，中草药中的鞣酸与食物中的铁元素是“死对头”，这种靓汤喝多了，宝宝脸色是不可能红润的。

补碘，并非“一个都不能少”

碘被誉为“智力元素”，因为碘与大脑的发育息息相关。人的一生都不可缺碘，而孕期、婴儿期、幼儿期又是关键时期。要保证宝宝的碘元素量充足，只需注重这三个时期，一是孕期补充，以保证胎儿脑的成形步入正轨；二是婴儿期补充，以保证脑细胞的数目最终达标；三是幼儿期视情况补充，以保证复杂的神经网络的形成。

碘与孩子的智力不存在“水涨船高”的关系，并不是补碘越多孩子就会越聪明。

膳食中使用含碘的食盐，再吃些海带、紫菜、鱼、虾、贝类，就能满足孩子长身体、长智力所需要的碘。

孩子是否需要服用碘油胶丸、碘酸钾片等药剂，需要做尿碘化验后由医生决定，切不可滥用碘药，以防发生危险。我国幅员广阔，个别地区为“水源性高碘地区”，不能在食物之外再补碘。因此，补碘并非“一个都不能少”。

一日三餐摄入钙，晒晒太阳吸收快

补钙无须多，要靠小餐桌。

孩子每日钙的适宜摄入量是：1 ~ 4 岁孩子为 600 毫克；4 ~ 7 岁孩子为 800 毫克。以 3 岁的宝宝为例，一日膳食中这样就够：

食物	数量	含钙量
牛奶	250 毫升	260 毫克
豆腐	50 克	82 毫克
小酥鱼	100 克	79 毫克
绿叶菜	150 克	162 毫克

牛奶、大豆和小酥鱼，人称“补钙三珍”，餐桌上经常出现这几种食物，就能基本满足孩子一日的钙需要量。

补钙无须多，谨防“穿肠过”不少家庭只知道一味给孩子补钙，却不注意钙的吸收。要想留住钙，人体不可缺少维生素 D，而常常让孩子晒一晒太阳，可以使皮肤里的 7- 脱氢胆固醇转变为维生素 D。所以适当让宝宝接受阳光的沐浴，宝宝才会越长越结实。

另外需要提醒是，如果给孩子补充过多的钙，反而会导致孩子体内铁、锌流失过多，因为钙与铁、锌之间在人体内有一定的平衡，存在着相互制约的关系。

任何营养素的摄入，都应适量，否则会补了这个，缺了那个，会越来越陷入“补”的误区。

该给孩子选择什么样的食物

有助于记忆的食品

胡萝卜能提高记忆力，因为胡萝卜能加快大脑的新陈代谢作用。菠萝是演员和音乐家最喜爱的水果，因为背诵台词和乐谱，需要补充很多维生素 C。另外，菠萝含有一种重要的微量元素锰，而且热量少。

能提高学习效率的食品

白菜能减少人的紧张情绪，使学习变得轻松（例如在考试前）。草莓味美，而且能消除紧张情绪。草莓里的果胶能让人产生舒适感，每天最少吃 150 克草莓才能达到预期目的。香蕉的秘密武器就在于含有血清素，它对人的大脑产生成功意识是不可缺少的。此外，香蕉富含各种维生素和钾。柠檬能使人精力充沛，提高接受能力（这是由于维生素 C 的作用）。

有助于集中精力的食品

海螯虾是可为大脑提供营养的美味食品。海螯虾含有的 3 种重要脂肪酸可以供应人体所需的养分，能使人长时间保持精力集中。洋葱可以消除过度紧张和心理疲劳。洋葱头可以稀释血液，从而改善大脑氧的供应状况。每天最少吃半个洋葱，便会起到这种作用。核桃是对付需要长时间集中精力（例如作报告、开会、举办音乐会以及长途开车）的理想食品。

有助于激发人创造的食品

生姜能使人的思路开阔，这主要是它所含的姜辣素和挥发油的作用，它能使血液得到稀释，流动更加畅通，从而向大脑供应更多的氧。

能壮体质、健脑的食物

黄花菜、荔枝、萝卜、大枣、芝麻、桃仁、牛奶、鸡、鸭、鱼、蛋、豆制食品等。

能安神益智的食物

蜂蜜、苹果、核桃、胡萝卜、红枣、花生、松子、鱼虾、山药等食品。

能活血补脑的食品

核桃、山楂、动物肝脏、动物血、动物大脑、山药、瓜子、黑芝麻、黑豆、栗子、黑鱼、紫草等食物。

最后，值得一提的是，由于孩子的体质各异，所以，做父母的应根据自己孩子的实际情况，供给不同的食品。只有这样才有利于身体营养的平衡，大脑的发育，身体的健康。

早教课堂——聪明宝宝赢在起跑线

赞扬，孩子成长的动力

教育学家与心理学家普遍认为，多赞扬，是孩子健康成长的“催化剂”。孩子自尊和好胜，希望自己能受到家长和老师的肯定和赞扬。

孩子具备这种自尊、上进心理，才是正常健康的。孩子的努力得到了承认，自尊心得到满足，会萌生幸福的体验。这种健康的幸福体验，能进一步增加孩子的自信心和上进心，激发孩子采取更加积极的行动，去争取更大的成绩。

在日常生活中，人们并没有注意到这一因素，或没有给予足够的重视。因此，赞扬的方式方法值得注意:

期望性赞扬

如果对孩子寄予期望，就能更容易发现孩子的优点。一般情况下，家长对孩子使用的语言中，消极性语言和启迪性语言的比例是3 ∶ 1，这个比例在日常生活中甚至还要更高一些，这样做，显然不利于孩子良性发展。人们期望某个孩子进步时，总会认为这个孩子好，看上去会觉得孩子的一举一动都顺眼，稍见进步，就会喜形于色，自然也会给孩子以越来越多的激励。

诱导性赞扬

孩子在某方面取得一定的成绩，并表现出良好的发展趋势时，应当冷静客观地对孩子的主、客观条件科学分析。如果确定了孩子适于发展的方向，则应当循循诱导，通过言语赞扬和诱导，潜移默化地给孩子以影响，使孩子在受到赞扬的同时，明确自己应当朝什么方向努力和发展。特别有效的，是利用间接形式对孩子进行诱导性赞扬。以看似无意的形式，把对孩子的赞扬透露给孩子的同学、伙伴、亲友，再间接地把诱导赞扬的信息转达给孩子，往往可以取得意想不到的效果。

鼓励性赞扬

孩子表现出某种程度的进步时，哪怕这种进步带有偶然因素，也应当及时肯定孩子的点滴进步，公开表扬和鼓励。例如，孩子的学习基础较差，但某一个阶段比较努力或因兴趣所致、或因较易理解和接受，成绩有所提高，则应当抓住机会给予鼓励，帮助孩子找出进步的原因，让孩子逐步树立自信心，加倍努力而达到继续提高。

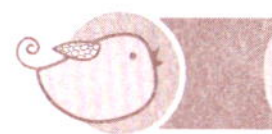

语言表达能力

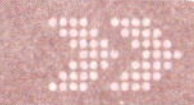

正常发育的4岁孩子，词汇掌握量应能达到1500个左右，5岁孩子的词汇量在2000个以上。进行看图说话、小讲演、练习表演等，都能对孩子进行语言表达能力的培养。

对于孩子的每一点进步，都要及时鼓励、支持和赞扬，使得孩子对于自己的表现感到自信，必要的时候，提出适当要求和建议，促使孩子的语言表达能力健康发展。

家庭早期教育，应当是一种综合全面的内容。但是，往往人们只重视教给孩子识字，而对于语言能力的教育并没有足够的重视。就幼儿的发展过程来说，口头语言应当比起识字来说更加重要，因为它是丰富知识、发展智力的最重要工具。

重视幼儿语言表达能力的培养，首要的是教会孩子正确发音，丰富孩子的词汇量，教给孩子说短句。4 ~ 5岁的孩子仍然会有个别发音不准、吐字不清的现象。特别是汉语发音中的破擦辅音zh、ch、sh、r、z、c、s音节咬不准，往往会把“知道”说成“基道”，把吃饭说成“七饭”，老师说成“老西”……出现类似问题，主要是孩子的发音器官尚未发育完善，或者受到成年人的方言影响导致，成年人千万不可以取笑和模仿孩子，而应当随时随地的纠正孩子的发音。

还要注意丰富孩子的词汇量，教会孩子和人打招呼，如称呼“阿姨好”、“爷爷好”、“早上好”、“谢谢您”等；学会说自然现象类词汇如“冬天”、“下雪”、“刮风”；日常生活用词“裤子”、“糖果”；形容景色的词汇“蓝蓝的天”、“红红的苹果”……要反复巩固已经学过的词汇，不断增加新的词汇，词汇量丰富以后，语言表达能力才有基础。语句是表达一个完整意思的语言单位，都是由词汇构成，先教给孩子说短句，才能进一步练习说出连贯性较强的话语。

掌握培养幼儿口头语言表达能力的方法很重要。在孩子观察某一件事物时，多提出问题，和孩子多讨论，这样做，语言表达能力可以在观察中得到较多的练习机会。让孩子多模仿正确的语言，则要求家长在平时和孩子说话时，要做到发音正确，用词恰当，语句符合语法规则，这样，对孩子的口语能力发展有潜移默化的影响。还应当注意经常给孩子讲故事和讲述生活中一些有益的事情，让孩子复述听过的内容，使孩子能多听、多说、多练。还可以带着孩子一起，诵读一些内容浅显、语言生动、简短、优美的儿童文学作品，如幼儿故事、儿歌、诗歌，对于孩子喜欢听的内容，不妨多讲几次，让孩子记熟并且能复述。

在生活当中，常常和孩子交谈，也是发展幼儿口语能力的一种简便而有效的方式，可以根据孩子年龄特征，从简单到复杂地与孩子经常进行交谈，根据孩子的具体情况适度引导。还可以采取让孩子看图说话、背诵卡通片台词的方式，让两个孩子在一起，边玩边谈，让孩子在欢愉中发展口语能力。

随着孩子的词汇量越来越丰富，开始能重复较为复杂的句子，能更加完整地表达出自己的意思，孩子对于外界的感受能力会不断增强，会更加好奇和喜欢发问，能继续积极探索，开始思考问题，对于事物具有一定的分析判断能力，能分辨和正确地描述物体的长短、粗细、轻重和一般性外形等。

通过语言训练，由于注意力持续时间的延长，记忆力增强，孩子就能准确无误地记忆并且述说一些家庭或者在自己身边发生的事情。还能根据物品的性能进行分类，能准确运用语言，对于物体的用途，做出简单的定义。

丰富想象力

想象力和思维能力，是一切创造性智力活动的基础。有没有丰富的想象力，是评价一个人智力水平高低的标志之一。

4岁以后的孩子，想象力很活跃，几乎能够贯穿在孩子的各种活动当中，因此，在这个阶段有意识地丰富孩子的想象力也是智力培养的要素。

幼儿想象力的发展，依赖于注意力，在很大程度上依靠早期的培养，不断丰富孩子的生活内容，扩大孩子的视野和知识面，有利于提高孩子探索能力和对于新鲜事物的兴趣。

绘画

画画是一种极好的手段。孩子偶然在纸上画出一个圆形时，会高兴地喊“我画了一个太阳”，而在此时，家长应当对孩子的“作品”给予充分的肯定和鼓励，孩子会画上一个又一个，并乐此不疲。借此，可以进一步引导和鼓励孩子画皮球、苹果等圆形的物品。然后再逐步引导孩子给太阳画上光芒，给苹果画上绿叶，给皮球画上花色等。孩子的主题构思虽说简单，然而在家长的启发和引导下，想象力从无意识顺利进入了有意识创造性的阶段。

游戏

幼儿的主要活动是游戏，能丰富孩子的想象力。在游戏中，孩子可以模仿成年人的活动，进行情景游戏如“过家家”、“上医院”等，通过扮演角色，提出活动内容，让整个游戏充满想象。如果家长能参与孩子的游戏，有意识地设置一些要求，增加一点难度，则更能促使孩子动脑筋、想办法，进行想象和创造。孩子也会在游戏中越玩越有兴趣，想象活动随之向着创造性的方向发展。

大自然

幼儿的丰富想象力的源头，来自于大自然，要丰富孩子对于大自然的认识，给孩子创造一切机会，引导孩子对于大自然的各式各样自然奇特现象产生兴趣，激发和丰富孩子的想象力。

讲故事

故事，尤其是童话故事，对于孩子一般都具有较强的吸引力，故事的情节大都随着人们美好的愿望发展，适合幼儿想象力的发展。曲折的故事情节，借助丰富生动的语言、表情及艺术形象的描述，能使孩子联想到真实的形象，通过形象的联想，发展想象力。

除了给孩子讲故事之外，还可以让孩子接续故事。可以讲故事到一半儿的时候停下来，后半段的故事情节发展由孩子来完成。可以和孩子一起讨论和商量，怎么样编出更加生动、更圆满的结局，或者在给孩子讲述的时候，对于某一个情节不做细致的描述，让孩子做补充描述，由此来发展孩子的想象力。

猜谜

猜谜是训练想象力、思维能力、分析能力的好方法，还能通过语言表达，丰富孩子的口语表达能力、描述和表现能力。可以撷取家庭中可以随处应用的物品，自己编谜语，从而达到活跃孩子的思维，诱发创造情趣，促进智力发展的目标。

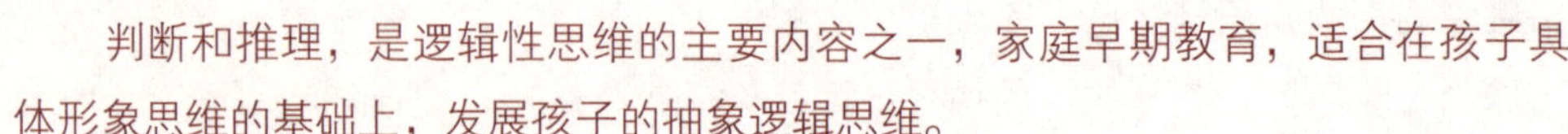

判断推理能力

判断和推理，是逻辑性思维的主要内容之一，家庭早期教育，适合在孩子具体形象思维的基础上，发展孩子的抽象逻辑思维。

日常生活和实际活动，是孩子思维发展的源泉，父母可以这样引导自己的孩子从玩水的活动中增长智慧：给孩子一盆水，辅以火柴杆、积木、竹筷、铁钉、曲别针、塑料盖、玻璃球……让孩子自己去玩，孩子把各种东西放进水盆，有的浮在水面上，有的沉到水底，孩子在玩的过程中会发现，木质的、塑料的都是轻的，于是会做出凡是轻的东西都能浮在水面上的判断，重的东西都沉在水底，铁钉是重的，玻璃球是重的，所以铁钉、玻璃球都会沉到水底，孩子会轻松地做出正确的推理。

在这个基础上，拿出一只空铁盒问孩子：“这只铁盒会沉还是会浮？”孩子会毫不犹豫地回答：“沉。”然而，把铁盒子放进水中，而它却偏偏浮在水面上。孩子初步的判断经验被否定后，会产生强烈的好奇心，在摆弄铁盒子时，发现盒子是空的。这时候，应当启发孩子进一步推断出，空盒子尽管是铁的，也能浮起来。

这个典型的事例说明，可以让孩子在游戏过程中探索，在游戏过程中进行比较概括和判断推理，认识各种物体的体积、重量、形状和材料之间的关系。

通过上例，得到如下几点启示：

让孩子在游戏中探索求知，最有效、最具备启发力。知识不全靠机械的记忆，知识更多的是在实践中发现获得。孩子掌握规律性的知识越多，就越能促进判断和推理思维的发展。

通过思考和总结，教给孩子学会使用“是……”“不是……”“因为……，所以……”等推理式句式，发展孩子的语言能力，以养成判断推理的习惯。

满足孩子的好奇心，满足寻找事物原因以及事物间本质联系的求知欲望，让孩子主动探索周围世界的奥秘。同时，耐心、准确地为孩子解答“为什么”，引导孩子主动思考和探索，通过自己的观察过程、比较分析和推理判断的思维活动，最终发现“为什么”，是提高孩子思绪能力的最佳途径。

学会原谅和宽容

孩子在与小朋友们的交往过程中，会经常遇到小的矛盾和冲突。对孩子来说，能逐渐了解“自我”与“他人”的关系，懂得蛮横、不讲理、任性和霸道是社会关

系和人际交往中的障碍，是行不通的，从中学会与人相处、妥善处理问题的方法。

良好的家庭情绪教育，应当培养孩子与人相处、适应交际和社会性能力，其中“善于原谅”有着独特的作用：

有利克服幼儿在家庭中无意识形成的“自我中心”意识，让孩子知道“我”与“他人”和谐相处的含义。

有利人际关系的和谐，培养幼儿的社会适应能力和与人合作精神。

帮助孩子学会宽容、忍让，懂得换一种角度，替他人着想。

能促进孩子良好性格的形成。

当今家庭教育中普遍存在的现象，是容易形成幼儿“自我中心”意识较严重的情况。如何教育孩子学会换位思考，懂得原谅别人，是一项很重要、却不易做到的功夫。因此，可以从以下几个方面，力争培养教育孩子具备宽容、大度、懂得换位思考、学会原谅人的品质：

创造机会让孩子多接触同龄人，在交往中互相取长补短，提高人际交往能力和社会适应能力，养成良好的性格。

孩子在交往中遇到矛盾和纠纷时，可以适当给予抚慰，帮助孩子分析事情发生的原因，找出自己或别人做的不对之处，明辨是非后，妥善处理。

疏导、转移孩子对矛盾结果的注意力，反思起因，检讨自己的过失，宽容小伙伴的缺点和失误行为。

告诉孩子，对朋友要以诚相待，对朋友的错误要帮助改正。要让孩子懂得，原谅，就是给予改正的机会；宽容、忍让，才有利于增进友谊。

家长应成为孩子行为的榜样，遇到矛盾或冲突时，自身要做到宽宏大量，不计得失；能高姿态，不怕吃一点亏；能“得饶人处且饶人”，使孩子受到熏陶和感染，孩子才能在遇到相关情况的时候，做到原谅别人。

教给孩子掌握原谅的标准。分清是非，正确处理所发生的问题，哪些应当采取原谅的做法，哪些原则问题不可以原谅。

要教给孩子懂得，原谅、忍让不等于没有原则，不是放弃批评和抗争。

对小是小非，没有严重后果的个人冲突、无意的损伤等，尽可能地不要计较，要加以忍让和原谅。

对影响友谊与集体荣誉、会造成较大损害或故意做出的破坏行为等，绝对不能容忍，更不可以原谅。但要采取灵活的方式，以诚恳的态度加以批评、制止。切忌粗鲁简单，不注意场合、分寸，防止言辞过激、盛气凌人。这样做反会增加其抵抗情绪，起到相反作用。

必要时，可以让孩子体验不原谅别人的害处：因为总是与人斤斤计较，毫不容人，小朋友们就会害怕或不喜欢与自己做朋友；不会原谅别人，也得不到别人的原谅；养成霸道、蛮横、自私、无情的坏习惯，容易被孤立，成年以后走入社会，则会出现人际关系障碍。

尊重他人的物权

教育孩子尊重他人的物权，需要一个长期的过程。在学龄前儿童的教育中，要经过漫长、耐心细致的培养，才能达到教育的效果，具体的做法很值得探讨。

几种可借鉴方法：

作好示范

尊重孩子物权的本身行为，就是一个尊重别人所有权的良好示范，父母本身要给孩子多提供示范，创造一个尊重物权的人文环境，供孩子领略和感受。孩子认识事物带有强烈的情绪性、模仿性，孩子的物权被尊重，有了好的情绪体验，受到良好的感染后，会积极地模仿父母，去尊重别人的物权，形成自然、理所当然的习惯。

分清所有权

要帮助孩子分清，哪些东西是自己的，哪些是别人的，哪些是自己的物权，哪些是别人的物权。从基础上，教育孩子关心他人，尊重别人的所有权，讲明道理，让孩子初步懂得为什么要这样做。

不自私

对自己的心爱之物，欢迎别人欣赏，学会共同分享快乐，如带玩具去幼儿园，请小朋友到家里来，一起玩心爱的玩具。

尊重他人的物权

别人的物品不能随便取用，别人的东西不能强占为己有，更不能去抢、去损坏，这些行为是错误的、丑陋的，绝对不能这样做，要学会控制自己的行动，懂得为什么要这样。

暂时借用

自己没有的东西，又很想要，可以向朋友借，但必须经过别人允许。借来的东西要懂得爱惜，使用以后要如期、如数归还，并向物主道谢。也可以用自己的东西去换借别人的东西，互换互借，加强交流，这也是良好人际关系的培养。

合理供给

如果孩子真正需要的东西，别人有自己没有，借用也不方便的，应当向父母讲明理由，征得同意，购买回来，爱惜使用。如果家庭提供给孩子的东西太多、太乱、太杂，会使孩子误认为来的容易而不加珍惜。反之，如果对孩子提供的物品太紧张，则会使孩子倍感困难，为难时会促使孩子去拿别人的物品，受到指责后，又会产生自卑和懊恼。因此，家庭要为孩子适时合理地购物，合理满足孩子的需要。

谨慎处理错误

如果孩子做出侵占别人的所有权或物品时，要冷静分析原因，谨慎对待，不可以轻易责骂孩子是“小偷”，更不能指责孩子“屡教不改”，孩子犯错误的动机，与这些定语的性质不能等同。如果孩子长期听惯了消极的词语，一方面可能会自卑，另一方面则可能会无动于衷，长期下去会造成逆反心理，把孩子推向反面。如果孩子出现不尊重别人物权的行为时，要认真对待，耐心教育，督促改正，把物品送还给物品的主人，并向人家道歉。

家庭要经常进行孩子尊重物权的教育，采取多种方式进行行为练习。这样，相互尊重物权、公私分明的良好行为和品德习惯会很好地形成。

懂得男女有别

人在成年以后的择偶观，与少儿时期受到的性教育密切相关。仔细观察现实生活中，有许多人钟情的对象或相似于自己的父或母，或在年龄、相貌、气质、风度、习惯、爱好等某一方面具有父或母的特点。3 岁半到 4 岁，则正是宝宝认识性别、建立性别概念的特殊阶段。

3 岁以前，无论是男孩还是女孩都是“无性别者”，玩一样的玩具，爱好和兴趣也一样，没有明显的性别区分。

3 岁以后，特别是 4 ~ 5 岁时，孩子开始意识到男女的性别差异。开始对外生殖器表示关心，对异性身体的差异表示出关注。孩子会出于对自己的出生和性别角色的好奇，向父母提出很多有关性方面的问题，会问：“妈妈，我是从哪里生出来的？”“男孩为什么站着小便？”女孩会问：“我为什么没有‘小鸡鸡’？”等与性别相关的问题。

相当多的父母往往不考虑孩子提出这些疑问的意义，因为这些问题和性有关，对孩子在性方面的好奇，总有压抑感和罪恶感。

其实，孩子关于性别的发现，是一个生活的转折点，在这个时期，树立明确的性别概念，进行正确的性教育和性别认同指导，是孩子建立健全自我意识、健康的精神面貌的基础工程。

孩子提出性方面的疑问时，父母应当尽可能坦率、清楚地回答，不要曲解孩子对性别的好奇，因为与成年人对“性”问题的考虑不同，孩子对性别所提出的问题，就像“天上为什么会下雨？”“太阳晚上到哪里去了？”一样。

如果孩子提到有关性的问题，父母总是神情异常、厉声呵责或闪烁其辞，孩子会认为这些问题不应该提，甚至是肮脏的，但又对此充满神秘感和好奇心。

要注意和孩子说到性器官名称时，像说身体其他部位器官名称一样，不要显得拘谨。

孩子通常会害怕向家长提出性方面的问题，因此，家长不要在孩子提出问题时才回答，应主动对孩子进行适合年龄段的性别教育。

知错改错是能力

培养幼儿知错改错的能力，不是一件很容易的事。然而，从小培养知错改错能力，是家庭早期教育赋予孩子的较强的适应能力，是享用一生的财富。

孩子出自年龄和认识能力局限，往往缺乏是非观念、责任意识和自我控制的能力，对自己所犯的错误认识不到，更谈不上改正。

只有在家庭早期教育中，能充分重视相关能力培养，及时在教养措施方面跟上，随着道德感、羞耻感等高级情感的发展，孩子会在成长过程中逐渐学会知错就改。

当然，人非圣贤，孰能无过，何况是尚且有待于雕琢的孩子？家庭教育中应当正确对待孩子所犯的错误，避免使用责骂、逼迫等粗暴方式，这样做不但不能帮助孩子认识错误，反会伤害孩子的自尊心。

孩子通常会出现的几种情况：做错了事情，却经常不懂得错在哪里；犯了错误还蛮不讲理，不懂得向人道歉；经常为自己的错误找借口；犯错后，虽然会向人道歉，却没有什么实际行动，道歉成为脱身方式。

家庭教育中教给孩子认识到错误，并且能正视错误，及时改正，并且学会向人道歉，是对孩子进行素质教育和情商培养的重要内容，也是家庭教养的成功体现。

学会认错

孩子没有学会道歉，可能因为还不懂得是非概念，不知道什么是对的，什么是错的，为什么是错的，更不知道自己应该怎样改正错误。因此，切不可对孩子动辄责备，而应当耐心地告诉孩子为什么错了，错在哪里。

认错，需要一定的勇气。孩子不敢认错，很可能害怕承担后果，应当给予孩子安全感，告诉孩子：每个人都有犯错误的时候，只要改正就是好孩子，避免孩子产生畏惧感。

犯错及时纠正

当孩子做错事时，父母应当及时给予教育并纠正，让孩子知道错误不是不可挽救的，只要改正，就能得到原谅。千万不要在孩子做错事后，一味地批评、指责孩子，这样做会导致孩子产生逆反心理，再次犯错误时会总想找借口推托。

对于懂得道歉但又频繁犯错的孩子，不仅要注意孩子的言语道歉，更要关注孩子改正错误的行为。

如何处理孩子所犯错误的方法，比孩子犯的错误更值得关注。

学会向孩子认错

传统的家庭观念认为，父母向孩子道歉会尽失威严，所以，为了维护作为成年人的面子，会坚持即使做错也不肯向孩子认错。父母的行为，是孩子最直接的榜样，所谓言传身教、耳濡目染就是这个道理，很难想象固执己见的双亲，能培养出知错就改的孩子。所以，要给予孩子良好的教养，父母坦率地承认错误，也是一项最基本的功课。

父母向孩子认错，不仅可以融洽家庭关系，还可以用现身说法使孩子明白，每个人都会有错的时候，认错不是丢脸的事。父母向孩子认错，不仅不会因为认错而丧失尊严，反而会让孩子更加尊敬。

游戏课堂——寓教于乐的亲子活动

玩 球

球是孩子最喜欢的一种玩具。练习各种方法拍球、抛球、接球、踢球、学会多种玩法，可以培养宝宝的兴趣，锻炼手、眼协调的能力，并发展宝宝动作的协调性和灵敏性。

拍球比赛。爸爸用左手、妈妈用右手、宝宝用右手，分别拍球比赛，看谁拍球的次数多，多者为胜。爸爸可用右手拍球，妈妈和宝宝拍球次数相加，一对二比赛，看哪方拍球次数多，多的一方为胜。爸爸、妈妈、宝宝分别花样拍球，看谁拍球的方法多，多者为胜。可参考的方法有：单手拍球；双手拍球，左右手交替拍球；高低变化拍球；体转 360 度接着拍球；边走边拍球；曲线行进拍球等。

抛接球。自抛自接球：爸爸、妈妈、宝宝各人自抛自接球，看谁抛得高、接的稳；爸爸、妈妈、宝宝各自抛球后击掌次数多并接住球。爸爸、妈妈、宝宝相互抛接球，看谁抛得准、接的稳。两人抛接球，一人在中间抢球，抢到球后，轮换进行。

踢球。爸爸、妈妈、宝宝三人相互用脚踢传球，看谁传得准，踢得稳。妈妈在向前踢球中，爸爸和宝宝快速追球，看谁先用脚抢到球，三人可轮换做。用两个纸盒做球门，爸爸做守门员，妈妈和宝宝设法踢进门。

宝宝坐在椅子上，背部紧靠椅背，双手相对，捧住小篮球，曲肘后将球从胸前用力推出。爸爸或妈妈坐在对面，将球接住，然后从地上滚给宝宝。用上述方法可推、接、滚交替进行。还可不要椅子，家人和宝宝相对而立，互相推、接、滚。待宝宝熟练后，可逐步拉大距离。

认形状

准备纸张、蜡笔和一些不同形状的东西。教宝宝加深对各种形状的理解，发展想象力，培养宝宝的逻辑思维能力。

在妈妈的引导下，让宝宝指出下列形状的名称，然后再让宝宝说出熟悉的形状。

圆形：参考物品有：车轮、气球、太阳、月亮、球、碗、盘子、钟、杯子、硬币等。

长方形：参考物品有：门、书、明信片、信封、窗户、电视、衣柜等。

正方形：参考物品有：餐巾纸、手绢、方凳、靠垫、方桌等。

三角形：参考物品有：小红旗、三明治、小山、帐篷等。

让宝宝自己拿笔在纸上画出自己辨认出的形状。

如果宝宝画不出形状，妈妈可以帮宝宝找一些现成、有规则形状的物品，让宝宝照着轮廓描下来。比如，可以用瓶子描出圆形，用一些小盒子描出长方形、正方形。三角形比较难找，可以用厚纸板剪一些三角形。让宝宝描画许多不同形状，然后剪下来，在纸上摆出各种好看的图形。

认识五指

在教孩子玩这个游戏之前，大人可以利用诙谐有趣的儿歌教孩子先认识五指。如大人左手握成拳，念儿歌："五个好娃娃，乖乖睡觉啦。公鸡喔喔啼，叫醒小娃娃。拇指姐姐起床了，食指哥哥起床了，中指哥哥起床了，无名指弟弟起床了，小指妹妹起床了。"大人从拇指姐姐开始，一边念，一边用右手把左手的五个手指依次板起。让孩子跟着学做，直到熟悉了五个手指的名称。

在游戏前可以先帮助孩子活动一下五指，如让孩子握握拳、伸伸掌、捏捏手指，最后让孩子将五指用力张开。让孩子反复做几次，使手指灵活、自如，为学习游戏做好准备。

课堂小结

宝宝的发育

2 岁的孩子大约只能讲 200 个左右的单词，到了 4 岁增加到 1500 个左右。是孩子语言发展最快的，也是最关键的时期。3 岁半以后，反抗心理慢慢下降。孩子看到大人高兴，自己也就高兴，而且还想方设法让大人高兴。这样，孩子就很好带。3 岁半以后的孩子能区别事物的差异，已能区别上和下、前和后、白天和夜晚、自己的东西和别人的东西、圆圈和三角等。对孩子要有良好的教育，这样对于宝宝入学以后的能力有好处。但不要让孩子过早的进入教室，剥夺孩子天性的自然发展。

课堂小结

宝宝的护理

宝宝的皮肤要从小保护好，首先保持皮肤的清洁，注意合理的膳食营养，适时的日晒，但是注意不要涂抹过多的化妆品。如果产生弱视的现象，一定要根据宝宝的情况选择合适的治疗，因为6岁以前是孩子治疗弱视的最佳时机。宝宝的衣物选择要讲究，看颜色、查说明、摸材质等，这些方法能让爸爸妈妈选择适宜宝宝穿的衣物。宝宝衣服的清洗要注意不要过多使用洗涤剂，内衣外衣要分开洗，尽量不要和成年人的衣服一起洗。

宝宝的喂养

大人对某种食物的喜恶不要影响幼儿，不要以家长的口味来安排幼儿的饮食，否则易形成挑食和偏食的坏习惯。肥胖幼儿、有肥胖倾向的幼儿和食欲好的幼儿容易出现暴饮暴食的现象，所以对这部分幼儿要适当控制饮食。由于此年龄的孩子新陈代谢旺盛，活动量很大，热能的消耗也会增多。因此，在满足幼童热能需要的同时，其他营养素也要完备而充裕。这个时期孩子胃容量较小，消化功能相对不健全。根据小儿胃消化能力、胃液分泌的次数及胃的排空情况，此期小儿的饮食安排可为每日三餐一点制。

早教和游戏的方法

多进行体育锻炼，开发宝宝的思维创造能力，培养宝宝学会交友的能力，提升宝宝集中注意力的能力，这些都有利于孩子健康的成长。对于宝宝要适当得进行表扬来鼓励孩子，培养宝宝丰富的想象力，训练宝宝语言表达能力。适时地对孩子进行适合年龄段的性别教育，让宝宝意识到男女是有一定差别的。爸爸妈妈的参加，做游戏成员的增加，会使孩子劲头大增。爸爸妈妈和孩子也可以经常相互调换角色，使游戏更富于趣味性。